普通高等教育人工智能专业系列教材

机器学习算法与实践

郭羽含　张露方　袁　园　主　编
云本胜　钱亚冠　潘　俊　副主编

机械工业出版社

本书内容涵盖了监督学习、无监督学习和半监督学习的代表性算法，对算法的原理与思想、推导与证明、实现与应用中涉及的知识点进行了清晰透彻的阐述。全书由12章组成，主要内容包括机器学习概述、机器学习基本理论、*K*-近邻、贝叶斯、线性模型、支持向量机、决策树、集成学习、聚类算法、数据降维、半监督学习、神经网络等知识。章节依照算法类别及算法间逻辑关系进行编排，内容结构上条理清晰、由浅入深，并完整地对算法的编码实现进行了讲解，从编程角度展示算法细节，使读者可以更加深入透彻地理解算法原理、加深对算法的记忆，并能够针对自身需求对算法进行修改和扩展。为帮助读者充分了解和掌握每一章节基础理论知识，每章附有思维导图及习题。

本书适合作为高等院校数据科学与大数据技术、人工智能和计算机类专业的机器学习相关课程教材，也可供从事机器学习和数据挖掘相关研究及应用的工程技术人员和科研工作者参考。

本书配有授课电子课件，需要的教师可登录 www. cmpedu. com 免费注册，审核通过后下载，或联系编辑索取（微信：13146070618，电话：010-88379739）。

图书在版编目（CIP）数据

机器学习算法与实践 / 郭羽含，张露方，袁园主编．北京：机械工业出版社，2024.8（2025.5重印）．--（普通高等教育人工智能专业系列教材）．-- ISBN 978-7-111-76411-3

Ⅰ．TP181

中国国家版本馆 CIP 数据核字第 20241GC628 号

机械工业出版社（北京市百万庄大街22号　邮政编码100037）

策划编辑：郝建伟　　责任编辑：郝建伟　赵晓峰

责任校对：龚思文　张　薇　　责任印制：常天培

北京机工印刷厂有限公司印刷

2025年5月第1版第2次印刷

184mm×260mm · 20.25印张 · 501千字

标准书号：ISBN 978-7-111-76411-3

定价：79.90元

电话服务

客服电话：010-88361066

010-88379833

010-68326294

网络服务

机　工　官　网：www. cmpbook. com

机　工　官　博：weibo. com/cmp1952

金　　书　　网：www. golden-book. com

机工教育服务网：www. cmpedu. com

前　言

本书主要介绍了机器学习算法内容及其代表性算法，全书共 12 章，具体内容安排如下。

第 1 章：机器学习概述。主要包括机器学习的概念、机器学习工具和机器学习示例等内容。

第 2 章：机器学习基本理论。主要包括机器学习术语、实验估计方法、算法性能度量、比较检验方法和参数调优方法等内容。

第 3 章：K-近邻。主要包括算法原理、距离度量方法、搜索优化方法和算法实现等内容。

第 4 章：贝叶斯。主要包括贝叶斯算法概述、朴素贝叶斯算法、半朴素贝叶斯算法、贝叶斯网络算法和 EM 算法等内容。

第 5 章：线性模型。主要包括线性回归、逻辑回归和模型正则化等内容。

第 6 章：支持向量机。主要包括算法概述、线性可分支持向量机及其对偶算法、线性支持向量机、非线性支持向量机、SMO 算法等内容。

第 7 章：决策树。主要包括决策树概述、ID3 算法、C4.5 算法、分类与回归树和剪枝策略等内容。

第 8 章：集成学习。主要包括集成学习概述、投票法、装袋法和提升法等内容。

第 9 章：聚类算法。主要包括聚类概述、原型聚类、密度聚类、层次聚类等内容。

第 10 章：数据降维。主要包括数据降维概述、主成分分析、线性判别分析等内容。

第 11 章：半监督学习。主要包括未标记样本、半监督学习方法和半监督聚类等内容。

第 12 章：神经网络。主要包括人工神经网络概述、感知机、多层前馈神经网络和其他神经网络等内容。

本书提供完整的课程视频（见网盘），可扫描书中二维码浏览部分视频。

本书由浙江科技大学理学院/大数据学院从事多年机器学习课程教学工作的一线教师郭羽含、张露方、袁园、云本胜、钱亚冠、潘俊、卢方、王伟、陈晓霞、郭艳茹编写，全书由郭羽含负责统稿。

本书在编写过程中得到了浙江科技大学的大力支持与帮助。在本书出版之际表示衷心的感谢。同时感谢李文华、马婉晴、王泽莹等同学为本书的编写、校对提供的辅助。

由于编者水平有限，书中难免有不妥和疏漏之处，恳请读者赐教指正。

编　者

目 录

第1章　机器学习概述

本章导读（思维导图）

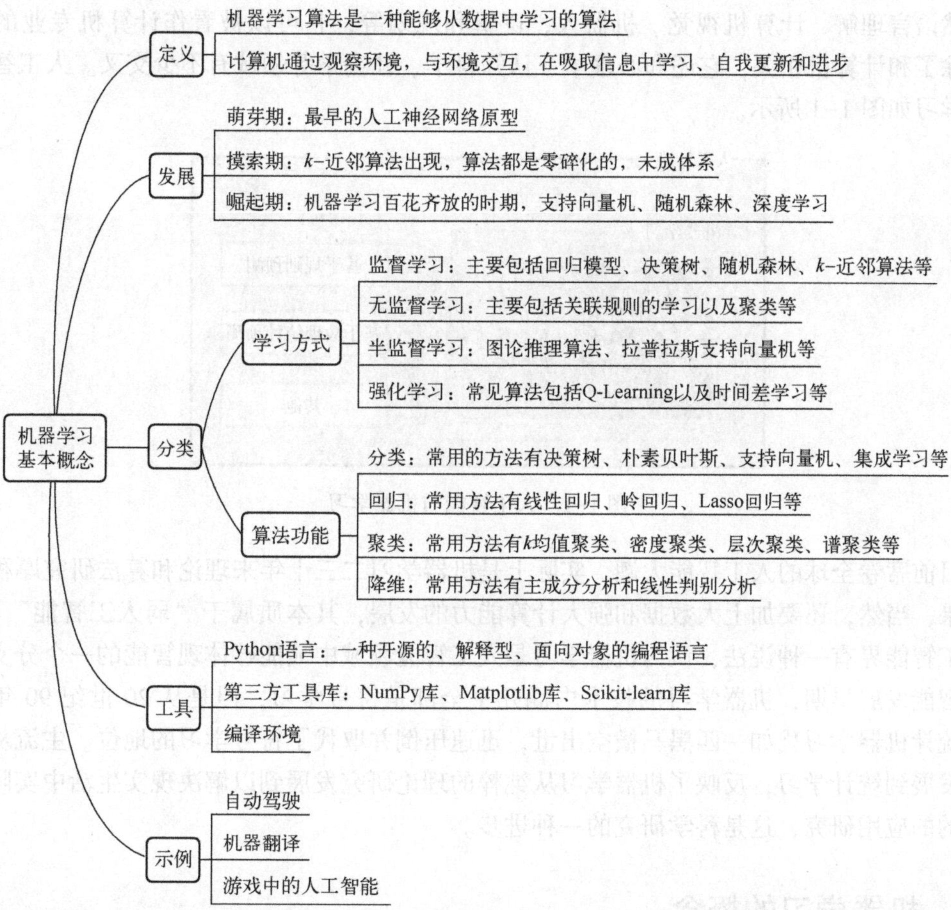

机器学习（machine learning，ML）是一门多领域交叉学科，涉及概率论、统计学、逼近论、凸分析、算法复杂度理论等多门学科，专门研究计算机怎样模拟或实现人类的学习行为，以获取新的知识或技能，使之不断改善自身的性能。机器学习的发展极为迅速，目前已经成为一个广袤的学科。本章主要介绍人工智能及机器学习的相关基础知识、机器学习工具及机器示例，为后续的深入学习奠定基础。

扫码看视频

1.1 人工智能与机器学习

人工智能（artificial intelligence，AI）已经成为一个具有众多实际应用和活跃研究课题的领域，并且正在蓬勃发展。根据斯坦福大学最近的报告，2022 年全球私人对 AI 领域的投资为 919 亿美元。2019 年，全球发表了超过 12 万篇关于 AI 的论文。2000~2019 年之间，人工智能的论文占所有同行评审论文的比例从 0.8%上升到了 3.8%。总之，人工智能的发展可谓方兴未艾。通俗地讲，人工智能泛指让机器具有人的智力的技术。这项技术的目的是使机器像人一样感知、思考、做事和解决问题。我们期望通过智能软件自动地处理常规劳动、理解语音和图像、帮助医学诊断和支持基础科学研究。人工智能是一个宽泛的技术领域，包括自然语言理解、计算机视觉、机器人、逻辑和规划等，它可以被看作计算机专业的子领域，除了和计算机相关，它还和心理学、认知科学、社会学等领域有不少交叉。人工智能与机器学习如图 1-1 所示。

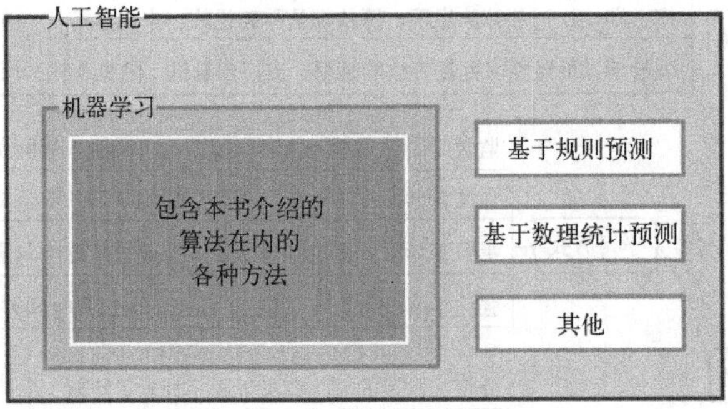

图 1-1　人工智能与机器学习

目前席卷全球的人工智能大潮，实际上是机器学习二三十年来理论和算法研究厚积薄发的结果，当然，还要加上大数据和强大计算能力的发展，其本质属于“弱人工智能”范畴。在人工智能界有一种说法，认为机器学习是人工智能领域中最能够体现智能的一个分支。在人工智能发展早期，机器学习的技术内涵几乎全部是符号学习，但是从 20 世纪 90 年代开始，统计机器学习犹如一匹黑马横空出世，迅速压倒并取代了符号学习的地位。主流从符号学习发展到统计学习，反映了机器学习从纯粹的理论研究发展到以解决现实生活中实际问题为目的的应用研究，这是科学研究的一种进步。

1.2 机器学习的概念

1.2.1 机器学习的定义

机器学习算法是一种能够从数据中学习的算法。关于其中“学习”的定义，参照 Tom Mitchell 在 1997 年出版的 *Machine Learning* 一书中提供的定义：“对于某类任务 T 和性能度量 P，一个计算机程序被认为可以从经验 E 中学习是指，通过经验 E 改进后，它在任务 T 上由性能度量 P 衡量的性能有所提升。”经验 E、任务 T 和性能度量 P 的定义范围非常宽广，本书中我们并不试图去解释这些定义的具体意义。相反，我们会在接下来的章节中提供直观的解释和示例来介绍不同的任务、性能度量和经验，这些将被用来构建机器学习算法。

📖 Tom Mitcheel, 1997. A program can be said to learn from experience E with respect to some class of task T and Performance measure P, if its performance at task T, as measured by P, improves with experience E.

机器学习的一个主要目的就是把人类思考和归纳经验的过程转化为计算机对数据的处理、计算得出模型的过程。经过计算得出的模型能够以近似于人的方式解决更为复杂的问题。简单地理解，机器学习就是指计算机通过观察环境，与环境交互，在吸取信息中学习、自我更新和进步。以大家都很熟悉的程序为例，程序是指计算机可以执行的一系列指令，比如打印一个 Word 文档等。那机器学习和程序的本质区别是什么呢？可以想象，某个程序不是由人编写而是由机器编写的。而这个机器是从大量的数据当中学习而获得经验从而编写出程序的。训练是指需要训练的数据，就是告诉机器人前人的经验，比如什么是玫瑰花、什么是百合花、看到什么标志要停车等。训练学习的结果，可以认为是机器写的程序或者存储的数据，叫作模型（model）。总体上来说，训练包括监督学习（supervised learning）和无监督学习（unsupervised learning）两类。机器学习原理如图 1-2 所示。

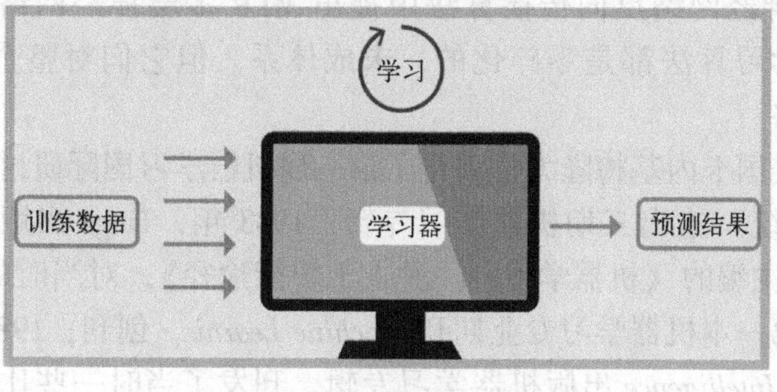

图 1-2　机器学习原理

1.2.2　机器学习发展史

机器学习是人工智能发展到一定阶段的必然产物，已经成为现阶段解决很多人工智能问题的主流方法，最早的机器学习算法可以追溯到 20 世纪初，近百年来，机器学习研究不断发展，主要经历以下几个阶段。

1. 20 世纪初~60 年代初期的萌芽期

1943 年，神经科学家和控制论专家 McCulloch 和逻辑学家 Pitts 基于数理逻辑算法创造了一种神经网络计算模型，这是最早的人工神经网络原型，从而为机器学习的发展奠定了基础。1949 年，心理学家 Hebb 基于神经心理学的学习机制，提出了一种学习假说，即赫布学习规则，开启了机器学习的第一步。1950 年，图灵发表了一篇跨时代的论文《计算机器与智能》，文中提出了著名的图灵测试：如果一台机器能够与人类展开对话（通过电传设备）而不能被辨别出其机器身份，那么称这台机器具有智能。这标志了人工智能成为科学领域的一个重要研究课题。20 世纪 50 年代初期已有机器学习的相关研究，例如 Samuel 著名的跳棋程序。1952 年，IBM 科学家 Samuel 开发了一个跳棋程序，该程序能够通过观察当前位置，并学习一个隐含的模型，从而为后续动作提供更好的指导。最终，该程序的棋力甚至可以挑战专业棋手。通过这个程序，Samuel 驳倒了普罗维登斯提出的“机器无法超越人类，且无法像人类一样写代码和学习的模式”。他创造了“机器学习”一词，并将它定义为“可以提供计算机能力而无须显式编程的研究领域”。著名的贝叶斯分类算法也起步于 20 世纪 50 年代，它基于贝叶斯决策理论把样本分到后验概率最大的那个类。

2. 20 世纪 60 年代~80 年代的摸索期

1967 年，K-近邻算法出现，由此计算机可以进行简单的模式识别。K-近邻算法的核心思想是，如果一个样本在特征空间中的 k 个最相邻的样本中的大多数属于某一个类别，则该样本也属于这个类别。20 世纪 60 年代还诞生了著名的决策树算法。此后的 1986 年，人工智能专家 Quinlan 提出了著名的 ID3 算法，可以减少树的深度，大幅加快了算法的运行速度。随后出现的 C4.5 算法在 ID3 算法的基础上进行了较大改进，使决策树算法既适合于分类问题，又适合回归问题。层次聚类算法出现于 1963 年，是一种非常符合人直观思维的算法，现在还在使用。K-均值算法是所有聚类算法中知名度最高的，其历史可以追溯到 1967 年，此后出现了大量的改进算法，也有大量成功的应用，是所有聚类算法中变种和改进型最多的。1974 年，伟博斯（Werbos）在博士论文中提出了用误差反向传导来训练人工神经网络，有效解决了异或回路问题，使得训练多层神经网络成为可能。1981 年，伟博斯在神经网络反向传播算法中提出 MLP 多层神经网络算法模型。在 1980 年之前，这些机器学习算法都是零碎化的，未成体系。但它们对整个机器学习的发展所起的作用不能被忽略。

1980 年夏，在美国卡内基梅隆大学举行了第一届机器学习国际研讨会（IWML）；同年，《策略分析与信息系统》连出三期机器学习专辑；1983 年，Tioga 出版社出版了 Michalski、Carbonell 和 Mitchell 主编的《机器学习：一种人工智能途径》，对当时的机器学习研究进行了总结；1986 年，第一本机器学习专业期刊 *Machine Learning* 创刊；1989 年，人工智能领域的权威期刊 *Artificial Intelligence* 出版机器学习专辑，刊发了当时一些比较活跃的研究工作，其内容后来出现在由 Carbonell 主编、麻省理工学院（MIT）出版社 1990 年出版的《机器学习：范型与方法》一书中。

3. 20 世纪 90 年代到目前的崛起期

20 世纪 90 年代是机器学习百花齐放的时期。20 世纪 90 年代中期，“统计学习”闪亮登场并迅速占据主流舞台，代表性技术是支持向量机（support vector machine，SVM）以及一般的“核方法”（kernel methods）。这方面的研究早在 20 世纪六七十年代就已经开始，统计学理论在那个时期也已打下了基础，例如 Vapnik 在 1968 年提出了 VC 维，在 1974 年提出了结构风险最小化原则等。但直到 90 年代中期统计学习才开始成为机器学习的主流，一方面是由于有效的支持向量机算法在 90 年代初才被提出，其优越性能到 90 年代中期在文本分类应用中才得以显现；另一方面，在连接主义学习技术的局限性凸显之后，人们才把目光转向了以统计学习理论为直接支撑的统计学习技术。事实上，统计学习与连接主义学习有密切的联系。在支持向量机被普遍接受后，核技巧（kernel trick）被人们用到了机器学习的几乎每一个角落，核方法也逐渐成为机器学习的基本内容之一。

随机森林出现于 2001 年，与 AdaBoost 算法同属集成学习，随机森林虽然简单，但在很多问题上效果却非常好，因此现在还在被大规模使用。从 1980 年到 2012 年深度学习兴起之前，监督学习得到了快速的发展，各种思想和方法层出不穷，但是没有一种机器学习算法在大量的问题上取得压倒性的优势。2006 年，Hinton 提出了深度学习模型，这个模型的提出，开启了深度网络机器学习的新时代。

所谓“深度学习”，狭义地说就是“很多层”的神经网络。在若干测试和竞赛上，尤其涉及语音、图像等复杂对象的应用中，深度学习技术取得了优越性能。以往机器学习技术在应用中要取得好性能，对使用者的要求较高；而深度学习技术涉及的模型复杂度非常高，只要下功夫“调参”，把参数调节好，性能往往就越好。因此，深度学习虽然缺乏严格的理论基础，但它显著降低了机器学习应用者的门槛，为机器学习技术走向工程实践带来了便利。

1.2.3　机器学习分类

1. 从学习方式上

机器学习算法从学习方式上可分为：监督学习、无监督学习、半监督学习和强化学习。

（1）监督学习

在监督学习方式下，从给定的训练数据集中学习出一个函数（模型参数），然后根据这个模型对未知样本进行预测。监督学习的训练集要求包括输入输出，也可以说是特征和标签。训练集中的标签是由人标注的。属于监督学习的算法包括回归模型、决策树、随机森林、*K*-近邻算法等。

（2）无监督学习

无监督学习又称非监督学习。在非监督式学习方式下，它的输入样本并不需要标记，学习模型是为了推断出数据的一些内在结构。常见的应用场景包括关联规则的学习以及聚类等，常见算法包括 *k* 均值算法、具有噪声的基于密度的聚类方法（density-based spatial clustering of applications with nosie，DBSCAN）等。

（3）半监督学习（semi-supervised learning）

在半监督学习方式下，输入数据部分被标识，部分没有被标识，这种学习模型可以用来进行预测，但是模型首先需要学习数据的内在结构以便合理的组织数据来进行预测。应用场景包括分类和回归，算法包括一些对常用监督式学习算法的延伸，这些算法首先试图对未标识数据进行建模，在此基础上再对标识的数据进行预测。如图论推理算法（graph inference）或者拉普拉斯支持向量机（laplacian SVM）等。

（4）强化学习（reinforcement learning）

在强化学习方式下，强调如何基于环境而行动，以取得最大化的预期利益。其灵感来源于心理学中的行为主义理论，即有机体如何在环境给予的奖励或惩罚的刺激下，逐步形成对刺激的预期，产生能获得最大利益的习惯性行为。常见的应用场景包括动态系统以及机器人控制等。常见算法包括 Q-Learning 以及时间差学习（temporal difference learning）。

2. 从算法功能上

机器学习算法从算法功能上可分为：分类、回归、聚类和降维。

（1）分类（classification）

分类问题是监督学习的一个核心问题，它从数据中学习一个分类决策函数或分类模型（分类器），对新的输入进行输出预测，输出变量取有限个离散值。常用的方法有决策树、朴素贝叶斯、支持向量机、集成学习等。

(2) 回归 (regression)

回归问题用于预测输入变量(自变量)和输出变量(因变量)之间的关系,特别是当输入变量的值发生变化时,输出变量值随之发生变化。常用方法有线性回归、岭回归、Lasso 回归等。

(3) 聚类 (cluster)

聚类问题是无监督学习的问题,算法的思想就是“物以类聚,人以群分”。聚类算法感知样本间的相似度,进行类别归纳,对新的输入进行输出预测,输出变量取有限个离散值。常用方法有 k 均值聚类、密度聚类、层次聚类、谱聚类等。

(4) 降维 (dimensionality reduction)

降维指从高维度数据中提取关键信息,将其转换为易于计算的低维度问题进而求解。若输入输出均已知,属于监督学习;若只有输入已知,属于无监督学习。注意在转换为低维度的样本后,应保持原始输入样本的数据分布性质,以及数据间的近邻关系不发生变化。常用方法有主成分分析 (PCA) 和线性判别分析 (LDA)。

1.3 机器学习工具

1.3.1 Python 语言

Python 是一种开源的、解释型、面向对象的编程语言。Python 易于学习,更适合初学者,被广泛用于计算机程序设计语言教学、系统管理编程脚本语言开发,以及科学计算等方面,可以高效开发各种应用程序。

Python 语言起源于 1989 年年末。1989 年圣诞节期间,荷兰国家数学与计算机科学研究所 (CWI) 的研究员吉多·范罗苏姆 (Guido van Rossum) 为完成其研究小组的 Amoeba 分布式操作系统执行管理任务,需要一种高级脚本编程语言。为创建新语言,范罗苏姆从高级教学语言 ABC (all basic code) 中汲取了大量语法,并从系统编程语言 Modula-3 (一种为小型团体所设计的相当优美且强大的语言) 借鉴了错误处理机制,从而开发了命名为 Python 的新脚本解释程序。之所以将新的语言命名为 Python,据说是因为范罗苏姆是 BBC 电视剧《蒙提·派森的飞行马戏团》(monty python's flying circus) 的粉丝。

ABC 语言是由范罗苏姆参加设计的一种教学语言,他认为 ABC 语言是专门为非专业程序员设计的非常优美和强大的语言。但是 ABC 语言并没有成功,范罗苏姆认为失败的原因是该语言不是开源性语言。于是,范罗苏姆决心在 Python 中避免这一缺陷,并获得了非常好的效果。Python 继承了 ABC 语言的特点,并且结合了 UNIX shell 和 C 语言用户的习惯,成为众多 UNIX 和 Linux 开发者所青睐的开发语言。

Python 语言产生后,于 1991 年年初以开源方式公开发行第一个版本 Python 1.0,因为功能强大和开源,Python 发展很快,用户越来越多,形成了一个庞大的语言社区。

2000 年 10 月发布了 Python 2.0,增加了许多新的语言特性。同时,整个开发过程更加透明,社区对开发进度的影响逐渐扩大。

2008 年 12 月发布了 Python 3.0,该版本在语法上有较大变化,除了基本输入输出方式有所不同,很多内置函数和标准库对象的用法也有很大区别,适用于 Python 2.x 和 Python 3.x

的扩展库之间更是差别巨大，导致用早期 Python 版本设计的程序无法在 Python 3. x 上运行。考虑向 Python 3. x 的迁移，作为过渡版本发行了 Python 2. 6 和 2. 7，采用 Python 2. x 语法，同时将 Python 3. 0 一些新特性移植到 Python 2. 6 和 2. 7 版本中。Python 3. x 的设计理念更加合理、高效和人性化，代码开发和运行效率更高。

目前，Python 官方网站已经停止对 Python 2. x 系列的版本进行维护和更新。因此，对于使用 Python 2. x 的用户来说，尽快转换到 Python 3. x 系列并选择较高的版本是非常重要的。这样可以确保代码能够保持最新、安全和稳定。同时，Python 3. x 系列带来了许多改进和新特性，也更加符合未来发展的趋势。

随着 Python 的普及与发展，近年来 Python 3. x 下的第三方函数模块日渐增多。本书选择 Windows 操作系统下的 Python 3. x 版本作为程序实现环境（下载安装时的最高版本是 Python 3. 11. 5）。

Python 语法具有清晰、简洁的特点，可以使初学者摆脱语法细节约束，而专注于解决问题的方法、分析程序本身的逻辑和算法。Python 的特点如下。

（1）简单易学

Python 语法结构简单，遵循优雅、明确、简单的设计理念，易学、易读、易维护。

（2）解释型语言

Python 解释器将源代码转换成 Python 的字节码，由 Python 虚拟机逐条执行字节码指令，即可完成程序的执行，用户不再担心如何编译、链接是否正确等，使得 Python 更加简单方便。

（3）面向对象

Python 既支持面向过程的编程又支持面向对象的编程，支持灵活的程序设计方式。

（4）免费和开源

Python 是 FLOSS（自由/开放源码软件）之一。简单地说，用户可以自由地发布这个软件的副本，阅读和更改其源代码，并可将它的一部分用于新的自由软件中。

（5）跨平台和可移植性

由于 Python 的开源特性，经过改动，Python 已经被移植到 Windows、Linux、Mac OS、Android 等不同的平台上工作。

（6）丰富的标准库

除了 Python 官方提供的非常完善的标准库外，还具有丰富的第三方库，有助于处理各种工作，包括输入/输出、文件系统、数据库、网络编程、图形处理、文本处理等，供开发者直接调用，省去编写大量代码的过程。

（7）可扩展性和可嵌入性

如果用户需要让自己的一段关键代码运行更快，或者是编写一些不愿开放的算法，则可以将此部分程序用 C/C++编写，然后在 Python 程序中调用它们。同样，用户可以把 Python 嵌入到 C/C++程序中，为程序提供脚本功能。

1. 3. 2　第三方工具库

Python 语言除了自身具备的优点外，还具有大量优秀的第三方函数模块，对学科交叉应用非常有帮助。目前，基于 Python 语言的相关技术正在飞速发展，用户数量急剧扩大，在软件开发领域有着广泛的应用。

(1) 操作系统管理与维护

Python 提供应用程序编程接口 (application programming interface, API) 可以方便地对操作系统进行管理和维护。使用 Python 编写的系统管理脚本在可读性、代码重用度、扩展性等方面都优于普通的 shell 脚本。

(2) 科学计算与数据可视化

Python 提供了很多用于科学计算、数据可视化和机器学习的库，如 NumPy、SciPy、SymPy、Matplotlib、Traits、OpenCV、Scikit-learn 等，可实现科学计算、数据分析、机器学习、二维图表、三维数据可视化、图像处理及界面设计等应用领域。

Python 提供的与机器学习关系较为密切的主要库如下。

NumPy 库：提供 Python 科学计算基础库，主要用于矩阵处理与运算。

Matplotlib 库：Python 中常用的绘图模块，可以快速地将计算结果以不同类型的图形展示出来。

Scikit-learn 库：开源的基于 Python 语言的机器学习工具包，提供了大量用于数据挖掘和分析的模块，包含了从数据预处理到训练模型、交叉验证、算法与可视化算法等一系列接口，可以极大地节省编写代码的时间以及减少代码量。

(3) 图形用户界面 (GUI) 开发

Python 支持 GUI 开发，可以使用 Tkinter、wxPython、PyQt 库开发各种跨平台的桌面软件。

(4) 文本处理

Python 提供的 re 模块能支持正则表达式，还提供 SGML、XML 分析模块，可以利用 Python 开发 XML 程序。

(5) 网络编程及 Web 开发

Python 提供的 Socket 模块对 Socket 接口进行了二次封装，支持 Socket 接口的访问，以支持网络编程。Python 还提供了 urllib、cookielib、httplib、scrap 等大量模块用于对网页内容进行读取和处理，并结合多线程编程以及其他有关模块可以快速实现 Web 应用开发。Python 还支持 Web 网站开发，搭建 Web 框架，目前比较流行的开发框架有 Web2Py、Django 等。

(6) 数据库编程

Python 提供了支持所有主流关系数据库管理系统的接口 DB-API (数据库应用程序编程接口) 规范的模块，用于与 SQLite、MySQL、SQL Server、Oracle 等数据库通信。另外，Python 自带一个 Gadfly 模块，提供了完整的 SQL 环境。

(7) 游戏开发

Python 在网络游戏开发中得到广泛应用。Python 提供的 Pygame 模块可以在 Python 程序中创建功能丰富的游戏和多媒体程序。

1.3.3 编译环境

Python 是跨平台的，可以运行在 Windows、Mac 和 Linux/UNIX 等操作系统上，学习 Python 编程之前，首先需要搭建 Python 开发环境。下面以 Windows 环境为例搭建 Python 开发平台。

1. Python 的下载与安装

Python 是解释型语言，搭建 Python 开发环境就是安装 Python 解释器。因为 Python 开源，可从 Python 官网下载 Python 安装包。例如，选择 Windows 环境的安装包，网址为 “https://www.python.org/downloads/windows/”，运行界面如图 1-3a 所示，下载 Python 3.11.5 安装包，如图 1-3b 所示，可根据需要选择下载 32 位/64 位安装包。

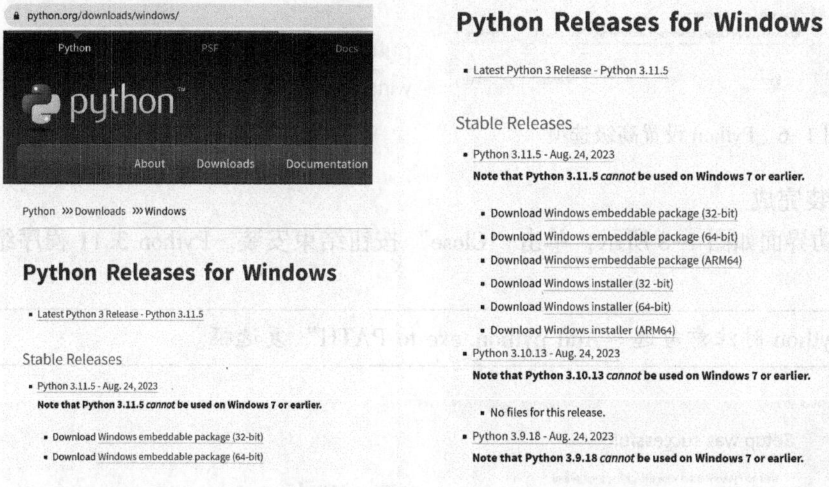

图 1-3　Python 下载与安装

Python 3.11.5 安装包下载后即可开始安装，以 64 位系统为例，安装过程如下。

(1) 开始安装 Python

双击安装包文件，安装向导界面如图 1-4 所示，选中 “Add python.exe to PATH” 复选框，以配置 Python 运行路径。

(2) 定制安装

单击图 1-4 中的 “Customize installation” 选项，选择特性界面如图 1-5 所示，此时不需要做任何修改，直接单击 “Next” 按钮。

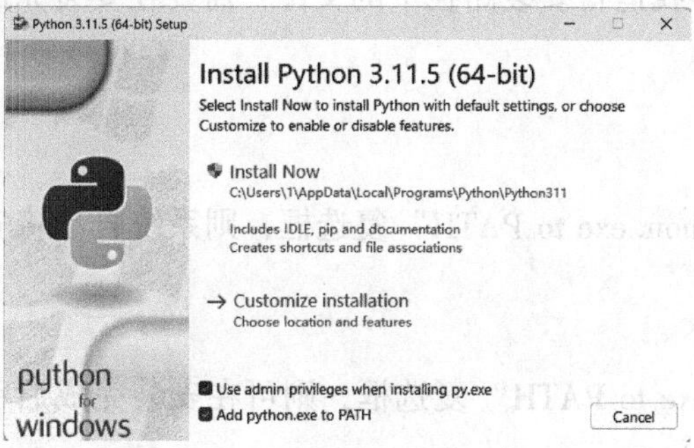

图 1-4　安装向导界面

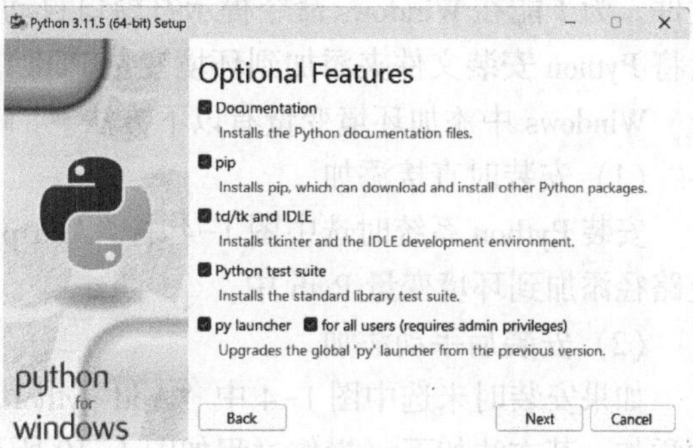

图 1-5　选择特性界面

(3) 设置高级选项

根据需要设置 “Advanced Options”，如设置 Python 安装路径等，如图 1-6 所示，单击 “Install” 按钮开始安装，安装进度如图 1-7 所示。

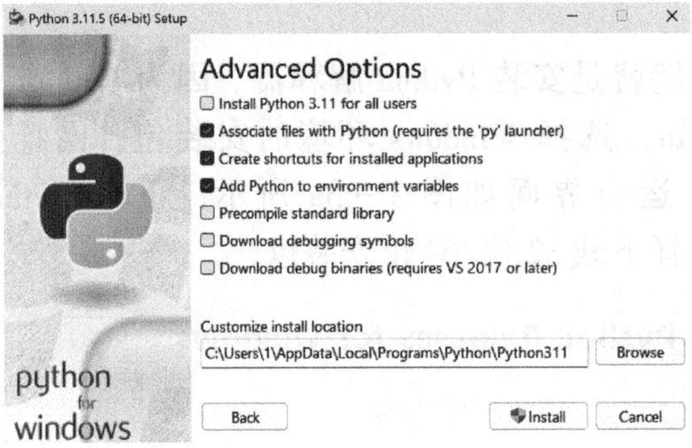

图 1-6 Python 设置高级选项

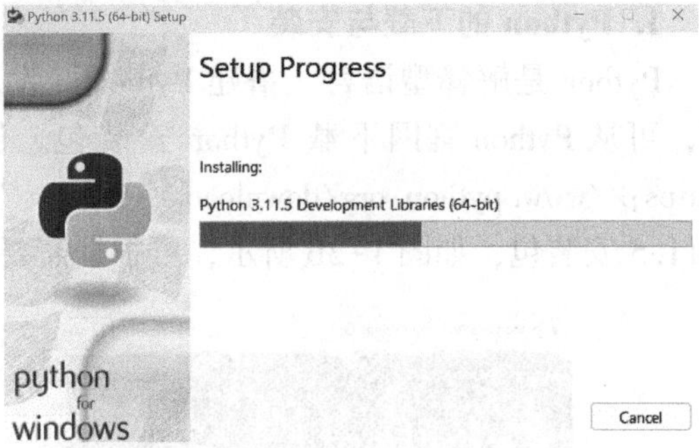

图 1-7 安装进度

（4）安装完成

安装成功界面如图 1-8 所示，单击“Close”按钮结束安装。Python 3.11 程序组如图 1-9 所示。

📖 安装 Python 时注意勾选“Add python. exe to PATH”复选框。

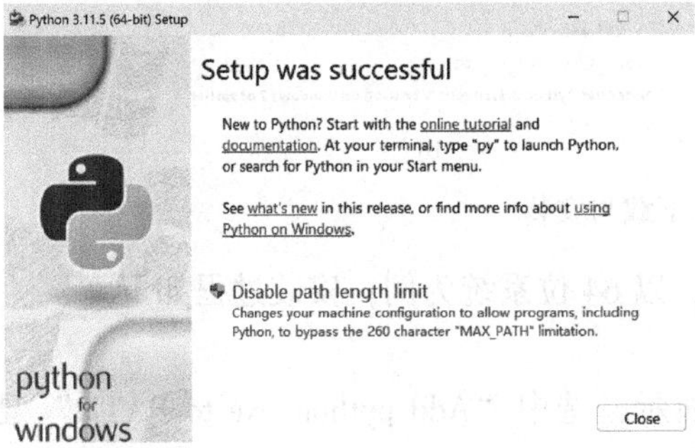

图 1-8 安装成功界面

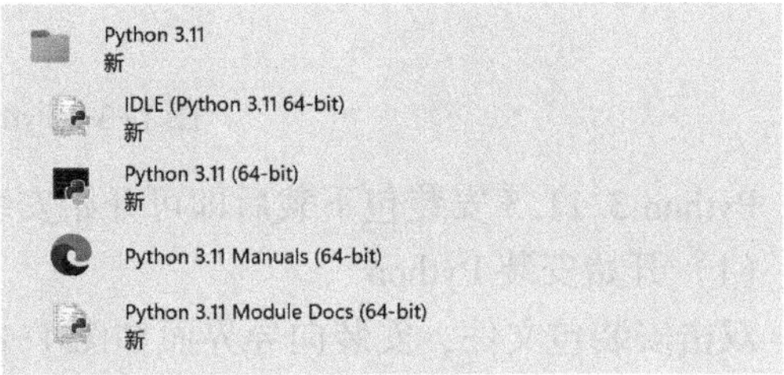

图 1-9 Python 3.11 程序组

2. 系统环境变量的设置

在 Python 的默认安装路径下包含 Python 的启动文件 python. exe、Python 库文件和其他文件。为了能在 Windows 命令提示符窗口自动寻找运行安装路径下的文件，需要在安装完成后将 Python 安装文件夹添加到环境变量 Path 中。

Windows 中添加环境变量有以下方法。

（1）安装时直接添加

安装 Python 系统时选中图 1-4 中“Add python. exe to PATH”复选框，则系统自动将安装路径添加到环境变量 Path 中。

（2）安装后手动添加

如果安装时未选中图 1-4 中“Add python. exe to PATH”复选框，则可在安装完成后手动添加。其方法如下（操作过程如图 1-10 所示）：

1）在 Windows 桌面右击“计算机”图标，在弹出的快捷菜单中选择“属性”命令，然后在打开的对话框中选择“高级系统设置”选项。

2）在打开的“系统属性”对话框中选择“高级”选项卡，单击“环境变量”按钮，打开“环境变量”对话框。

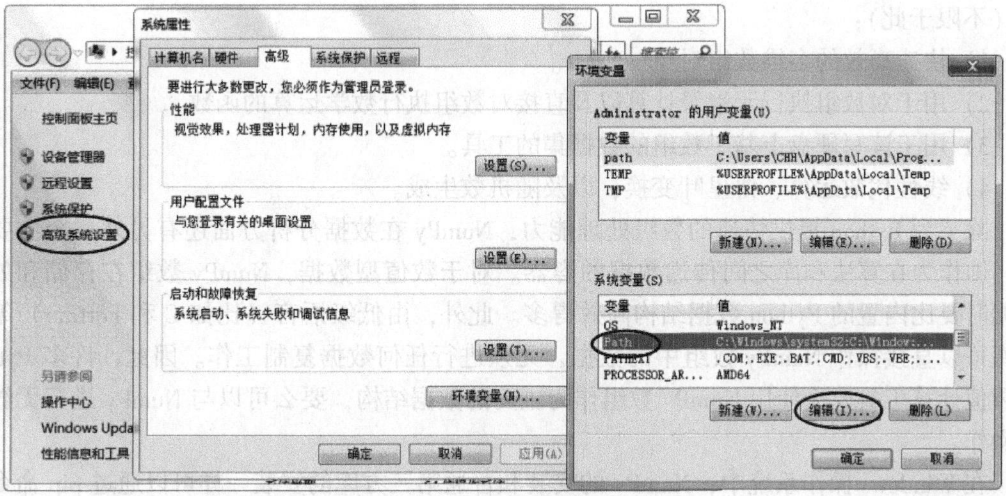

图 1-10　手动添加 Python 环境变量

3）在“系统变量”区域选择“Path”选项，单击“编辑”按钮，将 Python 安装路径“C:\python\”（假设 C:\python 是 Python 的安装目录）添加到 Path 中，最后单击“确定”按钮逐级返回。

3. Python 运行

Python 安装完成后，可以选择图 1-9 中“Python 3.11（64-bit）”启动 Python 解释器，也可以选择图 1-9 中“IDLE（Python 3.11 64-bit）”启动 Python 集成开发环境 IDLE。Python 解释器启动后，可以直接在其提示符（>>>）后输入语句。例如，在提示符>>>后输入一个输出语句 print("Hello Python!")，下一行直接解释运行输出“Hello Python!”，无须编译直接解释运行，如图 1-11 所示。与直接运行 Python 解释器相似，IDLE 同样输出“Hello Python!”，如图 1-12 所示。

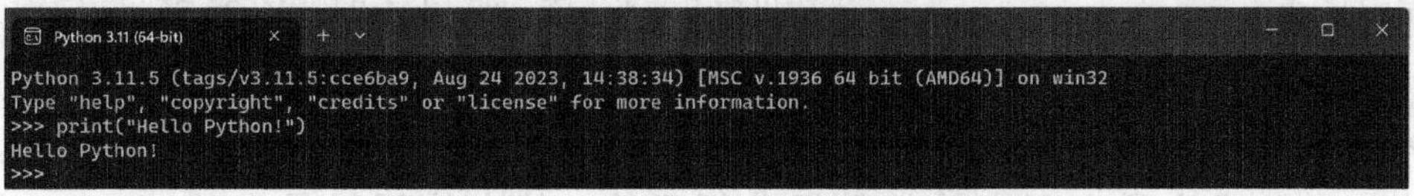

图 1-11　Python 3.11.5 解释器运行窗口

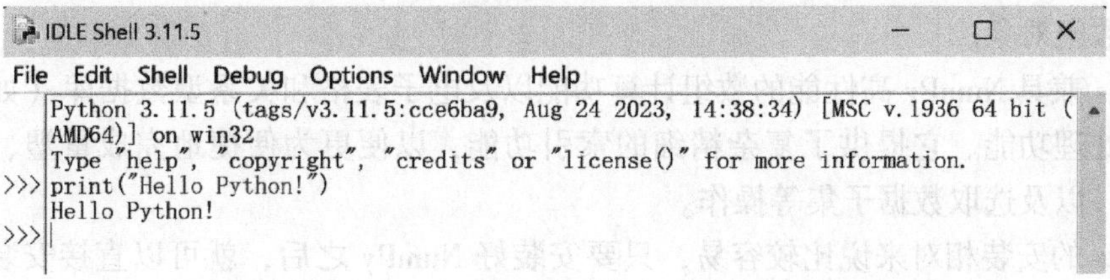

图 1-12　Python 3.11.5 IDLE 运行窗口

1.3.4　库的下载与安装

1. NumPy

NumPy（Numerial Python 的简称）是 Python 科学计算的基础包。它提供了以下主要功能（不限于此）：

1）快速高效的多维数组对象 ndarray。

2）用于对数组执行元素级计算以及直接对数组执行数学运算的函数。

3）用于读写硬盘上基于数组的数据集的工具。

4）线性代数运算、傅里叶变换，以及随机数生成。

除了为 Python 提供快速的数组处理能力，NumPy 在数据分析方面还有另外一个主要作用，即作为在算法和库之间传递数据的容器。对于数值型数据，NumPy 数组在存储和处理数据时要比内置的 Python 数据结构高效得多。此外，由低级语言（比如 C 和 Fortran）编写的库可以直接操作 NumPy 数组中的数据，无须进行任何数据复制工作。因此，许多 Python 的数值计算工具要么使用 NumPy 数组作为主要的数据结构，要么可以与 NumPy 进行无缝交互操作。

在 Windows 操作系统中，NumPy 的安装和普通第三方库的安装一样可以通过 pip 命令进行，命令如下：

```
pip install numpy
```

也可以自行下载源代码，然后使用如下命令安装：

```
python setup. py install
```

安装完成后，可以使用 NumPy 对数据进行操作，如下所示：

```
import numpy as np                      # 一般以 np 作为 NumPy 库的别名
a = np. array([2,0,2,3])                # 创建数组
print(a)                                # 输出数组
print(a[:3])                            # 引用前三个数字（切片）
print(a. min())                         # 输出 a 的最小值
a. sort()                    # 将 a 的元素从小到大排序，此操作直接修改 a，因此这时 a 为[0,2,2,3]
b = np. array([[1,2,3],[4,5,6]])        # 创建二维数组
print(b * b)                            # 输出数组的平方阵，即[[1,4,9],[16,25,36]]
```

2. Pandas

Pandas 提供了快速便捷处理结构化数据的大量数据结构和函数。自从 2010 年出现以来，它促使 Python 成为强大而高效的数据分析环境。其中使用得最多的 Pandas 对象是 DataFrame，它是一个面向列（column-oriented）的二维表结构，另一个是 Series，一个一维的标签化数组对象。

Pandas 兼具 NumPy 高性能的数组计算功能以及电子表格和关系型数据库（如 SQL）灵活的数据处理功能。它提供了复杂精细的索引功能，以便更为便捷地完成重塑、切片和切块、聚合，以及选取数据子集等操作。

Pandas 的安装相对来说比较容易，只要安装好 NumPy 之后，就可以直接安装了，通过“pip install pandas”命令安装或者下载源代码后通过“python setup. py install”命令安装。

3. Matplotlib

Matplotlib 是最流行的用于绘制图表和其他二维数据可视化的 Python 库。它最初由 John D. Hunter（JDH）创建，目前由一个庞大的开发人员团队维护。它非常适合创建出版物上用的图表。虽然还有其他的 Python 可视化库，Matplotlib 却是使用最广泛的，并且它和其他生

态工具配合也非常完美。

Matplotlib 的安装并没有什么特别之处，可以通过“pip install matplotlib”命令安装或者自行下载源代码安装。需要注意的是，Matplotlib 的上级依赖库相对较多，手动安装的时候，需要逐一把这些依赖库都安装好。

4. SciPy

SciPy 是一组专门解决科学计算中各种标准问题域的包的集合，主要包括下面这些包。

1）scipy. integrate：数值积分例程和微分方程求解器。

2）scipy. linalg：扩展了由 numpy. linalg 提供的线性代数例程和矩阵分解功能。

3）scipy. optimize：函数优化器（最小化器）以及根查找算法。

4）scipy. signal：信号处理工具。

5）scipy. sparse：稀疏矩阵和稀疏线性系统求解器。

6）scipy. special：SPECFUN（这是一个实现了许多常用数学函数（如伽马函数）的 Fortran 库）的包装器。

7）scipy. stats：标准连续和离散概率分布（如密度函数、采样器、连续分布函数等）、各种统计检验方法，以及更好的描述统计法。

NumPy 和 SciPy 结合使用，便形成了一个相当完备和成熟的计算平台，可以处理多种传统的科学计算问题。SciPy 依赖于 NumPy，因此安装之前需要先安装好 NumPy。安装 SciPy 的方式与安装 NumPy 大同小异，即通过“pip install scipy”命令来完成。

5. Scikit-learn

2010 年诞生以来，Scikit-learn 成为 Python 的通用机器学习工具包。它得到了全球超过 1500 名贡献者的支持和参与，这使得它得以不断发展壮大。它的子模块如下。

分类：SVM、近邻、随机森林、逻辑回归等。

回归：Lasso、岭回归等。

聚类：k 均值、谱聚类等。

降维：PCA、特征选择、矩阵分解等。

选型：网格搜索、交叉验证、度量。

预处理：特征提取、标准化。

Scikit-learn 对于 Python 成为高效数据科学编程语言起到了关键作用。Scikit-learn 依赖于 NumPy、SciPy 和 Matplotlib，因此，只需要提前安装好这几个库，然后安装 Scikit-learn 就可以了，安装方法跟前几个库的安装一样，可以通过“pip install scikit-learn”命令安装，也可以下载源码自行安装。

1.4 机器学习示例

近年来机器学习发展迅速，成为计算机视觉、语音识别、自然语言处理、数据挖掘等领域必不可少的核心技术。机器学习已经与普通人的生活密切相关。例如，天气预报、能源勘测、环境监测等方面，有效地利用机器学习技术对卫星和传感器发回的数据进行分析，是提高预报和检测准确性的重要途径；在商业营销中，有效地利用机器学习技术对销售数据、客户信息进行分析，不仅可以帮助商家优化库存、降低成本，还有助于针对用户群设计特殊营销策略。随着海量数据的积累和计算能力的提升，机器学习技术的应用领域还在不断扩展。

1.4.1 自动驾驶

“自动驾驶”这个词最早来自于飞机、列车、航运领域的辅助驾驶系统。它的广义定义为：自动驾驶是无须人工的持续干预，用于自动控制交通工具行驶轨迹的系统。根据统计，仅在美国，平均每天就有103人死于交通事故。超过94%的碰撞事故是由于驾驶人的失误而造成的。从理论上说，一个完美的自动驾驶方案，每年可以挽救120万人的生命。当然，目前自动驾驶还远远没有达到完美。但是随着算法和传感器技术的进步，人们相信在不久的将来，自动驾驶将超过人类司机的驾驶安全率。“自动驾驶”自21世纪初被雄心勃勃的汽车工业巨头提出以来，就一直是人们梦寐以求的出行技术。从互联网巨头到传统汽车企业纷纷投入巨资，试图引领这场出行技术的革命，而这场革命的核心正是人工智能。

自动驾驶的支撑技术可以分为以下3层：

上层控制：路线规划，交通分析，交通安排。

中层控制：物体识别，路障监测，遵守交规。

底层控制：巡航控制，防抱死，电子系统控制牵引力，燃油喷射系统，发动机调谐。

其中每一层都可以用到人工智能技术。图1-13将人工智能的算法与其在自动驾驶中的应用场景做了一个映射。

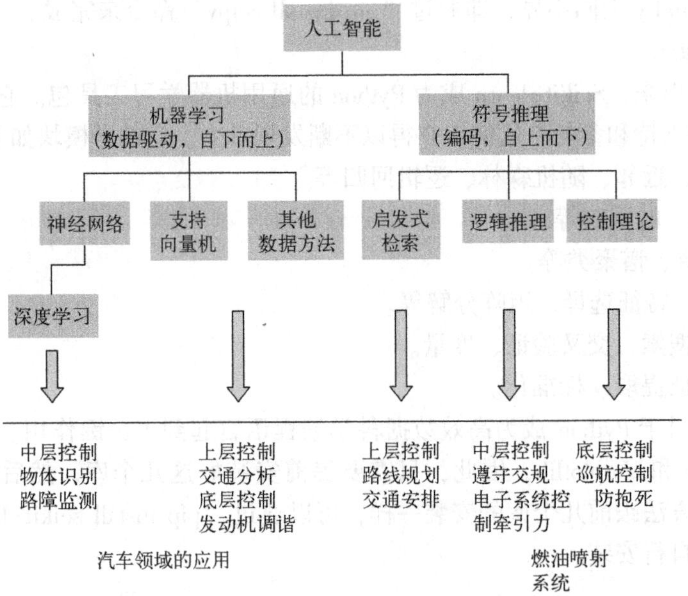

图1-13 人工智能算法和在自动驾驶中的应用场景

美国在20世纪80年代就开始进行这方面研究，这里最大的困难是无法在汽车厂里事先把汽车上路后所会遇到的所有情况都考虑到、设计出处理规则并加以编程实现，而只能根据上路时遇到的情况即时处理。若把车载传感器接收到的信息作为输入，把方向、制动、油门系统的控制行为作为输出，则这里的关键问题恰好可抽象为一个机器学习任务。2004年3月，在美国莫哈韦沙漠地区举行了第一届自动驾驶汽车比赛——DARPA大挑战赛（DARPA Grand Challenge）。这是世界上第一个自动驾驶汽车长距离比赛，15支参加决赛的团队在

142 英里（约 228.5 km）的赛道中展开角逐。最终，这场比赛没有完赛者，甚至连接近完成的也没有。走得最远的是卡内基梅隆大学的红之队（Red Team），他们用悍马沙暴（Humvee Sandstorm）行驶了 7.4 英里（约 11.9 km），还不到全程的 5%。但就是这 5%的路程，其象征意义非常显著，可以说一个新的行业由此而生。在这样的路段上行车，即使对经验丰富的人类司机来说也是一个挑战。值得一提的是，自动驾驶车在近几年取得了飞跃式发展，除谷歌外，通用、大众、宝马等传统汽车公司均投入巨资进行研发，已开始有产品进入市场：2011 年 6 月，美国内华达州议会通过法案，成为美国第一个认可自动驾驶车的州，此后，夏威夷州和佛罗里达州也先后通过类似法案，自动驾驶汽车已经出现在普通人的生活中，而机器学习技术则起到了“司机”的作用。

1.4.2　机器翻译

机器翻译是计算语言学的一个分支，也是人工智能领域的一个重要应用，其最早的相关研究可以追溯到 20 世纪 50 年代。机器翻译，即通过计算机将一种语言的文本翻译成另一种语言，已成为目前解决语言屏障的重要方法之一。早在 2013 年，谷歌翻译每天提供翻译服务就达 10 亿次之多，相当于全球一年的人工翻译量，处理的文字数量相当于 100 万册图书。

机器翻译的研究经历了基于规则的方法、基于统计的方法、基于神经网络的方法三个阶段的发展。近年来，基于神经网络的方法被引入机器翻译领域，机器翻译的性能得到了大幅提高。根据谷歌机器翻译团队发布的消息，谷歌翻译于 2016 年 9 月上线中英神经网络模型，截至 2017 年 5 月，已经支持 41 对双语翻译模块，超过 50%的翻译流量已经由神经网络模型提供。神经网络模型同样需要使用平行语料库作为训练数据，但和统计机器翻译将模型拆解成多个部分不同，神经网络模型通常是一个整体的序列到序列模型。以常见的循环神经网络为例，神经网络模型首先需要将源语言和目标语言的词语转化为向量表达，随后用循环神经网络对翻译过程进行建模，如图 1-14 所示。通常会先使用一个循环神经网络作为编码器，将输入序列（源语言句子的词序列）编码成为一个向量表示，然后再使用一个循环神经网络作为解码器，从编码器得到的向量表示里解码得到输出序列（目标语言句子的词序列）。神经网络模型近年来已经成为机器翻译领域研究和应用的热点，对于神经网络翻译模型有很多新的改进，例如 LSTM、注意力机制、训练目标改进、无平行语料训练等，机器翻译系统的性能如日方升，一步步接近人类水平。

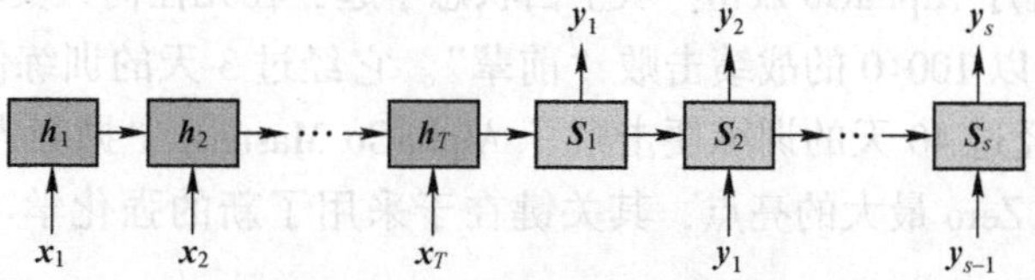

图 1-14　循环神经网络

1.4.3　游戏中的人工智能

自从人类文明诞生起，就有了游戏。游戏是人类最早的集益智与娱乐为一体的活动，传说四千年前就有了围棋。2016 年 1 月，谷歌 DeepMind 的一篇论文《通过深度神经网络与搜索树掌握围棋》（Mastering the game of go with deep neural networks and tree search）发表在

《自然》杂志上，文中提到AI算法成功运用监督学习、强化学习、深度学习与蒙特卡洛树搜索算法解决下围棋的难题。2016年3月，谷歌围棋程序AlphaGo与世界冠军李世石展开5局对战，最终以4:1获胜。2016年底，一个名为Master的神秘围棋大师在网络围棋对战平台上，通过在线超快棋的方式，以60胜0负的战绩震惊天下，在第59盘和第60盘的局间宣布自己就是AlphaGo。2017年5月，AlphaGo又与被认为世界第一的中国天才棋手柯洁举行三局较量，结果三局全胜。AlphaGo对战柯洁如图1-15所示。

图1-15 AlphaGo对战柯洁

从算法上讲，AlphaGo的成功之处在于完美集成了深度神经网络、监督学习技术、强化学习技术和蒙特卡洛树搜索算法。虽然人们很早就尝试使用蒙特卡洛树搜索算法来解决棋类AI问题，但是AlphaGo首先采用强化学习加深度神经网络来指导蒙特卡洛树搜索算法。强化学习提供整个学习框架，设计策略网络和价值网络来引导蒙特卡洛树搜索过程；深度神经网络提供学习两个网络的函数近似工具，而策略网络的初始化权重则通过对人类棋谱的监督学习获得。与传统蒙特卡洛树搜索算法不同，AlphaGo提出“异步策略与估值的蒙特卡洛树搜索算法”，也称APV-MCTS。在扩充搜索树方面，APV-MCTS根据监督训练的策略网络来增加新的边；在树节点评估方面，APV-MCTS结合简单的rollout结果与当前值网络的评估结果，得到一个新的评估值。训练AlphaGo可分成两个阶段：第一阶段，基于监督学习的策略网络参数，使用强化学习中的策略梯度方法，进一步优化策略网络；第二阶段基于大量的自我对弈棋局，使用蒙特卡洛策略评估方法得到新的价值网络。需要指出的是，为了训练监督版的策略网络，在50核的分布式计算平台上要花大约3周时间。

2017年10月19日凌晨，在国际学术期刊《自然》上发表的一篇研究论文中，谷歌Deepmind报告新版程序AlphaGo Zero：从空白状态学起，在无任何人类输入的条件下，它能够迅速自学围棋，并以100:0的战绩击败“前辈”。它经过3天的训练便以100:0的战绩击败了AlphaGo Lee，经过40天的训练便击败了AlphaGo Master。“抛弃人类经验”和“自我训练”并非AlphaGo Zero最大的亮点，其关键在于采用了新的强化学习算法，并给该算法带来了新的发展。

1.5 本章小结

本章首先阐述了人工智能与机器学习之间的联系；介绍了机器学习的定义、发展历史、分类等相关基础知识，介绍了Python语言、第三方工具库以及编译环境等机器学习工具；最后，列举了几个当前比较热门的机器学习应用实例。

1.6 延伸阅读——大数据背景下的机器学习算法

在整个机器学习的发展历程中，一直有两大研究方向。一是研究学习机制，注重探索、模拟人的学习机制；二是研究如何有效利用信息，注重从巨量数据中获取隐藏的、有效的、可理解的知识。学习机制的研究是机器学习产生的源泉，但随着产业界数据量的爆炸式增长，通过机器学习高效地获取知识，已逐渐成为当今机器学习技术发展的主要推动力。由于大数据的海量、复杂多样、变化快的特性，对于大数据环境下的应用问题，传统的在小数据上的机器学习算法很多已不再适用。因此，研究大数据环境下的机器学习算法成为学术界和产业界共同关注的话题。

大数据时代的机器学习更强调“学习本身是手段”，机器学习成为一种支持技术和服务技术，如何基于机器学习对复杂多样的数据进行深层次的分析，更高效地利用信息成为当前机器学习研究的主要方向。机器学习越来越朝着智能数据分析的方向发展，并已成为智能数据分析技术的一个重要源泉。

大数据背景下的机器学习算法大致可以分为如下几个方面。

（1）大数据分治策略与抽样

数据分治与并行处理策略是大数据处理的基本策略，但目前的分治与并行处理策略较少利用大数据的分布知识，且影响大数据处理的负载均衡与计算效率。如何学习大数据的分布知识用于优化负载均衡是一个亟待解决的问题。

（2）大数据特征选择

在数据挖掘、文档分类和多媒体索引等新兴领域中，所面临的数据对象往往是大数据集，其中包含的属性数和记录数都很大，导致处理算法的执行效率低下。通过属性选择可剔除无关属性，增加分析任务的有效性，从而提高模型精度，减少运行时间。由于大数据存在复杂、高维、多变等特性，如何采用降维和特征选择技术以降低大数据处理难度，是大数据特征选择技术迫切需要解决的问题。

（3）大数据分类

监督学习（分类）面临的一个新挑战是如何处理大数据。目前包含大规模数据的分类问题是普遍存在的，但是传统分类算法不能处理大数据。传统机器学习的分类方法很难直接运用到大数据环境下，不同的分类算法都面临着大数据环境的挑战，针对不同分类算法如何研究并行或改进策略成为大数据环境下分类学习算法研究的主要方向。

（4）大数据聚类

聚类学习是最早被用于模式识别及数据挖掘任务的方法之一，并且被用来研究各种应用中的大数据库，因此用于大数据的聚类算法受到越来越多的关注。经典的聚类算法在大数据环境下面临诸如数据量大、数据体积过大、复杂度高等众多挑战，如何并行或改进现有聚类算法，进而提出新的聚类算法成为研究关键。

（5）大数据并行算法

如何把传统机器学习算法运用到大数据环境中，一个典型策略是对现有学习算法并行化。例如，图形处理器（graphic processing unit，GPU）平台从并行上得到较显著的性能提升。这些 GPU 平台由于采用并行架构，使用并行编程方法，使得计算能力呈指数级增长。

并行策略是传统机器学习算法运用于大数据的典型策略之一，并且在一定范围内取得一些进展，能处理一定量级的大数据。如何研究高效的并行策略以高效处理大数据也是当今的研究热点之一。

1.7 习题

1. 填空题

1）机器学习是一门________的学科，涉及________、________、________、________、________等多门学科。专门研究计算机怎样________或________的学习行为，以获取新的知识或技能，重新组织已有的知识结构，使之不断改善自身的性能。

2）机器学习算法从学习方式上可以分为：________、________、________、________；按功能可分为：________、________、________。

3）Scikit-learn 中识别对象是哪个类别的模块是________，预测与对象相关联的连续值属性的模块是________，将相似对象自动分组的模块是________，数据导入模块是________。

4）Python 的特点有________、________、________、________、________、________和________。

2. 简答题

1）简述机器学习的应用领域。

2）机器学习分类有哪些？

3）简述机器学习的发展历史。

4）简述机器学习能在互联网搜索的哪些环节起作用。

5）什么是监督学习、无监督学习和半监督学习？它们各自有哪些特点及区别？

6）机器学习与人工智能有什么关系和区别？

7）有哪些常见的 Python 库？

第 2 章　机器学习基本理论

本章导读（思维导图）

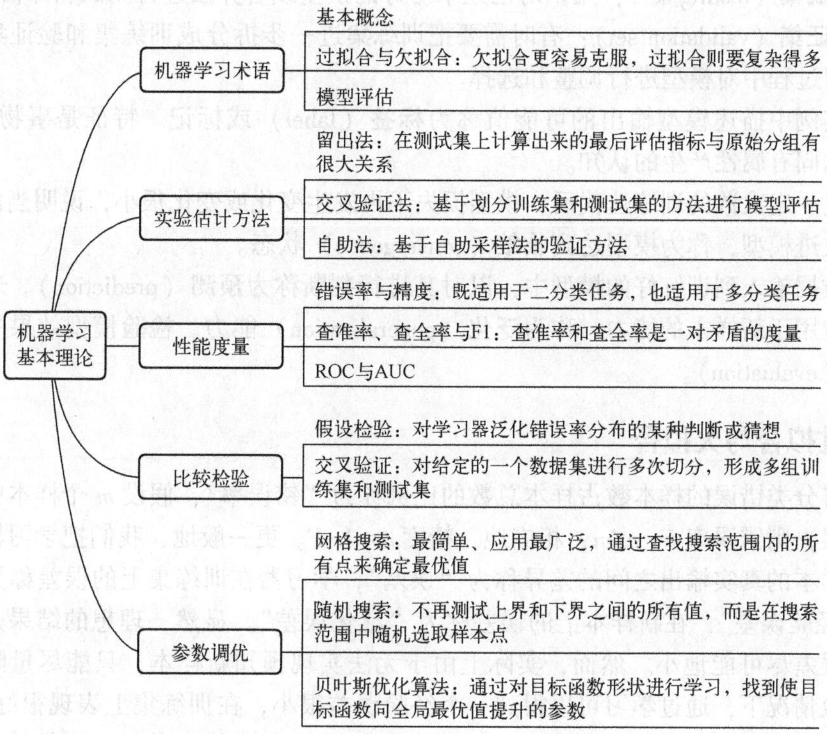

机器学习方法离不开数据和模型，俗话说，“巧妇难为无米之炊”，数据便是“米”，模型则是“巧妇”。没有充足的数据、合适的特征，再强大的模型结构也无法得到满意的输出。机器学习业界有一句经典的谚语“Garbage in, garbage out”。对于一个机器学习问题，数据和特征往往决定了结果的上限，而模型和算法的选择及优化则逐步接近这个上限。本章将介绍机器学习中关于“数据”和“模型”的相关基础知识及基本理论。

扫码看视频

2.1　机器学习术语

2.1.1　基本概念

数据集（dataset）是一种由数据所组成的集合，通常以表格的形式出现，其中每一行是一个数据，表示对一个事件或对象的描述，又称为**样本**（sample）或**实例**（instance）。每一列反映事件或对象在某方面的表现或性质，称为**特征**（feature）或**属性**（attribute）。属性上的取值称为**属性值**（attribute value）或特征值。所有属性构成的空间称为**属性空间**（attribute space）、**样本空间**（sample space）或**输入空间**（input space）。属性空间中的每一个点通常用一个向量来表示，称为**特征向量**（feature vector），即每个特征向量附属于一个实例。

模型（model）指描述特征和问题之间关系的数学对象。从数据中使用算法得到模型的过程称为**学习**（learning）或**训练**（training）。

训练过程中使用的数据集又被分为以下 3 种。

1）**训练集**（training set）：通常取数据集中一部分数据作为训练集来训练模型。

2）**测试集**（testing set）：用来对已经学习好的模型或者算法进行测试和评估的数据集。

3）**验证集**（validation set）：有时需要把训练集进一步拆分成训练集和验证集，验证集用于在学习过程中对模型进行调整和选择。

每个实例中描述模型输出的可能值称为**标签**（label）或标记。特征是事物固有属性，标签是根据固有属性产生的认知。

在经过一定次数的训练迭代后，模型损失不再发生变化或变化很小，说明当前训练样本已经无法改进模型，称为模型达到**收敛**（convergence）状态。

新的数据输入到训练好的模型中，以对其进行判断称为**预测**（prediction）。通过学习得到的模型适用于新样本的能力，称为**泛化**（generalization）能力。检验模型效果的方法称为**模型评估**（evaluation）。

2.1.2 过拟合与欠拟合

通常将分类错误的样本数占样本总数的比例称为“错误率”，假设 m 个样本中有 n 个样本分类错误，则错误率 $F=n/m$；相应地，精度 $A=1-F$。更一般地，我们把学习器的实际预测输出与样本的真实输出之间的差异称为“误差”，学习器在训练集上的误差称为“训练误差”或“经验误差”，在新样本上的误差称为“泛化误差”。显然，理想的结果是使得学习器的泛化误差尽可能地小。然而，实际上由于无法实现预知新样本，只能尽量降低经验误差。大多数情况下，通过学习可以得到一个经验误差很小，在训练集上表现很好的学习器，甚至是对所有训练样本都分类正确，即分类精度为 100%。遗憾的是，大多数情况下，这样的学习器都不理想。

我们希望的是从训练样本中尽可能学出适用于所有潜在样本的“普遍规律”，从而得到在新样本上表现得很好的学习器，也就是说在遇到新样本时可以做出正确的分类。当学习器把训练样本学得“太好”的时候，很可能将训练样本自身的一些特点当作所有潜在样本的共有特性，这样会导致泛化性能下降，这在机器学习中称为“过拟合”。与之相反，“欠拟合”是指对训练样本的一般性质尚未学习好。过拟合和欠拟合如图 2-1 所示。

常见的情况是由于学习能力过于强大，以至于将训练样本所包含的不太一般的特性也都学到了。过拟合是机器学习面临的关键障碍，各类学习算法都必然带有一些针对过拟合的措施，然而却无法彻底避免，只能尽量“缓解”。可以将处理过拟合的方法大致分为以下几种：

1）从数据入手，获得更多的训练数据。使用更多的训练数据是解决过拟合问题最有效的手段，因为更多的样本能够让模型学习到更多更有效的特征，减小噪声的影响。当然，直

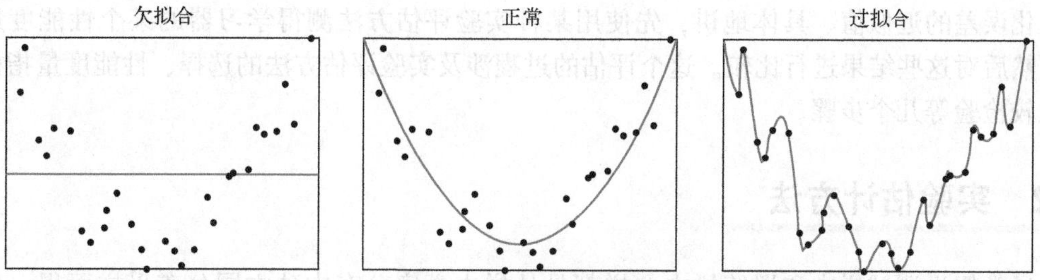

图 2-1　过拟合和欠拟合

接增加实验数据一般是很困难的，但是可以通过一定的规则来扩充训练数据。比如，在图像分类的问题上，可以通过图像的平移、旋转、缩放等方式扩充数据；更进一步地，可以使用生成式对抗网络来合成大量的新训练数据。

2）降低模型复杂度。在数据较少时，模型过于复杂是产生过拟合的主要因素，适当降低模型复杂度可以避免模型拟合过多的采样噪声。例如，在神经网络模型中减少网络层数、神经元个数等；在决策树模型中降低树的深度、进行剪枝等。

3）正则化方法。给模型的参数加上一定的正则约束，比如将权值的大小加入到损失函数中。

4）集成学习方法。集成学习是把多个模型集成在一起，来降低单一模型的过拟合风险。

相比之下，欠拟合更容易克服，欠拟合通常是由于学习能力不足造成的，可以通过提高学习能力进行改善，常见的处理方法如下：

1）添加新特征。当特征不足或现有特征与样本标签的相关性不强时，模型容易出现欠拟合。通过挖掘“上下文特征”“组合特征”等新的特征，往往能够取得更好的效果。在深度学习中，有很多模型可以帮助完成特征工程，如因子分解机、梯度提升决策树等都可以成为丰富特征的方法。

2）增加模型复杂度。简单模型的学习能力较差，通过增加模型的复杂度可以使模型拥有更强的拟合能力。例如，在线性模型中添加高次项，在神经网络模型中增加网络层数或神经元个数等。

3）减小正则化系数。正则化是用来防止过拟合的，但当模型出现欠拟合现象时，则需要有针对性地减小正则化系数。

2.1.3　模型评估

“没有测量，就没有科学”，只有选择与问题相匹配的评估方法，才能快速地发现模型选择与训练过程中出现的问题，迭代地对模型进行优化。在现实任务中，往往有很多种学习算法可供选择，甚至对同一个学习算法，当使用不同的参数配置时，也会产生不同的模型。那么，选择哪一种算法、如何配置参数？这就是机器学习中的“模型选择”问题。通过前面的描述可知，我们无法直接获得泛化误差，从而利用泛化误差进行评估，而训练误差又由于存在过拟合现象不适合作为标准。那么现实中如何进行模型的评估与选择呢？

通常，我们可通过实验测试来对学习器的泛化误差进行评估并进而做出选择。为此，需要使用“测试集”来测试学习器对新样本的判别能力，然后以测试集上的“测试误差”作为泛化误差的近似值。具体地讲，先使用某种实验评估方法测得学习器的某个性能度量结果，然后对这些结果进行比较。这个评估的过程涉及实验评估方法的选择、性能度量指标以及比较检验等几个步骤。

2.2 实验估计方法

通常假设测试样本和训练样本一样都是从样本真实分布中独立同分布采样而得。理论上，测试集应该尽可能与训练集互斥，即测试样本尽量不要出现在训练集中。这是因为当训练样本再次作为测试样本出现时，往往会得到过拟合的结果。以一个常见的场景为例，课堂上老师出了5道习题作为课堂练习，考试时试卷上又用这5道习题作为试题，那么最后的卷面成绩能否真实有效地反映出学生的学习效果呢？答案是否定的，因为有一些同学可能只会这5道题，但是却取得了高分。显然，这样的考试方式设置的并不科学合理，往往会获得过于“乐观”的统计结果。在实际应用中，我们往往会得到一个包含 m 个样例的数据集 D，从中产生训练集和测试集，要怎么划分才能满足测试集与训练集互斥呢？下面介绍几种常见的做法。

2.2.1 留出法

“留出法”是最简单也是最直接的验证方法，它将原始的样本集合随机划分成训练集和测试集两部分。比方说，对于一个点击率预测模型，我们把样本按照70%和30%的比例分成两部分，70%的样本用于模型训练；30%的样本用于模型测试，包括绘制ROC曲线、计算精确率和召回率等指标来评估模型性能。

需注意的是，训练/测试集的划分要尽可能保持数据分布的一致性，避免因数据划分过程引入额外的偏差而对最终结果产生影响，例如在分类任务中至少要保持样本的类别比例相似。如果从采样的角度来看待数据集的划分过程，则保留类别比例的采样方式通常称为“分层采样（stratified sampling）”。例如通过对数据集 D 进行分层采样而获得含70%样本的训练集 S 和含30%样本的测试集 T，若 D 包含500个正例和500个反例，则分层采样得到的 S 应包含350个正例和350个反例，而 T 则包含150个正例和150个反例；若 S 和 T 中样本类别比例差别很大，则误差估计将由于训练/测试数据分布的差异而产生偏差。

另一个需注意的问题是，即便在给定训练/测试集的样本比例后，仍存在多种划分方式对初始数据集 D 进行分割，例如在上面的例子中，可以把 D 中的样本排序，然后把前350个正例放到训练集中，也可以把最后350个正例放到训练集中。这些不同的划分将导致不同的训练/测试集，相应的，模型评估的结果也会有差别。因此，单次使用留出法得到的估计结果往往不够稳定可靠，在使用留出法时，一般要采用若干次随机划分、重复进行实验评估后取平均值作为留出法的评估结果。例如进行100次随机划分，每次产生一个训练/测试集用于实验评估，100次后就得到100个结果，而留出法返回的则是这100个结果的平均。

此外，我们希望评估的是用 D 训练出的模型的性能，但留出法需划分训练/测试集，这就会导致一个窘境：若令训练集 S 包含绝大多数样本，则训练出的模型可能更接近于用 D 训练出的模型，但由于 T 比较小，评估结果可能不够稳定准确；若令测试集 T 多包含一些样本，则训练集 S 与 D 差别更大了，被评估的模型与用 D 训练出的模型相比可能有较大差别，从而降低了评估结果的保真性。这个问题没有完美的解决方案，常见做法是将大约 2/3~4/5 的样本用于训练，剩余样本用于测试。

Scikit-learn 提供的 train_test_split 函数能够将数据集切分成训练集和测试集两类，其函数原型如下：

```
sklearn.model_selection.train_test_split(X, y, **options)
```

其主要参数如下。

1）X、y：数据集的特征值和标签。

2）test_size：指定测试集的大小或百分比，数据类型为浮点型、整型或 None。若不指定该参数值，则自动使用默认参数值 None，此时 test_size 设为 0.25。其可选值如下。

① 浮点数：测试集占原始数据集的比例，取值范围为 0.0~1.0。

② 整数：测试集大小，即原始数据集大小减去训练集大小。

3）train_size：指定训练集大小或百分比，数据类型为浮点型、整型或 None。若不指定该参数值，则自动使用默认参数值 None，此时 train_size 设为 0.75。其可选值如下。

① 浮点数：训练集占原始数据集的比例，取值范围为 0.0~1.0。

② 整数：训练集大小，即原始数据集大小减去测试集大小。

4）random_state：随机种子的设置。数据类型为整型、RandomState 实例和 None。

5）stratify：若设置为数组 y，则函数会按原数据 y 中各类比例分配训练集和测试集，使两个集合中各类数据的比例与原数据集一样。数据类型为数组对象或 None。

返回值为一个列表，依次给出一个或者多个数据集的划分结果。每个数据集都划分为两部分：训练集和测试集。

【例 2-1】 对数据集进行划分

示例代码如下：

```
from sklearn.model_selection import train_test_split
import numpy as np
# 生成 8 行 4 列的随机整数二维数组，最大值为 50
X = np.random.randint(50,size=(8, 4))
y=[1,1,0,0,1,1,0,0]
X_train,X_test,y_train,y_test=train_test_split(X,y,test_size=0.4,random_state=0)
print('X_train:',X_train)
print('X_test:',X_test)
print('y_train:',y_train)
print('y_test:',y_test)
X_train,X_test,y_train,y_test=train_test_split(X,y,test_size=0.4,random_state=0,stratify=y)
print('Stratify_X_train:',X_train)
print('Stratify_X_test:',X_test)
print('Stratify_y_train:',y_train)
```

运行结果如下：

```
X_train: [[ 0 48 27 22] [28 27 5 32] [36 33 11 31] [23 40 20 20]]
X_test: [[ 3 34 19 0] [37 15 27 15] [40 10 32 8] [44 30 43 23]]
y_train: [0, 1, 1, 1]
y_test: [0, 0, 1, 0]
```

```
Stratify_X_train: [[23 40 20 20] [ 3 34 19 0] [28 27 5 32] [44 30 43 23]]
Stratify_X_test: [[37 15 27 15] [ 0 48 27 22] [40 10 32 8] [36 33 11 31]]
Stratify_y_train: [1, 0, 1, 0]
Stratify_y_test: [0, 0, 1, 1]
```

留出法的缺点很明显，即在测试集上计算出来的最后评估指标与原始分组有很大关系。为了消除随机性，研究者们引入了“交叉验证”的思想。

2.2.2 交叉验证法

“交叉验证法”首先将全部样本划分成 k 个大小相等的样本子集；依次遍历这 k 个子集，每次把当前子集作为测试集，其余所有子集作为训练集，进行模型的训练和评估；最后把 k 次评估指标的平均值作为最终的评估指标。当数据量较小时，k 值可以相对设置得较大，增加训练集占整体数据的比例，不过同时训练的模型个数也相应增多。当数据量较大时，k 值则需要设置的相对较小，以增加评估速度。在实际实验中，k 经常取 10，此时称为 10 折交叉验证，图 2-2 给出了 10 折交叉验证的示意图。

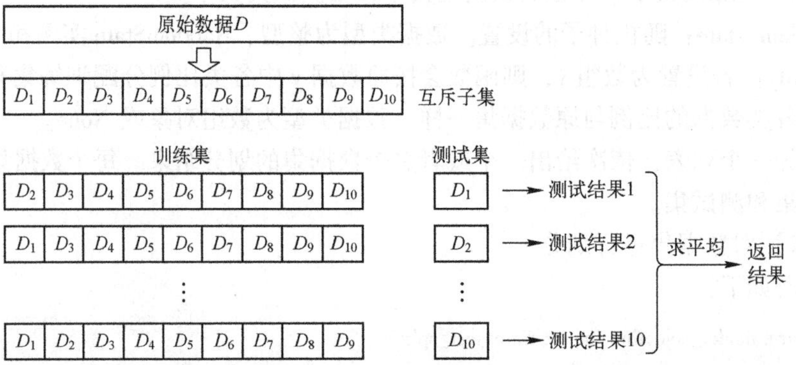

图 2-2 10 折交叉验证示意图

Scikit-learn 提供的 KFold 类实现了数据集的 k 折交叉验证，其函数原型如下：

```
sklearn.model_selection.KFold(n_splits=3, shuffle=False, random_state=None)
```

其主要参数如下：

1）n_splits：k 的值，数据类型为整型。要求该整数值大于等于 2。

2）shuffle：在切分数据集之前是否先打乱数据集，数据类型为布尔型。若不指定该参数值，则自动使用默认参数值 False。如果设置为 True，则在切分数据集之前先打乱数据集。

3）random_state：随机种子的设置。数据类型为整型、RandomState 实例和 None。

其主要方法为：

split(X,y)：切分数据集为训练集和测试集。其中 X 为样本集，形状为(n_samples，n_features)。y 为标签集，为可选参数，形状为(n_samples)。输出为长度是 k 的二维列表，其中每一行为训练集（测试集）的下标。Scikit-learn 提供的 StratifiedKFold 类实现了数据集的分层采样 k 折交叉验证，它的用法类似于 KFold，但是 StratifiedKFold 执行的是分层采样，确保训练集、测试集中各类别样本的比例与原始数据集中相同，其函数原型如下：

```
sklearn.model_selection.StratifiedKFold(n_splits=3, shuffle=False, random_state=None)
```

其参数与 KFold 函数相同。

【例 2-2】比较 KFold 和 StratifiedKFold 的区别

```
from sklearn.model_selection import KFold, StratifiedKFold
import numpy as np
X = np.random.randint(50,size=(8, 4))
y=np.array([1,1,0,0,1,1,0,0])
folder=KFold(n_splits=3, random_state=0, shuffle= False)
for train_index, test_index in folder.split(X,y) :
    print('Train_index:',train_index)
    print('Test_index:',test_index)
    print('Y_train:',y[train_index])
    print('Y_test:',y[test_index])
folder=StratifiedKFold(n_splits=3, random_state=0, shuffle= False)
for train_index, test_index in folder.split(X,y) :
    print('Stratify_train_index:',train_index)
    print('Stratify_test_index:',test_index)
    print('Stratify_Y_train:',y[train_index])
    print('Stratify_Y_test:',y[test_index])
```

运行结果如下：

```
Train_index: [3 4 5 6 7]
Test_index: [0 1 2]
Y_train: [0 1 1 0 0]
Y_test: [1 1 0]
Train_index: [0 1 2 6 7]
Test_index: [3 4 5]
Y_train: [1 1 0 0 0]
Y_test: [0 1 1]
Train_index: [0 1 2 3 4 5]
Test_index: [6 7]
Y_train: [1 1 0 0 1 1]
Y_test: [0 0]
Stratify_train_index: [4 5 6 7]
Stratify_test_index: [0 1 2 3]
Stratify_Y_train: [1 1 0 0]
Stratify_Y_test: [1 1 0 0]
Stratify_train_index: [0 1 2 3 5 7]
Stratify_test_index: [4 6]
Stratify_Y_train: [1 1 0 0 1 0]
Stratify_Y_test: [1 0]
Stratify_train_index: [0 1 2 3 4 6]
Stratify_test_index: [5 7]
Stratify_Y_train: [1 1 0 0 1 0]
Stratify_Y_test: [1 0]
```

Scikit-learn 还提供了函数 cross_val_score，它可以在分割数据集后，进行训练和测试并计算评估指标结果。其函数原型如下：

```
sklearn.model_selection.cross_val_score(estimator,X,y=None,scoring=None,cv=None, n_jobs=1,verbose=0,fit_params=None,pre_dispatch='2*n_jobs')
```

主要参数如下。

1）estimator：指定的学习器，该学习器必须有 fit 方法以进行训练。

2）X：数据集中的样本集。

3）y：数据集中的标签集。

4）scoring：指定评分函数，其原型是 score(estimator,X,y)。数值类型为字符串型、可调用对象或 None。若不指定该参数值，则自动使用默认参数值 None。此时采用 estimator 学习器的 score 方法。其可选值如下。

① accuracy：采用 metrics.accuracy_score 评分函数。

② average_precision：采用的是 metrics.average_precision_score 评分函数。

③ f1 系列值：采用 metrics.f1_score 评分函数。其中 f1_micro 使用 microaveraged 评分函数，f1_weighted 使用 weighted-average 评分函数，f1_samples 使用 by-multilabel-sample 评分函数。

④ log_loss：采用 metrics.accuracy_score 评分函数。

⑤ precision：采用 metrics.precision_score 评分函数，具体形式类似 f1 系列。

⑥ recall：采用 metrics.recall_score 评分函数，具体形式类似 f1 系列。

⑦ roc_auc：采用 metrics.roc_auc_score 评分函数。

⑧ adjusted_rand_score：采用 metrics.adjusted_rand_score 评分函数。

⑨ mean_absolute_error：采用 metrics.mean_absolute_error 评分函数。

⑩ mean_squared_error：采用 metrics.mean_squared_error 评分函数。

⑪ r2：采用 metrics.r2_score 评分函数。

5）cv：k 的值，数据类型为整型、k 折交叉生成器、迭代器或 None。若不指定该参数值，则自动使用默认参数值 None。其可选值如下。

① None：使用默认的 3 折交叉生成器。

② 整数：k 折交叉生成器的 k 值。

③ k 折交叉生成器：直接指定 k 折交叉生成器。

④ 迭代器：迭代器的结果就是数据集划分的结果。

6）fit_params：指定 estimator 执行 fit 方法时的关键字参数，数据类型为字典。

7）n_jobs：并行性。数据类型为整型，默认为-1，表示派发任务到所有计算机的 CPU 上。

8）verbose：用于控制输出日志，数据类型为整型。

9）pre_dispatch：用于控制并行执行时分发的总的任务数量。数据类型为整数或字符串。

其返回值是返回一个浮点数的数组。每个浮点数都是针对某次 k 折交叉的数据集上 estimator 预测性能的得分。

【例 2-3】 使用 10 折交叉对支持向量机在鸢尾花数据集上的分类效果进行评估

参考程序如下：

```
from sklearn.model_selection import cross_val_score
from sklearn.datasets import load_digits
from sklearn.svm import LinearSVC
digits=load_digits()
X=digits.data
y=digits.target
result=cross_val_score(LinearSVC(),X,y,cv=10)
print("Cross Val Score is:",result)
```

使用 10 折交叉划分原始数据集，使用线性支持向量机作为学习器。结果如下：

```
Cross Val Score is:[0.8972973 0.91256831 0.87292818 0.89444444 0.93296089 0.94972067 0.96089385
0.95505618 0.85875706 0.92045455]
```

可以看到同一个线性支持向量机在这 10 种“训练集-预测集”的组合上的预测性能差距较大，从 0.85875706~0.96089385 不等。

留一验证：每次留下 1 个样本作为验证集，其余所有样本作为测试集。样本总数为 n，依次对 n 个样本进行遍历，进行 n 次验证，再将评估指标求平均值得到最终的评估指标。在样本总数较多的情况下，留一验证法的时间开销极大。事实上，留一验证是留 p 验证的特例。留 p 验证是每次留下 p 个样本作为验证集，而从 n 个元素中选择 p 个元素有 C_n^p 种可能，因此它的时间开销更是远远高于留一验证，故而很少在实际工程中被应用。

2.2.3　自助法

无论是留出法还是交叉验证法，都是基于划分训练集和测试集的方法进行模型评估的。然而，当样本规模比较小时，将样本集进行划分会让训练集进一步减小，这可能会影响模型训练效果。有没有能维持训练集样本规模的验证方法呢？自助法可以比较好地解决这个问题。自助法是基于自助采样法的验证方法。对于总数为 n 的样本集合，进行 n 次有放回的随机抽样，得到大小为 n 的训练集。n 次采样过程中，有的样本会被重复采样，有的样本没有被抽出过，将这些没有被抽出的样本作为验证集，进行模型验证，这就是自助法的验证过程。

我们希望评估的是用 D 训练出的模型，但在留出法和交叉验证法中，由于保留了一部分样本用于测试，因此实际评估的模型所使用的训练集比 D 小，这必然会引入一些因训练样本规模不同而导致的估计偏差。留一法受训练样本规模变化的影响较小，但计算复杂度又太高了。有没有什么办法可以减少训练样本规模不同造成的影响，同时还能比较高效地进行实验估计呢？

“自助法”是一个比较好的解决方案，它直接以自助采样法为基础。给定包含 m 个样本的数据集 D，我们对它进行采样产生数据集 D'：每次随机从 D 中挑选一个样本，将其放入 D'，然后再将该样本放回初始数据集 D 中，使得该样本在下次采样时仍有可能被采到；这个过程重复执行 m 次后，我们就得到了包含 m 个样本的数据集 D'，这就是自助采样的结果。显然，D 中有一部分样本会在 D' 中多次出现，而另一部分样本不出现。可以做一个简单的估计，样本在 m 次采样中始终不被采到的概率是 $\left(1-\frac{1}{m}\right)^m$，取极限得到

$$\lim_{m\to\infty}\left(1-\frac{1}{m}\right)^m=\frac{1}{\mathrm{e}}\approx 0.368 \tag{2-1}$$

即通过自助采样，初始数据集 D 中约有 36.8%的样本未出现在采样数据集 D' 中。于是我们可将 D' 用作训练集，$D \backslash D'$ 用作测试集（“\”表示集合减法）；实际评估的模型与期望评估的模型都使用 m 个训练样本，而我们仍有数据总量约 1/3 的、没在训练集中出现的样本用于测试。这样的测试结果，称为“包外估计”。

📖 自助法在数据集较小、难以有效划分训练集、测试集时很有用；此外，自助法能从初始数据集中产生多个不同的训练集，这对集成学习等方法有很大的好处。然而，自助法产生的数据集改变了初始数据集的分布，这会引入估计偏差。因此，在初始数据量足够时，留出法和交叉验证法更常用一些。

2.3 性能度量

性能度量（performance measure）是指衡量模型泛化能力的评价标准，同时反映了任务需求。在对比不同模型能力时，使用不同的性能度量往往会导致不同的评判结果；这意味着模型的“优劣”是相对的，对模型评价的标准不仅取决于算法和数据，还决定于任务需求。

2.3.1 错误率与精度

错误率和精度是分类任务中最常用的两种性能度量，既适用于二分类任务，也适用于多分类任务。错误率是分类错误的样本数占样本总数的比例，精度则是分类正确的样本数占样本总数的比例。对样例集 D，分类错误率定义为

$$E(f;D) = \frac{1}{m}\sum_{i=1}^{m} \mathbb{I}(f(x_i) \neq y_i) \tag{2-2}$$

精度则定义为

$$\operatorname{acc}(f;D) = \frac{1}{m}\sum_{i=1}^{m} \mathbb{I}(f(x_i) = y_i) = 1 - E(f;D) \tag{2-3}$$

更一般的，对于数据分布 D 和概率密度函数 $p(\cdot)$，错误率和精度可分别描述为

$$E(f;D) = \int_{x \sim D} \mathbb{I}(f(x) \neq y)p(x)\,\mathrm{d}x \tag{2-4}$$

$$\operatorname{acc}(f;D) = \int_{x \sim D} \mathbb{I}(f(x) = y)p(x)\,\mathrm{d}x = 1 - E(f;D) \tag{2-5}$$

2.3.2 查准率、查全率与 F1

错误率和精度虽常用，但并不能满足所有任务需求。以西瓜问题为例，假定瓜农拉来一车西瓜，我们用训练好的模型对这些西瓜进行判别，显然，错误率衡量了有多少比例的瓜被判别错误，但是，若我们关心的是“挑出的西瓜中有多少比例是好瓜”或者“所有好瓜中有多少比例被挑了出来”，那么错误率显然就不够用了，这时需要使用其他的性能度量。

类似的需求在信息检索、Web 搜索等应用中经常出现，例如在信息检索中，我们经常会关心“检索出的信息中有多少比例是用户感兴趣的”“用户感兴趣的信息中有多少被检索出来了”。“查准率（precision）”与“查全率（recall）”是更为适用于此类需求的性能度量。

对于二分类问题，可将样例根据其真实类别与学习器预测类别的组合划分为真正例（true positive）、假正例（false positive）、真反例（true negative）、假反例（false negative）四种情形，令 TP、FP、TN、FN 分别表示其对应的样例数，则显然有 TP+FP+TN+FN=样例总数。分类结果的“混淆矩阵（confusion matrix）”见表 2-1。

表 2-1　分类结果混淆矩阵

真实情况	预测结果	
	正例	反例
正例	TP（真正例）	FN（假反例）
反例	FP（假正例）	TN（真反例）

查准率 P 与查全率 R 分别定义为

$$P=\frac{\mathrm{TP}}{\mathrm{TP+FP}} \tag{2-6}$$

$$R=\frac{\mathrm{TP}}{\mathrm{TP+FN}} \tag{2-7}$$

查准率和查全率是一对矛盾的度量，一般来说，查准率高时，查全率往往偏低；而查全率高时，查准率往往偏低。例如，若希望将好瓜尽可能多地选出来，则可通过增加选瓜的数量来实现，如果将所有西瓜都选上，那么所有的好瓜也必然都被选上了，但这样查准率就会较低；若希望选出的瓜中好瓜比例尽可能高，则可只挑选最有把握的瓜，但这样就难免会漏掉不少好瓜，使得查全率较低。通常只有在一些简单任务中，才可能使查全率和查准率都很高。

在很多情形下，我们可根据学习器的预测结果对样例进行排序，排在前面的是学习器认为“最可能”是正例的样本，排在最后的则是学习器认为“最不可能”是正例的样本，按此顺序逐个把样本作为正例进行预测，则每次可以计算出当前的查全率、查准率，以查准率为纵轴、查全率为横轴作图，就得到了查准率-查全率曲线，简称“P-R 曲线”，显示该曲线的图称为“P-R 图”，亦称“PR 曲线”或“PR 图”。P-R 曲线与平衡点示意图如图 2-3 所示。

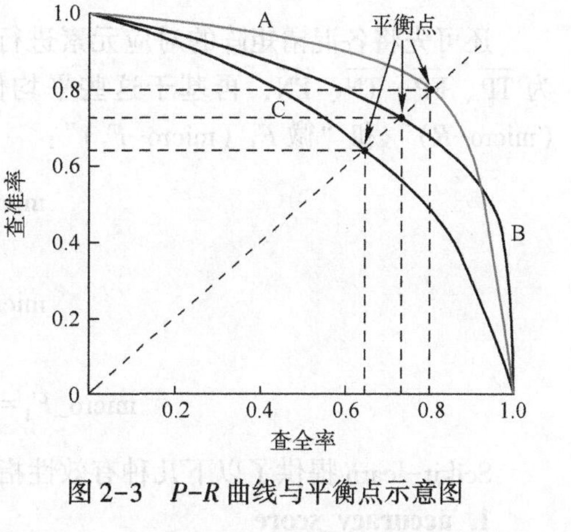

图 2-3　P-R 曲线与平衡点示意图

P-R 图直观地显示出学习器在样本总体上的查全率、查准率。在进行比较时，若一个学习器的 P-R 曲线被另一个学习器的曲线完全“包住”，则可断言后者的性能优于前者，例如图 2-3 中学习器 A 的性能优于学习器 C；如果两个学习器的 P-R 曲线发生了交叉，例如图 2-3 中的学习器 A 与学习器 B，则难以一般性地断言两者孰优孰劣，只能在具体的查准率或查全率条件下进行比较。然而，在很多情形下，人们往往仍希望把学习器 A 与学习器 B 比出个高低，这时一个比较合理的判据是比较 P-R 曲线下面积的大小，它在一定程度上表征了学习器在查准率和查全率上取得相对“双高”的比例，但这个值不太容易估算，因此，人们设计了一些综合考虑查准率、查全率的性能度量。

“平衡点（break-event point，BEP）”就是这样一个度量，它是“查准率=查全率”时的取值，例如图2-3中学习器C的BEP是0.64，而基于BEP的比较，可认为学习器A优于学习器B。

但BEP还是过于简化了些，更常用的是F_1度量：

$$F_1=\frac{2PR}{P+R}=\frac{2\mathrm{TP}}{\text{样例总数}+\mathrm{TP}-\mathrm{TN}} \tag{2-8}$$

在一些应用中，对查准率和查全率的重视程度有所不同，例如在商品推荐系统中，为了尽可能少打扰用户，更希望推荐内容确是用户感兴趣的，此时查准率更重要；而在逃犯信息检索系统中，更希望尽可能少漏掉逃犯，此时查全率更重要。F_1度量的一般形式——F_β，能让我们表达出对查准率/查全率的不同偏好，它定义为

$$F_\beta=\frac{(1+\beta^2)PR}{\beta^2P+R} \tag{2-9}$$

式中，$\beta>0$度量了查全率对查准率的相对重要性。$\beta=1$时退化为标准的F_1；$\beta>1$时查全率有更大影响；$\beta<1$时查准率有更大影响。

很多时候我们有多个二分类混淆矩阵，例如进行多次训练/测试，每次得到一个混淆矩阵；或是在多个数据集上进行训练/测试，希望估计算法的“全局”性能；甚或是执行多分类任务，每两两类别的组合都对应一个混淆矩阵。总之，我们希望在n个二分类混淆矩阵上综合考察查准率和查全率。

一种直接的做法是先在各混淆矩阵上分别计算出查准率和查全率，记为(P_1,R_1)，(P_1,R_2)，…，(P_n,R_n)，再计算平均值，这样就得到“宏查准率（macro-P）”、“宏查全率（macro-R）”，以及相应的“宏F_1（macro-F_1）”：

$$\mathrm{macro\_}P=\frac{1}{n}\sum_{i=1}^{n}P_i \tag{2-10}$$

$$\mathrm{macro\_}R=\frac{1}{n}\sum_{i=1}^{n}R_i \tag{2-11}$$

$$\mathrm{macro\_}F_1=\frac{2\times\mathrm{macro\_}P\times\mathrm{macro\_}R}{\mathrm{macro\_}P+\mathrm{macro\_}R} \tag{2-12}$$

还可先将各混淆矩阵的对应元素进行平均，得到TP、FP、TN、FN的平均值，分别记为$\overline{\mathrm{TP}}$、$\overline{\mathrm{FP}}$、$\overline{\mathrm{TN}}$、$\overline{\mathrm{FN}}$，再基于这些平均值计算出“微查准率（micro-P）”、“微查全率（micro-R）”和“微F_1（micro-F_1）”：

$$\mathrm{micro\_}P=\frac{\overline{\mathrm{TP}}}{\overline{\mathrm{TP}}+\overline{\mathrm{FP}}} \tag{2-13}$$

$$\mathrm{micro\_}R=\frac{\overline{\mathrm{TP}}}{\overline{\mathrm{TP}}+\overline{\mathrm{FN}}} \tag{2-14}$$

$$\mathrm{micro\_}F_1=\frac{2\times\mathrm{micro\_}P\times\mathrm{micro\_}R}{\mathrm{micro\_}P+\mathrm{micro\_}R} \tag{2-15}$$

Scikit-learn提供了以下几种有效性指标的计算方式。

1. accuracy_score

Scikit-learn提供的accuracy_score函数用于计算分类结果的准确率，其原型为：

```
sklearn. metrics. accuracy_score( y_true, y_pred, normalize=True, sample_ weight=None)
```

其主要参数如下。

1）y_true：样本集的真实标签集合。

2）y_pred：分类器对样本集的预测标签值。

3）normalize：选择计算分类正确的比例或数量，数据类型为布尔型。若不指定该参数值，则自动使用默认参数值 True。如果设置为 True，则返回分类正确的比例（准确率），为一个浮点数。否则返回分类正确的数量，为一个整数。

4）sample_weight：样本权重。若不指定该参数值，则自动使用默认参数值 None，此时每个样本的权重均为 1。

2. precision_score

Scikit-learn 提供的 precision_score 函数用于计算分类结果的查准率，返回值即预测结果为正类的那些样本中真正正类的比例。其函数原型如下：

```
sklearn. metrics. precision_score( y_true, y_pred, labels=None, pos_label=1,
average='binary', sample_weight=None)
```

其主要参数如下。

1）y_true：样本集的真实标签集合。

2）y_pred：分类器对样本集的预测标签值。

3）labels：用于指定要计算精确度的标签或类别。默认情况下，labels=None，表示计算所有唯一的标签或类别的精确度。也就是说，它将基于预测值和真实值中出现的所有不同类别来计算精确度。

4）pos_label：指定属于正类的标签，数据类型为字符串型或整型。

5）average：多分类时评价指标平均值的计算方式，数据类型为字符串型。其可选值如下。

6）sample_weight：样本权重。若不指定该参数值，则自动使用默认参数值 None，此时每个样本的权重均为 1。

① micro：通过计算全部类别的总 TP、FN 和 FP 来计算查准率。

② macro：各类别的查准率求和除以类别数量，即各类别查准率的均值。不考虑类别的样本数量，不适用于类别样本不均衡的数据集。

③ weighted：类别的查准率×该类别的样本数量（实际值而非预测值）/样本总数量，即各类别查准率的加权平均。

④ binary：只适用于二分类，用正类 $y=1$ 时的 TP、FN 和 FP 来计算查准率。

3. recall_score

Scikit-learn 提供的 recall_score 函数用于计算分类结果的查全率，即真正的正类中，被分类器正确划分的比例。其函数原型如下：

```
sklearn. metrics. recall_score( y_true, y_pred, labels=None, pos_label=1, average='binary', sample_weight=
None)
```

其主要参数与 precision_score 相同。

4. f1_score

Scikit-learn 提供的 f1_score 函数用于计算分类结果的值，其函数原型如下：

```
sklearn. metrics. f1_score(y_true, y_ pred, labels=None, pos_label=1, average='binary', sample_weight=
None)
```

其主要参数与 precision_score 相同。

【例 2-4】分别计算分类结果的准确率、查准率、查全率和 F_1

参考程序如下：

```
from sklearn. metrics import accuracy_score,precision_score,recall_score,f1_score y_true=[1,1,1,1,1,0,0,
0,0,0]
y_pred=[1,1,1,0,0,0,0,0,0,0]
print('Accuracy Score(normalize=True):', accuracy_score(y_true, y_pred, normalize=True))
print('Accuracy Score(normalize=False):', accuracy_score(y_true, y_pred, normalize=False))
print('Precision Score:', precision_score(y_true, y_pred))
print('Recall Score:', recall_score (y_true, y_pred))
print('F1 Score:', f1_score (y_true, y_pred))
```

程序运行结果如下：

```
Accuracy Score(normalize=True): 0.8
Accuracy Score(normalize=False): 8
Precision Score: 1.0
Recall Score: 0.6
F1 Score: 0.7499999999999999
```

2.3.3 ROC 与 AUC

很多学习器是为测试样本产生一个实值或概率预测，然后将这个预测值与一个分类阈值（threshold）进行比较，若大于阈值则分为正例，否则为反例。例如，神经网络在一般情形下是对每个测试样本预测出一个[0.0,1.0]之间的实值，然后将这个值与 0.5 进行比较，大于 0.5 则判为正例，否则为反例。这个实值或概率预测结果的好坏，直接决定了学习器的泛化能力。实际上，根据这个实值或概率预测结果，我们可将测试样本进行排序，“最可能”是正例的排在最前面，“最不可能”是正例的排在最后面，这样，分类过程就相当于在这个排序中以某个“截断点（cut point）”将样本分为两部分，前一部分判作正例，后一部分则判作反例。

在不同的应用任务中，我们可根据任务需求来采用不同的截断点，例如若我们更重视“查准率”，则可选择排序中靠前的位置进行截断；若更重视“查全率”，则可选择靠后的位置进行截断。因此，排序本身的质量好坏，体现了综合考虑学习器在不同任务下的“期望泛化性能”的好坏，或者说“一般情况下”泛化性能的好坏。ROC 曲线则是从这个角度出发来研究学习器泛化性能的有力工具。

ROC 全称是“受试者工作特征（receiver operating characteristic）”曲线，它源于“二战”中用于敌机检测的雷达信号分析技术，20 世纪六七十年代开始被用于一些心理学、医学检测应用中，此后被引入机器学习领域。与 2.3.2 节中介绍的 *P-R* 曲线相似，我们根据学习器的预测结果对样例进行排序，按此顺序逐个把样本作为正例进行预测，每次计算出两个重要量的值，分别以它们为横坐标、纵坐标作图，就得到了“ROC 曲线”。与 *P-R* 曲线使用查准率、查全率为纵轴、横轴不同，ROC 曲线的纵轴是“真正例率（true positive rate，TPR）”，横轴是

“假正例率（false positive rate，FPR）”，基于表 2-1 中的符号，两者分别定义为

$$\mathrm{TPR}=\frac{\mathrm{TP}}{\mathrm{TP}+\mathrm{FN}} \tag{2-16}$$

$$\mathrm{FPR}=\frac{\mathrm{FP}}{\mathrm{TN}+\mathrm{FP}} \tag{2-17}$$

显示 ROC 曲线的图称为“ROC 图”。图 2-4a 给出了一个示意图，显然，对角线对应于“随机猜测”模型，而点(0,1)则对应于将所有正例排在所有反例之前的“理想模型”。

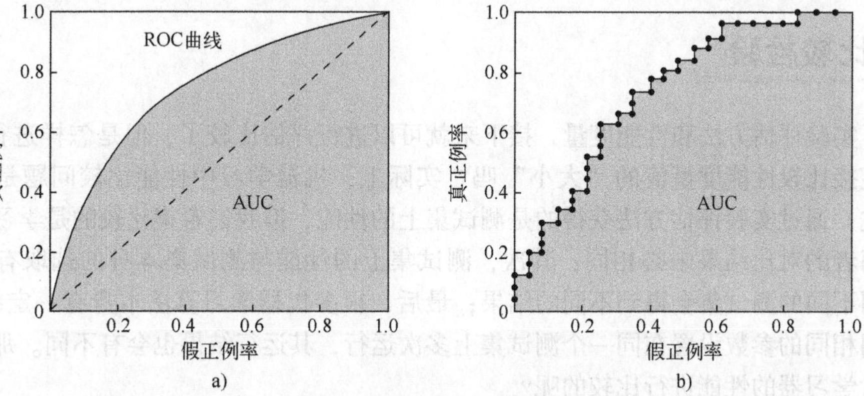

图 2-4　ROC 曲线与 AUC 示意图

现实任务中通常是利用有限个测试样例来绘制 ROC 图，此时仅能获得有限个（真正例率，假正例率）坐标对，无法产生图 2-4a 中的光滑 ROC 曲线，只能绘制出如图 2-4b 所示的近似 ROC 曲线。绘图过程很简单：给定 m^+个正例和 m^-一个反例，根据学习器预测结果对样例进行排序，然后把分类阈值设为最大，即把所有样例均预测为反例，此时真正例率和假正例率均为 0，在坐标(0,0)处标记一个点。然后，将分类阈值依次设为每个样例的预测值，即依次将每个样例划分为正例。设前一个标记点坐标为(x,y)，当前若为真正例，则对应标记点的坐标为$(x,y+1/m^-)$；当前若为假正例，则对应标记点的坐标为$(x+1/m^+,y)$，然后用线段连接相邻点即得。

进行学习器的比较时，与 *P-R* 图相似，若一个学习器的 ROC 曲线被另一个学习器的曲线完全“包住”，则可断言后者的性能优于前者；若两个学习器的 ROC 曲线发生交叉，则难以一般性地断言两者孰优孰劣。此时如果一定要进行比较，则较为合理的判据是比较 ROC 曲线下的面积，即 AUC（area under ROC curve），如图 2-4 所示。

从定义可知，AUC 可通过对 ROC 曲线下各部分的面积求和而得。假定 ROC 曲线是由坐标为$\{(x_1,y_1),(x_2,y_2),\cdots,(x_m,y_m)\}$的点按序连接而形成$(x_1=0,x_m=1)$，如图 2-4b 所示，则 AUC 可估算为

$$\mathrm{AUC}=\frac{1}{2}\sum_{i=1}^{m-1}(x_{i+1}-x_i)(y_i+y_{i+1}) \tag{2-18}$$

形式化地看，AUC 考虑的是样本预测的排序质量，因此它与排序误差有紧密联系。给定 m^+个正例和 m^-个反例，令 D^+和 D^-分别表示正例、反例集合，则排序“损失（loss）”定义为

$$\mathrm{lrank}=\frac{1}{m^{+}m^{-}}\sum_{x^{+}\in D^{+}}\sum_{x^{-}\in D^{-}}\left(\mathbb{I}(f(x^{+})<f(x^{-}))+\frac{1}{2}\mathbb{I}(f(x^{+})=f(x^{-}))\right) \tag{2-19}$$

即考虑每一对正例、反例，若正例的预测值小于反例，则记一个“罚分”，若相等，则记0.5个“罚分”。容易看出，lrank 对应的是 ROC 曲线之上的面积：若一个正例在 ROC 曲线上对应标记点的坐标为(x,y)，则 x 恰是排序在其之前的反例所占的比例，即假正例率。因此有

$$\mathrm{AUC}=1-\mathrm{lrank} \tag{2-20}$$

2.4 比较检验

有了实验评估方法和性能度量，接下来就可以进行评估比较了，但是怎样进行“比较”呢？是直接比较性能度量值的“大小”吗？实际上，机器学习中性能比较问题是十分复杂的。首先，通过实验评估方法获得的是测试集上的性能，但我们希望比较的是学习器的泛化性能，两者的对比结果未必相同；其次，测试集上的性能与测试集本身的选取有很大的关系，使用不同的测试集会得到不同的结果；最后，很多机器学习算法本身有一定的随机性，即便使用相同的参数设置在同一个测试集上多次运行，其运行结果也会有不同。那么，我们是如何对学习器的性能进行比较的呢？

统计假设检验（hypothesis test）为我们进行学习器性能比较提供了重要依据。基于假设检验结果可以推断出，若在测试集上观察到学习器 A 比学习器 B 好，则学习器 A 的泛化性能是否在统计意义上优于 B，以及这个推断结论的准确性有多大。

2.4.1 假设检验

假设检验中的“假设”是对学习器泛化错误率分布的某种判断或猜想，例如“$\epsilon=\epsilon_0$”。现实任务中我们并不知道学习器的泛化错误率，只能获知其测试错误率$\hat{\epsilon}$。泛化错误率与测试错误率未必相同，但直观上，二者接近的可能性应比较大，相差很远的可能性比较小。因此，可根据测试错误率估推出泛化错误率的分布。

泛化错误率为 ϵ 的学习器在一个样本上犯错的概率是 ϵ；测试错误率$\hat{\epsilon}$意味着在 m 个测试样本中恰有$\hat{\epsilon}\times m$ 个被误分类。假定测试样本是从样本总体分布中独立采样而得，那么泛化错误率为 ϵ 的学习器将其中 m' 个样本误分类、其余样本全都分类正确的概率是 $\epsilon^{m'}(1-\epsilon)^{m-m'}$；由此可估算出其恰将$\hat{\epsilon}\times m$ 个样本误分类的概率，见式（2-21），这也表达了在包含 m 个样本的测试集上，泛化错误率为 ϵ 的学习器被测得测试错误率为$\hat{\epsilon}$的概率：

$$P(\hat{\epsilon};\epsilon)=\binom{m}{\hat{\epsilon}\times m}\epsilon^{\hat{\epsilon}\times m}(1-\epsilon)^{m-\hat{\epsilon}\times m} \tag{2-21}$$

给定测试错误率，则解$\frac{\partial P(\hat{\epsilon};\epsilon)}{\partial\epsilon}=0$ 可知，$P(\hat{\epsilon};\epsilon)$在 $\epsilon=\hat{\epsilon}$时最大，$|\epsilon-\hat{\epsilon}|$增大时 $P(\hat{\epsilon};\epsilon)$减小。这符合二项（binomial）分布，二项分布示意图如图 2-5 所示，若 $\epsilon=0.3$，则 10 个样本中测得 3 个被误分类的概率最大。

我们可使用“二项检验（binomial test）”来对“$\epsilon\leqslant 0.3$”（即“泛化错误率是否不大于0.3”）这样的假设进行检验。更一般的，考虑假设“$\epsilon\leqslant\epsilon_0$”，则在 $1-\alpha$ 的概率内所能观测

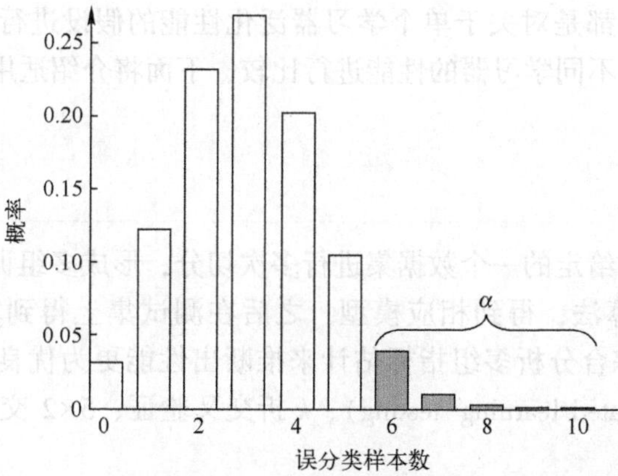

图 2-5　二项分布示意图

到的最大错误率见式（2-22）。这里 1-α 反映了结论的"置信度（confidence）"，直观地来看，相应于图 2-5 中非阴影部分的范围。

$$\bar{\epsilon} = \max \epsilon \text{ s. t. } \sum_{i=\epsilon\times m+1}^{m} \binom{m}{i} \epsilon_0^i (1-\epsilon_0)^{m-i} < \alpha \tag{2-22}$$

此时若测试错误率$\hat{\epsilon}$小于临界值$\bar{\epsilon}$，则根据二项检验可得出结论：在 α 的显著度下，假设"$\epsilon \leqslant \epsilon_0$"不能被拒绝，即能以 1-$\alpha$ 的置信度认为，学习器的泛化错误率不大于 ϵ_0；否则该假设可被拒绝，即在 α 的显著度下可认为学习器的泛化错误率大于 ϵ_0。

在很多时候我们并非仅做一次留出法估计，而是通过多次重复留出法或交叉验证法等进行多次训练/测试，这样会得到多个测试错误率，此时可使用"t 检验（t-test）"。假定我们得到了 k 个测试错误率$\hat{\epsilon}_1, \hat{\epsilon}_2, \cdots, \hat{\epsilon}_k$，则平均测试错误率 μ 和方差 σ^2 为

$$\mu = \frac{1}{k} \sum_{i=1}^{k} \hat{\epsilon}_i \tag{2-23}$$

$$\sigma^2 = \frac{1}{k-1} \sum_{i=1}^{k} (\hat{\epsilon}_i - \mu)^2 \tag{2-24}$$

考虑到这 k 个测试错误率可看作泛化错误率 ϵ_0的独立采样，则变量

$$\tau_t = \frac{\sqrt{k}(\mu - \epsilon_0)}{\sigma} \tag{2-25}$$

对假设"$\mu=\epsilon_0$"和显著度 α，我们可计算出当测试错误率均值为 ϵ_0时，在 1-α 概率内能观测到的最大错误率，即临界值。若平均错误率 μ 与 ϵ_0之差$|\mu-\epsilon_0|$位于临界值范围$[t_{-\alpha/2}, t_{\alpha/2}]$内，则不能拒绝假设"$\mu=\epsilon_0$"，即可认为泛化错误率为 ϵ_0，置信度为 1-α；否则可拒绝该假设，即在该显著度下可认为泛化错误率与 ϵ_0有显著不同。α 常用取值有 0.05 和 0.1。双边 t 检验的常用临界值见表 2-2。

表 2-2　双边 t 检验的常用临界值

α	k				
	2	5	10	20	30
0.05	12.706	2.776	2.262	2.093	2.045
0.10	6.314	2.132	1.833	1.729	1.699

上面介绍的两种方法都是对关于单个学习器泛化性能的假设进行检验，而在现实任务中，更多时候我们需要对不同学习器的性能进行比较，下面将介绍适用于此类情况的假设检验方法。

2.4.2 交叉验证

交叉验证方法是指对给定的一个数据集进行多次切分，形成多组训练集和测试集，先使用训练集训练机器学习算法，得到相应模型，之后在测试集上得到算法性能指标的估计(简称指标估计)，最后综合分析多组指标估计来推断出性能更为优良的算法。常用的交叉验证方法包括 RLT（repeated learning-testing）、k 折交叉验证、5×2 交叉验证、组块 3×2 交叉验证等。

对两个学习器 A 和学习器 B，若我们使用 k 折交叉验证法得到的测试错误率分别为 ϵ_1^A，$\epsilon_2^A,\cdots,\epsilon_k^A$ 和 $\epsilon_1^B,\epsilon_2^B,\cdots,\epsilon_k^B$，其中 ϵ_i^A 和 ϵ_i^B 是在相同的第 i 折训练/测试集上得到的结果，则可用 k 折交叉验证、成对 t 检验（paired t-tests）来进行比较检验。这里的基本思想是若两个学习器的性能相同，则它们使用相同的训练/测试集得到的测试错误率应相同，即 $\epsilon_i^A=\epsilon_i^B$。

具体来说，对 k 折交叉验证产生的 k 对测试错误率：先对每对结果求差，$\Delta_i=\epsilon_i^A-\epsilon_i^B$，若两个学习器性能相同，则差值均值应为零。因此，可根据差值 $\Delta_1,\Delta_2,\cdots,\Delta_k$ 来对“学习器 A 与学习器 B 性能相同”这个假设做 t 检验，计算出差值的均值 μ 和方差 σ^2，在显著度 α 下，若变量

$$\mathrm{Tt}=\left|\frac{\sqrt{k}\mu}{\sigma}\right| \tag{2-26}$$

小于临界值 $t_{\alpha/2,k-1}$，则假设不能被拒绝，即认为两个学习器的性能没有显著差别；否则可认为两个学习器的性能有显著差别，且平均错误率较小的那个学习器性能较优。这里 $t_{\alpha/2,k-1}$ 是自由度为 $k-1$ 的 t 分布上尾部累积分布为 $\alpha/2$ 的临界值。

欲进行有效的假设检验，一个重要前提是测试错误率均为泛化错误率的独立采样。然而，通常情况下由于样本有限，在使用交叉验证等实验估计方法时，不同轮次的训练集会有一定程度的重叠，这就使得测试错误率实际上并不独立，会导致过高估计假设成立的概率。为缓解这一问题，可采用 5×2 交叉验证法。

5×2 交叉验证是做 5 次 2 折交叉验证，在每次 2 折交叉验证之前随机将数据打乱，使得 5 次交叉验证中的数据划分不重复。对两个学习器 A 和学习器 B，第 i 次 2 折交叉验证将产生两对测试错误率，我们对它们分别求差，得到第 1 折上的差值 Δ_i^1 和第 2 折上的差值 Δ_i^2。为缓解测试错误率的非独立性，我们仅计算第 1 次 2 折交叉验证的两个结果的平均值 $\mu=0.5(\Delta_1^1+\Delta_1^2)$，但对每次 2 折实验的结果都计算出其方差 $\sigma_i^2=\left(\Delta_i^1-\frac{\Delta_i^1+\Delta_i^2}{2}\right)^2+\left(\Delta_i^2-\frac{\Delta_i^1+\Delta_i^2}{2}\right)^2$，变量

$$\tau_t=\frac{\mu}{\sqrt{0.2\sum_{i=1}^{5}\sigma_i^2}} \tag{2-27}$$

服从自由度为 5 的 t 分布，其双边检验的临界值 $t_{\alpha/2,k-1}$ 当 $\alpha=0.05$ 时为 2.5706，当 $\alpha=0.1$ 时为 2.0150。

2.5 参数调优

大多数机器学习算法都包含大量的参数，使用最适合数据集的参数才能让机器学习算法发挥最大的效果。机器学习常涉及两类参数：一类是算法的参数亦称“超参数”，数目常在10以内；另一类是模型的参数，数目可能很多，例如大型“深度学习”模型甚至有上百亿个参数。两者调参方式相似，均是产生多个模型之后基于某种评估方法来进行选择；不同之处在于算法的参数通常是由人工设定多个参数候选值后产生模型，模型的参数则是通过学习来产生多个候选模型（例如神经网络在不同轮数停止训练）。各种参数的排列组合数量巨大，这时使用自动化参数调优就可以在很大程度上减少工作量并提升工作效率。参数搜索算法一般包括3个要素：一是目标函数，即算法需要最大化/最小化的目标；二是搜索范围，一般通过上限和下限来确定；三是算法的其他参数，如搜索步长。本节介绍3种常用的参数调优方法，分别为网格搜索、随机搜索和贝叶斯优化算法。

2.5.1 网格搜索

网格搜索是最简单、应用最广泛的超参数搜索算法，它通过查找搜索范围内的所有点来确定最优值。如果采用较大的搜索范围以及较小的步长，网格搜索有很大概率找到全局最优值。然而，这种搜索方案十分消耗计算资源和时间，特别是需要调优的超参数比较多的时候。因此，在实际应用中，网格搜索法一般会先使用较广的搜索范围和较大的步长，来寻找全局最优值可能的位置；然后会逐渐缩小搜索范围和步长，来寻找更精确的最优值。这种操作方案可以降低所需的时间和计算量，但由于目标函数一般是非凸的，所以很可能会错过全局最优值。

网格搜索为自动化调参的常见技术之一，grid_search 包提供了自动化调参的工具，包括 GridSearchCV 类。GridSearchCV 根据给定的模型自动进行交叉验证，通过调节每一个参数来跟踪评分结果，实际上，该过程代替了进行参数搜索时的 for 循环过程。

Scikit- learn 提供了 GridSearchCV 来实现参数优化。其原型为

```
class sklearn.model_selection GridSearchCV (estimator, param_grid, scoring=None,  fit_params=None, n_
jobs=1, iid=True,
    refit=True, cv=None,verbose=0, pre_dispatch='2 * n_jobs', error_score='raise')
```

其主要参数如下。

1）estimator：指定的学习器，该学习器必须有 fit 方法以进行训练。

2）scoring：指定了评分函数，与 cross_val_score 函数相同。

3）cv：k 的值，与 cross_val_score 函数相同。

4）fit_params：指定 estimator 执行 fit 方法时的关键字参数，与 cross_val_score 函数相同。

5）n_jobs：并行性，与 cross_val_score 函数相同。

6）verbose：用于控制输出日志，与 cross_val_score 函数相同。

7）iid：数据是否独立同分布的，数据类型为布尔型。若设置为 True，则表示数据是独立同分布的。

8）refit：是否使用整个数据集重新训练，数据类型为布尔型。若设置为 True，则在参

数优化之后使用整个数据集来重新训练该最优的 estimator。

9）param_grid：指定了参数对应的候选值序列，数据类型为字典或字典的列表。每个字典给出学习器的一组参数。字典的键为参数名，字典的值为参数候选值。

10）pre_dispatch：用于控制并行执行时分发的总任务数量，数据类型为整型或字符串。

11）error_score：指定当 estimator 训练发生异常时如何处理，数据类型为整型或字符串型。其可选值如下。

① raise：抛出异常。

② 数值：输出本轮 estimator 的预测得分。

其主要属性如下。

1）grid_scores_：命名元组组成的列表，列表中每个元素都对应了一个参数组合的测试得分。

2）best_estimator_：学习器对象，代表根据候选参数组合筛选出来的最优学习器。

3）best_score_：最优学习器的性能评分。

4）best_params_：最优参数组合。

其主要方法如下。

1）fit(X[,y])：执行参数优化。

2）predict(X)：使用最优学习器来预测数据。

3）predict_log_proba(X)：使用最优学习器预测数据为各类别的概率的对数值。

4）predict_proba(X)：使用最优学习器来预测数据为各类别的概率。

5）score(X[,y])：最优学习器的预测性能指标值。

【例 2-5】使用暴力搜索对决策树分类器进行参数调优

参考程序如下：

```
from sklearn.datasets import load_digits
from sklearn.tree import DecisionTreeClassifier
from sklearn.model_selection import GridSearchCV
from sklearn.metrics import classification_report
from sklearn.model_selection import train_test_split
# 加载数据
digits= load_digits()
X_train,X_test,y_train,y_test = train_test_split(digits.data,digits.target,test_size=0.3,random_state=0,
stratify=digits.target)
# 参数调优
tuned_parameters= {'criterion':['gini','entropy'],
                   'max_features':[0.1,0.2,0.5,0.8,1],
                   'splitter':['best','random'],
                   'min_samples_split':[2,4,6,8]}
clf= GridSearchCV(DecisionTreeClassifier(), tuned_parameters, cv=10)
clf.fit(X_train,y_train)
print('Best parameters set found:', clf.best_params_)
print('Optimized Score:',clf.score(X_test, y_test))
print('Detailed classification report:')
y_true, y_pred = y_test, clf.predict(X_test)
print(classification_report(y_true,y_pred))
```

程序运行结果如下：

```
Best parameters set found: {'criterion': 'entropy', 'max_features': 0.8, 'min_samples_split': 2, 'splitter': 'best'}
Optimized Score: 0.8518518518518519
Detailed classification report:
             precision    recall  f1-score   support
          0       0.94      0.94      0.94        54
          1       0.82      0.73      0.77        55
          2       0.88      0.83      0.85        53
          3       0.77      0.87      0.82        55
          4       0.91      0.91      0.91        54
          5       0.80      0.78      0.79        55
          6       0.84      0.94      0.89        54
          7       0.92      0.85      0.88        54
          8       0.77      0.83      0.80        52
          9       0.90      0.83      0.87        54
avg / total       0.85      0.85      0.85       540
```

2.5.2 随机搜索

随机搜索（GridSearchCV）的思想与网格搜索比较相似，只是不再测试上界和下界之间的所有值，而是在搜索范围中随机选取样本点。它的理论依据是，如果样本点集足够大，那么通过随机采样也能大概率地找到全局最优值，或其近似值。随机搜索一般会比网格搜索要快一些，但是和网格搜索的快速版一样，它的结果也是没法保证的。

GridSearchCV 采用的是暴力寻找的方法来寻找最优参数。当待优化的参数是离散的取值的时候，GridSearchCV 能够顺利地找出最优的参数。但是当待优化的参数是连续取值的时候暴力寻找就有心无力了。GridSearchCV 的做法是从这些连续值中挑选几个值作为代表，从这些代表中挑选出最佳的参数。

Scikit- learn 提供的 RandomizedSearchCV 采用随机搜索所有的候选参数对的方法来寻找最优的参数组合。它是另一种参数寻找方式。其原型如下：

```
class sklearn.model_selection.RandomizedSearchCV (estimator, param_ distributions, n_iter=10, scoring=None, fit_ params=None, n_jobs=1, iid=True, refit=True, cv=None, verbise=0, pre_dispatch='2 * n_jobs', random_state=None, error_scorce='raise')
```

除与 GridSearchCV 相同的参数外，其他主要参数如下。

param_distributions：指定了参数对应的候选值分布，数据类型为字典或字典的列表。每个字典给出学习器的一组参数。字典的键为参数名，字典的值是一个分布类，分布类必须提供 .rvs 方法。通常可以使用 scipy. Stats 模块中提供的分布类，如 scipy. expon（指数分布）、scipy. gamma（gamma 分布）、scipy. uniform（均匀分布）、randint 等。

其主要属性和方法与 GridSearchCV 相同。

2.5.3 贝叶斯优化算法

贝叶斯优化算法采用了与网格搜索、随机搜索完全不同的方法。网格搜索和随机搜索在测试一个新点时，会忽略前一个点的信息；而贝叶斯优化算法则充分利用了之前的信息。贝叶斯优化算法通过对目标函数形状进行学习，找到使目标函数向全局最优值提升的参数。具体来说，它学习目标函数形状的方法是，首先根据先验分布，假设一个搜集函数；然后，每一次使用新的采样点来测试目标函数时，利用这个信息来更新目标函数的先验分布；最后，算法测试由后验分布给出的全局最值最可能出现的位置的点。对于贝叶斯优化算法，有一个需要注意的地方，一旦找到了一个局部最优值，它会在该区域不断采样，所以很容易陷入局部最优值。为了弥补这个缺陷，贝叶斯优化算法会在探索和利用之间找到一个平衡点，“探索”就是在还未取样的区域获取采样点；而“利用”则是根据后验分布在最可能出现全局最值的区域进行采样。

2.6 本章小结

本章首先介绍了包含数据集、模型、泛化等常见的机器学习基础概念，以及过拟合和欠拟合、模型评估等相关机器学习术语。接下来，介绍了留出法、交叉验证法及自助法三种常见的模型评估方法，并分析对比了几种方法的区别。介绍了用于衡量模型泛化能力的性能指标：错误率和精度、查准率、查全率和 F_1，以及 ROC 和 AUC 等。在此基础上，介绍了用于评估的假设检验和交叉验证等两种比较检验方法。最后介绍了包括网格搜索、随机搜索和贝叶斯优化算法等三种常见的参数调优方法。

2.7 延伸阅读——机器学习应用于我国海外投资效率预警

随着中国海外投资的持续增长，对投资效率的预警变得尤为重要。在过去较长的一段时间内，学者们多采用传统的预警方法，如层次分析法、专家打分法、模糊综合评价法和因子分析法等。然而，这些方法的预警准确率偏低，预警有效性不足，迫切需要更科学、更准确的预警新方法。随着人工智能的不断兴起，机器学习算法在预测方面表现出良好的运算效果和较强的场景适用性，因此它成为了一种新的解决方案。

本质上，海外投资效率预警问题的核心在于“预测”而非“回归”。传统计量回归模型虽然具备预测功能，但其研究重心在于因果识别；而现有预警模型大多为线性模型，对非线性问题的预测效果不佳，而机器学习模型如支持向量机、人工神经网络等则擅长处理非线性问题。因此，在使用传统统计方法的同时，采用主流机器学习算法建立模型，对我国在海外国家的投资效率损失进行预警。从预测准确率或测试集拟合优度来看，机器学习法的预测准确率均高于线性回归法，表明机器学习算法在预测海外投资效率方面具有明显的优势。

常用于预测海外投资效率的机器学习算法主要有以下两种：

(1) 决策树法

决策树法本质上是一种近邻方法，能够在一定程度上模拟投资主体根据“一带一路”沿线国家的各项条件逐步做出投资决策的过程。

(2) 随机森林法与梯度提升法

随机森林法属于集成学习的方法，其优点在于：一方面，随机森林法不仅简单灵活，适用于分类和回归等一系列任务，而且对小样本容量和非平衡数据集的预测效果较好；另一方面，该方法使用自助样本，在决策树的每个节点进行分裂时，随机选取部分变量作为候选分裂变量，对异常值和噪声具有良好的容忍度。

从算法分析机制来看，随机森林法与梯度提升法较之决策树法的预测准确率更高。主要原因在于：随机森林法与梯度提升法均是基于决策树法提出的改进性算法模型，该结果恰好说明上述两种算法作为决策树模型的增强版，提高了决策树法的预警准确率。具体来说，随机森林法采用了“装袋”策略，从相同数据里“生长出”多棵树，使决策树的生成随机性降低，减少了预测方差；与决策树法相比，随机森林法除了满足样本的随机，还满足特征的随机，即并非所有变量都会进入每一棵决策树，避免了单个变量为整个模型带来巨大误差的情况；相比之下，梯度提升法能够为不同的样本提供不同的权重，且训练之间有联系，有助于进一步提高预测准确率。从结论解释性强度来看，尽管决策树法的预测准确率相对较低，但是较之其他机器学习法的解释性更强。究其原因，决策树法可以近似“还原”投资者的实际投资决策过程，能够较好地刻画与描述多层次的判定环节，并产生投资决策规则，进而识别出对海外投资效率影响作用较大的关键因素。相比之下，其他机器学习算法如同一个“黑箱”，仅能得到最终的预测结论及其关键特征变量。因此，一方面，预测准确率是模型选择的重要参考；另一方面，各种机器学习算法有必要相互补充，共同提高对现实情况的解释力与预测力。

2.8　习题

1. 填空题

1）训练过程中使用的数据集可以被分为________、________和________3 种。

2）常用的参数调优方法，分别为________、________和________。

3）常用的划分实验数据集的方法有________、________和________。

2. 简答题

1）简要描述过拟合和欠拟合的含义，分析两种情况产生的原因及解决的方法。

2）数据集包含 5000 个样本，其中 2500 个正例、2500 个反例，将其划分为包含 70%样本的训练集、30%样本的测试集用于留出法评估，试估算共有多少种划分方法。

3）试分析错误率与 ROC 曲线的联系。

4）什么是比较检验？常用的方法有哪两种？试分析分别适用于什么情况。

第3章　K-近邻

本章导读（思维导图）

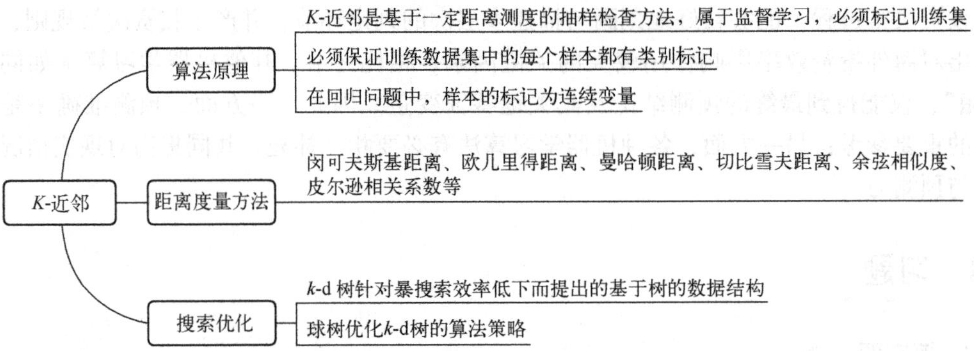

扫码看视频

K-近邻算法（K-nearest neighbor，KNN）是所有机器学习算法中理论最简单、最容易理解的算法。它是一种基于一定距离测度的抽样检验方法，属于监督学习，所以使用算法时必须有已知标记的训练集。K-近邻算法既可用于分类也可用于回归。在处理分类问题时，该方法只依据最邻近的一个或者几个样本的类别来决定待分类样本所属的类别。处理回归问题的流程与分类问题相似，区别在于样本的输出标记为距离其最近的一个或者几个样本的标记的加权平均值。

本节首先简要介绍 K-近邻算法的基本原理和流程，然后介绍距离度量方法，包括闵可夫斯基距离、欧几里得距离、曼哈顿距离等的基本计算方法。然后，我们介绍提高 K-近邻算法搜索效率的两种搜索优化方法，最后给出算法的代码实现。

3.1　算法原理

以分类问题为例，给定一个训练数据集，对于任何一个待分类样本，在训练数据集中找到与该样本最邻近的 K 个样本（也就是最近的 K 个邻居），那么就可以使用这 K 个样本中的多数类别标记作为待分类样本的类别标记。

在使用本算法前，必须保证训练数据集中的每个样本都有类别标记，即知道训练集中每个样本与类别的对应关系。输入没有类别标记的待分类样本后，将待分类样本的每个特征与训练集中样本对应的特征进行比较，然后算法提取其中特征最相似的 K 个样本的类别，并选择 K 个样本中出现次数最多的类别作为待分类样本的类别。如果 $K=1$，那么待分类样本会被直接分配到其最近邻样本的类别中。

在回归问题中，样本的标记为连续变量，因此一般将待处理样本的 K 个最近邻的标记的加权平均值作为输出（以距离的倒数为权重）。除此之外，还可以指定一个半径，将半径范围内的全部邻居的标记的加权平均值作为输出。

下面我们以图 3-1 中给出的数据为例。图中的样本有两个类别，分别以正方形和三角形表示，而图正中间的圆形代表待分类样本。下面，我们用 K-近邻算法确定该待分类样本的类别。

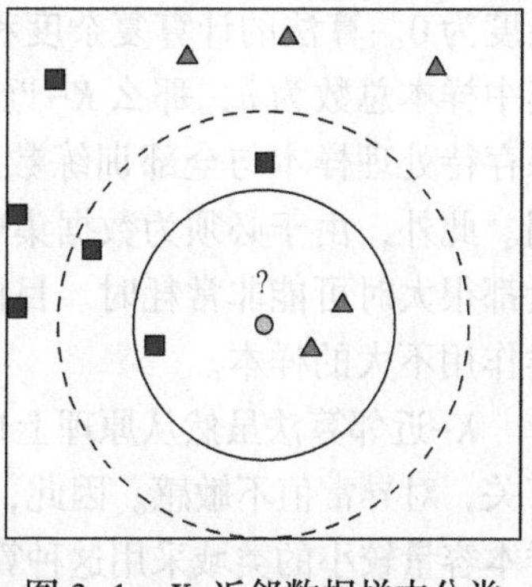

图 3-1　K-近邻数据样本分类

首先，假设我们选择 K 的值为 3，圆形样本最近的 3 个邻居是 2 个三角形和 1 个正方形，少数从属于多数，基于统计的方法，判定这个待分类样本属于三角形一类。如果我们选择 K 的值为 5，那么圆形样本最近的 5 个邻居是 2 个三角形和 3 个正方形，还是少数从属于多数，可以判定这个待分类点属于正方形一类。

由此我们看到，当无法判定当前待分类点是从属于已知分类中的哪一类时，我们可以依据统计学的理论看它所处的位置特征，衡量它周围邻居的权重，而把它归为（或分配）到权重更大的那一类。这就是 K-近邻算法的原理。同时我们也应该注意到，当邻居数量变化时，其多数类别也在发生变化。

K-近邻算法的基本流程为：

1）计算已经正确分类的数据集中每个样本与待分类样本之间的距离。

2）按照距离递增次序对数据集中的样本排序。

3）选取与待分类样本距离最小的 K 个样本。

4）确定该 K 个样本所在类别的出现频率。

5）返回该 K 个样本出现频率最高的类别作为待分类样本的预测类别。

由上述流程可以看出，K 值的选择、距离的度量方法和分类决策规则是该算法的三个基本要素：

K 值的选择会对算法的结果产生重大影响。K 值较小意味着只有与待分类样本较近的已知样本才会对预测结果起作用，但容易发生过拟合；而如果 K 值较大，优点是可以减少学习的估计误差，但缺点是学习的近似误差增大，因为这时与待分类样本较远的已知样本也会对预测起作用，容易使预测发生错误。在实际应用中，K 值一般选择一个较小的数值，通常采用交叉验证的方法来选择最优的 K 值。随着已知样本数量趋向于无穷和 $K=1$ 时，误差率不会超过贝叶斯误差率的 2 倍，如果 K 也趋向于无穷，则误差率趋向于贝叶斯误差率。

距离度量一般采用闵可夫斯基距离（minkowski distance），当其参数 $p=2$ 时，即为欧氏距离。具体的距离度量方法我们将在 3.2 节进行介绍。在度量之前，应该将每个特征的值规范化，这样有助于防止具有较大初始值域的特征获得过大的影响力。

由于算法中的分类决策规则往往是多数表决，即由待分类样本的 K 个最临近的已知样本中的多数类决定其类别。因此 K 值一般选择一个奇数值，以防止出现邻居中不同类别样本数量相等的情况。但多数表决有个主要的不足是，当数据集中样本数量不均衡时，如一个类别的样本容量很大，而其他类别的样本容量很小时，有可能导致当输入一个待分类样本时，该样本的 K 个邻居中距离相对较远、但属于大容量类别的样本占多数。这个不足可以采用为投票加权的方法（与待分类样本距离小的邻居权值大）来改进。

K-近邻算法本身简单有效，它是一种懒惰学习（lazy-learning）算法，不需要进行训练，而是直接计算待处理样本与已经正确分类的数据集中的样本的距离，因此其训练时间复杂度为 0。算法的计算复杂度和已知数据集中样本的数量成正比，也就是说，如果已知数据集中样本总数为 n，那么 K-近邻算法的时间复杂度为 $O(n)$。但是，由于 K-近邻算法必须保存待处理样本与全部训练数据集的距离，如果训练数据集很大，则会耗费大量的存储空间。此外，由于必须为数据集中的每个已知样本的每个特征计算距离值，当数据集和特征数量都很大时可能非常耗时。目前常用的解决方法是事先对已知样本进行筛选，事先去除对分类作用不大的样本。

K-近邻算法虽然从原理上也依赖于极限定理，但在类别决策时，只与极少量的相邻样本有关，对异常值不敏感。因此，该算法比较适用于样本容量比较大的类域的自动分类，而那些样本容量较小的类域采用这种算法比较容易产生误分。同时，由于 K-近邻算法主要靠周围有限的邻近的样本，而不是靠判别类域的方法来确定待分类样本所属的类别，因此对于类域的交叉或重叠较多的待分类样本集来说，此算法较其他方法更为适合。但是，由于它无法给出任何数据的基础结构信息，因此无法知晓数据集中的平均样本和典型样本具有什么特征。

K-近邻算法处理回归问题时采用的流程与解决分类问题时类似。通过找出一个待处理样本的 K 个最近邻居，将这些邻居的特征的平均值赋给该样本，就可以得到该样本的特征。比较常用的方法是将不同距离的邻居对该样本产生的影响给予不同的权重，一般权重值与距离成反比。

3.2 距离度量方法

在 K-近邻算法以及其他很多机器学习算法中都会涉及距离的计算，距离度量方式对算法的性能有很大的影响。对于给定样本向量 $\boldsymbol{x}_i=(x_i^{(1)},x_i^{(2)},\cdots,x_i^{(n)})^{\mathrm{T}}$ 和 $\boldsymbol{x}_j=(x_j^{(1)},x_j^{(2)},\cdots,x_j^{(n)})^{\mathrm{T}}$，常用的距离计算方式如下。

1. 闵可夫斯基距离（Minkowski distance）

又称为闵氏距离，即在闵氏空间中的距离计算方法，其计算公式见式（3-1）。

$$\mathrm{distance}(\boldsymbol{x}_i,\boldsymbol{x}_j)=\left(\sum_{d=1}^{n}|x_i^{(d)}-x_j^{(d)}|^p\right)^{1/p} \tag{3-1}$$

2. 欧几里得距离（Euclidean distance）

又称为欧氏距离，源自欧氏空间中两点间的距离公式。基于闵可夫斯基距离的定义，当 $p=2$ 时，闵可夫斯基距离即为欧氏距离，其计算公式见式（3-2）。

$$\mathrm{distance}(\boldsymbol{x}_i,\boldsymbol{x}_j)=||\boldsymbol{x}_i-\boldsymbol{x}_j||_2=\sqrt{\sum_{d=1}^{n}|x_i^{(d)}-x_j^{(d)}|^2} \tag{3-2}$$

3. 曼哈顿距离（Manhattan distance）

又称为绝对距离、城市街区距离。基于闵可夫斯基距离的定义，当 $p=1$ 时，闵可夫斯基距离即为曼哈顿距离，其计算公式见式（3-3）。

$$\mathrm{distance}(\boldsymbol{x}_i,\boldsymbol{x}_j)=||\boldsymbol{x}_i-\boldsymbol{x}_j||_1=\sum_{d=1}^{n}|x_i^{(d)}-x_j^{(d)}| \tag{3-3}$$

4. 切比雪夫距离（Chebyshev distance）

基于闵可夫斯基距离的定义，当 $p=+\infty$ 时，闵可夫斯基距离即为切比雪夫距离，其计算公式见式（3-4）。

$$\text{distance}(\boldsymbol{x}_i,\boldsymbol{x}_j)=\lim_{p\to\infty}\left(\sum_{d=1}^{n}|x_i^{(d)}-x_j^{(d)}|^p\right)^{1/p}=\max_{1\leqslant d\leqslant n}(|x_i^{(d)}-x_j^{(d)}|) \tag{3-4}$$

5. 余弦相似度（Cosine similarity）

余弦相似度用向量空间中两个向量夹角的余弦值衡量两个样本间差异的大小，其计算公式见式（3-5）。

$$\cos(\theta)_{(x_i,x_j)}=\frac{\boldsymbol{x}_i^{\mathrm{T}}\boldsymbol{x}_j}{\|\boldsymbol{x}_i\|\|\boldsymbol{x}_j\|}=\frac{\sum_{d=1}^{n}(x_i^{(d)}x_j^{(d)})}{\sqrt{\sum_{d=1}^{n}(x_i^{(d)})^2}\sqrt{\sum_{d=1}^{n}(x_j^{(d)})^2}} \tag{3-5}$$

与上述距离度量方式相比，余弦相似度更加注重两个向量在方向上的差异，而非距离或长度上的不同。夹角余弦取值范围为［-1,1］，夹角余弦越大表示两个向量的夹角越小，夹角余弦越小表示两个向量的夹角越大。当两个向量的方向重合时夹角余弦取最大值 1，当两个向量的方向完全相反夹角余弦取最小值-1。

6. 皮尔逊相关系数（Pearson correlation coefficient）

皮尔逊相关系数即相关分析中的相关系数 r，一般用于计算两个定距变（向）量间联系的紧密程度，它的取值范围为［-1,1］。两个变量之间的相关系数越高，用一个变量去预测另一个变量的精确度就越高，这是因为相关系数越高，就意味着这两个变量的共变部分越多，所以从其中一个变量的变化就可越多地获知另一个变量的变化。如果两个变量之间的相关系数为 1 或-1，那么完全可由变量 x 去获知变量 y 的值。当相关系数为 0 时，x 和 y 两变量无关系；当 x 的值增大，y 也增大，则两变量呈正相关关系，相关系数在 0.00~1.00 之间；当 x 的值增大，y 减小，则两变量呈负相关关系，相关系数在-1.00~0.00 之间。相关系数的绝对值越大，相关性越强；反之，相关系数越接近于 0，相关度越弱。其计算公式见式（3-6）。

$$\text{distance}(\boldsymbol{x}_i,\boldsymbol{x}_j)=\frac{E(\boldsymbol{x}_i\boldsymbol{x}_j)-E(\boldsymbol{x}_i)E(\boldsymbol{x}_j)}{\sqrt{E(\boldsymbol{x}_i^2)-(E(\boldsymbol{x}_i))^2}\sqrt{E(\boldsymbol{x}_j^2)-(E(\boldsymbol{x}_j))^2}}=\frac{\operatorname{cov}(\boldsymbol{x}_i,\boldsymbol{x}_j)}{\sigma_{x_i}\sigma_{x_j}} \tag{3-6}$$

式中，$E(\boldsymbol{x}_i)$表示向量 $\boldsymbol{x}_i$的数学期望值；σ_{x_i}表示向量 $\boldsymbol{x}_i$的标准差；σ_{x_j}表示向量 $\boldsymbol{x}_j$的标准差；$\operatorname{cov}(\boldsymbol{x}_i,\boldsymbol{x}_j)$表示向量 $\boldsymbol{x}_i,\boldsymbol{x}_j$的协方差。

7. 杰卡德相似系数（Jaccard similarity coefficient）

杰卡德相似系数主要用于计算符号度量或布尔值度量的个体间的相似度，只关心个体间共同具有的特征是否一致这个问题。假设集合 A 和集合 B，两个集合的杰卡德相似系数计算方式见式（3-7）。

$$\text{distance}(A,B)=\frac{|A\cap B|}{|A\cup B|} \tag{3-7}$$

8. 马氏距离（Mahalanobis distance）

马氏距离表示数据的协方差距离。它是一种有效的计算两个未知样本集的相似度的方法。与欧氏距离不同的是它考虑到各种特性之间的联系并且是尺度无关的，即独立于测量尺度。对于 $\boldsymbol{x}_i=(x_i^{(1)},x_i^{(2)},\cdots,x_i^{(n)})^{\mathrm{T}}$，若其均值为 $\boldsymbol{\mu}_i=(\mu_i^{(1)},\mu_i^{(2)},\cdots,\mu_i^{(n)})^{\mathrm{T}}$，协方差矩阵为 $\boldsymbol{S}$，则马氏距离计算公式见式（3-8）。

$$\mathrm{distance}(\boldsymbol{x}_i)=\sqrt{(\boldsymbol{x}_i-\boldsymbol{\mu}_i)^{\mathrm{T}}\boldsymbol{S}^{-1}(\boldsymbol{x}_i-\boldsymbol{\mu}_i)} \tag{3-8}$$

3.3 搜索优化方法

在 3.1 节中提到，当数据集和特征数量较大时，K-近邻算法的距离计算成本可能会较高。其实，不只是在距离计算方面，在近邻搜索的过程中，算法也会具有较高的计算成本。因此，为了提高 K-近邻算法的搜索效率，可以考虑使用特殊的结构来存储已知样本，以减少距离计算的次数。下面对其中的两种方法进行介绍。

3.3.1 *k*-d 树

k-d 树（*k*-dimensional tree）是针对暴力搜索效率低下而提出的基于树的数据结构，其基本思想是：若点 A 距离点 B 非常远，点 B 距离点 C 非常近，可知点 A 与点 C 很远，因此不需要准确计算它们之间的距离。通过这种方式，对于具有 k 个特征的 n 个样本来说，近邻搜索的计算成本可以降低至 $O[kn\log(n)]$ 以下，可以显著改善暴力搜索在大样本容量数据集中的表现。

k-d 树是每个节点均为 k 维数值点的二叉树，其上的每个节点代表一个超平面，该超平面垂直于当前划分特征的坐标轴，并在该特征上将空间划分为两部分，一部分在其左子树，另一部分在其右子树。即若当前节点的划分特征为 F，其左子树上所有点在 F 维的坐标值均小于当前值，右子树上所有点在 F 维的坐标值均大于等于当前值。*k*-d 树的构造非常快，因为只需沿数据轴执行分区，无须计算距离。一旦构建完成，查询点的最近距离计算复杂度仅为 $O[\log(n)]$。虽然 *k*-d 树的方法对于特征数量较少的近邻搜索非常快，但是当 k 增长到很大时，效率则会变得很低。

下面通过一个简单直观的例子介绍 *k*-d 树算法。

假设数据集有 2 个特征、6 个样本，如 $T=\{(2,3),(5,4),(9,6),(4,7),(8,1),(7,2)\}$，那么可以认为这些样本位于一个二维空间中（$X$ 轴和 Y 轴分别对应一个特征），而 *k*-d 树算法是确定这些样本点的划分空间的分割线。接下来，我们将逐步展示算法如何确定这些分割线。

首先，选择划分特征，即确定分割线是垂直于 X 轴还是 Y 轴。分别计算 X 轴和 Y 轴方向样本的方差，得知 X 轴方向的方差最大，所以首先对 X 轴进行划分。

然后，确定分割线的 X 轴坐标。根据 X 轴对应的特征值 2、5、9、4、8、7，可求得其中值为 6.5，距离中值最近的样本为(7,2)。因此，确定分割线为 $x=7$，即一条穿过(7,2)并垂直于 X 轴的直线。

其次，确定左子空间和右子空间。分割线 $x=7$ 将整个空间划分为两部分，如图 3-2 所示。$x\leqslant 7$ 的部分为左子空间，包含$\{(2,3),(5,4),(4,7)\}$三个样本；另一部分是右子空间，包含$\{(9,6),(8,1)\}$两个样本。

再次，对 Y 轴进行划分。对于左子空间，包含 3 个样本{(2,3),(5,4),(4,7)}，取纵坐标的3、4、7，得到中值为4，所以左子空间的分割点为(5,4)。右子空间由于只有2个样本，因此随机选择其中一个，假设选择样本(9,6)作为右子空间的分割点，如图 3-3 所示。

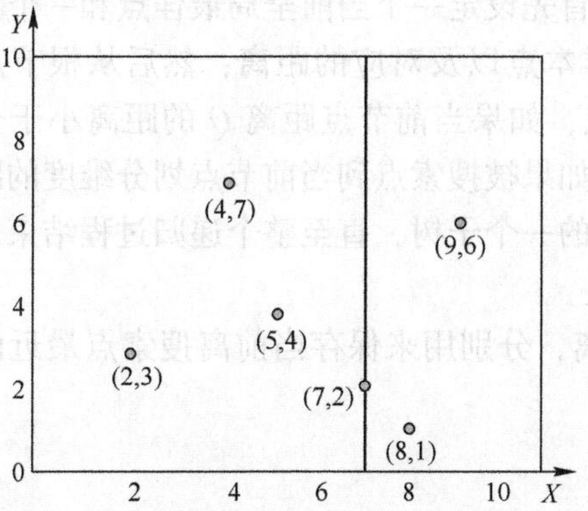

图 3-2　k-d 树沿 X 轴第一次空间划分图

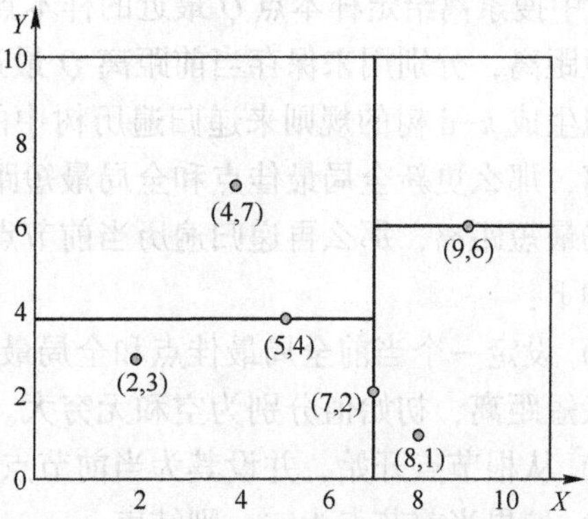

图 3-3　k-d 树沿 Y 轴第一次空间划分图

最后，对依然有样本存在的子空间再按 X 轴进行划分，直至子空间不再有样本为止。由于此时的每个子空间仅包含一个样本，因此可直接按剩余样本划分空间区域，结果如图 3-4 所示。

那么 k-d 树的构建过程可以总结为：

1）构造根节点，使根节点对应于 k 维空间中包含所有样本点的超矩形区域。

2）通过递归的方法，不断地对 k 维空间进行切分，生成子节点。在超矩形区域上选择一个坐标轴和在此坐标轴上的一个分割点，确定一个超平面，这个超平面通过选定的分割点并垂直于选定的坐标轴，将当前超矩形区域切分为左右两个子区域（子节点）；这时，样本被分到两个子区域。

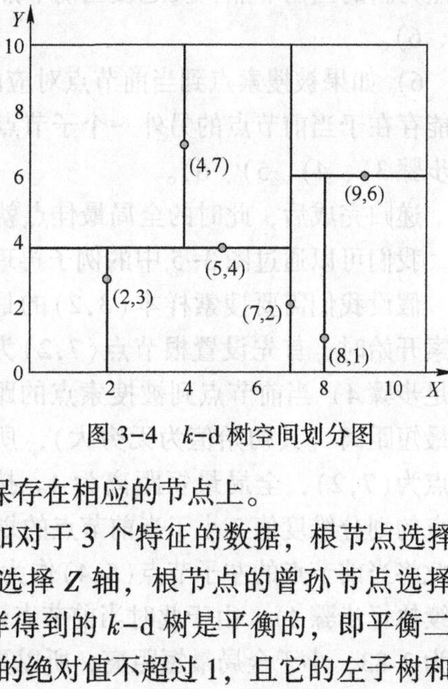

图 3-4　k-d 树空间划分图

3）重复上述过程直到子区域内没有样本时终止（终止时的节点为叶节点）。在此过程中，将样本保存在相应的节点上。

4）通常，循环依次选择坐标轴对空间切分（例如对于 3 个特征的数据，根节点选择 X 轴，根节点的子节点选择 Y 轴，根节点的孙子节点选择 Z 轴，根节点的曾孙节点选择 X 轴），选择样本点在坐标轴上的中位数为分割点，这样得到的 k-d 树是平衡的，即平衡二叉树（它是一棵空树，或其左子树和右子树的深度之差的绝对值不超过 1，且它的左子树和右子树都是平衡二叉树）。

k-d 树中每个节点是一个向量，和二叉树按照树的大小划分不同的是，k-d 树每层需要选定向量中的某一维，然后根据这一维按左小右大的方式划分数据。在构建 k-d 树时，关键需要解决两个问题：

1）选择向量的哪一维进行划分。

2）如何划分数据。

第一个问题简单的解决方法是可以随机选择某一维或按顺序选择，但是更好的方法应该是在数据比较分散的那一维进行划分（分散的程度可以根据方差来衡量)。好的划分方法可以使构建的树比较平衡，可以每次选择中位数来进行划分，这样第二个问题也得到了解决。

在构建了 k-d 树后，接下来介绍如何利用 k-d 树进行最近邻搜索。总的来说，在已知 k-d 树中搜索离给定样本点 Q 最近的样本点时，首先设定一个当前全局最佳点和一个当前全局最短距离，分别用来保存当前距离 Q 最近的样本点以及对应的距离；然后从根节点开始以类似生成 k-d 树的规则来递归遍历树中的节点，如果当前节点距离 Q 的距离小于全局最短距离，那么更新全局最佳点和全局最短距离；如果被搜索点到当前节点划分维度的距离小于全局最短距离，那么再递归遍历当前节点另外的一个子树，直至整个递归过程结束。具体步骤如下：

1）设定一个当前全局最佳点和全局最短距离，分别用来保存当前离搜索点最近的样本点和最短距离，初始值分别为空和无穷大。

2）从根节点开始，并设其为当前节点。

3）如果当前节点为空，则结束。

4）如果当前节点到被搜索点的距离小于当前全局最短距离，则更新全局最佳点和最短距离。

5）如果被搜索点的划分维度的值小于当前节点的划分维度的值，则设当前节点的左子节点为新的当前节点，反之设当前节点的右子节点为新的当前节点，然后执行步骤 3)、4)、5)、6)。

6）如果被搜索点到当前节点对应的分割线的距离小于全局最短距离，则说明更近的点可能存在于当前节点的另外一个子节点中，所以设当前节点的另一个子节点为当前节点并执行步骤 3)、4)、5)、6)。

递归完成后，此时的全局最佳点就是在 k-d 树中距离被搜索点最近的样本点。

我们可以通过图 3-5 中的例子再理解一下这个搜索过程。

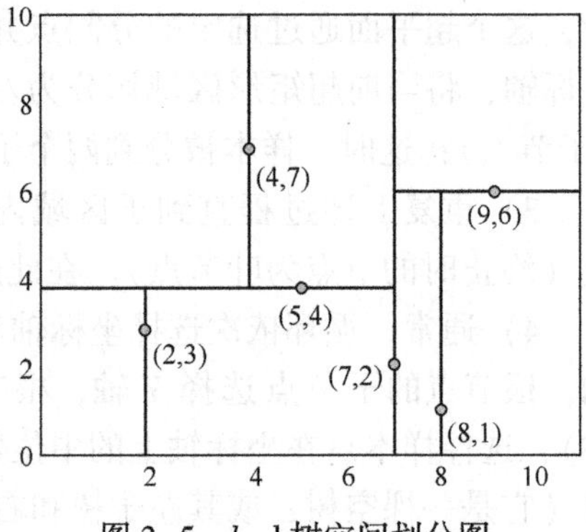

图 3-5　k-d 树空间划分图

假设我们需要搜索样本(3,2)的最近邻，那么在搜索开始时，首先设置根节点(7,2)为当前节点，因满足步骤 4）当前节点到被搜索点的距离小于当前全局最短距离（其初始值为无穷大)，所以更新当前最佳点为(7,2)，全局最短距离为 4。接着，由于被搜索点的划分维度值 3 小于当前节点的划分维度的值 7，因此将当前节点的左子节点(5,4)作为新的当前节点。继续执行步骤 4)，由于此时当前节点到被搜索点的距离为 2.83，小于全局最短距离，所以更新当前最佳点为(5,4)。继续下去，由于被搜索点的划分维度值 2 小于当前节点的划分维度值 4，因此设当前节点的左子节点(2,3)为新的当前节点。继续执行步骤 4)，由于此时当前节点到被搜索点的距离为 1.41，小于全局最短距离，所以更新当前最佳点为(2,3)，全局最短距离为 1.41。此时，由于被搜索点的划分维度值 3 大于当前节点的划分维度值 2，因此设当前节点的右子节点为新的当前节点。由于此时当前节点为空，所以此次递归结束并返回第 3 次递归，即此时的当前节点为(2,3)，并执行步骤 6)。由于被搜索点(3,2)到当前节点对应分割线 $x=2$ 的距离为 1，小于全局最短距离 1.41，说明全局最佳点可能存在于当前节点的左子节点中（此时可以想象 k-d 树中存在点(1.9,2)），所以设当前节点的左子节点为新的当前节点。由于当前节点为空（节点(2,3)并无左子节点），所以此次递归结束并返回到第 3 次递归中。返回第 3 次递归后，此时的当前节点为(2,3)，且已执行完步骤 6)，故返回到第 2 次递归中，此时的当前节点为(5,4)，并继续执行步骤 6)。由于被搜索点(3,2)到当前节点对应的分割线 $y=4$ 的距离为 2，大于全局最短距离 1.41，则说明节点(5,4)的右子节点中不可能存在更近的点，因此返回到第 1 次递归中。此时的当前节点为根节点(7,2)，并继续执行步骤 6)。由于被搜索点(3,2)到当前节点对应的分割线 $x=7$ 的距离为 4，大于全局最短距离 1.41，所以当前节点的右子节点中不可能存在更近的点。到此所有的递归过程都执行完毕。此时的全局最佳点中保存的点(2,3)便是 k-d 树中距离被搜索点最近的样本点。

在 K-近邻算法中的 k-d 树搜索过程与单纯 k-d 树搜索类似，只是需要额外存储一个大小为 K 的有序列表。在这个列表中，当前距离被搜索点最近的样本点放在首位，其他距离更远的点则按顺序向后排列。

当数据维度特别高时，k-d 树并不能做很高效的最邻近搜索。对于 k 维的数据集，当样本数量远远大于 2^k 时，k-d 树的最邻近搜索才可以很好地发挥其作用。否则大部分的点都会被查询，最终算法效率也不会明显高于查询全部样本的效率。

3.3.2 球树

k-d 树算法虽然提高了 K-近邻算法的搜索效率，但在处理非均匀数据集和高维数据时也会出现效率不高的情况。为了优化 k-d 树的算法策略，提出了球树模型。

k-d 树沿坐标轴分割数据，而球树则沿着一系列球体来分割数据，即使用球体而不是矩形划分区域。虽然球树构建数据结构的时间花费大于 k-d 树，但在高维数据上表现得很高效。球树将数据递归地划分为由质心 c 和半径 r 定义的节点，每个节点本质上是一个空间，包含了若干个样本点，每个空间内有一个独一无二的中心点，这个中心点可能是样本点中的某一个，也可能是该空间的质心。每个节点记录了它所包含的所有样本点到中心点的最大距离。球树匹配过程图如图 3-6 所示。

球树的构造方法与 k-d 树相似，也是一棵二叉树，首先找到数据集的质心（所有样本到这个质心点的距离和最短）作为根节点，或者构建包含所有数据点的超球体，将球心作为质心，然后递归地完成下面的步骤：

1）将距离质心最远的点作为左子节点，将距离左子节点最远的点作为右子节点，或者找到距离最远的两个点分别作为左子节点和右子节点（称为观测点）。

2）将样本划分到距离最近的观测点（左子节点或右子节点）。

3）记录质心的位置和包含所属节点的最小半径。

4）对于每个子节点，重复上述流程。

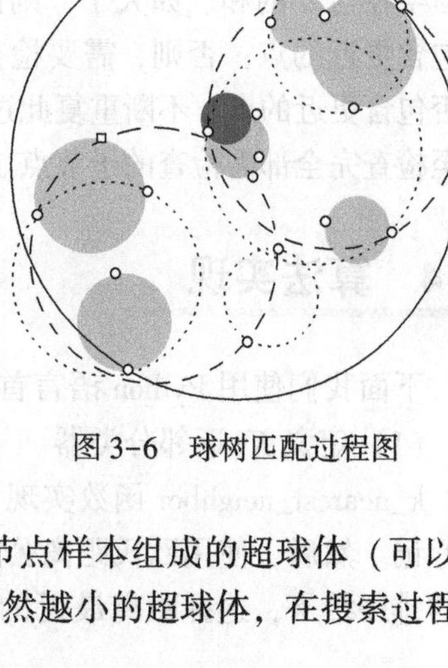

图 3-6　球树匹配过程图

可以看出球树和 k-d 树的主要区别在于球树得到的是节点样本组成的超球体（可以是最小超球体也可以不是，只需要将样本点包含进去即可。当然越小的超球体，在搜索过程中效率越高)，而 k-d 树得到的是节点样本组成的超矩形体，这个超球体要比对应的 k-d 树的超矩形体小，这样在做最近邻搜索时，可以避免一些无谓的搜索。

下面让我们看一个具体的例子。对数据集{[1,2],[5,3],[7,9],[1,6],[9,2],[8,4],[4,4],[5,7]}构建球树：首先建立根节点，找到包含所有样本点的超球体，记录球心位置，作为根节点，如图 3-7 所示。

然后，找到所有点中距离最远的两个点，并判断其他样本点与这两个点的距离，距离哪个点最近，则将该样本点划分到该点的类内，这两个类即是根节点的左子节点和右子节点。分别对两个子节点构建超球体，记录球心坐标和半径，如图 3-8 所示。

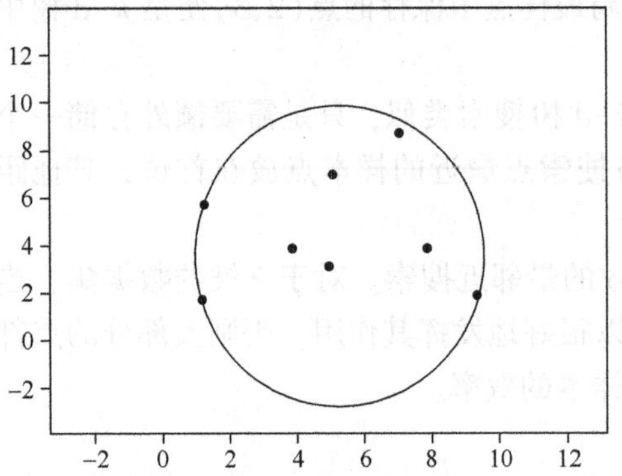

图 3-7　包含所有样本点的超球体

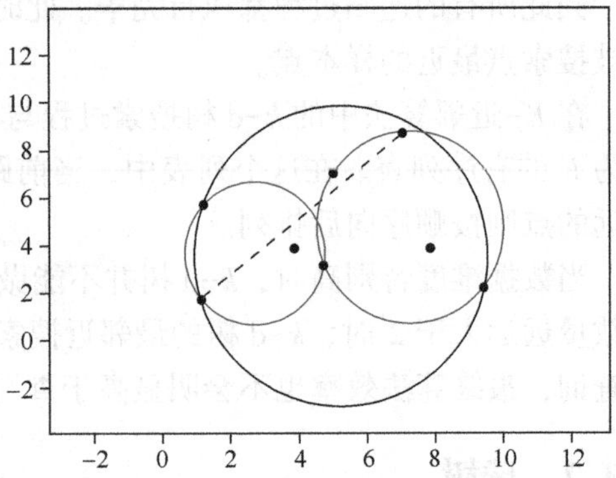

图 3-8　根节点的左右子节点对应的超球体

重复上述过程直至样本全部划分完毕，如图 3-9 所示。

球树的搜索过程也与 k-d 树类似，对于给定样本点 Q，首先从球树根节点开始，直至叶子节点结束，找到包含 Q 的节点，继而找到此节点中距离 Q 最近的观测点，它与 Q 的距离就是最近邻距离的上界 u。然后检查观察点所在叶节点的兄弟节点中是否有更近的观测点。方法是比较 Q 到该兄弟节点质心的距离是否大于该兄弟节点的超球体半径与 u 的和。如大于，则该兄弟节点不可能包含更近的点；否则，需要检查这个兄弟节点是否包含更近的点。不断重复此过程并不断回溯，直至检查完全部需检查的子节点。

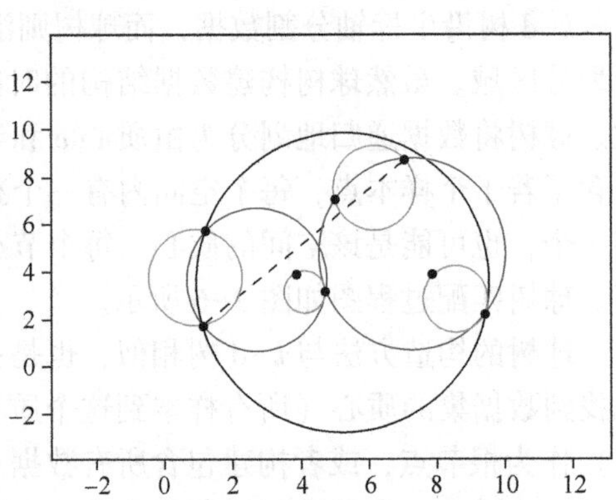

图 3-9　划分结果

3.4 算法实现

下面我们使用 Python 语言首先对基础的 K-近邻分类算法进行实现。

(1) 定义 K-近邻分类器

k_nearest_neighbor 函数实现了 K-近邻算法。首先，从 dataset 中分离出已知样本和对应的标记。然后，使用欧氏距离公式计算测试样本与每个已知样本之间的距离。接着，根据距离的排序结果，选择距离最近的前 K 个邻居，并获取它们的标记。然后，利用字典 vote_ count 统计每个类别的票数，对于相同类别的邻居，票数加 1。随后，根据票数对字典 vote_count 进行排序，得到按照票数从大到小排序的类别列表 sorted_vote_count。最后，返回预测得到的标记，即 sorted_vote_count 列表中票数最多的类别。

代码 3-1　k_nearest_neighbor 函数

```
import numpy as np
import operator

def k_nearest_neighbor(dataset, test_sample, k):
    """
    K-最近邻算法，用于对测试样本进行分类
    参数：
    dataset：已知的样本集合，包含特征和标记
    test_sample：待分类的测试样本
    k：选择最近邻居的数量
    返回：
    predicted_label：预测得到的标记
    """
    samples = dataset[:, :-1]                    # 获得已知样本
    labels = dataset[:, -1]                      # 获得已知样本标记

    # 计算测试样本与已知样本之间的距离
    distance = [np.sqrt(np.sum((sample - test_sample) ** 2)) for sample in samples]
    sorted_distance = np.argsort(distance)       # 对距离进行排序
    k_neighbors = labels[sorted_distance[:k]]    # 筛选出前 K 个邻居

    vote_count = {}
    for i in range(k):
        # 统计每个类别的票数
        vote_count[k_neighbors[i]] = vote_count.get(k_neighbors[i], 0) + 1

    sorted_vote_count = sorted(vote_count.items(), key=operator.itemgetter(1),
                               reverse=True)     # 对票数进行排序
    predicted_label = sorted_vote_count[0][0]    # 预测得到的标记

    return predicted_label
```

（2）主函数实现

在 run 函数中，首先定义了一个已知样本集合 dataset，其中每个样本有两个特征和一个标记。然后，定义了待分类的测试样本集合 test_samples，其中每个样本有两个特征。接下来，通过列表推导式，对每个测试样本使用 k_nearest_neighbor 函数进行分类预测，参数 k 设置为 3，即选择 3 个最近邻居进行分类，将预测结果存储在 predict_results 列表中。最后，打印输出 predict_results，即分类结果。如果作为主程序运行，则调用 run 函数。

代码 3-2　run 函数

```
def run():
    """
```

```
    执行函数，用于运行分类器并输出结果
    """
    dataset = np.array([[1, 2, 1], [3, 7, 1], [4, 3, 0], [2, 5, 1], [5, 1, 0],
                        [8, 2, 0]])  # 最后一列为样本的标记
    test_samples = np.array([[1, 1],[6, 4], [4, 5]])

    # 对每个测试样本进行分类预测
    predict_results = [k_nearest_neighbor(dataset, test_sample, 3)
                       for test_sample in test_samples]

    print('分类结果:', predict_results)

if '__main__' == __name__:
    run()
```

运行结果为:

```
分类结果: [0, 0, 1]
```

然后我们再看一下距离加权的 K-近邻分类算法的实现。实现代码与基础算法基本一致，只有在投票统计的时候有所区别。

（3）定义距离加权的 K-近邻分类算法

与 k_nearest_neighbor 函数类似，weighted_k_nearest_neighbor 实现了距离加权的 K-近邻算法。首先，从 dataset 中分离出已知样本和对应的标记。然后，计算测试样本与每个已知样本之间的距离。接着，根据距离的排序结果，选择距离最近的前 K 个邻居，并获取它们的标记。然后，利用字典 vote_count 统计每个类别的频率，其中加上距离的倒数作为权重。随后，根据频率对字典 vote_count 进行排序，得到按照频率从大到小排序的类别列表 sorted_vote_count。最后，返回预测得到的标记，即 sorted_vote_count 列表中频率最高的类别。

代码 3-3 weighted_k_nearest_neighbor 函数

```
import numpy as np
import operator

def weighted_k_nearest_neighbor(dataset, test_sample, k):
    """
    K-最近邻算法，用于对测试样本进行分类
    参数:
    dataset: 已知的样本集合，包含特征和标记
    test_sample: 待分类的测试样本
    k: 选择最近邻居的数量
    返回:
    predicted_label: 预测得到的标记
    """
    samples = dataset[:, :-1]                    # 获得已知样本
    labels = dataset[:, -1]                      # 获得已知样本标记

    # 计算测试样本与已知样本之间的距离
    distance = [np.sqrt(np.sum((sample - test_sample) ** 2)) for sample in samples]
```

```
    sorted_distance = np.argsort(distance)              # 对距离进行排序
    k_neighbors = labels[sorted_distance[:k]]           # 筛选出前K个邻居

    vote_count = {}
    for i in range(k):
        # 统计每个类别的频率, 加上距离的倒数作为权重
        vote_count[k_neighbors[i]] = vote_count.get(k_neighbors[i], 0) + 1 / distance[i]

    sorted_vote_count = sorted(vote_count.items(), key=operator.itemgetter(1),
                               reverse=True)            # 对频率进行排序
    predicted_label = sorted_vote_count[0][0]           # 预测得到的标记

    return predicted_label
```

继续使用代码 3-2 的 run 函数，得到的运行结果为：

```
分类结果: [1, 0, 1]
```

我们可以对上述代码再进行修改从而实现一个 K-近邻回归算法。实现代码仍然只是在投票统计的时候有所区别。在 K-近邻回归算法中，我们不再计算每种标记出现的次数，而是求 K 个近邻的标记的加权平均值。

（4）定义距离加权的 K-近邻回归算法

k_nearest_neighbor_regressor 函数实现了距离加权的 K-近邻回归算法。首先，从 dataset 中分离出已知样本和对应的标记。然后，使用欧氏距离公式计算测试样本与每个已知样本之间的距离。接着，根据距离的排序结果，选择距离最近的前 K 个邻居，并获取它们的标记。随后，对前 K 个邻居的标记进行加权平均，其中权重为 k_neighbors[i]/distance[i]/k，即邻居的标记除以邻居与测试样本的距离再除以 K。最后，返回预测得到的标记。

代码 3-4 k_nearest_neighbor_regressor 函数

```
import numpy as np
import operator

def k_nearest_neighbor_regressor(dataset, test_sample, k):
    """
    K-最近邻回归算法, 用于对测试样本进行回归预测
    参数:
    dataset: 已知的样本集合, 包含特征和标记
    test_sample: 待预测的测试样本
    k: 选择最近邻居的数量
    返回:
    prediction: 预测得到的标记
    """
    samples = dataset[:, :-1]                           # 获得已知样本
    labels = dataset[:, -1]                             # 获得已知样本标记

    # 计算测试样本与已知样本之间的距离
    distance = [np.sqrt(np.sum((sample - test_sample) ** 2)) for sample in samples]
```

```
    sorted_distance = np.argsort(distance)          # 对距离进行排序
    k_neighbors = labels[sorted_distance[:k]]       # 筛选出前K个邻居

    prediction = 0.0
    for i in range(k):
        # 对前K个邻居的标记进行加权平均作为预测值
        prediction += k_neighbors[i] / distance[i] / k

    return prediction
```

再次使用代码 3-2 的 run 函数，得到的回归结果为：

```
回归结果：[0.3333333333333333, 0.0, 0.31573786516665264]
```

下面我们给出一个简单的 k-d 树算法实现以更好地理解它的算法流程。

(5) 定义 k-d 树节点

代码 3-5 定义了一个 kd_node 类，用于表示 k-d 树的节点。每个节点包含了节点的值、节点所在的深度、节点的划分特征、左子树、右子树以及父节点。这个类用于构建 k-d 树的节点结构，可以通过实例化节点对象来创建 k-d 树的节点。

代码 3-5 kd_node 类

```
import numpy as np

class kd_node:
    """
    k-d树的节点类
    属性：
    value：节点的值
    depth：节点所在的深度
    split_feature：节点的划分特征
    left_tree：左子树
    right_tree：右子树
    parent_node：父节点
    """
    value = []                  # 节点值
    depth = None                # 节点深度
    split_feature = None        # 划分标志
    left_tree = None            # 左子树
    right_tree = None           # 右子树
    parent_node = None          # 父节点
```

(6) 定义 k-d 树

kd_tree 函数用于构建 k-d 树。首先，通过计算数据集 data 沿着每个特征的方差，并使用 np.var 函数计算每个特征的方差值。然后使用 np.argmax 函数找到方差最大的特征的索引 max_var_feature。接下来，创建根节点 node。最后，调用 build_tree 函数，将根节点、数据集、方差最大的特征索引以及深度 0 作为参数进行递归划分数据，并构建 k-d 树。最终返回构建好的 k-d 树的根节点。

代码 3-6　kd_tree 函数

```
def kd_tree(data):
    """
    构建 k-d 树
    参数:
    data: 数据集合
    返回:
    node: 构建好的 k-d 树的根节点
    """
    max_var_feature = np.argmax(np.var(data, axis=0))   # 选出方差最大的特征的索引
    node = kd_node()                                     # 创建根节点
    node = build_tree(node, data, max_var_feature, 0)    # 递归划分数据, 构建 k-d 树
    return node
```

（7）递归构造 *k*-d 树

build_tree 函数是递归构建 *k*-d 树的核心函数。首先，对数据集 data 沿着特征的索引 index 进行排序，并使用 np. lexsort 函数进行排序。然后，计算数据集的样本数 sample_number 和特征数 feature_number。接下来，通过计算中位数 median 来确定划分的位置。创建一个新的节点对象 kdnode，并将中位数处的值作为节点的值。设置节点的深度为当前深度 depth，设置划分特征为 index。打印节点的值、特征和深度。根据中位数将数据集划分为左子树的数据 data_left 和右子树的数据 data_right。根据样本数的不同情况进行处理：如果样本数为 1，则返回当前节点；如果样本数为 2，则构建左子树，并将左子树的父节点设置为当前节点；如果样本数大于 2，则依次构建左子树和右子树，并将相应子树的父节点设置为当前节点。最后返回构建好的当前节点。

代码 3-7　build_tree 函数

```
def build_tree(kdnode, data, index, depth):
    """
    递归构建 k-d 树的函数
    参数:
    kdnode: 当前节点
    data: 当前节点的数据集合
    index: 划分特征的索引
    depth: 当前节点的深度
    返回:
    kdnode: 构建好的当前节点
    """
    data = data[np.lexsort(data[:, ::-(index + 1)].T)]   # 对数据进行排序
    sample_number = data.shape[0]                       # 获得样本数
    feature_number = data.shape[1]                      # 获得特征数
    median = sample_number // 2                         # 计算中间的值
    kdnode = kd_node()                                  # 创建节点对象
    kdnode.value = data[median, :]                      # 设置节点值
    kdnode.depth = depth                                # 设置节点深度
    kdnode.feature = index                              # 设置划分特征
    print('节点值:', kdnode.value)
    print('特征:', kdnode.feature)
    print('层数:', kdnode.depth)
```

```
    data_left = data[0:median, :]                          # 获取左子树的数据
    data_right = data[median + 1:, :]                      # 获取右子树的数据

    if sample_number == 1:                                 # 如果样本数为 1，返回当前节点
        return kdnode
    elif sample_number == 2:                               # 如果样本数为 2
        kdnode.left_tree = build_tree(kdnode.left_tree, data_left,
                          (index + 1) % feature_number, depth + 1)   # 构建左子树
        kdnode.left_tree.parent = kdnode                   # 设置左子树的父节点为当前节点
        return kdnode
    else:                                                  # 如果样本数大于 2
        kdnode.left_tree = build_tree(kdnode.left_tree, data_left,
                          (index + 1) % feature_number, depth + 1)     # 构建左子树
        kdnode.left_tree.parent = kdnode                   # 设置左子树的父节点为当前节点
        kdnode.right_tree = build_tree(kdnode.right_tree, data_right,
                          (index + 1) % feature_number, depth + 1)     # 构建右子树
        kdnode.right_tree.parent = kdnode                  # 设置右子树的父节点为当前节点
        return kdnode
```

(8) 搜索 k-d 树

kd_search 函数是用于在 k-d 树中搜索距离最近的样本点。首先，定义全局变量 nearest_point 和 nearest_value，分别用于保存最近的样本点和最近的距离。然后，定义了一个内部函数 travel，用于递归遍历 k-d 树。在 travel 函数中，首先判断当前节点是否为空，如果不为空，则计算样本点的特征数 n 和划分特征的索引 axis。根据划分特征的值，选择左子树或右子树进行遍历。然后，计算样本点与当前节点的距离，并根据最近距离的大小更新最近的样本点和最近的距离。最后，判断当前维度上的距离是否小于等于最近距离，如果是，则根据划分特征的值选择左子树或右子树进行遍历。最后，在主函数中调用 travel 函数从根节点开始遍历 k-d 树，并返回最近的样本点。

代码 3-8 kd_search 函数

```
def kd_search(node, sample):
    """
    k-d 树搜索函数
    参数:
    node: 当前节点
    sample: 待搜索的样本点
    返回:
    nearest_point: 距离最近的样本点
    """
    global nearest_point
    global nearest_value
    nearest_point = None                        # 初始化最近的样本点
    nearest_value = 0                           # 初始化最近的距离

    def travel(node, depth=0):
        """
        递归遍历 k-d 树的函数
```

```
    参数:
    node: 当前节点
    depth: 当前节点的深度
    """
    global nearest_point
    global nearest_value

    if node != None:              # 如果当前节点不为空
        n = len(sample)           # 样本点的特征数
        axis = depth % n          # 计算划分特征的索引

        if sample[axis] < node.value[axis]:  # 根据划分特征的值选择左子树或右子树
            travel(node.left_tree, depth + 1)
        else:
            travel(node.right_tree, depth + 1)

        sample_node_dist = ((np.array(sample)-
             np.array(node.value)) ** 2).sum() ** 0.5  # 计算样本点与当前节点的距离

        # 如果最近的样本点为空, 则将当前节点设为最近的样本点
        if (nearest_point is None):
            nearest_point = node.value
            nearest_value = sample_node_dist
        # 如果当前节点距离更近, 则更新最近的样本点和距离
        elif (nearest_value > sample_node_dist):
            nearest_point = node.value
            nearest_value = sample_node_dist

        # 如果当前维度上的距离小于最近距离
        if (abs(sample[axis] - node.value[axis]) <= nearest_value):
            # 根据划分特征的值选择左子树或右子树
            if sample[axis] < node.value[axis]:
                travel(node.right_tree, depth + 1)
            else:
                travel(node.left_tree, depth + 1)

travel(node)                      # 从根节点开始遍历 k-d 树
return nearest_point              # 返回距离最近的样本点
```

(9) 主函数实现

run 函数为主函数，用于运行 k-d 树搜索的示例。首先，定义了样本数据 data，其中包含了一组二维数据。然后，调用 kd_tree 函数构建 k-d 树，并将返回的根节点赋值给变量 node。接下来，定义了待搜索的样本点 sample，它是一个二维点坐标。最后，调用 kd_search 函数对样本点进行搜索，并将结果打印输出。

代码 3-9　run 函数

```
def run():
    """
```

```
    主函数，运行 k-d 树搜索示例
    参数：
    无
    返回：
    无
    """
    data = np.array([[2,3], [5,4], [9,6], [14,7], [8,1], [7,2]])  # 样本数据
    node = kd_tree(data)                    # 构建 k-d 树
    sample = [2.1, 3.1]                     # 待搜索的样本点
    print(kd_search(node, sample))          # 执行 k-d 树搜索并打印结果

if '__main__' == __name__:
    run()
```

运行结果为：

```
节点值：[8 1]
特征：0
层数：0
节点值：[2 3]
特征：1
层数：1
节点值：[7 2]
特征：0
层数：2
节点值：[5 4]
特征：0
层数：2
节点值：[14 7]
特征：1
层数：1
节点值：[9 6]
特征：0
层数：2
[2 3]
```

📖 *K-近邻算法中使用 k-d 树只需要在搜索树的过程中保存 k 个最近点即可。*

3.5 本章小结

本章主要介绍了 *K*-近邻算法，给出了其在处理分类和回归问题时的原理和流程，并介绍了 *k*-d 树和球树两种提升 *K*-近邻搜索效率的方法。

K-近邻算法简单易懂且实用，但是因为每一次分类或者回归，都要把已知数据样本和测试样本的距离全部计算一遍并搜索其中最近的 *K* 个邻居，在数据量和数据维度很大的情况下，需要的计算资源会十分巨大，因此会出现效率不高的现象。使用 *k*-d 树和球树两种方式可以提升 *K*-近邻算法的搜索效率。*k*-d 树是每个节点都为 *k* 维点的二叉树，所有非叶

节点可以视作用一个超平面把空间分割成两个半空间，其在数据维度较高而样本数量又相对较少的情况下表现不佳。而球树则沿着一系列球体来分割数据，虽然球树构建数据结构的时间花费大于 k-d 树，但在高维数据上表现得很高效。

3.6 延伸阅读——机器学习在国产芯片上的应用

芯片是现代科技和军事的核心和基础，也是国之重器。芯片的封装是芯片制造的关键过程之一。在进行芯片封装之前，必须首先对芯片质量进行检查以保证其引脚或外观印刷不存在缺陷。随着芯片的封装迅速向微型化、片式化、高性能方向发展，对缺陷检测的要求也逐渐提高。传统的芯片封装生产线采用人工目测的方式对芯片封装缺陷进行检测。虽然人工目检方便直接，但人力资源成本较高，且易造成视觉疲劳，从而导致误检，直接降低产品检测的可靠性。更重要的是，由于芯片逐渐向微型化发展，受限于人眼的识别能力，人工目检的检测速度和精度越来越低。

K-近邻算法就可以被使用在芯片缺陷检测过程中，根据一枚芯片的特征更靠近合格芯片或是缺陷芯片来确定该芯片的质量是否合格。例如，假设某芯片制造企业生产了大量的芯片，并且每个芯片都有许多特征，如尺寸、电压、功耗等。人们希望通过使用 *K*-近邻算法来判断新生产的芯片是否合格或存在缺陷。在这种情况下，企业首先需要收集一批已知合格和不合格芯片的数据样本，包括这些芯片的特征信息以及其是否合格的标签。然后，可以使用 *K*-近邻算法来构建一个模型，将每个测试芯片的特征与训练数据中的芯片进行比较，并找到离测试芯片最近的 *K* 个训练样本。最后根据这 *K* 个最近邻样本的标签使用投票的方式来决定测试芯片的类别。这样，通过 *K*-近邻算法，芯片制造公司可对新生产的芯片进行快速的质量判断和异常检测，以确保只有合格的芯片被投入市场，提高产品质量和客户满意度。

3.7 习题

1. 选择题

1）*K*-近邻算法是一种（　　）。

A. 监督学习算法　　B. 无监督学习算法

C. 半监督学习算法　　D. 共强化学习算法

2）*K*-近邻的核心思想是（　　）。

A. 使用概率模型进行分类　　B. 寻找最优超平面进行分类

C. 基于距离度量进行分类　　D. 利用决策树进行分类

3）在 *K*-近邻算法中，*K* 的选择会对结果产生什么影响（　　）。

A. 影响算法的收敛速度　　B. 影响算法的泛化能力

C. 影响算法的模型复杂度　　D. 影响算法的计算效率

4）在 *K*-近邻算法中，如何选择一个合适的 *K* 值（　　）。

A. 根据训练数据集的大小选择　　B. 根据特征空间的维度选择

C. 根据应用场景和实验结果选择　　D. 根据算法的收敛性选择

5）在 K-近邻算法中，一般如何度量两个样本点之间的距离（ ）。

A. 曼哈顿距离　B. 欧氏距离

C. 余弦相似度　D. 马氏距离

6）在 K-近邻算法中，如何解决样本类别不平衡的问题（ ）。

A. 以重采样来平衡各个类别的样本数量　B. 调整距离度量中的权重来平衡类别

C. 使用集成学习方法来平衡样本类别　D. 以过/欠采样来平衡各类别样本数量

7）在 K-近邻算法的分类任务中，决策边界是如何确定的（ ）。

A. 根据训练样本点的密度分布确定　B. 根据欧氏距离和 K 值确定

C. 根据类别标签的分布确定　D. 根据特征空间的划分确定

8）K-近邻算法可以用于以下哪些任务（ ）。

A. 分类任务　B. 回归任务

C. 聚类任务　D. 特征选择任务

2. 问答题

1）K-近邻算法的基本流程是什么？

2）K-近邻算法的优缺点是什么？

3. 算法题

1）给定一组已分类的训练集[[2.0, 3.0],[4.0, 2.0],[1.0, 2.5],[3.5, 2.5],[2.5, 1.5],[3.0, 3.5]]及其类别标签[0, 1, 0, 1, 0, 1]，请使用 K-近邻算法判断待分类样本点[2.8, 2.7]的类别标签。

2）为数据集{(1,2,2),(2,3,4),(3,2,4),(4,3,6),(6,4,7),(3,5,2)}构建 k-d 树。

第4章　贝　叶　斯

本章导读（思维导图）

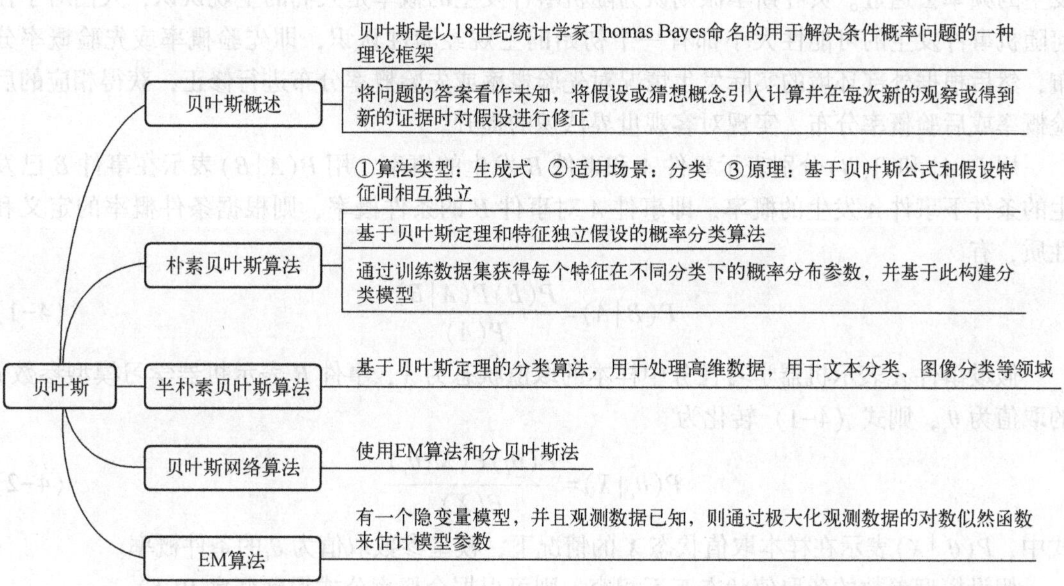

贝叶斯系列算法是基于贝叶斯定理和概率统计原理的一类算法。它们通过对特征之间的条件概率进行建模，从而进行分类、回归、聚类等任务。贝叶斯模型作为一种重要的机器学习模型已在数据挖掘、计算机视觉、自然语言理解、经济统计与预测等领域得到广泛应用。贝叶斯系列算法在处理小样本问题、噪声数据以及不确定性建模方面具有优势，并且能够有效利用先验知识进行模型推理与预测。然而，贝叶斯系列算法也面临着计算复杂度高和先验选择等挑战。因此，在实际应用中需要结合具体问题和数据特点选择适合的贝叶斯方法。

扫码看视频

本节首先简要介绍贝叶斯方法及相关概念，包括贝叶斯概率、贝叶斯决策、极大似然估计等基础知识；然后给出若干常用的贝叶斯分类模型，包括朴素贝叶斯算法、半朴素贝叶斯算法和贝叶斯网络算法等；最后介绍含有隐变量的概率模型参数的极大似然估计法——EM 算法。

4.1　贝叶斯方法概述

贝叶斯方法提供了一种基于主观概率的数理统计分析方法，使用概率分布表示和理解样本数据，根据样本的先验概率分布和训练样本的标记数据计算出相应的后验概率分布，以贝叶斯风险为优化目标实现对样本数据的分类或回归。大数据时代拥有的海量样本能够为后验概率分布的计算提供有效的数据支撑，使得贝叶斯模型成为非常适合大数据时代的数据处理工具。

4.1.1 贝叶斯公式

随机事件是指在相同条件下，可能出现也可能不出现的事件。概率是度量随机事件发生可能性大小的一种定量指标。对概率的理解存在两种不同的学术派别，即频率主义学派和贝叶斯学派。频率主义学派认为随机事件发生的概率是客观存在的已知或未知常数，可用事件发生的频率去逼近。贝叶斯学派则认为随机事件发生的概率是人们的主观认识，人们对于任何随机事件发生的可能性大小都有一个初始的主观经验性认识，即先验概率或先验概率分布，然后根据外部环境的实际发生情况对先验概率或先验概率分布进行修正，获得相应的后验概率或后验概率分布，实现对客观世界认识的提升。

用 $P(A)$ 和 $P(B)$ 分别表示事件 A 和事件 B 发生的概率，用 $P(A|B)$ 表示在事件 B 已发生的条件下事件 A 发生的概率，即事件 A 对事件 B 的条件概率，则根据条件概率的定义和性质，有

$$P(B|A)=\frac{P(B)P(A|B)}{P(A)} \tag{4-1}$$

假设事件 A 表示机器学习任务中样本的取值状态为 X，事件 B 表示机器学习模型参数 θ 的取值为 θ_i，则式（4-1）转化为

$$P(\theta_i|X)=\frac{P(\theta_i)P(X|\theta_i)}{P(X)} \tag{4-2}$$

式中，$P(\theta_i|X)$ 表示在样本取值状态 X 的情况下，模型参数取值为 θ_i 的条件概率。

假设模型参数的各取值状态互不相容，则可根据全概率公式得到概率 $P(X)$。

$$P(X)=\sum_k P(X|\theta_k)P(\theta_k) \tag{4-3}$$

代入式（4-2）可得如下贝叶斯公式：

$$P(\theta_i|X)=\frac{P(\theta_i)P(X|\theta_i)}{\sum_k P(X|\theta_k)P(\theta_k)} \tag{4-4}$$

式中，$P(\theta_i)$ 表示参数取值为 θ_i 的概率。

通常需要通过主观经验确定 $P(\theta_i)$ 的取值，也就是说 $P(\theta_i)$ 是一种先验概率。令

$$C(X|\theta_i)=\frac{P(X|\theta_i)}{\sum_k P(X|\theta_i)P(\theta_i)} \tag{4-5}$$

则有 $P(\theta_i|X)=P(\theta_i)C(X|\theta_i)$。由此可知，对于给定 θ_i 取值，因子 $C(X|\theta_i)$ 仅与样本特征的取值状态 X 有关，用于将先验概率 $P(\theta_i)$ 修正为后验概率 $P(\theta_i|X)$。因此，贝叶斯公式的本质就是根据样本取值状态 X 修正先验概率 $P(\theta_i)$ 以得到后验概率 $P(\theta_i|X)$。

基于贝叶斯公式的统计分析与推断方法通常称为贝叶斯方法。由以上分析可知，贝叶斯方法的基本求解思路为：

后验概率=先验概率×样本信息

贝叶斯方法通过新观察到的样本信息修正以前对样本的认知，就好比人类刚开始时对大自然只有少得可怜的先验知识，但随着不断观察、实验获得了更多的样本信息和结论，人们对自然界的认识也越来越透彻。因此，贝叶斯方法比较符合人类的认知方式。

4.1.2　贝叶斯决策理论

基于贝叶斯方法的统计推断或分类预测本质上是在进行最大后验估计，即取后验概率最大的类别作为估计结果。这难免会出现估计值与真实值不一致的情况，在分类任务当中这种不一致表现为出现分类错误的情况。为提高分类正确率，可以考虑降低模型的输出误差。通常情况下，模型对于单个样本的误差可以利用损失函数进行衡量。然而，贝叶斯模型主要通过后验概率进行分类，也就是说贝叶斯模型的输出为后验概率分布。因此，需要从后验概率分布的角度估计模型的输出误差。

事实上，任何模型的输出误差或错判都会产生一定后果，因此需要考虑由输出误差或分类错误而产生的损失。由此产生基于决策风险最小化的贝叶斯决策方法。在所有相关概率都已知的理想情况下，可以以整体条件风险最小化为准则选择最优类别完成分类任务，通常称为贝叶斯决策。

贝叶斯决策的核心思想是根据事先给定的先验概率和观测到的证据，计算后验概率并基于最大后验概率做出决策。具体步骤如下：

1）定义决策空间：确定可供选择的决策及其可能的结果。

2）确定先验概率：对每个可能的结果（即条件）估计先验概率。先验概率可以基于经验或专家知识进行估计。

3）观测到证据：收集到与决策相关的证据或观测数据。

4）计算后验概率：根据贝叶斯定理，将先验概率和观测到的证据相结合，计算各个条件下的后验概率。

5）选择最优决策：根据后验概率，选择具有最大后验概率的决策，作为最优的决策。

贝叶斯决策的优点在于能够有效地处理不确定性，并且能够灵活地根据新的证据进行更新。然而，贝叶斯决策也面临着计算复杂度高和先验概率的准确性等挑战。因此，在实际应用中，需要合理选择先验概率和采用适当的近似方法来简化计算。

贝叶斯决策在机器学习中的应用包括分类问题、回归问题，以及决策树等。通过对先验概率和后验概率的建模，贝叶斯决策可以提供更准确和可解释的决策结果，并在不同领域中得到广泛应用。

4.1.3　极大似然估计

对于参数估计，统计学界的两个学派分别提供了不同的解决方案：频率主义学派认为参数虽然未知，但却是客观存在的固定值，因此，可通过优化似然函数等准则来确定参数值；贝叶斯学派则认为参数是未观察到的随机变量，其本身也可有分布，因此，可假定参数服从一个先验分布，然后基于观测到的数据来计算参数的后验分布。极大似然估计（maximum likelihood estimation，MLE）是一种常用的参数估计方法，用于从观测数据中推断出最有可能的参数值。它基于概率论的原理，通过寻找能最大化观测数据出现概率的参数值来估计真实参数。

极大似然估计的核心思想是选择使观测数据出现的概率最大的参数值作为估计值，具体步骤如下。

1）确定概率分布模型：假设观测数据符合某个特定的概率分布模型，如正态分布、伯努利分布等。

2）建立似然函数：将观测数据看作参数的函数，构建似然函数。似然函数表示给定参数值下观测数据出现的概率。

3）最大化似然函数：找到使似然函数取得最大值的参数值，即寻找最大似然估计。通常使用优化算法，如梯度下降法或牛顿法，求解似然函数的最大值点。

4）得出估计值：最大似然估计得到的参数值即为所要求的估计值。

具体来说，先验概率 $P(Y=c_k)$ 的极大似然估计是

$$P(Y=c_k)=\frac{\sum_{i=1}^{n} I(y_i=c_k)}{N}, k=1,2,\cdots,K \tag{4-6}$$

设第 j 个特征 $x^{(j)}$ 可能取值的集合为 $\{a_{j_1},a_{j_2},\cdots,a_{j S_j}\}$，条件概率 $P(X^{(j)}=a_{jl}|Y=c_k)$ 的极大似然估计是

$$P(X^{(j)}=a_{jl}|Y=c_k)=\frac{\sum_{i=1}^{N} I(x_i^{(j)}=a_{jl},y_i=c_k)}{\sum_{i=1}^{N} I(y_i=c_k)}$$

$$j=1,2,\cdots,n;l=1,2,\cdots,S_j;k=1,2,\cdots,K \tag{4-7}$$

式中，$x_i^{(j)}$ 是第 i 个样本的第 j 个特征；a_{jl} 是第 j 个特征可能取的第 l 个值；I 为指示函数。

需注意的是，这种参数化的方法虽能使条件概率估计变得相对简单，但估计结果的准确性严重依赖于所假设的概率分布形式是否符合潜在的真实数据分布。在现实应用中，欲做出能较好地接近潜在真实数据分布的假设，往往需在一定程度上利用关于应用任务本身的经验知识，否则若仅凭“猜测”来假设概率分布形式，很可能产生误导性的结果。

极大似然估计的优点在于其渐进性、一致性，以及有效性。它是无偏估计的，当样本数量趋近无穷大时，极大似然估计可以收敛到真实参数值。此外，极大似然估计还具有良好的统计性质，如高效性和渐进正态性等。

极大似然估计在统计学中应用广泛，可用于多种参数估计问题，包括回归分析、分类模型、时间序列分析以及概率分布的参数估计等。它是许多机器学习算法和统计模型的基础，提供了一种基于数据推断参数的有效方法。

4.2 朴素贝叶斯算法

朴素贝叶斯算法（naive Bayes algorithm）是一种基于贝叶斯定理和特征独立性假设的分类算法。它常被用于文本分类、垃圾邮件过滤等任务。朴素贝叶斯算法的核心思想是根据给定的特征向量，通过计算后验概率来确定该样本属于不同类别的概率，然后选择具有最大后

验概率的类别作为分类结果。

对于给定的训练数据集，首先基于特征条件独立假设学习输入/输出的联合概率分布；然后基于此模型，对给定的输入 x，利用贝叶斯定理求出后验概率最大的输出 y。朴素贝叶斯算法实现简单，学习与预测的效率都很高。

具体来说，设输入空间$\mathcal{X}\subseteq\mathbf{R}^n$为 n 维向量的集合，输出空间为类标记集合 $Y=\{c_1,c_2,\cdots,c_k\}$，输入为特征向量 $\boldsymbol{x}\in\mathcal{X}$，输出为类标记 $y\in Y$。X 是定义在输入空间$\mathcal{X}$ 上的随机变量，Y 是定义在输出空间 Y上的随机变量。$P(X,Y)$是 X 和 Y 的联合概率分布。

训练数据集 $T=\{(x_1,y_1),(x_2,y_2),\cdots,(x_N,y_N)\}$由 $P(X,Y)$独立同分布产生。朴素贝叶斯算法通过训练数据集学习联合概率分布 $P(X,Y)$。

我们知道数据集的先验概率分布为

$$P(Y=c_k),\ k=1,2,\cdots,K \tag{4-8}$$

其条件概率分布为

$$P(X=\boldsymbol{x}\mid Y=c_k)=P(X^{(1)}=x^{(1)},\cdots,X^{(n)}=x^{(n)}\mid Y=c_k),\quad k=1,2,\cdots,K \tag{4-9}$$

条件概率分布 $P(X=\boldsymbol{x}\mid Y=c_k)$有指数级数量的参数，其估计实际是不可行的。事实上，假设 $x^{(j)}$可取值有 S_j个，$j=1,2,\cdots,n$，Y可以有 K个，那么参数个数为 $K\prod_{j=1}^{n}S_j$。

朴素贝叶斯算法对条件概率分布做了条件独立性的假设，由于这是一个较强的假设，朴素贝叶斯算法也由此得名。具体地，条件独立性假设是

$$\begin{aligned}P(X=x\mid Y=c_k)&=P(X^{(1)}=x^{(1)},\cdots,X^{(n)}=x^{(n)}\mid Y=c_k)\\&=\prod_{j=1}^{n}P(X^{(j)}=x^{(j)}\mid Y=c_k)\end{aligned} \tag{4-10}$$

朴素贝叶斯算法实际上学习到生成数据的机制，所以属于生成模型。条件独立假设等于是说用于分类的特征在类确定的条件下都是条件独立的。这一假设使朴素贝叶斯算法变得简单，但有时会牺牲一定的分类准确率。朴素贝叶斯算法分类时，对给定的输入 $\boldsymbol{x}$，通过学习到的模型计算后验概率分布 $P(Y=c_k\mid X=\boldsymbol{x})$，将后验概率最大类作为 $\boldsymbol{x}$ 的类输出。

后验概率计算根据贝叶斯定理可表示为

$$P(Y=c_k\mid X=\boldsymbol{x})\ \frac{P(X=\boldsymbol{x}\mid Y=c_k)P(Y=c_k)}{\sum_k P(X=\boldsymbol{x}\mid Y=c_k)P(Y=c_k)} \tag{4-11}$$

将式（4-10）代入式（4-11）有

$$P(Y=c_k\mid X=\boldsymbol{x})=\frac{P(Y=c_k)\prod_j P(X^{(j)}=x^{(j)}\mid Y=c_k)}{\sum_k P(Y=c_k)\prod_j P(X^{(j)}=x^{(j)}\mid Y=c_k)},\quad k=1,2,\cdots,K \tag{4-12}$$

这是朴素贝叶斯算法分类的基本公式，于是，朴素贝叶斯分类器可表示为

$$y=f(x)=\arg\max_{c_k}\frac{P(Y=c_k)\prod_j P(X^{(j)}=x^{(j)}\mid Y=c_k)}{\sum_k P(Y=c_k)\prod_j P(X^{(j)}=x^{(j)}\mid Y=c_k)} \tag{4-13}$$

注意到，在式（4-13）中分母对所有 c_k都是相同的，所以

$$y=\arg\max_{c_k}P(Y=c_k)\prod_j P(X^{(j)}=x^{(j)}\mid Y=c_k) \tag{4-14}$$

以上就是朴素贝叶斯的基本原理。

下面我们基于 numpy 来实现朴素贝叶斯算法。

1）定义朴素贝叶斯算法过程。

代码 4-1 实现了一个朴素贝叶斯分类器。在函数内部，首先获取了所有不重复的类别，并统计了每个类别出现的次数。然后，计算了每个类别的先验概率，即每个类别出现的频率。接下来，通过循环遍历每个特征和每个类别，计算了给定类别下每个特征的条件概率。在这个过程中，使用 np. bincount 函数统计了特征在给定类别下的出现次数，并计算了特征的先验概率。然后，对于每个测试样本，循环遍历每个类别，并计算了每个类别的后验概率。在这个过程中，乘以之前计算得到的先验概率，并进行了条件概率的计算和平滑处理，以避免概率为零的情况。随后，选取具有最大后验概率的类别作为预测结果，并将结果添加到预测列表中。最后，返回了预测结果列表。

代码 4-1 naive_bayes 函数

```
import numpy as np

def naive_bayes(X, y, sample):
    """
    朴素贝叶斯算法
    参数:
        X (np.ndarray): 训练数据特征, 形状为 (n_samples, n_features)
        y (np.ndarray): 训练数据标签, 形状为 (n_samples,)
        sample (np.ndarray): 待预测的样本特征, 形状为 (n_features,)
    返回:
        int: 预测结果标签
    """

    # 获取所有类别
    classes = np.unique(y)
    # 统计每个类别出现的次数
    class_count = np.bincount(y)
    # 计算每个类别的先验概率
    class_prior = class_count / len(y)

    prior = {}
    # 针对每个特征进行处理
    for col in range(X.shape[1]):
        # 针对每个类别进行处理
        for j in classes:
            # 计算特征在给定类别下的条件概率
            p_x_y = np.bincount(X[y == j, col])
            # 计算特征的先验概率
            for i in range(len(p_x_y)):
                prior[(col, i, j)] = p_x_y[i] / class_count[j]

    predictions = []
    # 对每个测试样本进行预测
```

```
    for sample in X:
        prob = {}
        # 计算每个类别的后验概率
        for j in classes:
            p_y = class_prior[j]
            for col, value in enumerate(sample):
                # 进行条件概率计算，并平滑处理
                p_y *= prior.get((col, value, j), 1e-9)
            prob[j] = p_y
        # 选择具有最大后验概率的类别作为预测结果
        predictions.append(max(prob, key=prob.get))

    return predictions
```

2）根据给定的训练集使用朴素贝叶斯算法对测试集样本的类别进行预测。

这里我们使用了一个简单的训练数据集和测试数据集，训练数据集包含了一些样本的特征（数字和字母），以及对应的标签。然后，使用朴素贝叶斯分类器对测试数据集进行分类预测，并输出预测结果。在这个示例中，预测结果是[0,0,1]，表示测试数据集中的前两个样本被分类为类别 0，第三个样本被分类为类别 1。

代码 4-2　使用朴素贝叶斯算法对测试集样本的类别进行预测

```
# 测试数据
X_train = np.array([[1, 'S'], [1, 'M'], [1, 'M'], [1, 'S'], [1, 'S'],
                    [2, 'S'], [2, 'M'], [2, 'M'], [2, 'L'], [2, 'L'],
                    [3, 'L'], [3, 'M'], [3, 'M'], [3, 'L'], [3, 'L']])
y_train = np.array([0, 0, 1, 1, 0, 0, 0,1, 1, 1, 1, 1, 1, 1, 0])
X_test = np.array([[2, 'S'], [1, 'M'], [1, 'L']])

# 调用朴素贝叶斯分类器进行预测
predictions = naive_bayes(X_train, y_train, X_test)

# 输出预测结果
print("预测结果:", predictions)
```

4.2.1 高斯朴素贝叶斯算法

高斯朴素贝叶斯算法是一种基于贝叶斯定理和特征独立性假设的分类算法，适用于处理连续特征的分类问题。它是朴素贝叶斯算法的一种变体。该算法的主要思想与朴素贝叶斯算法一致，也是通过计算后验概率来进行分类，即给定观测数据的条件下，计算每个类别的概率，并选择具有最大概率的类别作为预测结果。

具体而言，高斯朴素贝叶斯算法假设每个特征 x_i 在给定类别 k 下服从高斯分布（正态分布）：

$$p(x_i \mid \theta_k)=\frac{1}{\sqrt{2\pi}\sigma_k}\exp\left(-\frac{(x_i-\mu_k)^2}{2\sigma_k^2}\right) \tag{4-15}$$

式中，$\theta_k=(\mu_k,\sigma_k)$。

为了使用这个假设，高斯朴素贝叶斯算法首先计算训练数据中每个类别的先验概率，即每个类别出现的频率。接着，对于每个特征，高斯朴素贝叶斯算法计算在每个类别下的特征的均值和方差。

在预测阶段，对于一个新的测试样本，高斯朴素贝叶斯算法先计算该样本在每个类别下的后验概率。使用高斯分布的概率密度函数，高斯朴素贝叶斯算法计算每个特征值在给定类别下的对数似然。然后，将先验概率和对数似然相加得到后验概率。最后，选择具有最大后验概率的类别作为预测结果。

高斯朴素贝叶斯算法的优势在于它对于大规模数据集具有较高的训练和预测效率，并且在处理缺失数据时具有较好的鲁棒性。然而，它的一个主要限制是它假设特征之间是独立的，这在某些实际问题中可能不符合实际情况，因此其结果可能受到特征相关性的影响。

下面我们基于 numpy 来实现高斯朴素贝叶斯算法。

1）定义高斯朴素贝叶斯算法过程。

代码 4-3 实现了一个高斯朴素贝叶斯分类器。首先，算法会计算每个类别出现的概率，即训练数据中每个类别的先验概率。这个过程使用 np. unique 函数获取训练数据集中的所有类别，并通过计算每个类别在训练集中出现的频率得到先验概率。接下来，算法会计算每个类别下每个特征的均值和方差。对于每个类别，算法会选取属于该类别的训练样本，然后使用 np. mean 和 np. var 函数计算特征的均值和方差。在预测阶段，算法会遍历测试样本集中的每个样本。对于每个样本，算法会计算在每个类别下的后验概率。具体地，算法会遍历所有类别，并使用高斯分布的概率密度函数计算后验概率的对数似然。然后，算法会使用类别的先验概率与对数似然相加得到后验概率并选择具有最大后验概率的类别作为预测结果。最后，算法会返回预测结果，即一个包含预测类别的数组。

代码 4-3 gaussian_naive_bayes 函数

```
import numpy as np

def gaussian_naive_bayes(X_train, y_train, X_test):
"""
    高斯朴素贝叶斯分类器
    参数：
        X_train：numpy. ndarray，训练数据特征，形状为(n_samples, n_features)
        y_train：numpy. ndarray，训练数据标签，形状为(n_samples,)
        X_test：numpy. ndarray，测试数据特征，形状为(m_samples, n_features)
    返回：
        predictions：numpy. ndarray，预测结果，形状为(m_samples,)
    """
    # 计算每个类别出现的概率
    classes = np. unique(y_train)
    class_prior = {}
    for c in classes:
        class_prior[c] = np. sum(y_train == c) / len(y_train)

    # 计算每个类别下每个特征的均值和方差
    mean = {}
    variance = {}
```

```
    for c in classes:
        mean[c] = np.mean(X_train[y_train == c], axis=0)
        variance[c] = np.var(X_train[y_train == c], axis=0)

    # 预测测试样本的类别
    predictions = []
    for x in X_test:
        posteriors = []
        for c in classes:
            # 使用高斯分布的概率密度函数计算后验概率的对数似然
            log_likelihood = np.sum(-0.5 * np.log(2 * np.pi * variance[c])
                                    - 0.5 * ((x - mean[c]) ** 2) / variance[c])
            prior = np.log(class_prior[c])
            posterior = prior + log_likelihood
            posteriors.append(posterior)

        # 选择具有最大后验概率的类别作为预测结果
        predictions.append(classes[np.argmax(posteriors)])

    return np.array(predictions)
```

2）根据给定的训练集使用高斯朴素贝叶斯算法对测试集样本的类别进行预测。

这里我们首先定义了训练集 X_train 和对应的标签 y_train，以及测试集 X_test。然后，我们调用 gaussian_naive_bayes 函数对测试集进行预测，并将结果存储在 predictions 变量中。最后，我们使用 print 函数打印出预测结果。在这个示例中，预测结果是[0,1,0]，表示测试数据集中的第一个样本和第三个样本被分类为类别 0，第二个样本被分类为类别 1。

代码 4-4 使用高斯朴素贝叶斯算法对测试集样本的类别进行预测

```
# 构造一些示例数据进行测试
X_train = np.array([[0.5, 1.2], [1.0, 1.8], [3.2, 4.5], [2.8, 3.9], [1.2, 1.0], [2.5, 3.7]])
y_train = np.array([0, 0, 1, 1, 0, 1])
X_test = np.array([[1.5, 2.0], [2.0, 3.5], [0.8, 0.6]])

# 调用高斯朴素贝叶斯算法进行预测
predictions = gaussian_naive_bayes(X_train, y_train, X_test)

# 打印预测结果
print(predictions)
```

4.2.2 多项式朴素贝叶斯算法

多项式朴素贝叶斯（multinomial naive bayes）算法是一种经典的朴素贝叶斯分类算法，与高斯朴素贝叶斯算法和伯努利朴素贝叶斯算法相比，多项式朴素贝叶斯算法引入了一个多项式模型，对应于离散特征的计数。

多项式朴素贝叶斯算法假设每个特征的出现次数是由多项分布生成的，即特征的计数符合多项分布。因此，该算法广泛应用于文本分类问题，其中特征是词汇表中的不同单词，并且特征的计数表示单词在文档中出现的次数。

多项式朴素贝叶斯算法的训练过程包括计算每个类别的先验概率和每个特征在每个类别下的条件概率。先验概率表示每个类别在训练集中出现的频率，而条件概率表示给定类别下特征的计数的条件概率。

在进行预测时，多项式朴素贝叶斯算法根据先验概率和条件概率计算每个类别的后验概率，并选择具有最大后验概率的类别作为预测结果。预测过程中，对于每个测试样本，算法会计算特征的计数，并使用条件概率计算后验概率。

多项式朴素贝叶斯算法具有简单高效的特点，并且对于高维离散特征的数据集表现良好。它常用于文本分类、垃圾邮件过滤、情感分析等任务中。

下面我们基于 numpy 来实现多项式朴素贝叶斯算法。

1）定义多项式朴素贝叶斯算法过程。

代码 4-5 实现了一个多项式朴素贝叶斯分类器。首先，调用 np. bincount()函数统计训练集中每个类别的出现频率，即通过 y_train 中的标签计算每个类别样本的数量除以总样本数量得到类别的先验概率。接着，通过调用 np. zeros()创建一个大小为(np. max(y_train)+1，X_train. shape[1])的数组 feature_counts，以存储训练集中每个类别下，每个特征的计数（出现次数）。使用循环遍历 y_train 中的标签，并根据标签的值将对应样本的特征向量累加到 feature_counts 中。为了计算每个类别下，每个特征的条件概率，首先需要进行平滑处理。使用(feature_counts + 1)将特征计数加 1，然后调用 np. sum()计算每个类别下所有特征计数之和，并在此基础上加上特征维度 X_train. shape[1]，以获得每个特征在给定类别下的概率。对于每个测试样本，使用循环遍历 X_test 中的样本，并使用 np. argmax()函数选择具有最大后验概率的类别作为预测结果。最后，返回预测结果列表。

整体而言，多项式朴素贝叶斯分类器通过调用 np. bincount()、np. zeros()、np. sum()、np. argmax()等函数和方法来统计训练集中的类别先验概率和特征计数，并在测试阶段使用这些统计信息来计算后验概率，并选择具有最大后验概率的类别作为预测结果。这个算法非常适用于文本分类等离散特征的分类问题，并且在计算效率上有一定优势。

代码 4-5 multinomial_naive_bayes 函数

```
import numpy as np

def multinomial_naive_bayes(X_train, y_train, X_test):
    """
    多项式朴素贝叶斯分类器的代码实现
    参数:
    X_train --训练集特征矩阵，每行表示一个样本，每列表示一个特征
    y_train --训练集标签，与训练集样本一一对应
    X_test --测试集特征矩阵，每行表示一个样本，每列表示一个特征
    返回:
    predictions --预测结果，表示测试集样本的分类标签
    """

    # 统计训练集中每个类别的先验概率
    class_prior = np.bincount(y_train) / len(y_train)
```

```
    # 统计训练集中每个类别下，每个特征出现的次数(计数)
    feature_counts = np.zeros((np.max(y_train) + 1, X_train.shape[1]))
    for i in range(len(y_train)):
        feature_counts[y_train[i]] += X_train[i]

    # 计算每个类别下，每个特征的条件概率
    # 在此处将特征计数加 1 进行平滑处理，避免概率为 0 的情况
    feature_probabilities = (feature_counts + 1) / (np.sum(feature_counts,
                           axis=1, keepdims=True) + X_train.shape[1])

    # 计算后验概率并进行预测
    predictions = []
    for i in range(X_test.shape[0]):
        # 计算每个类别的后验概率
        posterior_probs = class_prior * np.prod(feature_probabilities
                                               ** X_test[i], axis=1)
        # 选择具有最大后验概率的类别作为预测结果
        prediction = np.argmax(posterior_probs)
        predictions.append(prediction)

    return np.array(predictions)
```

2）根据给定的训练集使用多项式朴素贝叶斯算法对测试集样本的类别进行预测。

这里我们首先定义了训练集 X_train 和对应的标签 y_train，以及测试集 X_test。然后，我们调用 multinomial_naive_bayes 函数对测试集进行预测，并将结果存储在 predictions 变量中。最后，我们使用 print 函数打印出预测结果。在这个示例中，预测结果是[1,0]，表示测试数据集中的第一个样本被分类为类别 1，第二个样本被分类为类别 0。

代码 4-6 使用多项式朴素贝叶斯算法对测试集样本的类别进行预测

```
# 示例数据
X_train = np.array ([[1, 1, 0, 0],
                     [0, 1, 1, 0],
                     [0, 0, 1, 1],
                     [1, 0, 1, 0]])

y_train = np.array([0, 0, 1, 1])

X_test = np.array([[1, 0, 0, 1],
                   [0, 1, 0, 0]])

# 对测试集进行预测
predictions = multinomial_naive_bayes (X_train, y_train, X_test)

print("预测结果:", predictions)
```

4.2.3 伯努利朴素贝叶斯算法

伯努利朴素贝叶斯算法是一种用于文本分类和二值特征分类问题的朴素贝叶斯算法变

体。与多项式朴素贝叶斯算法相比，伯努利朴素贝叶斯算法假设特征是二元的（存在/不存在）而不是计数型的。

伯努利朴素贝叶斯算法的主要思想是将文档表示为二进制特征向量，其中每个特征表示单词或特定的文本属性是否出现。因此每个特征的取值是布尔型的，即 true 和 false，或者 1 和 0。它基于一个关键假设，即每个特征在给定类别下是条件独立的。

伯努利朴素贝叶斯算法的训练过程包括：对于训练集中的每个样本，遍历二进制特征向量，并根据特征是否存在增加对应类别中的特征计数；对于每个类别，计算特征存在的条件概率，即特征存在的次数除以属于该类别的总样本数；对于测试集中的每个样本，计算属于各个类别的后验概率。具体地，遍历类别和特征，并根据特征是否存在来用贝叶斯公式计算后验概率。最后选择具有最大后验概率的类别作为预测结果。

伯努利朴素贝叶斯算法适用于二值特征分类问题，并且在处理稀疏数据和高维特征空间时具有较好的效果。它通常应用于文本分类、垃圾邮件过滤、情感分析等任务中。

下面我们基于 numpy 来实现伯努利朴素贝叶斯算法。

1）定义伯努利朴素贝叶斯算法过程。

代码 4-7 实现了一个伯努利朴素贝叶斯分类器。首先，根据传入的训练集 X_train 和对应的标签 y_train，通过统计特征存在计数数组 feature_presence_counts 和类别计数数组 class_counts 来获取每个类别的特征存在计数和类别计数，并计算类别的先验概率 class_probabilities 和特征存在的条件概率 feature_probabilities。然后，对于传入的测试集 X_test 中的每个样本，使用上述计算得到的概率来计算其属于各个类别的后验概率 log_probs，并选择具有最大后验概率的类别作为预测结果 predicted_class。最后，将所有预测结果存储在列表 predictions 中，并将其返回。

整体流程包括了训练和预测两个阶段，并且使用了拉普拉斯平滑来避免概率为零的情况。通过调用这个函数并传入相应的训练集 X_train、标签 y_train 和测试集 X_test，即可进行模型的训练和预测，并得到最终的分类结果。

代码 4-7 bernoulli_naive_bayes 函数

```
import numpy as np

def bernoulli_naive_bayes(X_train, y_train,X_test):
    """
    伯努利朴素贝叶斯分类器的代码实现
    参数:
    X_train --训练集特征矩阵, 每行表示一个样本, 每列表示一个特征
    y_train --训练集标签, 与训练集样本一一对应
    X_test --测试集特征矩阵, 每行表示一个样本, 每列表示一个特征
    返回:
    predictions --预测结果, 表示测试集样本的分类标签
    """

    # 获取类别数量和特征数量
    num_classes = np.max(y_train) + 1
```

```
    num_features = X_train.shape[1]

    # 创建特征存在计数数组和类别计数数组
    feature_presence_counts = np.zeros((num_classes, num_features))
    class_counts = np.zeros(num_classes)

    # 遍历训练集，统计特征存在计数和类别计数
    for i in range(len(X_train)):
        sample = X_train[i]
        label = y_train[i]
        class_counts[label] += 1
        feature_presence_counts[label] += (sample > 0)

    # 计算类别的先验概率
    class_probabilities = class_counts / len(X_train)

    # 计算特征存在的条件概率
    # 使用拉普拉斯平滑：将特征存在计数加 1，类别计数加 2
    feature_probabilities = (feature_presence_counts + 1) /
                            (class_counts.reshape(-1, 1) + 2)

    predictions = []

    # 对测试集中的每个样本进行预测
    for sample in X_test:
        # 计算属于各个类别的后验概率
        log_probs = np.log(class_probabilities) + np.log(feature_probabilities
                    * sample + (1 - feature_probabilities) * (1 - sample))
        # 选择具有最大后验概率的类别作为预测结果
        predicted_class = np.argmax(np.sum(log_probs, axis=1))
        predictions.append(predicted_class)

    # 返回预测结果
    return predictions
```

2）根据给定的训练集使用伯努利朴素贝叶斯算法对测试集样本的类别进行预测。

这里我们首先定义了训练集 X_train 和对应的标签 y_train，以及测试集 X_test。然后，我们调用 bernoulli_naive_bayes 函数对测试集进行预测，并将结果存储在 predictions 变量中。最后，我们使用 print 函数打印出预测结果。在这个示例中，预测结果是[0,1]，表示测试集中的第一个样本被分类为类别 0，第二个样本被分类为类别 1。

代码 4-8　使用伯努利朴素贝叶斯算法对测试集样本的类别进行预测

```
X_train = np.array([[1, 1, 0, 0],
                    [0, 1, 1, 0],
                    [0, 0, 1, 1],
                    [1, 0, 1, 0]])

y_train = np.array([0, 0, 1, 1])
```

```
X_test = np.array([[1, 0, 0, 1],
                   [0, 1, 0, 0]])

# 使用训练集和测试集进行训练和预测
predictions = bernoulli_naive_bayes(X_train, y_train, X_test)

print("预测结果:", predictions)
```

4.3 半朴素贝叶斯算法

朴素贝叶斯的“朴素”体现在，假设各属性之间没有相互依赖，可以简化贝叶斯公式中 $P(x_j|c_i)$ 的计算。但事实上，属性之间完全没有依赖的情况是非常少的。

半朴素贝叶斯算法在朴素贝叶斯算法的基础上引入了一定的特征相关性建模。相比于传统的朴素贝叶斯算法，半朴素贝叶斯算法通过考虑特征之间的相关性，提高了模型的预测性能。

半朴素贝叶斯算法的核心思想是，适当考虑一部分属性间的相互依赖信息。在半朴素贝叶斯算法中，假设给定某个类别的条件下，特征之间的相关性可被一些选定的特征表示。这些选定的特征可能会在模型中起到更重要的作用，并且对其他特征的影响进行了简化。为了选择这些核心特征，常用方法包括信息增益、卡方检验、互信息等。这些方法可以根据特征与类别之间的相关性来评估特征的重要性，从而选择核心特征。

在相关性建模方面，即构建独依赖模型时，可以使用不同的方法来建模特征之间的相关性。例如，可以使用协方差矩阵、相关系数等统计量来描述特征之间的线性相关性。此外，还可以使用非线性方法，如树模型、神经网络等来学习特征之间的复杂关系。

独依赖估计（one-dependent estimator，ODE）是半朴素贝叶斯分类器最常用的一种策略。独依赖是假设每个属性在类别之外最多依赖一个其他属性，即

$$P(x|c_i)=\prod_{j=1}^{d}P(x_j|c_i,pa_j) \tag{4-16}$$

式中，pa_j 为属性 x_j 所依赖的属性，称为 x_j 父属性。假设父属性 pa_j 为已知，那么可以使用下面的公式估计 $P(x_j|c_i,pa_j)$：

$$P(x_j|c_i,pa_j)=\frac{P(x_j,c_i,pa_j)}{P(c_i,pa_j)} \tag{4-17}$$

半朴素贝叶斯算法的流程概述如下：

1）数据准备：首先，需要准备用于训练和测试的数据集。数据集包含多个样本，每个样本由多个特征组成，并且具有对应的标签或类别。

2）特征选择：从所有特征中选择一个核心特征。核心特征被认为对于类别划分起到了关键作用。

3）相关性建模：将其他特征与核心特征进行配对，构建一系列的独依赖模型。每个独依赖模型根据核心特征和配对特征的组合来计算概率。

4）模型训练：对于每个配对特征组合，计算其在各个类别下的条件概率。可以使用各

种方法来估计概率，例如极大似然估计或贝叶斯估计。

5）模型预测：对于一个给定的测试样本，分别在每个独依赖模型中计算其属于各个类别的后验概率。最终，选择具有最大后验概率的类别作为预测结果。

相比于传统的朴素贝叶斯算法，半朴素贝叶斯算法考虑了特征之间的相关性。这使得模型可以更准确地捕捉数据中的复杂关系。半朴素贝叶斯算法允许根据具体问题选择不同的核心特征和配对特征组合。这种灵活性使得算法可以适应不同类型的数据集和任务需求。此外，半朴素贝叶斯算法在处理高维数据时表现出较好的性能，因为它可以通过选择核心特征和相关特征来减少特征空间的维度。

但是，在半朴素贝叶斯算法中，仍然假设给定类别下的特征是相互独立的。然而，在实际问题中，特征之间通常存在一定的依赖关系。为了解决这个问题，可以引入更复杂的模型，如贝叶斯网络、树模型等，以捕捉特征之间的依赖性。

4.4 贝叶斯网络算法

贝叶斯网络（bayesian networks）也被称为信念网络（belief networks）或者因果网络（causal networks），是描述数据变量之间依赖关系的一种图形模式，是一种用来进行推理的模型。贝叶斯网络为人们提供了一种方便的框架结构来表示因果关系，这使得不确定性推理在逻辑上变得更为清晰、可理解性强。贝叶斯网络借助有向无环图（directed acyclic graph，DAG）来刻画属性之间的依赖关系，并使用条件概率表（conditional probability table，CPT）来描述属性的联合概率分布。

具体来说，一个贝叶斯网络 B 由结构 G 和参数 θ 两部分组成，即 $B=<G,\theta>$。网络结构 G 是一个有向无环图，其每个节点对应一个属性，若两个属性有直接依赖关系，则它们由一条边连接起来；参数 θ 定量描述这种依赖关系，假设属性 x_i 在 G 中的父节点集为 π_i，则 θ 包含了每个属性的条件概率表 $\theta_{x_i\mid\pi_i}=P_B(x_i\mid\pi_i)$。贝叶斯网络表达了各个节点间的条件独立关系，我们可以直观地从贝叶斯网络当中得出属性间的条件独立以及依赖关系；另外贝叶斯网络也用另一种形式表示出了事件的联合概率分布，根据贝叶斯网络的网络结构以及条件概率表（CPT）我们可以快速得到每个基本事件（所有属性值的一个组合）的概率。

4.4.1 贝叶斯网络结构

贝叶斯网络结构有效地表达了属性间的条件独立性。一条弧由一个属性（数据变量）A 指向另外一个属性（数据变量）B 说明属性 A 的取值可以对属性 B 的取值产生影响，由于是有向无环图，A、B 间不会出现有向回路。在贝叶斯网络当中，直接的原因节点（弧尾）A 叫作其结果节点（弧头）B 的双亲节点（parents），B 叫作 A 的孩子节点（children）。如果从一个节点 X 有一条有向通路指向 Y，则称节点 X 为节点 Y 的祖先（ancestor），同时称节点 Y 为节点 X 的后代（descendent）。

我们用下面的例子来具体说明贝叶斯网络的结构。

图4-1中共有四个节点和四条弧。高油高糖饮食 X_1 是一个原因节点，它会导致糖尿病 X_2 和高血脂 X_3。而我们知道糖尿病 X_2 和高血脂 X_3 都可能最终导致心脏病 X_4。这是一个简单的贝叶斯网络的例子。在贝叶斯网络中像 X_1 这样没有输入的节点被称作根节点（root），

其他节点被统称为非根节点。

贝叶斯网络当中的弧表达了节点间的依赖关系，如果两个节点间有弧连接说明两者之间有因果联系，反之如果两者之间没有直接的弧连接或者是间接的有向联通路径，则说明两者之间没有依赖关系，即是相互独立的。节点间的相互独立关系是贝叶斯网络当中很重要的一个属性，可以大大减少建网过程当中的计算量，同时根据独立关系来学习贝叶斯网络也是一个重要的方法，这在本文后面会着重介绍。使用贝叶斯网络结构可以使人清晰的得出属性节点间的关系，进而也使得使用贝叶斯网络进行推理和预测变得相对容易实现。

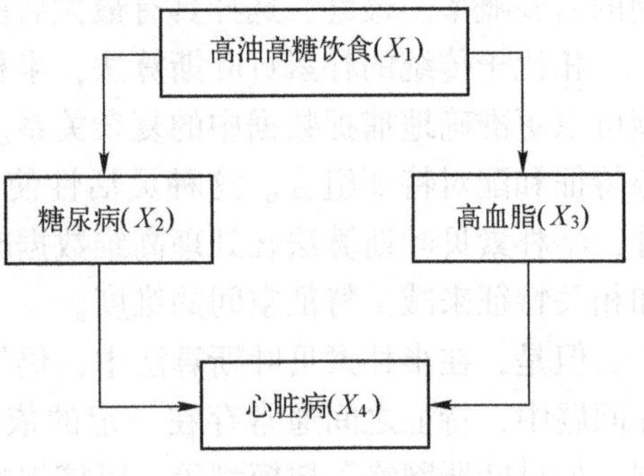

图 4-1 简单的贝叶斯网络结构

从图 4-1 中我们可以看出，节点间的有向路径可以不止一条，一个祖先节点可以通过不同的途径来影响它的后代节点。如我们说吸烟可能会导致呼吸困难，而导致呼吸困难的直接原因可能是肺气肿，也可能是支气管炎。这里每当我们说一个原因节点的出现会导致某个结果的产生时，都是一个概率的表述，而不是必然的，这样就需要为每个节点添加一个条件概率。一个节点在其双亲节点（直接的原因接点）的不同取值组合条件下取不同属性值的概率，就构成了该节点的条件概率表。

上面的例子可以让大家直观地感受到贝叶斯网络的作用。贝叶斯网络的一个重要性质是：当一个节点的父节点概率分布确定之后，该节点条件独立于其所有的非直接父节点。这个性质方便于我们计算变量之间的联合概率分布。即给定父节点集，贝叶斯网络假设每个属性与它的非后裔属性独立，于是 $B=<G,\theta>$将属性 $x_1,x_2,\cdots,x_d$ 的联合概率分布定义为

$$P_B(x_1,x_2,\cdots,x_d)=\prod_{i=1}^{d}P_B(x_i\mid\pi_i)\prod_{i=1}^{d}\theta_{x_i\mid\pi_i} \tag{4-18}$$

图 4-2 显示出贝叶斯网络中三个变量之间的典型依赖关系，其中前两种在式（4-18）中已有所体现。

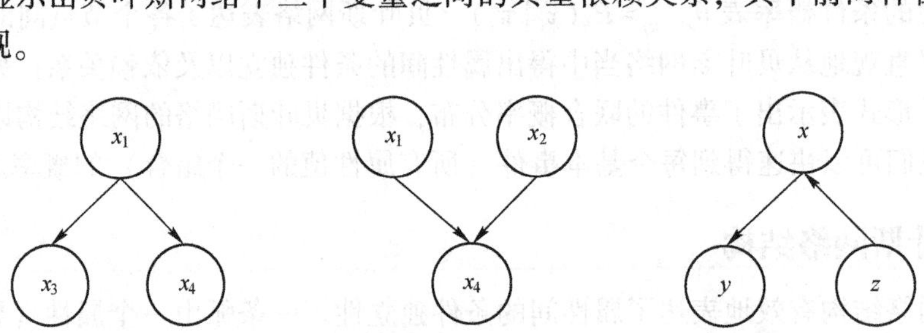

图 4-2 贝叶斯网络中三个变量之间的典型依赖关系

在“同父”结构中，给定父节点 x_1 的取值，则 x_3 与 x_4 条件独立。在“顺序”结构中，给定 x 的值，则 y 与 z 条件独立。V 形结构亦称“冲撞”结构，给定子节点 x_4 的取值，x_1 和 x_2 必不独立；奇妙的是，若 x_4 的取值完全未知，则 V 形结构下 x_1 和 x_2 却是互相独立的。我们做一个简单的验证：

$$P(x_1,x_2)=\sum_{x_4}P(x_1,x_2,x_4)$$

$$= \sum_{x_4} P(x_4 | x_1, x_2) P(x_1) P(x_2)$$

$$= P(x_1) P(x_2) \tag{4-19}$$

这样的独立性称为“边际独立性”，记为 $x_1 \amalg x_2$。

事实上，一个变量取值的确定与否，能对另两个变量间的独立性发生影响，这个现象并非 V 形结构所特有。例如在同父结构中，条件独立性 $x_3 \amalg x_4 | x_1$ 成立，但若 x_1 的取值未知，则 x_3 和 x_4 就不独立，即 $x_3 \amalg x_4$ 不成立；在顺序结构中，$y \perp z | x$，但 $y \amalg z$ 不成立。

为了分析有向图中变量间的条件独立性，可使用“有向分离”。我们先把有向图转变为一个无向图：

1）找出有向图中的所有 V 形结构，在 V 形结构的两个父节点之间加上一条无向边。

2）将所有有向边改为无向边。

由此产生的无向图称为“道德图”，令父节点相连的过程称为“道德化”。

基于道德图能直观、迅速地找到变量间的条件独立性。假定道德图中有变量 x，y 和变量集合 $z = \{z_i\}$，若变量 x 和 y 能在图上被 z 分开，即从道德图中将变量集合 z 去除后，x 和 y 分属两个连通分支，则称变量 x 和 y 被 z 有向分离，$y \perp z | x$ 成立。

4.4.2 贝叶斯网络学习算法

若网络结构已知，即属性间的依赖关系已知，则贝叶斯网络的学习过程相对简单，只需通过对训练样本“计数”，估计出每个节点的条件概率表即可。但在现实应用中我们往往并不知晓网络结构，于是，贝叶斯网络学习的首要任务就是根据训练数据集来找出结构最“恰当”的贝叶斯网络。“评分搜索”是求解这一问题的常用办法。具体来说，我们先定义一个评分函数，以此来评估贝叶斯网络与训练数据的契合程度，然后基于这个评分函数来寻找结构最优的贝叶斯网络。显然，评分函数引入了关于我们希望获得什么样的贝叶斯网络的归纳偏好。

常用评分函数通常基于信息论准则，此类准则将学习问题看作一个数据压缩任务，学习的目标是找到一个能以最短编码长度描述训练数据的模型，此时编码的长度包括了描述模型自身所需的字节长度和使用该模型描述数据所需的字节长度。对贝叶斯网络学习而言，模型就是一个贝叶斯网络，同时，每个贝叶斯网络描述了一个在训练数据上的概率分布，自有一套编码机制能使那些经常出现的样本有更短的编码。于是，我们应选择那个综合编码长度（包括描述网络和编码数据）最短的贝叶斯网络，这就是“最小描述长度”准则。

给定训练集 $D = \{x_1, x_2, \cdots, x_m\}$，贝叶斯网络 $B = <G, \theta>$ 在 D 上的评分函数可写为

$$s(B|D) = f(\theta)|B| - \mathrm{LL}(B|D) \tag{4-20}$$

式中，$|B|$ 是贝叶斯网络的参数个数；$f(\theta)$ 表示描述每个参数 θ 所需的字节数；而

$$\mathrm{LL}(B|D) = \sum_{i=1}^{m} \log P_B(x_i) \tag{4-21}$$

是贝叶斯网络 B 的对数似然。显然，式（4-21）的第一项是计算编码贝叶斯网络 B 所需的字节数，第二项是计算 B 所对应的概率分布 P_B 需多少字节来描述 D。于是，学习任务就转化为一个优化任务，即寻找一个贝叶斯网络 B 使评分函数 $s(B|D)$ 最小。

若 $f(\theta) = 1$，即每个参数用 1 字节描述，则得到 ACI 评分函数

$$\mathrm{ACI}(B\mid D)=\mid B\mid-\mathrm{LL}(B\mid D) \tag{4-22}$$

若$f(\theta)=\frac{1}{2}\log m$，即每个参数用$\frac{1}{2}\log m$字节描述，则得到BCI评分函数

$$\mathrm{BCI}(B\mid D)=\frac{1}{2}\log m\mid B\mid-\mathrm{LL}(B\mid D) \tag{4-23}$$

显然，若$f(\theta)=0$，即不计算对网络进行编码的长度，则评分函数退化为负对数似然，相应的，学习任务退化为极大似然估计。

不难发现，若贝叶斯网络$B=<G,\theta>$的网络结构G固定，则评分函数$s(B\mid D)$的第一项为常数。此时，最小化$s(B\mid D)$等价于对参数θ的极大似然估计。由式（4-21）和式（4-18）可知，参数$\theta_{x_i\mid\pi_i}$能直接在训练数据D上通过经验估计获得，即

$$\theta_{x_i\mid\pi_i}=\hat{P}_D(x_i\mid\pi_i) \tag{4-24}$$

式中，$\hat{P}_D(\cdot)$是D上的经验分布。因此，为了最小化评分函数$s(B\mid D)$，只需对网络结构进行搜索，而候选结构的最优参数可直接在训练集上计算得到。

不幸的是，从所有可能的网络结构空间搜索最优贝叶斯网络结构是一个NP难问题，难以快速求解。有两种常用的策略能在有限时间内求得近似解：第一种是贪心法，例如从某个网络结构出发，每次调整一条边（增加、删除或调整方向），直到评分函数值不再降低为止；第二种是通过给网络结构施加约束来削减搜索空间，例如将网络结构限定为树形结构等。

4.4.3 贝叶斯网络推断

贝叶斯网络训练好后就能用来回答"查询"，即通过一些属性变量的观测值来推测其他属性变量的取值。通过已知变量观测值来推测待查询变量的过程称为"推断"，已知变量观测值称为"证据"。

最理想的是直接根据贝叶斯网络定义的联合概率分布来精确计算后验概率，不幸的是，这样的"精确推断"已被证明是NP难的；换言之，当网络节点较多、连接稠密时，难以进行精确推断，此时需借助"近似推断"，通过降低精度要求，在有限时间内求得近似解。在现实应用中，贝叶斯网络的近似推断常使用吉布斯采样来完成，这是一种随机采样方法，我们来看看它是如何工作的。

令$Q=\{Q_1,Q_2,\cdots,Q_n\}$表示待查询变量，$E=\{E_1,E_2,\cdots,E_k\}$为证据变量，已知其取值为$e=\{e_1,e_2,\cdots,e_k\}$。目标是计算后验概率$P(Q=q\mid E=e)$，其中$q=\{q_1,q_2,\cdots,q_n\}$是待查询变量的一组取值。

吉布斯采样算法先随机产生一个与证据$E=e$一致的样本q^0作为初始点，然后每步从当前样本出发产生下一个样本。具体来说，在第t次采样中，算法先假设$q^t=q^{t-1}$，然后对非证据变量逐个进行采样改变其取值，采样概率根据贝叶斯网络B和其他变量的当前取值（即$Z=z$）计算获得。假定经过T次采样得到的与q一致的样本共有n_q个，则可近似估算出后验概率

$$P(Q=q\mid E=e)\simeq\frac{n_q}{T} \tag{4-25}$$

实质上，吉布斯采样是在贝叶斯网络所有变量的联合状态空间与证据 $E=e$ 一致的子空间中进行“随机漫步”。每一步仅依赖于前一步的状态，这是一个“马尔可夫链”。在一定条件下，无论从什么初始状态开始，马尔可夫链第 t 步的状态分布在 $t\to\infty$ 时必收敛于一个平稳分布；对于吉布斯采样来说，这个分布恰好是 $P(Q|E=e)$。因此，在 T 很大时，吉布斯采样相当于根据 $P(Q|E=e)$ 采样，从而保证了式（4-25）收敛于 $P(Q=q|E=e)$。

需注意的是，由于马尔可夫链通常需很长时间才能趋于平稳分布，因此吉布斯采样算法的收敛速度较慢。此外，若贝叶斯网络中存在极端概率“0”或“1”，则不能保证马尔可夫链存在平稳分布，此时吉布斯采样会给出错误的估计结果。

下面我们基于 pgmpy 包来构造贝叶斯网络和进行建模训练。pgmpy 是一款基于 Python 的概率图模型包，主要包括贝叶斯网络和马尔可夫蒙特卡洛等常见概率图模型的实现以及推断方法。我们以学生获得奖学金情况这样一个例子来进行贝叶斯网络的构造，具体有向图和概率表如图 4-3 所示。

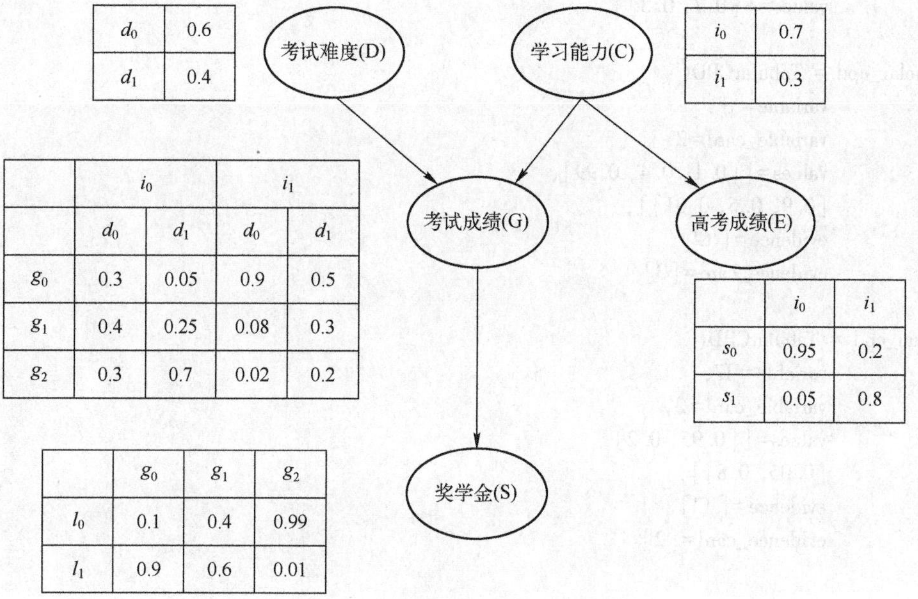

图 4-3　学生获得奖学金情况的贝叶斯网络图

考试难度、学习能力都会影响到个人成绩，另外学习能力也会影响到高考成绩，而个人成绩好坏会直接影响到获得奖学金的情况。下面我们直接来用 pgmpy 实现上述贝叶斯网络。

1）导入相关模块，构建模型框架，指定各变量之间的依赖关系。

```
from pgmpy.factors.discrete import TabularCPD
from pgmpy.models import BayesianModel
student_model = BayesianModel([('D', 'G'), ('C', 'G'), ('G', 'S'), ('C', 'E')])
```

2）构建各个节点和传入概率表并指定相关参数。

```
grade_cpd = TabularCPD(
        variable='G',                              # 节点名称
```

```
                variable_card=3,                          # 节点取值个数
                values=[[0.3, 0.05, 0.9, 0.5],            # 该节点的概率表
                [0.4, 0.25, 0.08, 0.3],
                [0.3, 0.7, 0.02, 0.2]],
                evidence=['C', 'D'],                      # 该节点的依赖节点
                evidence_card=[2, 2]                      # 依赖节点的取值个数
)
diffi_cpd = TabularCPD(
                variable='D',
                variable_card=2,
                values=[[0.6, 0.4]]
)
capab_cpd = TabularCPD(
                variable='C',
                variable_card=2,
                values=[[0.7, 0.3]]
)
scholar_cpd = TabularCPD(
                variable='S',
                variable_card=2,
                values=[[0.1, 0.4, 0.99],
                [0.9, 0.6, 0.01]],
                evidence=['G'],
                evidence_card=[3]
)
exam_cpd = TabularCPD(
                variable='E',
                variable_card=2,
                values=[[0.95, 0.2],
                [0.05, 0.8]],
                evidence=['C'],
                evidence_card=[2]
)
```

3）将包含概率表的各节点添加到模型中。

```
student_model.add_cpds(
                grade_cpd,
                diffi_cpd,
                capab_cpd,
                scholar_cpd,
                exam_cpd
)
```

4）获取模型的条件概率分布和模型各节点之间的依赖关系。

```
student_model.get_cpds()
student_model.get_independencies()
```

5）进行贝叶斯推断。

```
from pgmpy.inference import VariableElimination
student_infer = VariableElimination(student_model)

prob_G = student_infer.query(
            variables=['G'],
            evidence={'C': 1, 'D': 0})
print(prob_G)
```

除了以上构造贝叶斯网络的方法之外，我们还可以基于 pgmpy 进行数据训练。首先生成模拟数据并以上述的学生奖学金的模型变量进行命名。

1）生成数据。

```
import numpy as np
import pandas as pd
raw_data = np.random.randint(low=0, high=2, size=(1000, 5))
data = pd.DataFrame(raw_data, columns=['D', 'C', 'G', 'S', 'E'])
data.head()
```

2）然后基于数据进行模型训练。

```
# 定义模型
from pgmpy.models import BayesianModel
from pgmpy.estimators import MaximumLikelihoodEstimator, BayesianEstimator

model = BayesianModel([('D', 'G'), ('C', 'G'), ('G', 'S'), ('C', 'E')])

# 基于极大似然估计进行模型训练
model.fit(data, estimator=MaximumLikelihoodEstimator)
for cpd in model.get_cpds():
        # 打印条件概率分布
        print("CPD of {variable}:".format(variable=cpd.variable))
        print(cpd)
```

4.5 EM 算法

我们一直假设训练样本所有属性变量的值都已被观测到，即训练样本是“完整”的。但在现实应用中往往会遇到“不完整”的训练样本。在这种存在“未观测”变量的情形下，是否仍能对模型参数进行估计呢？

未观测变量的学名是“隐变量”。令 X 表示已观测变量集，Z 表示隐变量集，θ 表示模型参数。若欲对 θ 做极大似然估计，则应最大化对数似然

$$LL(\theta|X,Z)=\ln P(X,Z|\theta) \tag{4-26}$$

然而由于 Z 是隐变量，式（4-26）无法直接求解。此时可通过对 Z 计算期望，来最大化已观测数据的对数“边际似然”

$$LL(\theta|X,Z)=\ln P(X|\theta)=\ln\sum_{Z}P(X,Z|\theta) \tag{4-27}$$

EM 算法是常用的估计参数隐变量的利器，它是一种迭代式的方法，1977 年由 Dempster 等人总结提出，用于含有隐变量（hidden variable）的概率模型参数的极大似然估计或极大

后验概率估计。EM 算法的每次迭代由两步组成：E 步，求期望（expectation）；M 步，求极大（maximization），所以这一算法称为期望极大算法（expectation maximization algorithm），简称 EM 算法。其基本想法是：若参数 θ 已知，则可根据训练数据推断出最优隐变量 Z 的值（E 步）；反之，若 Z 的值已知，则可方便地对参数 θ 做极大似然估计（M 步）。

于是，以初始值 θ^0 为起点，对式（4-27），可迭代执行以下步骤直至收敛。

1）基于 θ^t 推断隐变量 Z 的期望，记为 Z^t。

2）基于已观测变量 X 和 Z^t 对参数 θ 做极大似然估计，记为 θ^{t+1}。

这就是 EM 算法的原型。

进一步，若不是取 Z 的期望，而是基于 θ^t 计算隐变量 Z 的概率分布 $P(Z|X,\theta^t)$，则 EM 算法的两个步骤如下。

1）E 步：以当前参数 θ^t 推断隐变量分布 $P(Z|X,\theta^t)$，并计算对数似然 $\mathrm{LL}(\theta|X,Z)$ 关于 Z 的期望

$$Q(\theta|\theta^t)=E_{Z|X,\theta^t}\mathrm{LL}(\theta|X,Z) \tag{4-28}$$

2）M 步：寻找参数最大化期望似然，即

$$\theta^{t+1}=\underset{\theta}{\mathrm{argmax}}\,Q(\theta|\theta^t) \tag{4-29}$$

简要来说，EM 算法使用两个步骤交替计算：第一步是期望（E）步，利用当前估计的参数值来计算对数似然的期望值；第二步是最大化（M）步，寻找能使 E 步产生的似然期望最大化的参数值。然后，新得到的参数值重新被用于 E 步，直到收敛到局部最优解。

事实上，隐变量估计问题也可通过梯度下降等优化算法求解，但由于求和的项数将随着隐变量的数目以指数级上升，会给梯度计算带来麻烦；而 EM 算法则可看作一种非梯度优化方法。

EM 算法的一个经典例子是三硬币模型。假设有 A、B、C 三枚硬币，其出现正面的概率分别为 π、p 和 q。使用三枚硬币进行如下试验：先抛掷硬币 A，根据其结果来选择硬币 B 或者硬币 C，假设正面选 B，反面选 C，然后记录硬币结果，正面记为 1，反面记为 0，独立重复 5 次试验，每次试验重复抛掷 B 或者 C10 次。问如何估计三枚硬币分别出现正面的概率。

由于我们只能观察到最后的抛掷结果，至于这个结果是由硬币 B 抛出来的还是由硬币 C 抛出来的，我们无从知晓。所以这个过程中依概率选择哪一个硬币抛掷就是一个隐变量。因此我们需要使用 EM 算法来进行求解。

E 步：初始化 B 和 C 出现正面的概率为 $\hat{\theta}_{\mathrm{B}}^{(0)}=0.6$ 和 $\hat{\theta}_{\mathrm{C}}^{(0)}=0.5$，估计每次试验中选择 B 还是 C 的概率（即硬币 A 是正面还是反面的概率），例如选择 B 的概率为

$$P(z=B|y_1,\theta)=\frac{P(z=B,y_1|\theta)}{P(z=B,y_1|\theta)+P(z=C,y_1|\theta)}=\frac{(0.6)^5\times(0.4)^5}{(0.6)^5\times(0.4)^5+(0.5)^{10}}=0.45 \tag{4-30}$$

计算出每次试验选择 B 和 C 的概率，然后根据试验数据进行加权求和。

M 步：更新模型参数的新估计值。根据函数求导来确定参数值：

$$Q(\theta,\theta^i) = \sum_{j=1}^{5}\sum_{z} P(z|y_j,\theta^i)\log P(z|y_j,\theta) = \sum_{j=1}^{5}\mu_j\log(\theta_B^{y_j}(1-\theta_B)^{10-y_j}) + (1-\mu_j)\log(\theta_B^{y_j}(1-\theta_B)^10 - y_j) \tag{4-31}$$

对式（4-31）求导并令其值为 0 可得第一次迭代后的参数值，然后重复进行第二轮、第三轮，直至模型收敛。

下面我们用 numpy 来实现一个简单的 EM 算法过程来求解三硬币问题。首先，初始化似然函数值为负无穷。然后，开始迭代，首先进行 E 步：计算隐变量分布。通过计算似然函数，求得隐变量的分布，并进行概率加权。接着进行 M 步：更新参数值。根据加权后的计数统计，更新参数的估计。接下来，计算似然函数的新值，并打印当前迭代次数、参数估计值和似然函数值。判断似然函数的变化是否小于收敛阈值，如果是，则退出迭代；否则继续下一轮迭代。最终，返回参数的最终估计结果。

代码 4-9　EM 函数

```
import numpy as np

def em(data, thetas, max_iter=50, eps=1e-3):
    '''
    data：观测数据，每行表示一次独立实验的正反面次数
    thetas：估计参数，每行表示一个硬币的正面概率
    max_iter：最大迭代次数
    eps：收敛阈值
    '''
    # 初始化似然函数值
    ll_old = -np.infty

    for i in range(max_iter):
        ### E 步：求隐变量分布

        # 对数似然
        log_like = np.array([np.sum(data * np.log(theta), axis=1)
                             for theta in thetas])

        # 似然
        like = np.exp(log_like)

        # 求隐变量分布
        ws = like / like.sum(0)

        # 概率加权
        vs = np.array([w[:, None] * data for w in ws])

        ### M 步：更新参数值
        thetas = np.array([v.sum(0)/v.sum() for v in vs])

        # 更新似然函数
        ll_new = np.sum([w * l for w, l in zip(ws, log_like)])
```

```
            print("Iteration: %d" % (i+1))
            print("theta_B = %.2f, theta_C = %.2f, ll = %.2f"
                  % (thetas[0,0], thetas[1,0], ll_new))

            # 满足迭代条件即退出迭代
            if np.abs(ll_new - ll_old) < eps:
                break

            ll_old = ll_new

        return thetas

    # 观测数据，5 次独立实验，每次试验 10 次抛掷的正反面次数
    observed_data = np.array([(5, 5), (9, 1), (8, 2), (4, 6), (7, 3)])

    # 初始化参数值，硬币 B 的正面概率为 0.6，硬币 C 的正面概率为 0.5
    thetas = np.array([[0.6, 0.4], [0.5, 0.5]])

    eps = 0.01
    max_iter = 50

    # 使用 EM 算法求解三硬币问题
    thetas = em(observed_data, thetas, max_iter, eps)
```

4.6 本章小结

本章主要介绍了贝叶斯，讲解了其理论、朴素贝叶斯算法、半朴素贝叶斯算法、贝叶斯网络算法、EM 算法及其在 Python 中的具体实现代码。

朴素贝叶斯算法是基于贝叶斯定理与特征条件独立假设的分类方法。朴素贝叶斯的“朴素”体现在，假设各属性之间没有相互依赖。贝叶斯网络也被称为信念网络或者因果网络，是描述数据变量之间依赖关系的一种图形模式，是一种用来进行推理的模型。EM 算法是一种迭代算法，用于含有隐变量的概率模型参数的极大似然估计或极大后验概率估计。

4.7 延伸阅读——机器学习在智能驾驶上的应用

我国智能驾驶的发展在近年来取得了显著进展。政府对智能驾驶技术的支持和政策鼓励使得我国成为全球智能驾驶领域的主要参与者之一。中国的科技公司积极投入研发，并取得了重要突破，推动了智能驾驶技术的创新。例如，百度推出了自动驾驶平台 Apollo，腾讯也涉足自动驾驶领域，阿里巴巴则投资了图森未来等公司。更重要的是，我国发布了自动驾驶道路测试开放指南，并在多个城市建设了自动驾驶测试示范区，为企业提供了试验和验证的环境。因此，我国成为全球最大的智能驾驶测试市场之一，许多企业在不同城市进行测试和部署，积累了大量的路况、车辆和行人行为数据。一些企业还开始在特定区域进行自动驾驶

出租车和公交车的商业化部署。

我国智能驾驶发展生态系统逐渐形成，汽车制造商、科技公司、供应商和研究机构相互合作，共同推动着智能驾驶技术的发展。这种合作模式促进了资源共享和技术互补，推动了智能驾驶技术的快速发展。此外，我国的智能驾驶行业在国际竞争中占据一定优势。中国的市场规模庞大，道路交通环境多样，这为企业提供了大量的测试和实践机会。

在智能驾驶系统中，准确地检测和识别道路上的行人是至关重要的。贝叶斯算法可以应用于行人检测任务中的目标分类和目标定位阶段。

在目标分类阶段，通过使用贝叶斯分类器，可以利用历史数据和先验知识来估计行人的出现概率，并根据特征向量（如颜色、纹理等）判断目标是否为行人。通过不断更新先验概率和后验概率，贝叶斯分类器能够适应不同的环境和条件，提高行人检测的准确性。

在目标定位阶段，行人的位置估计也可以使用贝叶斯滤波算法，如粒子滤波或卡尔曼滤波。贝叶斯滤波算法利用当前观察到的行人检测结果和运动模型，结合先前时刻的状态估计，来跟踪行人的位置和速度。通过不断更新状态估计，贝叶斯滤波算法可以提供对行人位置的精确估计。

这种基于贝叶斯算法的行人检测技术在智能驾驶系统中能够提高行人检测的准确性和稳定性，从而有效地保障驾驶安全。它可以适应不同的环境和场景，具备一定的鲁棒性，并能够通过实时更新模型参数和概率分布来提升行人检测的性能。

4.8　习题

1. 选择题

1）下列关于朴素贝叶斯算法的特点说法不正确的是（　　）。

A. 朴素贝叶斯算法处理过程简单，分类速度快

B. 朴素贝叶斯模型无须假设特征条件独立

C. 朴素贝叶斯模型发源于古典数学理论，数学基础坚实

D. 朴素贝叶斯算法对小规模数据表现较好

2）关于朴素贝叶斯算法，下列说法错误的是（　　）。

A. 朴素的意义在于它的一个天真的假设：所有特征之间是相互独立的

B. 它是一个分类算法

C. 它实际上是将多条件下的条件概率转换成了单一条件下的条件概率，简化了计算

D. 朴素贝叶斯算法不需要使用联合概率

3）EM 算法的每次迭代由（　　）步组成。

A. 1　　B. 2　　C. 3　　D. 4

4）有向无环图，A、B 间出现（　　）条有向回路。

A. 0　　B. 1　　C. 2　　D. 3

2. 问答题

1）简述朴素贝叶斯算法有几种。

2）试比较朴素贝叶斯算法与半朴素贝叶斯算法。

3. 综合应用题

用朴素贝叶斯算法实现天气情况与是否打网球关系，天气与是否打网球情况见表 4-1。

表 4-1　天气与是否打网球情况

天　气	气　温	湿　度	是否打网球
晴	热	高	否
晴	热	高	否
多云	热	高	是
雨	温	高	是
雨	凉	正常	是
雨	凉	正常	否
多云	凉	正常	是
晴	温	高	否
晴	凉	正常	是
雨	温	正常	是
晴	温	正常	是
多云	温	高	是
多云	热	正常	是
雨	温	高	否

第5章　线性模型

本章导读（思维导图）

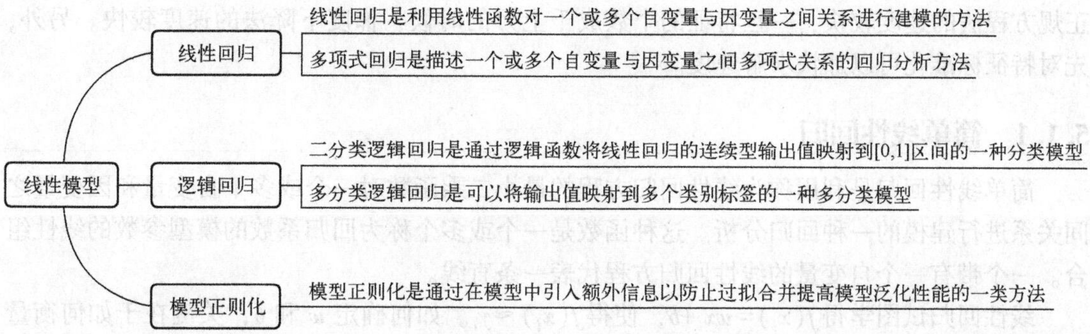

线性模型是机器学习中常用的一种建模方法，它基于线性关系对输入特征与输出目标之间的关系进行建模和预测。该模型的特点在于它假设特征与目标之间存在线性关系，并通过找到最佳的系数来拟合训练数据，并进行预测。对于给定带标签训练样本，通过监督学习训练构造线性模型的关键在于如何算出合适的模型参数值，即线性组合系数或权重，使得训练样本的模型输出值能较好地拟合样本标签。

扫码看视频

线性模型具有简单且易于解释的特征权重，使得我们可以理解每个特征对输出的贡献。而且，线性模型具有良好的可解释性，可以用于推断变量之间的关系和影响程度。此外，线性模型的计算效率高，适用于大规模数据集和实时应用场景。最后，线性模型还具有一定的鲁棒性，对部分噪声数据不敏感，并且能够处理高维数据。线性模型作为机器学习中最基础和经典的方法之一，为许多实际问题的解决提供了有效且可解释的工具。本章比较系统地介绍了线性回归、逻辑回归、回归表达式、模型正则化等线性模型相关内容。

5.1　线性回归

给定数据集 $D=\{(\boldsymbol{x}_1,y_1),(\boldsymbol{x}_2,y_2),\cdots,(\boldsymbol{x}_m,y_m)\}$，其中 $\boldsymbol{x}_i=(x_{i1};x_{i2};\cdots;x_{id})$，$y_i\in\mathbf{R}$。线性回归试图学得一个线性模型以尽可能准确地预测实值输出标记。

我们先考虑一个简单情形：输出属性的数目只有一个。为便于讨论，此时我们忽略关于属性的下标，即 $\{(x_i,y_i)\}_{i=1}^{m}$，其中 $x_i\in\mathbf{R}$。对离散属性，若属性值间存在“序”关系，可通过连续化将其转化为连续值，例如二值属性“身高”的取值“高”“矮”可转化为$\{1.0,$

0.0}，三值属性“高度”的取值“高”“中”“低”可转化为{1.0,0.5,0.0}；若属性值之间不存在序关系，假定有 k 个属性值，则通常转化为 k 维向量，例如属性“球类”的取值“篮球”“足球”“排球”可转化为(0,0,1)，(0,1,0)，(1,0,0)。

一元线性回归假设因变量和自变量之间存在线性关系，这个线性模型所构成的空间是一个超平面（hyperplane）。超平面是 n 维欧氏空间中余维度等于1的线性子空间，如平面中的直线、空间中的平面等，总比包含它的空间少一维。在一元线性回归中，一个维度是因变量，另一个维度是自变量，总共两维。因此，其超平面只有一维，就是一条线。

回归分析的最初目的是估计模型的参数以便达到对数据的最佳拟合。最常用的求解方法有两种：梯度下降法（gradient descent）和正规方程法（normal equations）。梯度下降法通过迭代求得数值解，正规方程法通过公式一步到位求得解析解。在特征个数不太多的情况下，正规方程法的速度较快，一旦特征的个数成千上万的时候，梯度下降法的速度较快。另外，先对特征标准化可以加快求解速度。

5.1.1 简单线性回归

简单线性回归是利用称为线性回归方程的最小二乘函数对一个或多个自变量和因变量之间关系进行建模的一种回归分析。这种函数是一个或多个称为回归系数的模型参数的线性组合。一个带有一个自变量的线性回归方程代表一条直线。

线性回归试图学得 $f(x_i)=wx_i+b$，使得 $f(x_i)\approx y_i$。如何确定 w 和 b，关键在于如何衡量 $f(x)$ 与 y 之间的差别。

求解 w 和 b 使 $E_{(w,b)}=\sum_{i=1}^{m}(y_i-wx_i-b)^2$ 最小化的过程，称为线性回归模型的最小二乘“参数估计”。我们将 $E_{(w,b)}$ 分别对 w 和 b 求导得

$$\frac{\partial E_{(w,b)}}{\partial w}=2\left((w\sum_{i=1}^{m}x_i{}^2-\sum_{i=1}^{m}(y_i-b)x_i\right) \tag{5-1}$$

$$\frac{\partial E_{(w,b)}}{\partial b}=2\left(mb-\sum_{i=1}^{m}(y_i-wx_i)\right) \tag{5-2}$$

令式（5-3）和式（5-4）为零可得到 w 和 b 的最优解的闭式解

$$w=\frac{\sum_{i=1}^{m}y_i(x_i-\bar{x})}{\sum_{i=1}^{m}x_i^2-\frac{1}{m}\left(\sum_{i=1}^{m}x_i\right)^2} \tag{5-3}$$

$$b=\frac{1}{m}\sum_{i=1}^{m}(y_i-wx_i) \tag{5-4}$$

式中，$\bar{x}=\frac{1}{m}\sum_{i=1}^{m}x_i$ 为 x 的均值。

5.1.2 多变量线性回归

直线回归研究的是一个因变量与一个自变量之间的回归问题。但是，在许多实际问题中，影响因变量的自变量往往不止一个，而是多个。给定数据集 $D=\{(\boldsymbol{x}_1,y_1),(\boldsymbol{x}_2,y_2),\cdots,$

$(\boldsymbol{x}_m, y_m)\}$，其中 $\boldsymbol{x}_i=(x_{i1};x_{i2};\cdots;x_{id})$，$y_i \in \mathbf{R}$，样本由 d 个属性描述。此时我们试图学得 $f(\boldsymbol{x}_i)=\boldsymbol{w}^{\mathrm{T}}\boldsymbol{x}_i+\boldsymbol{b}$，使得 $f(\boldsymbol{x}_i)\approx y_i$，称为多变量线性回归。

如果把 $\boldsymbol{w}$ 和 $\boldsymbol{b}$ 用向量形式表示 $\hat{\boldsymbol{w}}=(\boldsymbol{w};\boldsymbol{b})$，就形成了多元一次函数。相应的，把数据集 D 表示成一个 $m\times(d+1)$ 大小的矩阵 $\boldsymbol{X}$

$$\boldsymbol{X}=\begin{pmatrix} x_{11} & x_{12} & \cdots & x_{1d} & 1 \\ x_{21} & x_{22} & \cdots & x_{2d} & 1 \\ \vdots & \vdots & & \vdots & \vdots \\ x_{m1} & x_{m2} & \cdots & x_{md} & 1 \end{pmatrix}=\begin{pmatrix} \boldsymbol{x}_1^{\mathrm{T}} & 1 \\ \boldsymbol{x}_2^{\mathrm{T}} & 1 \\ \vdots & \vdots \\ \boldsymbol{x}_m^{\mathrm{T}} & 1 \end{pmatrix} \tag{5-5}$$

再把标记也写成向量形式 $\boldsymbol{y}=(y_1,y_2,\cdots,y_m)$ 有

$$\hat{\boldsymbol{w}}^*=\underset{\hat{\boldsymbol{w}}}{\operatorname{argmin}}(\boldsymbol{y}-\boldsymbol{X}\hat{\boldsymbol{w}})^{\mathrm{T}}(\boldsymbol{y}-\boldsymbol{X}\hat{\boldsymbol{w}}) \tag{5-6}$$

令 $\boldsymbol{E}_{\hat{\boldsymbol{w}}}=(\boldsymbol{y}-\boldsymbol{X}\hat{\boldsymbol{w}})^{\mathrm{T}}(\boldsymbol{y}-\boldsymbol{X}\hat{\boldsymbol{w}})$，对 $\hat{\boldsymbol{w}}$ 求导得

$$\frac{\partial E_{\hat{\boldsymbol{w}}}}{\partial \hat{\boldsymbol{w}}}=2\boldsymbol{X}^{\mathrm{T}}(\boldsymbol{X}\hat{\boldsymbol{w}}-\boldsymbol{y}) \tag{5-7}$$

令式（5-7）为零，可得 $\hat{\boldsymbol{w}}$ 最优解。当 $\boldsymbol{X}^{\mathrm{T}}\boldsymbol{X}$ 为满秩矩阵或正定矩阵时，令式（5-7）为零可得

$$\hat{\boldsymbol{w}}^*=(\boldsymbol{X}^{\mathrm{T}}\boldsymbol{X})^{-1}\boldsymbol{X}^{\mathrm{T}}\boldsymbol{y} \tag{5-8}$$

因此，线性回归模型为

$$f(\hat{\boldsymbol{x}}_i)=\hat{\boldsymbol{x}}_i^{\mathrm{T}}(\boldsymbol{X}^{\mathrm{T}}\boldsymbol{X})^{-1}\boldsymbol{X}^{\mathrm{T}}\boldsymbol{y} \tag{5-9}$$

式中，$\hat{\boldsymbol{x}}_i=\begin{pmatrix} x_i \\ 1 \end{pmatrix}, l=1,2,\cdots,m$。当线性模型的预测值逼近真实标记值 $\boldsymbol{y}$ 时，就得到了线性回归模型 $\boldsymbol{y}=\boldsymbol{w}^{\mathrm{T}}\boldsymbol{x}+\boldsymbol{b}$。

下面我们使用 Python 语言对线性回归进行实现。

1）定义线性回归函数。

代码 5-1 实现了简单的线性回归算法。首先，在输入特征矩阵 X 的第一列添加全为 1 的列作为偏置项，形成新的特征矩阵。然后，通过求解正规方程组计算出最优参数向量 theta。具体而言，首先计算特征矩阵 X 的转置矩阵 Xt，然后计算 Xt 和 X 的乘积的逆矩阵 XtX_inv，再计算 Xt 和目标变量向量 y 的乘积 Xty，最后将 XtX_inv 和 Xty 相乘得到参数向量 theta。最后，返回拟合得到的参数向量 theta。

代码 5-1 linear_regression 函数

```
import numpy as np

def linear_regression(X, y):
    """
    执行线性回归，拟合给定的数据。
    参数：
        X (numpy.array)：输入特征矩阵，每行代表一个样本，每列代表一个特征。
        y (numpy.array)：目标变量向量。
    返回：
        numpy.array：返回拟合得到的参数向量。
```

```
    """
    # 添加偏置项
    ones = np.ones((X.shape[0], 1))
    X = np.hstack((ones, X))

    # 计算参数
    Xt = np.transpose(X)
    XtX_inv =np.linalg.inv(np.dot(Xt, X))
    Xty = np.dot(Xt, y)
    theta = np.dot(XtX_inv, Xty)

    return theta
```

2）定义数据集对线性回归算法进行测试。

在测试线性回归算法之前，我们需要生成一些示例数据。下面的代码使用 numpy 库生成一个具有线性关系的数据集。然后使用正规方程来拟合数据，并可视化结果。

代码 5-2　线性回归测试与可视化

```
import numpy as np
import matplotlib.pyplot as plt

# 生成示例数据
np.random.seed(0)
X = np.linspace(0, 10, 100)
y = 5 * X + np.random.normal(0, 1, 100)

# 计算线性回归参数
theta_normal = linear_regression(X.reshape(-1, 1), y)

# 计算预测值
y_pred_normal = theta_normal[0] + theta_normal[1] * X

# 可视化结果
plt.scatter(X, y)
plt.plot(X, y_pred_normal, color='red', label='Normal Equation')
plt.xlabel('X')
plt.ylabel('y')
plt.title('Linear Regression')
plt.legend()
plt.show()
```

线性回归模型拟合结果图如图 5-1 所示，其中点集表示原始数据，直线表示使用正规方程法拟合的回归线。

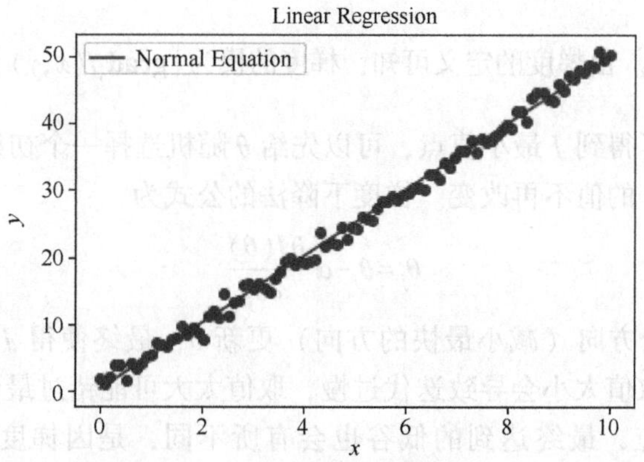

图 5-1 线性回归模型拟合结果图

5.1.3 梯度下降法

梯度下降法是一个最优化算法，通常也称为最速下降法。常用于机器学习和人工智能当中用来递归性地逼近最小偏差模型。梯度下降法从高处寻找最佳通往低处的方向，然后下去，直到找到最低点。

当函数定义域和取值都在实数域中的时候，导数可以表示函数曲线上的切线斜率。除了切线的斜率，导数还表示函数在该点的变化率。在一元函数中，只有一个自变量变动，也就是说只存在一个方向的变化率，所以不存在偏导数。偏导数至少涉及两个自变量，是多元函数沿不同坐标轴的变化率。

如果存在 $z=f(x,y)$ 在点 $P(x,y)$ 是可微分的，那么函数在该点沿任一方向 l 的方向导数都存在，且有

$$\frac{\partial f}{\partial l}=\frac{\partial f}{\partial x}\cos\varphi+\frac{\partial f}{\partial y}\sin\varphi \tag{5-10}$$

式中，φ 为 x 轴到方向 l 的转角。

设函数 $z=f(x,y)$ 在平面区域 D 内具有一阶连续偏导数，则对于每一点 $(x,y)\in D$，都可定出一个向量 $\frac{\partial f}{\partial x}i+\frac{\partial f}{\partial y}j$，这个向量称为函数 $z=f(x,y)$ 在点 $P(x,y)$ 的梯度，记作 $\mathbf{grad}\, f(x,y)$，即 $\mathbf{grad}\, f(x,y)=\frac{\partial f}{\partial x}i+\frac{\partial f}{\partial y}j$，如果设 $\boldsymbol{e}=i\cos\varphi+j\sin\varphi$ 是与方向 l 同方向的单位向量，则由方向导数的计算公式可知

$$\begin{aligned}\frac{\partial f}{\partial l}&=\frac{\partial f}{\partial x}\cos\varphi+\frac{\partial f}{\partial y}\sin\varphi=\left\{\frac{\partial f}{\partial x},\frac{\partial f}{\partial y}\right\}\{\cos\varphi,\sin\varphi\}\\&=\mathbf{grad}\, f(x,y)\cdot\boldsymbol{e}=|\mathbf{grad}\, f(x,y)|\cos\langle\mathbf{grad}\, f(x,y),\boldsymbol{e}\rangle\end{aligned} \tag{5-11}$$

式中，$\langle\mathbf{grad}\, f(x,y),\boldsymbol{e}\rangle$表示向量 $\mathbf{grad}\, f(x,y)$ 与 $\boldsymbol{e}$ 的夹角。由此看出，就是梯度在射线 l 上的投影，当方向 l 与梯度的方向一致时，有 $\cos\langle\mathbf{grad}\, f(x,y),\boldsymbol{e}\rangle=1$，从而 $\frac{\partial f}{\partial l}$ 有最大值。所以沿梯度方向的方向导数达到最大值，也就是说，梯度的方向是函数 $f(x,y)$ 在这点增长最快的方向。因此，函数在某点的梯度是这样一个向量，它的方向与取得最大方向导数的方向一致，而它的

模为方向导数的最大值。由梯度的定义可知，梯度的模为$|\mathbf{grad}\, f(x,y)|=\sqrt{\left(\frac{\partial f}{\partial x}\right)^2+\left(\frac{\partial f}{\partial y}\right)^2}$。

设 $J:\mathbf{R}^d\rightarrow\mathbf{R}$。为了得到 J 最小值点，可以先给 θ 随机选择一个初始值，然后不断地修改 θ 以减少 $J(\theta)$，直到 θ 的值不再改变。梯度下降法的公式为

$$\theta_j=\theta_j-\alpha\frac{\partial J(\theta)}{\partial\theta_j} \tag{5-12}$$

即不断地向梯度的那个方向（减小最快的方向）更新 θ，最终使得 $J(\theta)$ 最小。式（5-12）中 α 称为学习速率，取值太小会导致迭代过慢，取值太大可能错过最值点。

选择不同的起始点，最终达到的低谷也会有所不同，是因梯度下降法在每次下降的时候都要选择最佳方向，而这个最佳方向是针对局部来考虑的。因而不同的起始点局部特征都是不同的，选择的最佳方向当然也是不同的，导致最后寻找到的极小值并不是全局极小值，而是局部极小值。由此可以看出，梯度下降法只能寻找局部极小值而非全局极小值，这是由模型函数的非凸性决定的。但是我们在实践中发现，通过梯度下降算法求得的数值解，它的性能往往都能优化得很好，可以直接使用求解到的数值解来近似作为最优解。

在具体使用梯度下降法的过程中，主要有以下三种，即批量梯度下降法、小批量梯度下降法、随机梯度下降法。其主要区别是在选择训练数据集时使用了不同的方法。

（1）批量梯度下降法

批量梯度下降法针对的是整个数据集，通过对所有的样本的计算来求解梯度的方向。每迭代一步，都要用到训练集所有的数据，如果样本数目很大，迭代速度就会很慢。适合求出全局最优解，易于并行实现。但是当样本数目很多时，训练过程会很慢。从迭代的次数上来看，迭代次数相对较少。

（2）小批量梯度下降法

小批量梯度下降法在每次迭代中选择一小部分样本来计算梯度，然后更新模型参数。小批量梯度下降法的优点是计算梯度的时间和空间复杂度较低，收敛速度较快，且可以利用矩阵运算的并行性加速计算。

（3）随机梯度下降法

随机梯度下降法可以看成小批量梯度下降法的一个特殊的情形，即在随机梯度下降法中每次仅根据一个样本对模型中的参数进行调整，即每个小批量梯度下降法中只有一个训练样本。随机梯度下降法是通过每个样本来迭代更新一次，如果样本量很大的情况，那么可能只用其中几万条或者几千条的样本，就已经迭代到最优解了。从迭代的次数上来看，随机梯度下降法迭代的次数较多，在解空间的搜索过程中看起来很盲目。

下面我们使用 Python 语言对梯度下降法进行实现。

1）定义基于梯度下降法的线性回归函数。

代码 5-3 实现了使用梯度下降法求解线性回归参数的过程。首先，在输入特征矩阵 X 的第一列添加全为 1 的列作为偏置项，形成新的特征矩阵。然后，初始化参数向量 theta 为零向量。接下来，通过指定的迭代次数进行梯度下降更新参数。在每次迭代中，首先根据当前参数向量 theta 计算预测值y_pred。然后，计算预测值与真实值之间的误差 error。接着，计

算梯度 gradient，即特征矩阵 X 转置乘以误差 error 再除以训练样本的数量。最后，根据学习率 learning_rate 和梯度 gradient 对参数向量 theta 进行更新。重复上述步骤直到达到指定的迭代次数。最后，返回拟合得到的参数向量 theta。

代码 5-3　gradient_descent 函数

```
import numpy as np

def gradient_descent(X, y, learning_rate=0.01, num_iterations=1000):
    """
    使用梯度下降法求解线性回归的参数。
    参数:
        X (numpy.array): 输入特征矩阵，每行代表一个样本，每列代表一个特征。
        y (numpy.array): 目标变量向量。
        learning_rate (float): 学习率。
        num_iterations (int): 迭代次数。
    返回:
        numpy.array: 返回拟合得到的参数向量。
    """
    # 添加偏置项
    ones = np.ones((X.shape[0], 1))
    X = np.hstack((ones, X))

    # 初始化参数向量
    theta = np.zeros(X.shape[1])

    # 梯度下降更新参数
    for i in range(num_iterations):
        # 计算预测值
        y_pred = np.dot(X, theta)
        # 计算误差
        error = y_pred - y
        # 计算梯度
        gradient = 1/len(X) * np.dot(X.T, error)
        # 更新参数
        theta -= learning_rate * gradient

    return theta
```

2）定义数据集对算法进行测试。

我们使用和 5.1.2 节相同的数据对基于梯度下降法的线性回归进行测试，并可视化结果。

代码 5-4　线性回归测试与可视化

```
import numpy as np
import matplotlib.pyplot as plt

# 生成示例数据
np.random.seed(0)
```

```
X = np.linspace(0, 10, 100)
y = 5 * X +np.random.normal(0, 1, 100)

# 计算线性回归参数
theta_gradient = gradient_descent(X.reshape(-1, 1), y)

# 计算预测值
y_pred_gradient = theta_gradient[0] + theta_gradient[1] * X

# 可视化结果
plt.scatter(X, y)
plt.plot(X, y_pred_gradient, color='green', label='Gradient Descent')
plt.xlabel('X')
plt.ylabel('y')
plt.title('Linear Regression')
plt.legend()
plt.show()
```

梯度下降法拟合结果图如图 5-2 所示，其中点集表示原始数据，直线表示使用梯度下降法拟合的回归线。

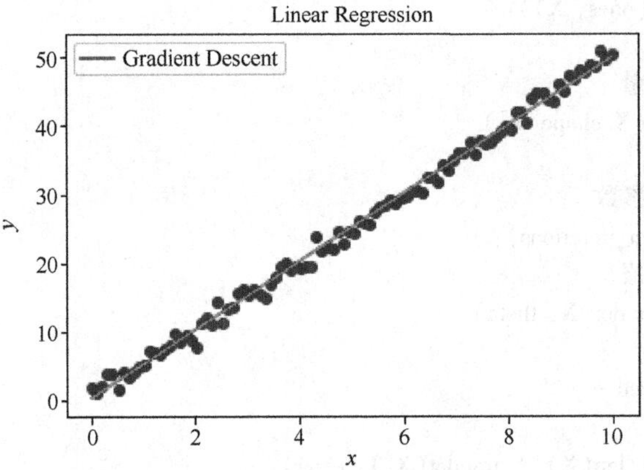

图 5-2 梯度下降法拟合结果图

5.1.4 多项式回归

研究一个因变量与一个或多个自变量间多项式关系的回归分析方法，称为多项式回归（polynomial regression）。当自变量只有一个时，称为一元多项式回归，其形式见式（5-13）；当自变量有多个时，称为多元多项式回归，是一个多元多次函数。在一元回归分析中，如果因变量 y 与自变量 x 的关系为非线性的，但是又找不到适当的函数曲线来拟合，则可以采用一元多项式回归。由于任一函数都可以用多项式逼近，因此多项式回归有着广泛应用。

$$y=a_nx^m+a_{n-1}x^{m-1}+\cdots+a_1x+a_0 \tag{5-13}$$

对于一元 m 次多项式回归方程，令 $x_1=x,x_2=x^2$，…，$x_m=x^m$，则$\hat{y}=b_0+b_1x+b_2x^2+\cdots+b_mx^m$ 就转化为 m 元线性回归方程$\hat{y}=b_0+b_1x_1+b_2x_2+\cdots+b_mx_m$。因此用多元线性函数的回归方法就可

解决多项式回归问题。需要指出的是，在多项式回归分析中，检验回归系数b_i是否显著，实质上就是判断自变量 x 的 i 次方项对因变量 y 的影响是否显著。

对于二元二次多项式回归方程，令 $z_1=x_1$，$z_2=x_2$，$z_3=x_1{}^2$，$z_4=x_2{}^2$，$z_5=x_1x_2$，则该二元二次多项式函数就转化为五元线性回归方程$\hat{y}=b_0+b_1z_1+b_2z_2+\cdots+b_5z_5$。但随着自变量个数的增加，多元多项式回归分析的计算量急剧增加。

下面我们使用 Python 语言对多项式回归进行实现。

1）定义多项式回归函数。

代码 5-5 实现了多项式回归算法的过程。首先，根据指定的多项式阶数 degree，调用 create_polynomial_matrix 函数创建多项式特征矩阵 X_poly。多项式特征矩阵包含原始特征的各种幂次组合。然后，使用最小二乘法求解多项式系数，通过对特征矩阵 X_poly 进行矩阵计算得到。最后，返回拟合得到的多项式系数。create_polynomial_matrix 函数负责创建多项式特征矩阵，通过遍历从 1 到指定阶数 degree，使用了 np. column_stack 函数将特征向量 X 的幂次逐个添加到特征矩阵中。

代码 5-5　polynomial_regression 函数

```
import numpy as np

def polynomial_regression(X, y, degree):
    """
    使用多项式回归拟合数据。
    参数:
        X (numpy. array): 输入特征向量。
        y (numpy. array): 目标变量向量。
        degree (int): 多项式的阶数。
    返回:
        numpy. array: 返回拟合得到的多项式系数。
    """
    # 创建多项式特征矩阵
    X_poly = create_polynomial_matrix(X, degree)

    # 使用最小二乘法求解多项式系数
    coefficients = np. linalg. inv(X_poly. T. dot(X_poly)). dot(X_poly. T). dot(y)

    return coefficients

def create_polynomial_matrix(X, degree):
    """
    创建多项式特征矩阵。
    参数:
        X (numpy. array): 输入特征向量。
        degree (int): 多项式的阶数。
    返回:
        numpy. array: 返回多项式特征矩阵。
    """
```

```
    X_poly = np.ones((len(X), 1))

    for d in range(1, degree + 1):
        X_poly = np.column_stack((X_poly, np.power(X, d)))

    return X_poly
```

2）定义数据集对算法进行测试。

下面我们生成数据集对多项式回归函数进行测试。代码中首先设置随机种子，然后生成100个在-5~5之间均匀分布的点作为自变量X。接着定义了一个真实的多项式回归函数，并给X加入高斯噪声得到目标变量y。接下来指定多项式的阶数为2，并调用之前定义的polynomial_ regression函数拟合多项式回归模型，返回拟合得到的多项式系数theta。最后使用matplotlib绘制了原始数据的散点图以及拟合曲线，并打印出拟合参数。

代码 5-6 多项式回归测试与可视化

```
np.random.seed(0)        import matplotlib as plt
X = np.linspace(-5, 5, 100)                 # 生成100个在-5~5之间均匀分布的点作为X
y_true = X**2 - 2*X + 1                     # 真实的多项式回归函数
noise = np.random.normal(0, 5, 100)         # 加入高斯噪声
y = y_true + noise                          # 加入噪声后的目标变量

# 拟合多项式回归模型
degree = 2                                  # 多项式的阶数
print(X.shape, y.shape)
theta = polynomial_regression(X, y, degree)

# 绘制数据和拟合曲线
plt.scatter(X, y, label='Data')
plt.plot(X, theta[0] + theta[1]*X +theta[2]*X**2, color='red', label='Polynomial Regression')
plt.xlabel('X')
plt.ylabel('y')
plt.title('Polynomial Regression')
plt.legend()
plt.show()

print("拟合参数:")
for i in range(len(theta)):
    print(f"theta[{i}]:", theta[i])
```

多项式回归模型拟合结果图如图5-3所示，其中点集表示原始数据，曲线表示使用多项式回归算法拟合的回归线。

代码输出结果如下。

```
拟合参数:
theta[0]: -0.902895184097589
theta[1]: -2.148663432307723
theta[2]: 1.2589999099982945
```

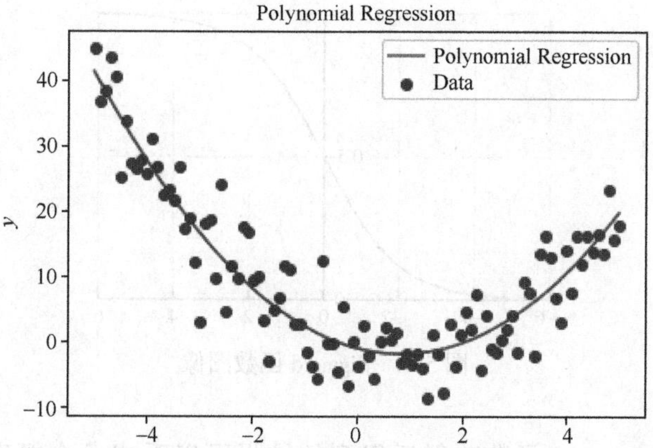

图5-3 多项式回归模型拟合结果图

5.2 逻辑回归

逻辑回归是线性回归的一种推广，所以在统计学上也称之为广义线性模型。根据上一节学习的知识我们可以知道，线性回归针对的是标签为连续值的机器学习任务，那如果我们想用线性模型来做分类任务可行吗？答案当然是肯定的。逻辑回归又称逻辑回归分析，是一种广义的线性回归分析模型，常用于数据挖掘、疾病自动诊断、经济预测等领域。例如，探讨引发疾病的危险因素，并根据危险因素预测疾病发生的概率等。以胃癌病情分析为例，选择两组人群，一组是胃癌组，一组是非胃癌组，两组人群必定具有不同的体征与生活方式等。因此因变量就为是否胃癌，值为“是”或“否”，自变量就可以包括很多了，如年龄、性别、饮食习惯、幽门螺杆菌感染等。自变量既可以是连续的，也可以是分类的。然后通过逻辑回归分析，可以得到自变量的权重，从而可以大致了解到底哪些因素是胃癌的危险因素。同时根据危险因素预测一个人患癌症的可能性。

逻辑回归是一种广义线性回归模型，因此与前文介绍的线性回归有很多相同之处。它们的模型形式基本上相同，都具有 $\boldsymbol{w}^{\mathrm{T}}\boldsymbol{x}+\boldsymbol{b}$，其中 $\boldsymbol{w}$ 和 $\boldsymbol{b}$ 是待求参数，其区别在于它们的因变量不同，多重线性回归直接将 $\boldsymbol{w}^{\mathrm{T}}\boldsymbol{x}+\boldsymbol{b}$ 作为因变量，即 $\boldsymbol{y}=\boldsymbol{w}^{\mathrm{T}}\boldsymbol{x}+\boldsymbol{b}$，而逻辑回归则通过函数 L 将 $\boldsymbol{w}^{\mathrm{T}}\boldsymbol{x}+\boldsymbol{b}$ 对应为一个隐状态 p，$p=L(\boldsymbol{w}^{\mathrm{T}}\boldsymbol{x}+\boldsymbol{b})$，然后根据 p 与 $1-p$ 的大小决定因变量的值。如果 L 是逻辑函数，就是逻辑回归；如果 L 是多项式函数，就是多项式回归。

逻辑回归使用一个函数来归一化 y 值，使 y 的取值在区间 $(0,1)$ 内，这个函数称为逻辑函数（logistic function），也称为 Sigmoid 函数（sigmoid function），函数公式如下。

$$f(x)=\frac{1}{1+\mathrm{e}^{-x}} \tag{5-14}$$

Sigmoid 函数有一个非常实用的性质。其导数式为

$$f'(x)=f(x)[1-f(x)] \tag{5-15}$$

Sigmoid 函数在实数范围内连续可导，优化稳定。如图5-4所示，Sigmoid 函数的值域为 $(0,1)$，当 x 增大时，Sigmoid 函数值趋向于1；当 x 减小时，Sigmoid 函数值趋向于0。Sigmoid 函数可以看成阶跃函数的连续化。

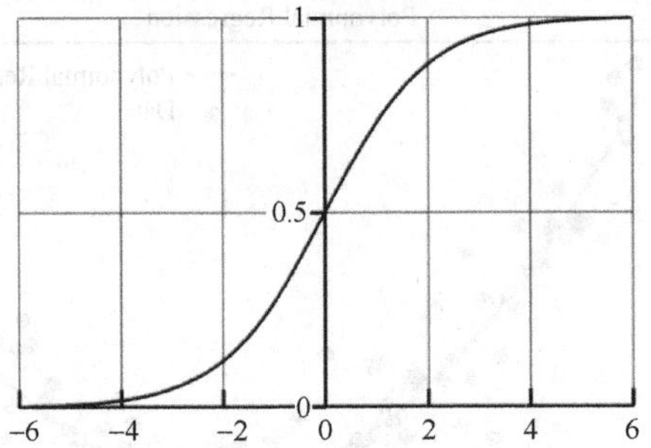

图 5-4 Sigmoid 函数图像

任意自变量经过 Sigmoid 函数映射后得到的结果可以看成一个概率。Sigmoid 函数值以 0.5 为中心，在逻辑回归算法中，可以将经过 Sigmoid 函数映射得到大于 0.5 的数据映射为 1 类，小于 0.5 的数据映射为 0 类。

5.2.1 二分类逻辑回归

逻辑回归本质上是线性回归，只是在特征到结果的映射中加入了一层函数映射，即先把特征线性求和，然后使用函数 $f(\boldsymbol{x})$ 来预测。$f(\boldsymbol{x})$ 可以将连续值映射到 0~1 之间。线性回归模型的表达式带入 $f(\boldsymbol{x})$，就得到逻辑回归的表达式。

$$f(\boldsymbol{x})=\frac{1}{1+\mathrm{e}^{-\boldsymbol{w}^{\mathrm{T}}\boldsymbol{x}+b}} \tag{5-16}$$

$$\ln\frac{y}{1-y}=\boldsymbol{w}^{\mathrm{T}}\boldsymbol{x}+b \tag{5-17}$$

将 y 视为类后验概率 $P(y=1|x)$，则式（5-17）可以写为

$$\ln\frac{P(y=1|x)}{P(y=0|x)}=\boldsymbol{w}^{\mathrm{T}}\boldsymbol{x}+b \tag{5-18}$$

则有

$$P(y=1|x)=\frac{\mathrm{e}^{\boldsymbol{w}^{\mathrm{T}}\boldsymbol{x}+b}}{1+\mathrm{e}^{\boldsymbol{w}^{\mathrm{T}}\boldsymbol{x}+b}}=\hat{y}$$

$$P(y=0|x)=\frac{1}{1+\mathrm{e}^{\boldsymbol{w}^{\mathrm{T}}\boldsymbol{x}+b}}=1-\hat{y}$$

$$P(y|x)=\hat{y}^{y}(1-\hat{y})^{1-y} \tag{5-19}$$

写成对数形式就是交叉熵损失函数，这也是交叉熵损失的推导由来。

$$\ln P(y|x)=y\ln\hat{y}+(1-y)\ln(1-\hat{y}) \tag{5-20}$$

$$\ln P(y|x)=y\log\frac{\mathrm{e}^{\boldsymbol{w}^{\mathrm{T}}\boldsymbol{x}+b}}{1+\mathrm{e}^{\boldsymbol{w}^{\mathrm{T}}\boldsymbol{x}+b}}+(1-y)\log\frac{1}{1+\mathrm{e}^{\boldsymbol{w}^{\mathrm{T}}\boldsymbol{x}+b}} \tag{5-21}$$

基于式（5-21）和梯度下降法即可求参数的最优值，使得损失函数最小化，即求得参数的极大似然估计。

下面我们使用 Python 语言对逻辑回归分类器代码进行实现。

1）定义 Sigmoid 函数。

代码 5-7 定义了一个 Sigmoid 函数，用来将输入 x 转换为 0~1 之间的概率值。在函数内部，使用 np. exp 函数计算 e^{-x}的值，然后将其与 1 相加，并将结果除 1，得到 Sigmoid 函数的输出结果。最后，返回 Sigmoid 函数的输出结果 z。

代码 5-7 Sigmoid( ) 函数

```
import numpy as np


def sigmoid(x):
    # Sigmoid 函数，将输入 x 转换到 0~1 之间的概率值
    z = 1 / (1 + np.exp(-x))
    return z
```

2）定义模型参数初始化函数。

代码 5-8 定义了一个函数 initialize_params，用于初始化模型的参数。函数接受一个维度 dims 作为输入，表示参数 W 的大小。在函数内部，使用 np. zeros 函数创建一个大小为 (dims, 1) 的全零矩阵作为参数 W 的初始值。参数 b 被设置为零。最后，函数返回初始化得到的参数 W 和 b。

代码 5-8 initialize_params( ) 函数

```
def initialize_params(dims):
    # 初始化参数为零
    W = np.zeros((dims, 1))
    b = 0
    return W, b
```

3）定义逻辑回归模型主体部分，包括模型计算公式、损失函数和参数的梯度公式。

代码 5-9 定义了一个逻辑回归函数 logistic_regression，用于执行逻辑回归算法。函数接受输入特征矩阵 X、标签向量 y、权重向量 W 和偏置项 b 作为输入。在函数内部，首先获取样本数量和特征数量，以便后续计算使用。接下来，根据逻辑回归模型的定义，通过计算 np. dot(X, W) + b 得到预测值 y_pred。然后，计算逻辑回归的损失函数。接着，分别计算参数 W 和 b 的梯度，再将损失值通过 np. squeeze 函数压缩为标量。最后，返回预测值 y_pred、损失值 loss、参数梯度 dW 和 db。

代码 5-9 logistic_regression( ) 函数

```
def logistic_regression(X, y, W, b):
    # 获取样本数量和特征数量
    num_train = X.shape[0]
    num_feature = X.shape[1]

    # 计算预测值
    y_pred= sigmoid(np.dot(X, W) + b)

    # 计算损失函数
    loss= -1/num_train * np.sum(y * np.log(y_pred) + (1-y) * np.log(1-y_pred))
```

```
    # 计算参数的梯度
    dW = np.dot(X.T, (y_pred-y))/num_train
    db = np.sum(y_pred-y)/num_train

    # 压缩损失值为标量
    loss = np.squeeze(loss)

    # 返回预测值、损失值、参数梯度
    return y_pred, loss, dW, db
```

4）定义基于梯度下降的参数更新训练过程。

代码 5-10 定义了一个逻辑回归训练函数 logistic_train，用于执行逻辑回归的训练过程。函数接受输入特征矩阵 X、标签向量 y、学习率 learning_rate 和迭代次数 epochs 作为输入。在函数内部，首先获取特征数量 num_features，以便后续使用。然后，使用 initialize_params 函数初始化模型参数 W 和 b。接下来，创建一个空的列表 loss_list 用于保存每次训练的损失值。进入迭代训练的循环，使用 range(epochs)迭代指定次数。在每次循环中，调用 logistic_regression 函数计算当前次的模型计算结果、损失和参数梯度，分别赋值给 y_pred、loss、dW 和 db。然后，根据梯度下降算法，更新参数 W 和 b。接着，判断是否需要记录损失值，当 i 可以被 100 整除时，将损失值 loss 添加到 loss_list 中。同样地，判断是否需要打印训练过程中的损失值，当 i 可以被 100 整除时，使用 print 函数打印出当前的迭代次数和损失值。迭代结束后，将更新后的参数 W 和 b 保存到字典 params 中，将参数梯度 dW 和 db 保存到字典 grads 中。最后，返回损失列表 loss_list、参数字典 params 和梯度字典 grads。

代码 5-10 logistic_train()函数

```
def logistic_train(X, y, learning_rate, epochs):
    # 初始化模型参数
    num_features = X.shape[1]
    W, b = initialize_params(num_features)

    # 保存每次训练的损失值
    loss_list = []

    # 迭代训练
    for i in range(epochs):
        # 计算当前次的模型计算结果、损失和参数梯度
        y_pred, loss, dW, db = logistic_regression(X, y, W, b)

        # 参数更新
        W = W - learning_rate * dW
        b = b - learning_rate * db

        # 记录损失
        if i % 100 == 0:
            loss_list.append(loss)

        # 打印训练过程中的损失
```

```
        if i % 100 == 0:
            print('Epoch %d, Loss: %f' % (i, loss))

    # 保存参数
    params = {
        'W': W,
        'b': b
    }

    # 保存梯度
    grads = {
        'dW': dW,
        'db': db
    }

    return loss_list, params, grads
```

5）定义对测试数据的预测函数。

代码 5-11 定义了逻辑回归的预测函数。它通过输入特征矩阵 X 和存储模型参数的字典 params 来进行预测。在函数内部，首先使用 np. dot 函数计算特征矩阵 X 与权重参数 params['W']的点积，然后加上偏置参数 params['b']。将得到的结果作为输入传递给 sigmoid 函数，得到输出的概率值。接下来，对 y_pred_results 中的每个元素进行二值化处理，如果该元素大于 0.5，则将其设置为 1，否则设置为 0。最后，返回经过处理的预测结果 y_pred。

代码 5-11　predict()函数

```
def predict(X, params):
    # X: 输入特征矩阵
    # params: 存储模型参数的字典

    # 预测逻辑回归输出
    y_pred_results = sigmoid(np.dot(X, params['W']) + params['b'])

    # 将输出结果进行二分类处理
    y_pred = np.where(y_pred_results > 0.5, 1, 0)

    # 返回预测结果
    return y_pred
```

6）使用 sklearn 生成模拟的二分类数据集进行模型训练和测试。

代码 5-12 实现了测试过程。具体流程如下：generate_data 函数使用 sklearn 库生成一个测试数据集，包含 100 个样本和两个特征。visualize_data 函数用于可视化生成的数据集，将特征用散点图表示在二维平面上，并且以不同颜色显示不同类别的数据点。test_logistic_regression 函数是主要的测试函数。首先调用 generate_data 函数生成测试数据，然后调用 visualize_data 函数对数据进行可视化展示。接下来进行数据预处理，将特征矩阵 X 进行转置，并且将标签向量 y 进行形状变换，使其变为 1 行多列的矩阵。然后，调用 logistic_train 函数对数据进行逻辑回归模型的训练，指定学习率为 0.01，迭代次数为 1000。该函数会返回损失值的列表、模型参数和梯度值。接着，使用 plt. plot 函数可视化训练过程中的损失曲线。最后，调用 predict 函数对训练好的模型进行预测，得到预测结果 y_pred_results。通过计算准确率，判断预测结果的准确性，并将准确率打印出来。

代码 5-12 对模型进行训练和测试

```
from sklearn. datasets import make_classification
import matplotlib. pyplot as plt

def generate_data( ):
    # 使用 sklearn 生成测试数据
    X, y = make_classification( n_samples = 100, n_features = 2, n_redundant = 0, n_informative = 2,random
_state = 1, n_clusters_per_class = 1)
    return X, y

def visualize_data( X, y):
    # 可视化数据集
    plt. scatter( X[ :, 0], X[ :, 1], c = y, cmap = 'viridis')
    plt. xlabel( 'Feature 1')
    plt. ylabel( 'Feature 2')
    plt. title( 'Test Data')
    plt. show( )

def test_logistic_regression( ):
    # 生成测试数据
    X, y = generate_data( )

    # 可视化原始数据
    visualize_data( X, y)

    # 数据预处理
    X = X. T
    y = y. reshape( 1, -1)

    # 模型训练
    loss_list, params, grads = logistic_train( X, y, learning_rate = 0. 01, epochs = 1000)

    # 可视化损失曲线
    plt. plot( loss_list)
    plt. xlabel( 'Epochs (per hundreds)')
    plt. ylabel( 'Loss')
    plt. title( 'Training Loss')
    plt. show( )

    # 进行预测
    y_pred_results = predict( X, params)

    # 计算准确度
    accuracy = np. mean( ( y_pred_results > 0. 5) = = y)
```

```
    print('Accuracy:', accuracy)

# 运行测试函数
test_logistic_regression()
```

数据类别展示图如图5-5所示。

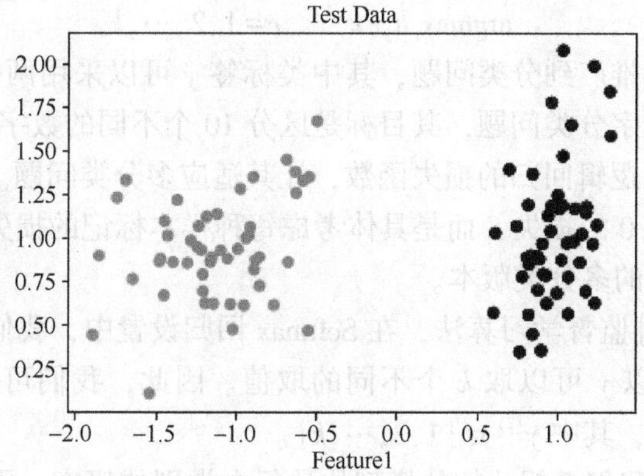

图5-5 数据类别展示图

损失曲线图如图5-6所示。

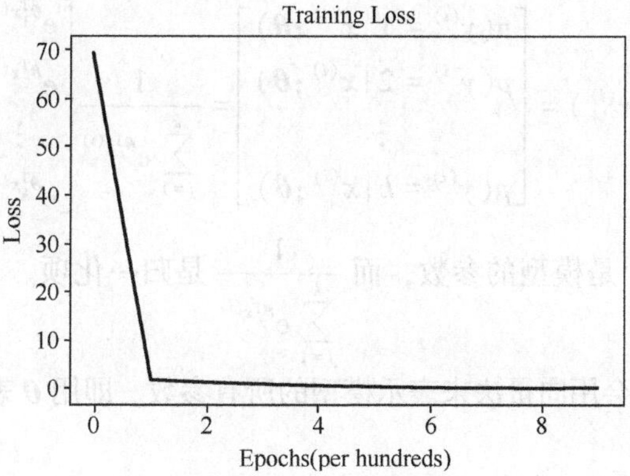

图5-6 损失曲线图

5.2.2 多分类逻辑回归

我们已经知道，普通的逻辑回归只能针对二分类（binary classification）问题，要想实现多个类别的分类，我们必须要改进逻辑回归，让其适应多分类问题。

关于这种改进，有两种方式可以做到。

第一种方式是直接根据每个类别，都建立一个二分类器，带有这个类别的样本标记为1，带有其他类别的样本标记为0。假如我们有k个类别，最后我们就得到了k个针对不同标记的普通的logistic二分类器。

对于二分类问题，我们只需要一个分类器即可，但是对于多分类问题，我们需要多个分类器$h_1,h_2,\cdots,h_k$，其中$h_c(c=1,2,\cdots,k)$表示一个二分类模型，其判断样本x属于第c类的概率值。

对于h_c的训练，我们挑选出带有标记为c的样本标记为1，将剩下的不带标记c的样本标记为0。针对每个分类器，都按上述步骤构造训练集进行训练。

针对每一个测试样本，我们需要找到这k个分类函数输出值最大的那一个，即为测试样本的标记

$$\operatorname{argmax}_c h_c(x), \quad c=1,2,\cdots,k \tag{5-22}$$

该模型将逻辑回归推广到分类问题，其中类标签y可以采用两个以上的可能值。例如，这种方法可用于手写数字分类问题，其目标是区分10个不同的数字。

第二种方式是修改逻辑回归的损失函数，让其适应多分类问题。这时损失函数不再笼统地只考虑二分类非1即0的损失，而是具体考虑每种样本标记的损失。这种方法被称为Softmax回归，即逻辑回归的多分类版本。

Softmax回归是一种监督学习算法，在Softmax回归设置中，我们对多分类感兴趣（而不是仅对二元分类)，所以y可以取k个不同的取值。因此，我们可以把训练集记为$\{(\boldsymbol{x}^{(1)},\boldsymbol{y}^{(2)}),\cdots,(\boldsymbol{x}^{(m)},\boldsymbol{y}^{(m)})\}$，其中$y^{(i)}\in\{1,2,\cdots,k\}$。

给定测试输入x，我们希望我们的模型估计每个类别的概率。因此，我们的模型将输出k维向量（其元素总和为1)，给出k个类别的估计概率。具体地说，假设$h_\theta(x^{(i)})$采用以下形式：

$$h_\theta(x^{(i)})=\begin{bmatrix} p(y^{(i)}=1\,|\,\boldsymbol{x}^{(i)};\boldsymbol{\theta}) \\ p(y^{(i)}=2\,|\,\boldsymbol{x}^{(i)};\boldsymbol{\theta}) \\ \vdots \\ p(y^{(i)}=k\,|\,\boldsymbol{x}^{(i)};\boldsymbol{\theta}) \end{bmatrix}=\frac{1}{\sum_{j=1}^{k}\mathrm{e}^{\boldsymbol{\theta}_j^{\mathrm{T}}\boldsymbol{x}^{(i)}}}\begin{bmatrix} \mathrm{e}^{\boldsymbol{\theta}_1^{\mathrm{T}}\boldsymbol{x}^{(i)}} \\ \mathrm{e}^{\boldsymbol{\theta}_2^{\mathrm{T}}\boldsymbol{x}^{(i)}} \\ \vdots \\ \mathrm{e}^{\boldsymbol{\theta}_k^{\mathrm{T}}\boldsymbol{x}^{(i)}} \end{bmatrix} \tag{5-23}$$

式中，$\boldsymbol{\theta}_1,\boldsymbol{\theta}_2,\cdots,\boldsymbol{\theta}_k\in\mathbf{R}^{n+1}$是模型的参数，而$\dfrac{1}{\sum_{j=1}^{k}\mathrm{e}^{\boldsymbol{\theta}_j^{\mathrm{T}}\boldsymbol{x}^{(i)}}}$是归一化项。

为方便起见，我们还会用向量法来表示模型的所有参数。即用$\boldsymbol{\theta}$表示通过堆叠$\boldsymbol{\theta}_1,\boldsymbol{\theta}_2,\cdots,\boldsymbol{\theta}_k$获得的矩阵，这样

$$\boldsymbol{\theta}=\begin{bmatrix} \boldsymbol{\theta}_1^{\mathrm{T}} \\ \boldsymbol{\theta}_2^{\mathrm{T}} \\ \vdots \\ \boldsymbol{\theta}_k^{\mathrm{T}} \end{bmatrix} \tag{5-24}$$

那么，损失函数可以表示为

$$J(\boldsymbol{\theta})=-\frac{1}{m}\left[\sum_{i=1}^{m}\sum_{j=1}^{k}1\{y^{(i)}=j\}\log\frac{\mathrm{e}^{\boldsymbol{\theta}_j^{\mathrm{T}}\boldsymbol{x}^{(i)}}}{\sum_{l=1}^{k}\mathrm{e}^{\boldsymbol{\theta}_l^{\mathrm{T}}\boldsymbol{x}^{(i)}}}\right] \tag{5-25}$$

对其求导，可得

$$\nabla_{\theta_j}J(\boldsymbol{\theta})=-\frac{1}{m}\sum_{i=1}^{m}\left[x^{(i)}\left(1\{y^{(i)}=j\}-p(y^{(i)}=j\,|\,x^{(i)};\boldsymbol{\theta})\right)\right] \tag{5-26}$$

其更新参数为

$$\boldsymbol{\theta}_j := \boldsymbol{\theta}_j - \alpha \nabla_{\theta_j} J(\boldsymbol{\theta}) \tag{5-27}$$

如果我们需要处理音乐分类问题，并且需要识别四种类型的音乐。那么应该使用 Softmax 分类器，还是应该使用逻辑回归构建四个单独的二元分类器？这取决于这四个类是否相互排斥。例如，如果这四个类是经典、乡村、摇滚和爵士乐，并且每个训练样本都属于这四个类别标签中的一个，那么我们可以构建一个 $k=4$ 的 Softmax 分类器。如果还有一些不属于上述四个类的样本，那么可以在 Softmax 回归中设置 $k=5$，即增加一个"以上都不是"类。但是，如果样本的类别是人声、舞蹈、配乐、流行音乐等，即这些类别并不相互排斥，则构建4个二元逻辑回归分类器更合适。这样，对于每个新的音乐样本，我们的算法可以单独决定它是否属于四个类别中的一个或多个。

下面我们使用 Python 语言对 Softmax 回归进行实现。

1）定义 Softmax 函数。

代码 5-13 实现了 softmax 函数，该函数用于将输入转换为概率分布。首先，计算输入的指数得分，即对输入进行幂运算。然后，对指数得分进行归一化操作，通过除以所有得分的总和，计算每个得分占总和的比例，从而得到概率分布。最后，将转换后的概率分布作为结果返回。

代码 5-13　softmax( )函数

```
import numpy as np
def softmax(z):
    """
    Softmax 函数，用于将输入转换为概率分布
    参数：
    z：输入的得分值或权重矩阵
    返回：
    probabilities：转换后的概率分布
    """
    exp_scores = np.exp(z)                                                    # 计算指数得分
    probabilities = exp_scores / np.sum(exp_scores, axis=1, keepdims=True)    # 计算概率分布

    return probabilities
```

2）计算损失函数值。

代码 5-14 实现了 compute_loss 函数，用于计算损失函数的值。注释说明了参数和返回值的含义。在计算过程中，首先获取输入样本的数量。然后，根据给定的权重矩阵和偏置向量，计算每个样本的得分。接下来，将得分通过 softmax 函数转换为类别概率。然后，根据真实的类别标签和类别概率，计算交叉熵损失。最后，对所有样本的损失进行求和并除以样本数量，得到平均损失。函数返回平均损失值作为结果。函数用于计算交叉熵损失值。在计算过程中，首先获取输入样本的数量。然后，根据给定的权重矩阵和偏置向量，计算每个样本的得分。接下来，将得分通过 softmax 函数转换为类别概率。然后，根据真实的类别标签和类别概率，计算交叉熵损失。最后，对所有样本的损失进行求和并除以样本数量，得到平均损失。函数返回平均损失值作为结果。

代码 5-14 compute_loss( )函数

```
def compute_loss(X, y, weights, bias):
    """
    计算交叉熵损失值
    参数:
    X: 输入特征
    y: 真实的类别标签
    weights: 权重矩阵
    bias: 偏置向量
    返回:
    data_loss: 交叉熵损失值
    """
    num_samples = len(X)                                            # 样本数量
    scores = np.dot(X, weights) + bias                              # 计算得分
    probabilities = softmax(scores)                                 # 计算类别概率
    loss = -np.log(probabilities[range(num_samples), y])            # 计算交叉熵损失
    data_loss = np.sum(loss) / num_samples                          # 计算平均损失

    return data_loss
```

3）定义基于梯度下降的参数更新训练过程。

代码 5-15 实现了 softmax_train 函数，用于拟合模型参数。首先获取输入数据 X 的样本数量和特征数量。初始化权重矩阵为零，其形状为（特征数量，类别数量）。初始化偏置向量为零，其长度为类别数量。然后，迭代指定次数的训练过程。在每次迭代中，根据当前的权重矩阵和偏置向量计算样本的得分。将得分经过 softmax 函数处理，得到对应的类别概率。接着计算梯度，这里采用了交叉熵损失函数的梯度计算方法。更新权重矩阵和偏置向量，通过梯度下降的方式更新参数。最后，计算并打印当前迭代次数下的损失值。返回训练得到的权重矩阵和偏置向量。

代码 5-15 softmax_train( )函数

```
def softmax_train(X, y, learning_rate, num_iterations, num_features, num_classes):
    num_samples, num_features = X.shape
    weights = np.zeros((num_features, num_classes))                 # 初始化权重矩阵为零
    bias = np.zeros(num_classes)                                    # 初始化偏置向量为零

    for i in range(num_iterations):
        scores = np.dot(X, weights) + bias
        probabilities = softmax(scores)

        # 计算梯度
        gradient = probabilities
        gradient[range(num_samples), y] -= 1
        gradient /= num_samples

        # 更新参数
        weights -= learning_rate * np.dot(X.T, gradient)
        bias -= learning_rate * np.sum(gradient, axis=0)
```

```
        # 计算并打印损失值
        loss = compute_loss(X, y, weights, bias)
        print("Iteration:", i+1, "Loss:", loss)

    return weights, bias
```

4）定义对测试数据的预测函数。

代码 5-16 实现了 predict 函数，用于预测输入样本的类别标签。注释说明了参数和返回值的含义。它计算输入特征 X 的得分并使用 softmax 函数将得分转换为类别概率。然后，它找到概率最大的类别索引作为预测的标签，并返回预测的标签列表。

代码 5-16　predict( )函数

```
def predict(X, weights, bias):
    """
    预测输入样本的类别标签
    参数:
    X: 输入特征
    weights: 权重矩阵
    bias: 偏置向量
    返回:
    predicted_labels: 预测的类别标签
    """
    # 计算预测得分
    scores = np.dot(X, weights) + bias

    # 计算相应的概率
    probabilities = softmax(scores)

    # 找到概率最大的类别标签作为预测结果
    predicted_labels = np.argmax(probabilities, axis=1)

    return predicted_labels
```

5）生成模拟的三分类数据集进行模型训练和测试。

代码 5-17 首先使用 np.random.rand 生成了一个随机的特征矩阵 X 和标签数组 y。然后使用 StandardScaler 对特征进行归一化处理。接着使用 train_test_split 将数据划分为训练集和测试集。然后，我们创建了一个 Softmax_train 对象，并设置了特征数和类别数。接着调用方法对模型进行训练，使用学习率为 0.01，迭代次数为 1000。最后，调用 predict 方法在测试集上进行预测，计算准确率并输出。你可以根据需要调整数据生成的方式、数据预处理的方法以及模型的超参数来进行实验和测试。

代码 5-17　对模型进行训练和测试

```
from sklearn.model_selection import train_test_split
from sklearn.preprocessing import StandardScaler

# 生成模拟数据
```

```
np.random.seed(42)

# 特征数和类别数
num_features = 4
num_classes = 3

# 生成随机的特征矩阵和标签数组
X = np.random.rand(500, num_features)
y =np.random.randint(num_classes, size=500)

# 数据预处理：特征归一化
scaler = StandardScaler()
X = scaler.fit_transform(X)

# 划分训练集和测试集
X_train, X_test, y_train, y_test = train_test_split(X, y, test_size=0.2, random_state=42)

# 训练模型
weights, bias =softmax_train(X_train, y_train, 0.01, 1000, num_features, num_classes)

# 在测试集上评估模型
y_pred = predict(X_test, weights, bias)

# 计算准确率
accuracy = np.mean(y_pred == y_test)
print("Accuracy:", accuracy)
```

5.3 模型正则化

在训练数据不够多或者过度训练时，常常会导致过拟合（overfitting）。正则化（regularization）方法即是在此时向原始模型引入额外信息，以防止过拟合并提高模型泛化性能的一类方法的统称。

正则化方法一般是在损失函数上增加一个正则化项（regularizer）或惩罚项（penalty term）。正则化项一般是模型复杂度的单调递增函数，模型越复杂，正则化值就越大。比如，正则化项可以是模型参数向量的范数。

正则化一般具有以下形式。

$$\min_{f\in F}\frac{1}{N}L(y_i, f(x_i))+aJ(f) \tag{5-28}$$

式中，F 是假设空间，第 1 项是损失函数，第 2 项是正则化项，$a\geqslant 0$ 为调整两者之间关系的系数。

正则化项可以取不同的形式。例如，回归问题中，损失函数是平方损失，正则化项可以是参数向量的 L_2 范数。

$$L(\boldsymbol{w})=\frac{1}{N}\sum_{i=1}^{N}(f(x_i;\boldsymbol{w})-y_i)^2+\frac{a}{2}\|\boldsymbol{w}\|^2 \tag{5-29}$$

式中，$\|w\|$表示参数向量 w 的 L_2 范数。

正则化项也可以是参数向量的 L_1 范数。

$$L(w)=\frac{1}{N}\sum_{i=1}^{N}(f(x_i;w)-y_i)^2+a\|w\|_1 \tag{5-30}$$

式中，$\|w\|_1$ 表示参数向量 w 的 L_1 范数。

第 1 项的损失函数值较小的模型可能较复杂（有多个非零参数），这时第 2 项的模型复杂度会较大，正则化的作用是选择损失函数值与模型复杂度同时较小的模型。

正则化符合奥卡姆剃刀（Occam's razor）原理，其应用于模型选择时的想法如下：在所有可能选择的模型中，能够很好地解释已知数据并且十分简单才是最好的模型，也就是应该选择的模型。从贝叶斯估计的角度来看，正则化项对应于模型的先验概率，可以假设复杂的模型有较小的先验概率，简单的模型有较大的先验概率。

5.4　本章小结

本章主要介绍了线性模型中的线性回归和逻辑回归，讲解了其定义、算法流程以及在 Python 中的具体实现代码，最后介绍了模型正则化。线性回归是一种用于建模和预测连续数值输出的线性模型，它假设输入特征与输出之间存在线性关系。多项式回归是线性回归的扩展，通过引入高阶项，能够拟合非线性关系的数据。逻辑回归则是一种应用于分类问题的线性模型，在二分类情况下，它利用 logistic 函数将线性预测转化为概率，常用于预测样本的类别。而 Softmax 回归则是逻辑回归在多分类问题上的推广，通过对每个类别分别建立二分类逻辑回归模型，并使用 Softmax 函数计算每个类别的概率，从而进行多分类预测。无论是线性回归、多项式回归还是逻辑回归（包括 Softmax 回归），它们都是基于线性模型的方法，广泛应用于各个领域，为数据建模和预测提供了强大的工具。

5.5　延伸阅读——云计算与机器学习

在过去的几年里，我国的云计算和云存储行业取得了显著的发展，并成为支撑数字化转型和创新的重要基础设施。同时，机器学习作为人工智能的关键技术之一，与云计算紧密结合，推动了各行各业的创新和进步。

我国的云计算发展源于对大规模数据存储、处理和高性能计算的需求。随着移动互联网的兴起，数据量呈指数级增长，传统的基础设施已经无法满足需求。云计算提供了弹性的、按需的计算资源，通过虚拟化技术将物理资源进行有效管理和分配。中国的云计算市场逐渐壮大，各大云服务提供商如阿里云、腾讯云、华为云等快速崛起，并积极推动云计算技术的创新与应用。

云存储作为云计算的重要组成部分，在中国也迅速发展。云存储通过将数据存储在云端的虚拟空间中，实现了海量数据的高效管理和备份。中国的云存储市场规模不断扩大，个人用户和企业用户都广泛应用云存储服务来实现文件共享、备份和远程访问等功能。同时，云存储的数据安全性也备受关注，各大厂商不断提供更加安全可靠的云存储解决方案。

机器学习是一种依靠大数据和算法学习的技术，可以自动识别模式和进行预测，与云计算相结合，机器学习能够发挥更大的作用。首先，云计算提供了高性能计算资源和可伸缩的存储空间，满足了机器学习处理大数据的需求。其次，云平台提供了丰富的机器学习工具和算法库，降低了开发者的入门门槛。最后，云平台为机器学习提供了强大的分布式计算能力和并行处理能力，加速了训练和推理的过程。

在实际应用中，机器学习和云计算结合的案例层出不穷。例如，在金融领域，机器学习算法可以在云端对大量金融数据进行分析和预测，帮助机构进行风险管理和投资决策。在医疗健康领域，云计算提供的高性能计算和存储资源可以支持基于机器学习的医学影像分析、疾病预测和个性化治疗。此外，在智能交通、智能制造、智能城市等领域，机器学习和云计算的结合也有广泛的应用，推动着相关行业的数字化转型和创新。

5.6 习题

1. 选择题

1）下列说法中不正确的是（　　）。

A. 线性回归应用场景有房价预测　　B. 线性回归应用场景有贷款额度预测

C. 线性回归应用场景有销售额度预测　　D. 线性回归只有线性关系

2）线性回归的核心是（　　）。

A. 构建模型　　B. 距离度量　　C. 参数学习　　D. 特征提取

3）下列属于线性回归的分类的有（　　）。

A. 单变量线性关系　　B. 多变量线性关系

C. 非线性关系　　D. 以上都是

4）逻辑回归模型可以解决线性不可分问题吗？（　　）。

A. 可以　　B. 不可以

C. 视数据具体情况而定　　D. 以上说法都不对

2. 问答题

1）简述梯度下降法有几种？

2）试比较线性回归与逻辑回归的异同。

3. 综合应用题

1）水泥释放的热量与其成分见表 5-1，求其线性关系。

表 5-1 水泥释放的热量与其成分

y	X_1	X_2	X_3	X_4
78.5	7	26	6	60
74.3	1	29	15	52
104.3	11	56	8	20
87.6	11	31	8	47
95.9	7	52	6	33
109.2	11	55	9	22
102.7	3	71	17	6

（续）

y	X_1	X_2	X_3	X_4
72.5	1	31	22	44
93.1	2	54	18	22
115.9	21	47	4	26
83.8	1	40	23	34
113.3	22	66	9	12
109.4	10	68	8	12

2）表 5-2 中的数据集给出了用户的性别、年龄信息，以及用户是否会购买某个产品。我们希望通过逻辑回归模型来对用户的购买决策进行预测。请构建逻辑回归模型并使用该模型对以下用户的决策进行预测。

用户 1：年龄 30 岁，性别女。

用户 2：年龄 50 岁，性别男。

表 5-2　用户信息及购买决策

性　别	年　龄	购买决策
25	男	是
30	女	否
35	男	否
40	女	是
45	男	否

第6章　支持向量机

本章导读（思维导图）

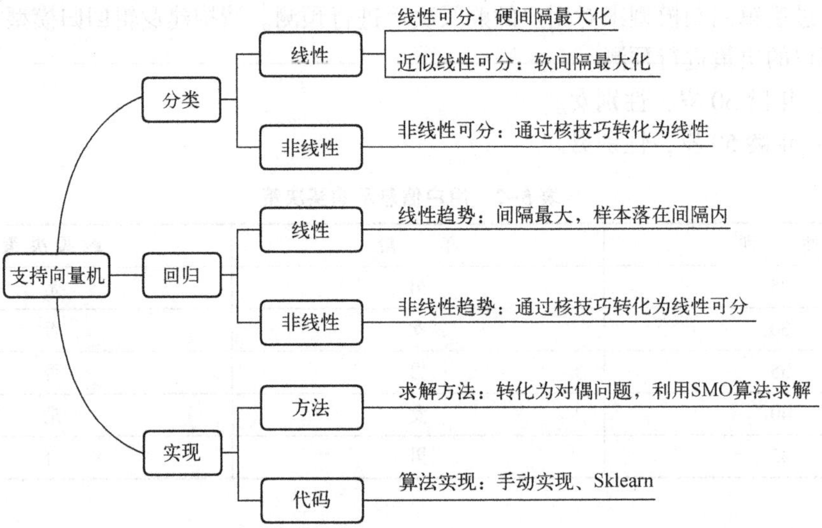

支持向量机（support vector machine，SVM）是一种常用的监督学习算法，主要用于分类和回归任务。其基本思想是在特征空间中找到一个最优超平面，能够将不同类别的样本点尽可能地分开，并且使支持向量到超平面的距离最大化。

扫码看视频

6.1　算法概述

在支持向量机中，有几种常用的方法和变体，用于解决不同类型的分类和回归问题。以下是其中几种常见的支持向量机方法。

线性支持向量机（linear SVM）：线性支持向量机是最基本和常用的支持向量机方法之一。它基于线性可分的假设，在特征空间中寻找一个最优超平面，能够最大化不同类别的样本点之间的间隔（margin）。线性支持向量机通过求解一个凸优化问题，将样本点分为两个类别，并且使支持向量到超平面的距离最大化。

非线性支持向量机（nonlinear SVM）：非线性支持向量机适用于数据集在原始特征空间中无法线性分割的情况。它使用核函数（如多项式核、高斯核）将样本映射到高维特征空间，从而找到一个非线性的最优超平面。通过将数据从低维度空间映射到高维度空间，非线性支持向量机可以更好地处理复杂的分类问题。

多类别支持向量机（multi-class SVM）：支持向量机最初是为二分类问题设计的，但可以扩展到多类别分类任务。一种常见的方法是使用“一对一（one-vs-one）”策略，将每个类别与其他类别进行两两比较，构建多个二分类器。另一种方法是使用“一对其余（one-vs-rest）”策略，将每个类别与其他所有类别组合成一个二分类器。

支持向量回归（support vector regression，SVR）：支持向量回归是一种使用支持向量机进行回归任务的方法。与分类问题不同，支持向量回归的目标是找到一个最优超平面，使得样本点尽可能地落在超平面的附近区域内，并且最小化间隔内的误差。支持向量回归能够处理非线性回归问题，并具有一定的抗噪能力。

这些是支持向量机中几种常用的方法和变体，它们可以根据具体的问题和数据集的特点选择合适的方法来解决分类或回归任务。本章主要介绍二分类的线性支持向量机和非线性支持向量机，以及线性支持向量回归和非线性支持向量回归。

6.2　线性可分支持向量机及其对偶算法

1. 模型原理

考虑一个二分类问题，其基本任务就是基于训练数据集在样本空间中找到一个划分超平面，将不同类别的样本分开。给定训练数据集

$$T=\{(\boldsymbol{x}_1,y_1),(\boldsymbol{x}_2,y_2),\cdots,(\boldsymbol{x}_N,y_N)\}$$

式中，$\boldsymbol{x}_i=(x_i^1,x_i^2,\cdots x_i^n)^{\mathrm{T}}\in\mathbf{R}^n$，$y_i\in\{-1,+1\}$，$i=1,2,\cdots,N$。$\boldsymbol{x}_i$为第 i 个样本的特征，y_i为$\boldsymbol{x}_i$的类标记。当 $y_i=+1$ 时，$\boldsymbol{x}_i$为正例；当 $y_i=-1$ 时，$\boldsymbol{x}_i$为负例。$(\boldsymbol{x}_i,y_i)$表示第 i 个样本点。假设训练数据集 T 是线性可分的，如图 6-1 所示。能将训练样本分开的划分超平面可能有很多，我们应该选取哪一个呢？

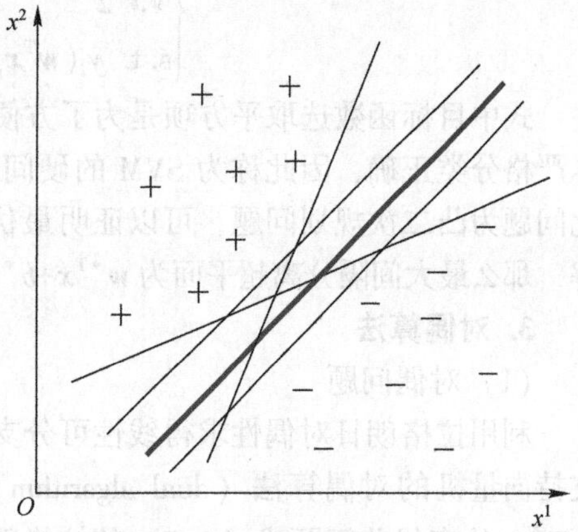

图 6-1　存在多个划分超平面

直观上看，“正中间”的红色划分超平面最好，因为它对训练样本局部扰动的“容忍”性最好。这个划分超平面所产生的分类结果对未见样本的泛化能力最强，可用如下方程表示：

$$\boldsymbol{w}^{\mathrm{T}}\boldsymbol{x}+b=0 \tag{6-1}$$

式中，$\boldsymbol{w}=(w^1,w^2,\cdots,w^n)^{\mathrm{T}}\in\mathbf{R}^n$为法向量，$b$ 为截距。当两类样本距分离超平面距离相等并且最远时，该分离超平面对样本数据的分类效果就越好。将分离超平面①向两个类别平移相同距离直到与不同类别样本相交，得到如图 6-2 所示超平面②、超平面③。

归一化处理后，可用如下方程表达。

$$\begin{cases}\boldsymbol{w}^{\mathrm{T}}\boldsymbol{x}+b=1\\ \boldsymbol{w}^{\mathrm{T}}\boldsymbol{x}+b=-1\end{cases} \tag{6-2}$$

两者的距离为

$$2d=\frac{2}{\|\boldsymbol{w}\|} \tag{6-3}$$

它被称为“间隔”。当正类位于超平面②上方时，正类分类正确；当负类位于超平面③下方时，分类正确。即两类样本分别满足

$$\begin{cases}\boldsymbol{w}^{\mathrm{T}}\boldsymbol{x}_i+b\geqslant 1, & y_i=+1\\ \boldsymbol{w}^{\mathrm{T}}\boldsymbol{x}_i+b\leqslant -1, & y_i=-1\end{cases} \tag{6-4}$$

那么，对于所有分类正确的样本只需满足

$$y_i(\boldsymbol{w}^{\mathrm{T}}\boldsymbol{x}_i+b)\geqslant 1,\quad i=1,2,\cdots,N \tag{6-5}$$

特别地，与超平面②③相交的样本称为“支持向量（support vector）”，这些样本满足

$$y_i(\boldsymbol{w}^{\mathrm{T}}\boldsymbol{x}_i+b)=1$$

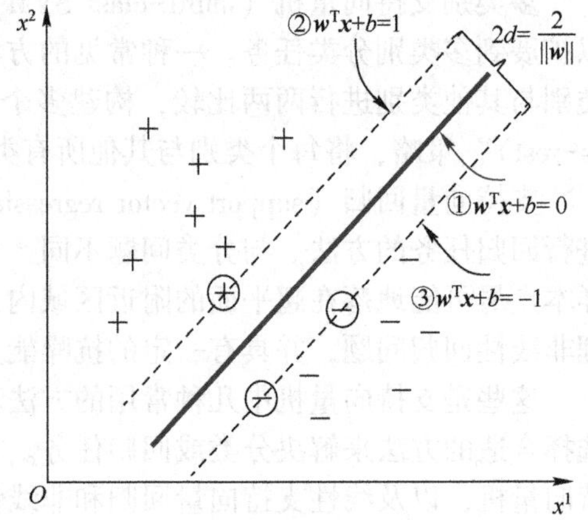

图 6-2 支持向量与间隔

2. 优化模型

由上面讨论可知，欲找到如图所示最优超平面，也就是要找到“最大间隔（maximum margin）”的划分超平面，即满足式（6-5）时，使得间隔最大化，此问题可表述为以下约束优化问题：

$$\begin{cases}\max\limits_{\boldsymbol{w},b}\dfrac{2}{\|\boldsymbol{w}\|}\\ \text{s. t.}\ \ y_i(\boldsymbol{w}^{\mathrm{T}}\boldsymbol{x}_i+b)\geqslant 1,\quad i=1,2,\cdots,N\end{cases} \tag{6-6}$$

转化为约束优化问题的一般形式：

$$\begin{cases}\min\limits_{\boldsymbol{w},b}\dfrac{1}{2}\|\boldsymbol{w}\|^2\\ \text{s. t.}\ \ y_i(\boldsymbol{w}^{\mathrm{T}}\boldsymbol{x}_i+b)\geqslant 1,\quad i=1,2,\cdots,N\end{cases} \tag{6-7}$$

式中目标函数选取平方项是为了方便求解。可以由式（6-5）看出，此模型要求所有样本严格分类正确，因此称为 SVM 的硬间隔最大化模型，也称为线性可分支持向量机模型。此问题为凸二次规划问题，可以证明最优解存在且唯一。设 $(\boldsymbol{w}^*,b^*)$ 为式（6-7）的最优解，那么最大间隔分离超平面为 $\boldsymbol{w}^{*\mathrm{T}}\boldsymbol{x}+b^*=0$，对应的分类决策函数为 $f(\boldsymbol{x})=\mathrm{sign}(\boldsymbol{w}^{*\mathrm{T}}\boldsymbol{x}+b^*)$。

3. 对偶算法

（1）对偶问题

利用拉格朗日对偶性求得线性可分支持向量机模型式（6-7）的最优解，称为线性可分支持向量机的对偶算法（dual algorithm）。首先，引入拉格朗日乘子 $\boldsymbol{\lambda}=(\lambda_1,\lambda_2,\cdots,\lambda_N)\in\mathbf{R}_+^N$，约束优化问题式（6-7）的拉格朗日函数为

$$L(\boldsymbol{w},b;\boldsymbol{\lambda})=\frac{1}{2}\|\boldsymbol{w}\|^2-\sum_{i=1}^{N}\lambda_i y_i(\boldsymbol{w}^{\mathrm{T}}\boldsymbol{x}_i+b)+\sum_{i=1}^{N}\lambda_i \tag{6-8}$$

进一步地，利用对偶理论得到式（6-7）的对偶问题

$$\max_{\boldsymbol{\lambda}\geqslant 0}\min_{\boldsymbol{w},b}L(\boldsymbol{w},b;\boldsymbol{\lambda}) \tag{6-9}$$

要求解此对偶问题，首先求解极小问题：

$$\min_{\boldsymbol{w},b}L(\boldsymbol{w},b;\boldsymbol{\lambda}) \tag{6-10}$$

对拉格朗日函数 L 关于 $\boldsymbol{w}$ 和 b 分别求偏导并令其为 0 得

$$\nabla_w L(\boldsymbol{w},b;\boldsymbol{\lambda}) = \boldsymbol{w} - \sum_{i=1}^{N} \lambda_i y_i \boldsymbol{x}_i = 0 \tag{6-11}$$

$$\nabla_b L(\boldsymbol{w},b;\boldsymbol{\lambda}) = -\sum_{i=1}^{N} \lambda_i y_i = 0 \tag{6-12}$$

由此解得

$$\boldsymbol{w} = \sum_{i=1}^{N} \lambda_i y_i \boldsymbol{x}_i \tag{6-13}$$

$$\sum_{i=1}^{N} \lambda_i y_i = 0 \tag{6-14}$$

将式（6-13）和式（6-14）代入式（6-8）得到

$$L(\boldsymbol{w},b;\boldsymbol{\lambda}) = -\frac{1}{2}\sum_{i=1}^{N}\sum_{j=1}^{N} \lambda_i \lambda_j y_i y_j \boldsymbol{x}_i^{\mathrm{T}} \boldsymbol{x}_j + \sum_{i=1}^{N} \lambda_i \tag{6-15}$$

此时，对偶问题（6-9）转化为

$$\begin{cases} \min\limits_{\lambda} \quad \dfrac{1}{2}\sum\limits_{i=1}^{N}\sum\limits_{j=1}^{N} \lambda_i \lambda_j y_i y_j \boldsymbol{x}_i^{\mathrm{T}} \boldsymbol{x}_j - \sum\limits_{i=1}^{N} \lambda_i \\ \text{s.t.} \quad \sum\limits_{i=1}^{N} \lambda_i y_i = 0, \\ \qquad \lambda_i \geqslant 0, i = 1,2,\cdots,N \end{cases} \tag{6-16}$$

可以证明存在 $\boldsymbol{w}^*$、b^*、$\boldsymbol{\lambda}^*$，使得 $\boldsymbol{w}^*$、b^* 为原始问题式（6-7）的解，$\boldsymbol{\lambda}^*$ 为对偶问题式（6-16）的解。那么，$\boldsymbol{\lambda}^* = (\lambda_1^*, \lambda_2^*, \cdots, \lambda_N^*)^{\mathrm{T}}$ 为对偶问题式（6-16）的解时，代入式（6-13）得到

$$\boldsymbol{w}^* = \sum_{i=1}^{N} \lambda_i^* y_i \boldsymbol{x}_i \tag{6-17}$$

再由 KKT[3] 条件得到

$$b^* = y_j - \sum_{i=1}^{N} \lambda_i^* y_i \boldsymbol{x}_i^{\mathrm{T}} \boldsymbol{x}_j \tag{6-18}$$

式中，下标 j 满足 $\lambda_j^* > 0$，此时的样本点满足 $y_i(\boldsymbol{w}^{\mathrm{T}}\boldsymbol{x}_i + b) = 1$。分类决策函数为

$$f(\boldsymbol{x}) = \operatorname{sign}\left(\sum_{i=1}^{N} \lambda_i^* y_i \boldsymbol{x}_i^{\mathrm{T}} \boldsymbol{x}_j - \sum_{i=1}^{N} \lambda_i^* y_i \boldsymbol{x}_i^{\mathrm{T}} \boldsymbol{x}_j + y_j\right) \tag{6-19}$$

（2）对偶算法

由上面的讨论，对于给定的线性可分训练集，首先求解对偶问题式（6-16），在利用式（6-17）和式（6-18）求得原始问题式（6-7）的解，进而得到分离超平面以及分类决策函数式（6-19），这种算法称为线性可分支持向量机的对偶算法，下面给出求解步骤：

设训练集 $D = \{(\boldsymbol{x}_1, y_1), (\boldsymbol{x}_2, y_2), \cdots, (\boldsymbol{x}_N, y_N)\}$，其中 $\boldsymbol{x}_i \in \mathbf{R}^n$，$y_i \in \{-1, 1\}$，$i = 1, 2, \cdots, N$。

1）构造并求解约束优化问题式（6-16）。

2）利用式（6-17）计算 $\boldsymbol{w}^*$，选取 $\boldsymbol{\lambda}^*$ 的一个满足 $\lambda_j^* > 0$ 的分量，利用式（6-18）计算 b^*。

3）得到分离超平面为 $\boldsymbol{w}^{*\mathrm{T}}\boldsymbol{x} + b^* = 0$，以及对应的分类决策函数式（6-19）。

6.3 线性支持向量机

1. 原理模型

如图 6-3 所示，圆形表示正类，三角形表示负类。当训练数据近似线性可分时，即训练数据中有少数特异点，不存在超平面使得正类负、类严格分开，即约束式（6-5）不能严格满足，如图 6-4 所示。

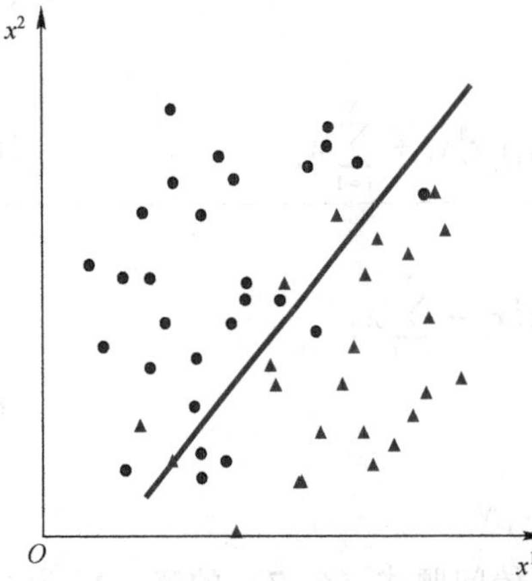

图 6-3 样本近似线性可分

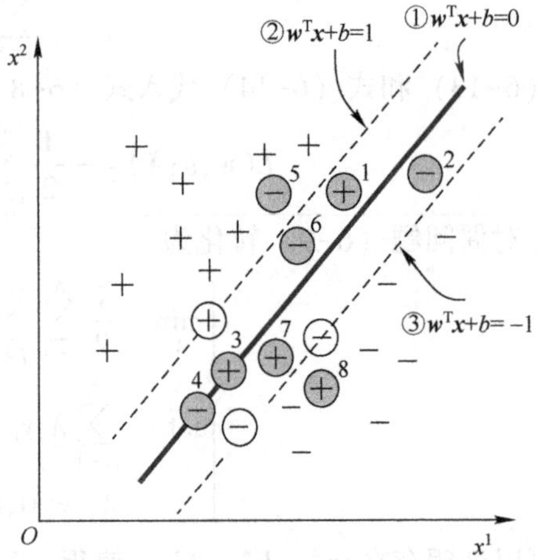

图 6-4 支持向量与间隔

此时，可以对每个样本$(\boldsymbol{x}_i, y_i)$, $i=1,2,\cdots,N$，引入一个松弛变量 $\xi_i \geqslant 0$，那么式（6-5）改写为

$$y_i(\boldsymbol{w}^{\mathrm{T}}\boldsymbol{x}_i+\boldsymbol{b}) \geqslant 1-\xi_i, \quad i=1,2,\cdots,N \tag{6-20}$$

那么有以下情况出现：当 $\xi_i=0$ 时，表示样本分类正确，且正类位于超平面②上或者上方，负类在超平面③上或者下方；当 $0<\xi_i<1$ 时，表示样本分类正确，但部分正类位于超平面①和超平面②之间，部分负类位于超平面①和超平面③之间，如图 6-4 中的样本 1、2；当 $\xi_i=1$ 时，表示正类或者负类位于超平面①上，如图 6-4 中 3、4 样本；当 $\xi_i>1$ 时，表示部分样本分类错误，正类位于超平面①下方，负类位于超平面①上方，如图 6-4 中样本 5、6、7、8。可以看到，$\xi_i=0$ 是我们最希望的情况，$\xi_i \neq 0$ 是我们不希望看到的。

我们允许 $\xi_i \neq 0$ 的情况在少数样本上出现，但不能太多。因此，我们可以对 $\xi_i \neq 0$ 的情况做一个惩罚，即在式（6-7）模型的目标函数上增加一个惩罚项：

$$\min_{w,b,\xi} \frac{1}{2}\|\boldsymbol{w}\|^2 + C\sum_{i=1}^{N}\xi_i \tag{6-21}$$

式中，$C>0$ 为惩罚参数，一般由问题本身性质决定，$\boldsymbol{\xi}=(\xi_1,\xi_2,\cdots,\xi_N)$为各松弛变量构成的松弛向量。$C$ 的值越大时，对误分类的惩罚越大，允许误分类的样本数减少。当 C 的值为无穷大时，不允许误分类，模型退化为硬间隔最大化模型。C 值越小时，对误分类的惩罚越小，允许误分类的样本数增加。因此，目标函数式（6-21）的含义为：$\frac{1}{2}\|\boldsymbol{w}\|$和 $C\sum_{i=1}^{N}\xi_i$ 都

尽量小，即间隔$\frac{2}{\|\boldsymbol{w}\|}$尽量大，同时误分类样本尽量少，$C$ 为二者的调和因子，也称为松弛因子。它的引入也可以在一定程度上纠正模型过拟合现象，让支持向量机对噪声数据有更强的适应性。

特别地，与超平面②和超平面③相交，或者位于超平面②和超平面③之间，或者分类错误的样本，即如图 6-4 中带有“圆形边界”的样本，对模型起决定性作用，称为“支持向量”。

2. 优化模型

由上述讨论，我们得到 SVM 的软间隔最大化优化模型：

$$\begin{cases}\min\limits_{\boldsymbol{w},b,\xi}\frac{1}{2}\|\boldsymbol{w}\|^2+C\sum\limits_{i=1}^{N}\xi_i\\ \text{s. t. } y_i(\boldsymbol{w}^{\mathrm{T}}\boldsymbol{x}_i+b)\geqslant 1-\xi_i, i=1,2,\cdots,N\\ \qquad \xi_i\geqslant 0, i=1,2,\cdots,N\end{cases}\tag{6-22}$$

也称为线性支持向量机模型。此问题也为凸二次规划问题，可以证明最优解存在但不唯一，其中关于变量 $\boldsymbol{w}$ 唯一，但 b 不唯一，而是在一个区间上。设式（6-22）的其中一个最优解为$(\boldsymbol{w}^*,b^*)$，那么最大间隔分离超平面为$\boldsymbol{w}^{*\mathrm{T}}\boldsymbol{x}+b^*=0$，对应的分类决策函数为$f(\boldsymbol{x})=\text{sign}(\boldsymbol{w}^{*\mathrm{T}}\boldsymbol{x}+b^*)$。可以看出，线性可分支持向量机为线性支持向量机的特殊情况（即 $\xi_i=0, i=1,2,\cdots,N$），而现实中的训练样本往往不是严格线性可分的，因此线性支持向量机应用范围更广泛。

3. 对偶算法

（1）对偶问题

此问题也可以利用拉格朗日乘子法求解，这里不再赘述。原始优化问题式（6-22）的对偶问题为

$$\begin{cases}\min\limits_{\boldsymbol{\lambda}}\frac{1}{2}\sum\limits_{i=1}^{N}\sum\limits_{j=1}^{N}\lambda_i\lambda_j y_i y_j \boldsymbol{x}_i^{\mathrm{T}}\boldsymbol{x}_j-\sum\limits_{i=1}^{N}\lambda_i\\ \text{s. t. } \sum\limits_{i=1}^{N}\lambda_i y_i=0\\ \qquad 0\leqslant\lambda_i\leqslant C, i=1,2,\cdots,N\end{cases}\tag{6-23}$$

设此对偶问题的解为 $\boldsymbol{\lambda}^*=(\lambda_1^*,\lambda_2^*,\cdots,\lambda_N^*)\in\mathbf{R}_+^N$，则原始问题的解为

$$\boldsymbol{w}^*=\sum_{i=1}^{N}\lambda_i^* y_i\boldsymbol{x}_i,\quad b^*=y_j-\sum_{i=1}^{N}\lambda_i^* y_i\boldsymbol{x}_i^{\mathrm{T}}\boldsymbol{x}_j\tag{6-24}$$

式中，j 满足 $0<\lambda_j^*<C$。由此得到分离超平面为 $\boldsymbol{w}^{*\mathrm{T}}\boldsymbol{x}+b^*=0$，以及对应的分类决策函数为

$$f(\boldsymbol{x})=\text{sign}\left(\sum_{i=1}^{N}\lambda_i^* y_i\boldsymbol{x}_i^{\mathrm{T}}\boldsymbol{x}-\sum_{i=1}^{N}\lambda_i^* y_i\boldsymbol{x}_i^{\mathrm{T}}\boldsymbol{x}_j+y_j\right)\tag{6-25}$$

（2）对偶算法

由上面的讨论，对于给定的近似线性可分训练集，首先求解对偶问题式（6-23），在利用式（6-24）求得原始问题式（6-22）的解，进而得到分离超平面以及分类决策函数

式（6-25），这种算法称为线性支持向量机的对偶算法，下面给出求解步骤。

设训练集 $D=\{(x_1,y_1),(x_2,y_2),\cdots,(x_N,y_N)\}$，其中 $\boldsymbol{x}_i\in\mathbf{R}^n,y_i\in\{-1,1\},i=1,2,\cdots,N$。

1）构造并求解约束优化问题式（6-23）。

2）利用式（6-24）计算 $\boldsymbol{w}^*$，选取 $\boldsymbol{\lambda}^*$ 的一个满足 $0<\lambda_j^*<C$ 的分量，利用式（6-24）计算 b^*。

3）得到分离超平面为 $\boldsymbol{w}^{*\mathrm{T}}\boldsymbol{x}+b^*=0$，以及对应的分类决策函数式（6-25）。

6.4 非线性支持向量机

1. 核技巧

在前面的讨论中，我们假设训练样本是线性可分的或者近似可分的，即存在一个划分超平面能将训练样本正确分类。有时分类问题是非线性的，我们可以通过非线性变换将原问题映射到新的空间，使得原问题在新的空间线性可分或近似线性可分。例如“异或”问题，如图 6-5、图 6-6 所示。

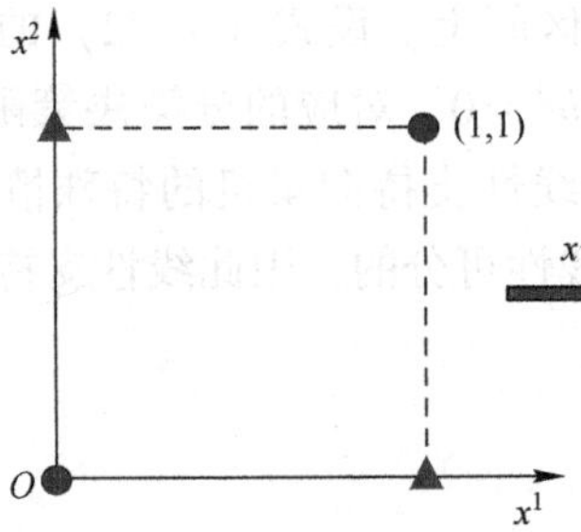

图 6-5 异或问题

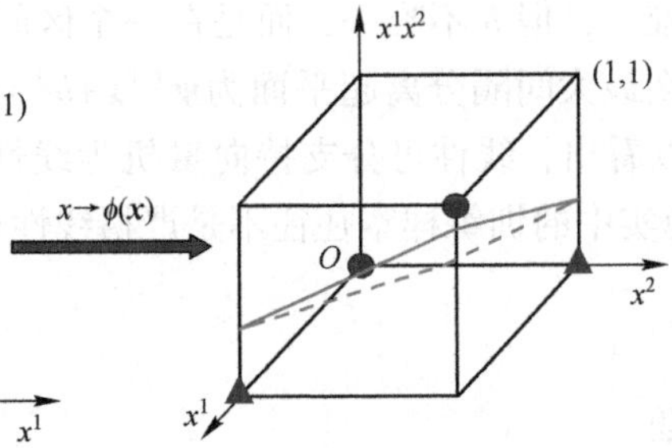

图 6-6 异或问题映射到三维空间

设原空间为二维空间，原问题正类为 $\{(0,0),(1,1)\}$，负类为 $\{(1,0),(0,1)\}$，不存在超平面将正类和负类区分开。定义变换（映射）$\phi:T\to\mathbf{R}^3:\boldsymbol{x}\to\boldsymbol{z}$，

$$\boldsymbol{z}=\phi(\boldsymbol{x}):=(x^1,x^2,x^1x^2),\quad \forall\boldsymbol{x}\in T \tag{6-26}$$

此映射将原正类变为 $\{(0,0,0),(1,1,1)\}$，原负类变为 $\{(1,0,0),(0,1,0)\}$，平面

$$z^1+z^2-2z^3-\frac{1}{3}=0 \tag{6-27}$$

可以将它们分开，如图 6-6 黄色平面。

设 ϕ 为对原问题所做的变换，那么在新的空间中划分超平面为

$$\boldsymbol{w}^{\mathrm{T}}\phi(\boldsymbol{x})+b=0 \tag{6-28}$$

式中，$\boldsymbol{w}$ 为法向量，b 为截距。类似于式（6-7）或式（6-22）得到

$$\begin{cases}\min\limits_{\boldsymbol{w},b}\dfrac{1}{2}\|\boldsymbol{w}\|^2\\ \text{s. t. } y_i(\boldsymbol{w}^{\mathrm{T}}\phi(\boldsymbol{x}_i)+b)\geqslant 1\\ \qquad i=1,2,\cdots,N\end{cases}$$

或者

$$
\begin{cases}
\min\limits_{w,b,\xi} \dfrac{1}{2}\|\boldsymbol{w}\|^2 + C\sum\limits_{i=1}^{N}\xi_i \\
\text{s. t. } y_i(\boldsymbol{w}^{\mathrm{T}}\phi(\boldsymbol{x}_i) + b) \geqslant 1 - \xi_i \\
\qquad \xi_i \geqslant 0, i = 1,2,\cdots,N
\end{cases}
\tag{6-29}
$$

注意到利用拉格朗日乘子法求解式（6-7）或式（6-22）时，在其对偶问题式（6-16）或者对偶问题式（6-23）中，无论是目标函数还是决策函数都只涉及样本 $\boldsymbol{x}_i(i=1,2,\cdots,N)$ 之间的内积。因此对于式（6-29）的也只涉及 $\phi(\boldsymbol{x}_i)(i=1,2,\cdots,N)$ 之间的内积 $\phi^{\mathrm{T}}(\boldsymbol{x}_i)\phi(\boldsymbol{x}_j)$。由于新的空间维数可能很高，甚至是无穷维的，直接计算 $\phi^{\mathrm{T}}(\boldsymbol{x}_i)\phi(\boldsymbol{x}_j)$ 是非常困难的，可以定义一个函数 $\kappa:\mathbf{R}^n\times\mathbf{R}^n\rightarrow\mathbf{R}$：

$$
\kappa(\boldsymbol{x}_i,\boldsymbol{x}_j) := \phi^{\mathrm{T}}(\boldsymbol{x}_i)\phi(\boldsymbol{x}_j), \quad \forall \boldsymbol{x}_i,\boldsymbol{x}_j \in \mathbf{R}^n \tag{6-30}
$$

这里的函数 $\kappa(\cdot,\cdot)$ 称为核函数（kernel function），这种方法称为核技巧（kernel trick）。这等价于利用 ϕ 将原样本空间变换到新的空间，将原内积变换为 $\phi^{\mathrm{T}}(\boldsymbol{x}_i)\phi(\boldsymbol{x}_j)$，在新的空间训练线性支持向量机。那么，在核函数 $\kappa(\cdot,\cdot)$ 确定的情况下，可以利用求解线性分类的方法求解非线性分类问题。注意到，在不知道 ϕ 的具体形式时，并不知道什么样的函数适合做核函数，而核函数对于能否利用线性支持向量机求解非线性可分的分类问题至关重要。因此，核函数的选择是支持向量机最大的变数。

2. 对偶算法

（1）对偶问题

引入核函数 $\kappa(\cdot,\cdot)$ 之后，回顾线性可分支持向量机与线性支持向量机的对偶问题，即式（6-16）和式（6-23），类似地，式（6-29）的对偶问题的目标函数均可写为

$$
W(\boldsymbol{\lambda}) = \frac{1}{2}\sum_{i=1}^{N}\sum_{j=1}^{N}\lambda_i\lambda_j y_i y_j \kappa(\boldsymbol{x}_i,\boldsymbol{x}_j) - \sum_{i=1}^{N}\lambda_i \tag{6-31}
$$

约束条件不变，即式（6-29）的对偶问题为

$$
\begin{cases}
\min\limits_{\lambda} \dfrac{1}{2}\sum\limits_{i=1}^{N}\sum\limits_{j=1}^{N}\lambda_i\lambda_j y_i y_j \kappa(\boldsymbol{x}_i,\boldsymbol{x}_j) - \sum\limits_{i=1}^{N}\lambda_i \\
\text{s. t. } \sum\limits_{i=1}^{N}\lambda_i y_i = 0 \\
\qquad \lambda_i \geqslant 0 \text{ 或者 } 0 \leqslant \lambda_i \leqslant C, i = 1,2,\cdots,N
\end{cases}
\tag{6-32}
$$

式中，对于第二个约束条件，对于线性可分问题选取 $\lambda_i\geqslant0$，近似线性可分问题选取 $0\leqslant\lambda_i\leqslant C$。

类似的原始问题式（6-28）的参数为

$$
\boldsymbol{w}^* = \sum_{i=1}^{N}\lambda_i^* y_i\phi(\boldsymbol{x}_i), \quad b^* = y_j - \sum_{i=1}^{N}\lambda_i^* y_i\kappa(\boldsymbol{x}_i,\boldsymbol{x}_j) \tag{6-33}
$$

式中，对于下标 j 的选取，新空间中线性可分问题选取 $\lambda_j>0$，新空间中近似线性可分问题选取 $0<\lambda_j<C$。

决策函数也可写为

$$
\begin{aligned}
f(\boldsymbol{x}) &= \operatorname{sign}\left(\sum_{i=1}^{N}\lambda_i^* y_i\phi^{\mathrm{T}}(\boldsymbol{x}_i)\phi(\boldsymbol{x}) - \sum_{i=1}^{N}\lambda_i^* y_i\phi^{\mathrm{T}}(\boldsymbol{x}_i)\phi(\boldsymbol{x}_j) + y_j\right) \\
&= \operatorname{sign}\left(\sum_{i=1}^{N}\lambda_i^* y_i\kappa(\boldsymbol{x}_i,\boldsymbol{x}) - \sum_{i=1}^{N}\lambda_i^* y_i\kappa(\boldsymbol{x}_i,\boldsymbol{x}_j) + y_j\right)
\end{aligned}
\tag{6-34}
$$

由此可以看到，在核函数给定的条件下，可以利用线性可分问题或者近似线性可分问题的求解办法求解非线性可分问题。学习过程是通过 ϕ 映射到的新空间进行，但是新空间和映射 ϕ 不需要显式地表达出来。

（2）对偶算法

由上面的讨论，对于给定的非线性可分训练集，首先选取合适的核函数，构造并求解对偶问题式（6-32），再利用式（6-33）求得原始问题的参数 b^*，进而得到分类决策函数式（6-34），这种算法称为非线性支持向量机的对偶算法，下面给出求解步骤。

设训练集 $D=\{(\boldsymbol{x}_1,y_1),(\boldsymbol{x}_2,y_2),\cdots,(\boldsymbol{x}_N,y_N)\}$，其中 $\boldsymbol{x}_i\in\mathbf{R}^n$，$y_i\in\{-1,1\}$，$i=1,2,\cdots,N$。

1）选取恰当的核函数，构造并求解对偶问题式（6-32）。

2）利用式（6-33）计算 b^*。

3）得到对应的分类决策函数式（6-34）。

3. 常用核函数

（1）线性核函数（linear kernel）

$$\kappa(\boldsymbol{u},\boldsymbol{v}):=\boldsymbol{u}^{\mathrm{T}}\boldsymbol{v}+c,\quad \forall\,\boldsymbol{u},\boldsymbol{v}\in\mathbf{R}^n \tag{6-35}$$

式中，$c\in\mathbf{R}$ 为可选参数。当 $c=0$ 时，对应的回归到原始的线性可分支持向量机或者线性支持向量机。线性核函数主要用于线性可分情况，线性核函数参数少，运算速度较快，适合特征数量相对样本数量非常多时的情况。

（2）多项式核（polynomial kernel）

$$\kappa(\boldsymbol{u},\boldsymbol{v}):=(a\boldsymbol{u}^{\mathrm{T}}\boldsymbol{v}+c)^d,\quad \forall\,\boldsymbol{u},\boldsymbol{v}\in\mathbf{R}^n \tag{6-36}$$

式中，$a,d,c\in\mathbf{R}$，a 为调节参数，c 为可选参数，d 为多项式的次数。当 d 的值较大时，复杂度会很高。对于正交归一后的数据，可优先选择此核函数。

（3）高斯核（Gaussian kernel）

$$\kappa(\boldsymbol{u},\boldsymbol{v}):=\exp\left(-\frac{\|\boldsymbol{u}-\boldsymbol{v}\|^2}{2\sigma^2}\right),\quad \forall\,\boldsymbol{u},\boldsymbol{v}\in\mathbf{R}^n \tag{6-37}$$

式中，$\sigma\in\mathbf{R}$ 为高斯核的带宽，σ^2 越大，高斯核函数越平滑，即模型的偏差和方差大，泛化能力差，容易过拟合；σ^2 越小，高斯核函数变化剧烈，模型对噪声样本比较敏感。高斯核函数灵活性较强，大多数情况都有较好性能，在不确定用哪种核函数时可以优先选择高斯核函数。

（4）Sigmoid 核（Sigmoid kernel）

$$\kappa(\boldsymbol{u},\boldsymbol{v}):=\tanh(a\boldsymbol{u}^{\mathrm{T}}\boldsymbol{v}+c),\quad \forall\,\boldsymbol{u},\boldsymbol{v}\in\mathbf{R}^n \tag{6-38}$$

式中，$\tanh(\cdot)$ 为双曲正切函数，a 为调节参数，c 为可选参数，一般取 $1/n$。

6.5 支持向量机回归

6.5.1 线性支持向量机回归

1. 模型原理

（1）线性回归

给定训练数据集

$$T=\{(x_1,y_1),(x_2,y_2),\cdots,(x_N,y_N)\},$$

式中，$\boldsymbol{x}_i=(x_i^1,x_i^2,\cdots,x_i^n)^{\mathrm{T}}\in\mathbf{R}^n$，$y_i\in\mathbf{R}$，$i=1,2,\cdots,N$。一般线性回归的任务是找到一个超平面

$$y=\boldsymbol{w}^{\mathrm{T}}\boldsymbol{x}+b \tag{6-39}$$

式中，$\boldsymbol{w}=(w^1,w^2,\cdots,w^n)^{\mathrm{T}}\in\mathbf{R}^n$ 为法向量，b 为截距。以尽可能准确地预测实际值 $y=(y_1,y_2,\cdots,y_N)$，如下图 6-7 所示。

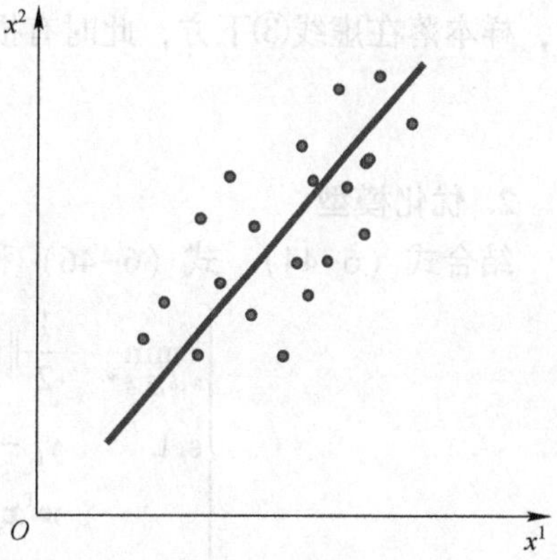

图 6-7　线性回归

参数估计通常采用最小二乘法，即预测值 $\hat{\boldsymbol{y}}=(\hat{y}_1,\hat{y}_2,\cdots,\hat{y}_N)$ 与实际值 $\boldsymbol{y}$ 之间的欧式距离的平方最小，即

$$\min_{\boldsymbol{w},b}\|\boldsymbol{y}-\hat{\boldsymbol{y}}\|^2=\sum_{i=1}^{N}(y_i-\hat{y}_i)^2=\sum_{i=1}^{N}(y_i-\boldsymbol{w}^{\mathrm{T}}\boldsymbol{x}_i-b)^2 \tag{6-40}$$

此模型将每个训练样本的误差平方都会计入损失函数。

（2）支持向量机回归

支持向量机回归与线性回归不同，只要样本的误差在一定范围内就不计入损失函数，设 $\epsilon>0$ 为模型容许的最大误差。即当

$$|y_i-\boldsymbol{w}^{\mathrm{T}}\boldsymbol{x}_i-b|\leqslant\epsilon \tag{6-41}$$

或者

$$\begin{cases}y_i-\boldsymbol{w}^{\mathrm{T}}\boldsymbol{x}_i-b\leqslant\epsilon\\ \boldsymbol{w}^{\mathrm{T}}\boldsymbol{x}_i+b-y_i\leqslant\epsilon\end{cases} \tag{6-42}$$

时，不计损失。支持向量机回归如下图 6-8 所示。

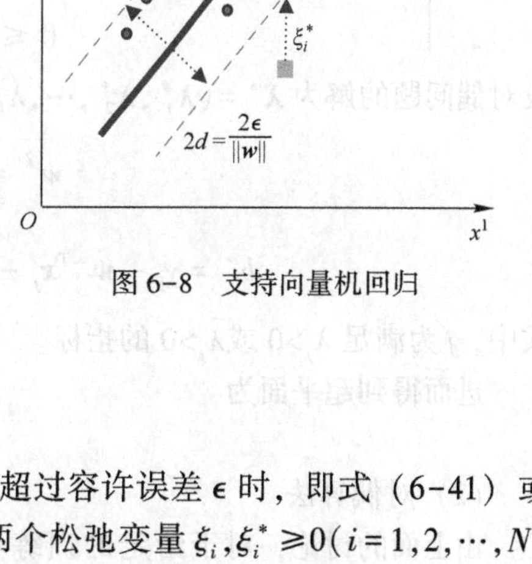

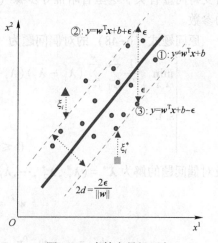

图 6-8　支持向量机回归

将原线性回归模型的超平面分别向上和向下平移 ϵ 单位，得到两个新的超平面②、③。此时，当样本落在两条虚线内，则认为没有损失。两条虚线之间的距离为

$$2d=\frac{2\epsilon}{\sqrt{\|\boldsymbol{w}\|^2+1}} \tag{6-43}$$

那么两条虚线的距离越大，包含的样本越多，模型鲁棒性能也越好。当 ϵ 固定时，$\|\boldsymbol{w}\|$ 的值越小，两条虚线的距离越大。为方便计算，一般取

$$\frac{1}{2}\|\boldsymbol{w}\|^2 \tag{6-44}$$

此时得到支持向量机回归的基本模型为

$$\begin{cases}\min\limits_{\boldsymbol{w},b}\ \dfrac{1}{2}\|\boldsymbol{w}\|^2\\ \text{s.t. } |y_i-\boldsymbol{w}^{\mathrm{T}}\boldsymbol{x}_i-b|\leqslant\epsilon,i=1,2,\cdots,N\end{cases} \tag{6-45}$$

当然，模型也允许有一定的损失，当样本的误差超过容许误差 ϵ 时，即式（6-41）或式（6-42）不满足时，会有损失。对每个样本引入两个松弛变量 $\xi_i,\xi_i^*\geqslant0(i=1,2,\cdots,N)$

满足

$$\begin{cases} y_i-\boldsymbol{w}^{\mathrm{T}}\boldsymbol{x}_i-b\leqslant\epsilon+\xi_i \\ \boldsymbol{w}^{\mathrm{T}}\boldsymbol{x}_i+b-y_i\leqslant\epsilon+\xi_i^* \end{cases} \tag{6-46}$$

那么有以下情况出现：当$\xi_i=\xi_i^*=0$时，样本落在虚线②和虚线③之间，此时无损失；当$\xi_i>0$，$\xi_i^*=0$时，样本落在虚线②上方，此时有损失，如图6-8三角形样本；当$\xi_i=0$，$\xi_i^*>0$时，样本落在虚线③下方，此时有损失，如图6-8矩形样本。此两类损失为

$$\sum_{i=1}^{N}(\xi_i+\xi_i^*) \tag{6-47}$$

2. 优化模型

结合式（6-44）、式（6-46）和式（6-47）得到支持向量回归的优化模型：

$$\begin{cases} \min\limits_{\boldsymbol{w},b,\boldsymbol{\xi},\boldsymbol{\xi}^*} & \dfrac{1}{2}\|\boldsymbol{w}\|+C\sum\limits_{i=1}^{N}(\xi_i+\xi_i^*) \\ \text{s. t.} & y_i-\boldsymbol{w}^{\mathrm{T}}\boldsymbol{x}_i-b\leqslant\epsilon+\xi_i, i=1,2,\cdots,N \\ & \boldsymbol{w}^{\mathrm{T}}\boldsymbol{x}_i+b-y_i\leqslant\epsilon+\xi_i^*, i=1,2,\cdots,N \\ & \xi_i,\xi_i^*\geqslant 0, i=1,2,\cdots,N \end{cases} \tag{6-48}$$

式中，$C>0$为惩罚参数，用于调节式（6-44）与式（6-47）的权重。

3. 对偶算法

（1）对偶问题

类似的，上述优化可以用拉格朗日乘子法求解，并利用对偶算法及KKT条件分析得，支持向量机回归模型的支持向量位于虚线②上及其上方、虚线③上及其下方，最终模型也仅与支持向量有关。这里省略推导步骤（详细推导见附录），直接给出其对偶问题以及原问题的参数。

原问题式（6-48）的对偶问题为

$$\begin{cases} \min\limits_{\boldsymbol{\lambda},\bar{\boldsymbol{\lambda}}} & \dfrac{1}{2}\sum\limits_{i=1}^{N}\sum\limits_{j=1}^{N}(\lambda_i-\bar{\lambda}_i)(\lambda_j-\bar{\lambda}_j)\boldsymbol{x}_i^{\mathrm{T}}\boldsymbol{x}_j-\sum\limits_{i=1}^{N}y_i(\lambda_i-\bar{\lambda}_i)+\sum\limits_{i=1}^{N}\epsilon(\lambda_i+\bar{\lambda}_i) \\ \text{s. t.} & \sum\limits_{i=1}^{N}(\lambda_i-\bar{\lambda}_i)=0 \\ & 0\leqslant\lambda_i,\bar{\lambda}_i\leqslant C, i=1,2,\cdots,N \end{cases} \tag{6-49}$$

设对偶问题的解为$\boldsymbol{\lambda}^*=(\lambda_1^*,\lambda_2^*,\cdots,\lambda_N^*)$，$\bar{\boldsymbol{\lambda}}^*=(\bar{\lambda}_1^*,\bar{\lambda}_2^*,\cdots,\bar{\lambda}_N^*)$，则原问题的参数为

$$\boldsymbol{w}^*=\sum_{i=1}^{N}(\lambda_i^*-\bar{\lambda}_i^*)\boldsymbol{x}_i \tag{6-50}$$

$$b^*=y_j-\boldsymbol{w}^{*\mathrm{T}}\boldsymbol{x}_j-\epsilon=y_j-\sum_{i=1}^{N}(\lambda_i^*-\bar{\lambda}_i^*)\boldsymbol{x}_i^{\mathrm{T}}\boldsymbol{x}_j-\epsilon \tag{6-51}$$

式中，j为满足$\lambda_j>0$或$\bar{\lambda}_j>0$的指标。

进而得到超平面为

$$y=\boldsymbol{w}^{*\mathrm{T}}\boldsymbol{x}+b^* \tag{6-52}$$

（2）对偶算法

由上面的讨论，对于给定的训练集，首先构造并求解对偶问题式（6-49），再利用

式（6-50）和式（6-51）求得原始问题式（6-48）的解，进而得到超平面式（6-52），这种算法称为线性支持向量机回归的对偶算法，下面给出求解步骤：

设训练集 $D=\{(\boldsymbol{x}_1,y_1),(\boldsymbol{x}_2,y_2),\cdots,(\boldsymbol{x}_N,y_N)\}$，其中 $\boldsymbol{x}_i\in\mathbf{R}^n$，$y_i\in\{-1,1\}$，$i=1,2,\cdots,N$。

1）选取恰当的核函数，构造并求解对偶问题式（6-49）。

2）利用式（6-50）和式（6-51）计算 $\boldsymbol{w}^*$ 和 b^*。

3）得到超平面为 $\boldsymbol{w}^{*\mathrm{T}}\boldsymbol{x}+b^*=0$。

6.5.2　非线性支持向量机回归

类似于非线性支持向量机分类，非线性支持向量机回归也通过核函数实现，这里不再赘述，直接给出其优化模型以及对偶算法。

1. 原始优化问题

设 ϕ 为原空间到新空间的映射，使得训练集在新空间呈线性变化趋势。

原始优化问题为

$$\begin{cases}\min\limits_{\boldsymbol{w},b,\xi,\xi^*} & \dfrac{1}{2}\|\boldsymbol{w}\|+C\sum\limits_{i=1}^{N}(\xi_i+\xi_i^*)\\ \text{s. t.} & y_i-\boldsymbol{w}^{\mathrm{T}}\phi(\boldsymbol{x}_i)-b\leqslant\epsilon+\xi_i,i=1,2,\cdots,N\\ & \boldsymbol{w}^{\mathrm{T}}\phi(\boldsymbol{x}_i)+b-y_i\leqslant\epsilon+\xi_i^*,i=1,2,\cdots,N\\ & \xi_i,\xi_i^*\geqslant 0,i=1,2,\cdots,N\end{cases}\tag{6-53}$$

式中，$C>0$ 为惩罚参数。

2. 对偶算法

（1）对偶问题

原始优化问题（6-53）的对偶问题为

$$\begin{cases}\min\limits_{\lambda,\bar{\lambda}} & \dfrac{1}{2}\sum\limits_{i=1}^{N}\sum\limits_{j=1}^{N}(\lambda_i-\bar{\lambda}_i)(\lambda_j-\bar{\lambda}_j)\kappa(\boldsymbol{x}_i,\boldsymbol{x}_j)-\sum\limits_{i=1}^{N}y_i(\lambda_i-\bar{\lambda}_i)+\sum\limits_{i=1}^{N}\epsilon(\lambda_i+\bar{\lambda}_i)\\ \text{s. t.} & \sum\limits_{i=1}^{N}(\lambda_i-\bar{\lambda}_i)=0\\ & 0\leqslant\lambda_i,\bar{\lambda}_i\leqslant C,i=1,2,\cdots,N\end{cases}\tag{6-54}$$

式中，$\kappa(\cdot,\cdot)$ 称为核函数。设对偶问题的解为 $\boldsymbol{\lambda}^*=(\lambda_1^*,\lambda_2^*,\cdots,\lambda_N^*)$，$\bar{\boldsymbol{\lambda}}^*=(\bar{\lambda}_1^*,\bar{\lambda}_2^*,\cdots,\bar{\lambda}_N^*)$，则原问题的参数为

$$b^*=y_j-\boldsymbol{w}^{*\mathrm{T}}\boldsymbol{x}_j-\epsilon=y_j-\sum_{i=1}^{N}(\lambda_i^*-\bar{\lambda}_i^*)\kappa(\boldsymbol{x}_i,\boldsymbol{x}_j)-\epsilon\tag{6-55}$$

式中，j 为满足 $\lambda_j>0$ 或 $\bar{\lambda}_j>0$ 的指标。进而得到非线性模型为

$$y=\boldsymbol{w}^{*\mathrm{T}}\phi(\boldsymbol{x})+b^*=\sum_{i=1}^{N}(\lambda_i^*-\bar{\lambda}_i^*)\kappa(\boldsymbol{x}_i,\boldsymbol{x})+y_j-\sum_{i=1}^{N}(\lambda_i^*-\bar{\lambda}_i^*)\kappa(\boldsymbol{x}_i,\boldsymbol{x}_j)-\epsilon\tag{6-56}$$

（2）对偶算法

对于给定的呈现非线性趋势的训练集，首先选取合适的核函数，构造并求解对偶问题式（6-54），再利用式（6-55）求得原始问题式（6-53）的参数，进而得到非线性模型式（6-56），这种算法称为非线性支持向量机回归的对偶算法，下面给出求解步骤：

设训练集 $D=\{(\boldsymbol{x}_1,y_1),(\boldsymbol{x}_2,y_2),\cdots,(\boldsymbol{x}_N,y_N)\}$，其中 $\boldsymbol{x}_i\in\mathbf{R}^n$，$y_i\in\{-1,1\}$，$i=1,2,\cdots,N$。

1）选取恰当的核函数，构造并求解对偶问题式（6-54）。

2）利用式（6-55）求解原始问题式（6-53）的参数 b^*。

3）得到非线性模型式（6-56）。

6.6 SMO 算法

由前面几节讨论，可以发现支持向量机模型无论是分类还是回归、无论是线性问题还是非线性问题最终都转化为一个二次规划问题，如式（6-16）、式（6-23）、式（6-31）、式（6-49）、式（6-54）。可使用通用的二次规划算法来求解。但是该问题的规模正比于训练样本数，这会在实际任务中造成很大的开销。为了避开这个障碍，专家们通过利用问题本身的特性，提出了很多高效算法，序列最小优化（sequential minimal optimization，SMO）算法是其中一个著名的代表。

1. 原理

SMO 算法的基本思想是先固定某个拉格朗日乘子 λ_i 之外的所有参数，然后求 λ_i 上的极值。而由约束条件，可以利用其他乘子表示 λ_i。因此 SMO 算法每次选择两个拉格朗日乘子，并固定其他参数。这样，在参数初始化后，SMO 算法不断执行如下两个步骤直至收敛：第一步，选取两个需要更新的拉格朗日乘子；第二步，固定除选定好的两个乘子以外的所有拉格朗日乘子，求解问题的对偶问题，更新选定的两个乘子。

以非线性支持向量机分类问题的对偶问题式（6-32）为例，假设 λ_1,λ_2 为选定的两个变量，$\lambda_3,\lambda_4,\cdots,\lambda_N$ 固定，那么由式（6-32）的等式约束得

$$\lambda_1=-y_1\sum_{i=2}^{N}\lambda_i y_i \tag{6-57}$$

那么如果 λ_2 确定，λ_1 也随之确定，所以每次迭代同时更新两个变量。假设 $\lambda_k,\lambda_l,k,l=1,2,\cdots,N$ 为选定的两个变量，式（6-32）的子问题可以写为

$$\begin{cases}\min\limits_{\lambda_k,\lambda_l}\ W(\lambda_k,\lambda_l)=\dfrac{1}{2}\kappa_{kk}\lambda_k^2+\dfrac{1}{2}\kappa_{ll}\lambda_l^2+y_ky_l\kappa_{kl}\lambda_k\lambda_l-(\lambda_k+\lambda_l)+\\ \qquad y_k\lambda_k\sum\limits_{i\neq k,l}y_i\lambda_i\kappa_{ik}+y_l\lambda_l\sum\limits_{i\neq k,l}y_i\lambda_i\kappa_{il} & (6\text{-}58)\\ \text{s. t.}\quad \lambda_ky_k+\lambda_ly_l=-\sum\limits_{i\neq k,l}y_i\lambda_i=\zeta & (6\text{-}59)\\ \qquad 0\leqslant\lambda_i\leqslant C,i=k,l & (6\text{-}60)\end{cases}$$

式中，$\kappa_{ij}:=\kappa(\boldsymbol{x}_i,\boldsymbol{x}_j),i,j=1,2,\cdots,N$，$\zeta$ 为常数，式（6-58）中省略了不含 λ_k,λ_l 的常数项。那么 SMO 算法包含两个主要步骤：求解式（6-58）~式（6-60）的约束优化问题和选择变量的启发式算法。其详细理论推导这里省略，可查阅参考文献［3］第 7.4 节。

2. 步骤

下面直接给出 SMO 算法的步骤：

设训练集 $D=\{(\boldsymbol{x}_1,y_1),(\boldsymbol{x}_2,y_2),\cdots,(\boldsymbol{x}_N,y_N)\}$，其中 $\boldsymbol{x}_i\in\mathbf{R}^n$，$y_i\in\{-1,1\}$，$i=1,2,\cdots,N$，精度为 ϵ，k 表示迭代步数。

1）初始化：$k=0$，$\boldsymbol{\lambda}^k=0$。

2）选取优化变量 λ_1^k，λ_2^k，求解式（6-58）~式（6-60）的约束优化问题，对应的更新 $\boldsymbol{\lambda}^k$ 为 $\boldsymbol{\lambda}^{k+1}$。

3）若在精度范围内满足停止条件

$$\sum_{i=1}^{N}\lambda_i y_i=0,0\leqslant\lambda_i\leqslant C,i=1,2,\cdots,N$$

$$y_i g(x_i)\begin{cases}\geqslant 1, & \{x_i\,|\,\lambda_i=0\}\\ =1, & \{x_i\,|\,0<\lambda_i<C\}\\ \leqslant 1, & \{x_i\,|\,\lambda_i=C\}\end{cases}$$

其中

$$g(x_i)=\sum_{j=1}^{N}\lambda_j y_j\,\kappa_{ji}+b$$

则转 4)；否则令 $k=k+1$，转 2)。

4）取 $\boldsymbol{\lambda}^*=\boldsymbol{\lambda}^{k+1}$。

6.7 代码实现

我们可以手动实现 SVM 算法，也可以借助 Scikit-learn 实现。Scikit-learn 中 SVM 算法的实现都包含在 sklearn. svm 里，包含分类封装类 SVC 和回归封装类 SVR。

SVC 类实现代码如下：

```
sklearn.svm.SVC(*, C=1.0, kernel='rbf', degree=3, gamma='scale', coef0=0.0, shrinking=True,
probability=False, tol=0.001, cache_size=200, class_weight=None, verbose=False, max_iter=-1,
decision_function_shape='ovr', break_ties=False, random_state=None)
```

SVR 类实现代码如下：

```
sklearn.svm.SVR(*, kernel='rbf', degree=3, gamma='scale', coef0=0.0, tol=0.001, C=1.0, epsilon
=0.1,
shrinking=True, cache_size=200, verbose=False, max_iter=-1)
```

其中各参数的格式与含义可参考 Python 帮助或者 CDA Scikit-learn 中文社区 SVM 模块。

6.7.1 线性支持向量机代码实现

在构建线性支持向量机时，我们可以利用凸二次规划方法求解也可以借助 SMO 算法求解其对偶问题，下面首先利用凸二次规划方法求解。

下面我们使用凸二次规划求解方法，实现线性支持向量机分类。设训练数据集为：正类为 $\boldsymbol{x}_1=(1,1)$, $\boldsymbol{x}_2=(1,3)$，$\boldsymbol{x}_3=(0,4)$，负类为 $\boldsymbol{x}_4=(1,0)$，$\boldsymbol{x}_5=(3,0)$，$\boldsymbol{x}_6=(4,0)$，并预测样本 $\boldsymbol{x}_7=(2,2)$，$\boldsymbol{x}_8=(3,3)$，$\boldsymbol{x}_9=(-1,-1)$，$\boldsymbol{x}_{10}=(3,-2)$，画图对结果进行展示。

（1）通过 cvxopt 包求解凸二次规划问题

代码 6-1 定义了一个数据集 T，其中包含了(x1，x2，y)三个元素，y 为标签，取值为-1 或+1。

代码 6-1　输入训练集

```
# 定义数据集 T，其中包含(x1，x2，y)三个元素，y 为标签，取值为-1 或+1
T =[(1, 1, 1), (1, 3, 1), (0, 4, 1), (1, 0, -1), (3, 0, -1), (4, 0, -1)]
# 计算数据集 T 的样本数量，并赋值给变量 num_samples
num_samples = len(T)
```

代码 6-2 使用 cvxopt 库将凸二次规划问题表达为矩阵形式并求解。首先引入需要的 cvxopt 库，取到样本的维度，然后通过定义目标问题的二次部分、一次部分和不等式部分，构建了相应的矩阵和向量。最后，将这些参数传递给 cvxopt. solvers. qp 函数进行求解，得到最优解。其中，P 表示二次部分的系数矩阵，q 表示一次部分的系数向量，G 表示不等式部分的系数矩阵，h 表示不等式部分的约束向量。通过求解后，输出了最优解 w0、w1 和 b 的取值。

代码 6-2　将凸二次规划问题表达为矩阵形式并求解

```
# 引入需要的库：
import cvxopt

# 将凸二次规划问题表达为矩阵形式
m = len(T[0])                              # 样本的维度

# 定义目标函数中二次部分，使用二次型表示
P = np.identity(m)                         # 创建一个 m * m 的单位矩阵
P[m - 1][m - 1] = 0                        # 将最后一个元素设为 0，达到去除常数项的目的
P = cvxopt.matrix(P)                       # 将 P 转换为 cvxopt 的矩阵形式

# 定义目标函数中一次部分
q = cvxopt.matrix([0.0] * m)               # 创建一个全为 0 的长度为 m 的列向量作为目标函数中
                                             一次部分的系数
# 定义不等式部分
G =[]
for j in range(m - 1):                     # 遍历样本维度，从第一维到倒数第二维
G.append([-T[i][j] * T[i][-1] for i in range(len(T))])  # 根据样本数据生成不等式部分的
                                                           系数
G.append([-T[i][-1] * 1.0 for i in range(len(T))])      # 最后一维是常数项，添加到不等
                                                           式部分的系数
G = cvxopt.matrix(G)                       # 将 G 转换为 cvxopt 的矩阵形式
```

```
h = cvxopt.matrix([-1.0] * num_samples]) # 创建一个形状为 1 * num_samples 的矩阵，每个元素为-1.0
# 将参数传递给 cvxopt.solvers.qp，返回最优解
sol = cvxopt.solvers.qp(P, q, G, h)          # 使用 cvxopt 库的 qp 函数求解凸二次规划问题
print(sol['x'])                              # 输出最优解 w0, w1, b
```

得到对应的三个参数为：1.26e-03、2.00 和-9.99e-01，即分离超平面约为：$2x_2-1=0$。

(2) 绘制训练集散点图以及分离超平面

代码 6-3 首先导入了 numpy 和 matplotlib 库，然后对数据集进行简单的格式转换，以满足之后要使用的 drawScatterPointsAndLine 函数的输入要求。转换后的数据集存储在 dataSet 中，标签存储在 labels 中。接着从上一步（1）计算的解对象 sol 中提取出权重 w 和偏置 b 的值，并分别赋给变量 w 和 b。这样就可以获取到通过计算得到的权重和偏置的值，用于后续的处理或分析。

代码 6-3　转换数据格式

```
# 转换数据格式
# 导入 numpy 和 matplotlib 库
import numpy as np
import matplotlib.pyplot as plt

# 将数据集格式进行简单转换，使其吻合 drawScatterPointsAndLine 函数输入要求
dataSet = np.array([list(T[i][0:-1]) for i in range(len(T))]) # 将样本特征部分转换为 numpy 数组
labels = np.array([T[i][-1] for i in range(len(T))])           # 将样本标签部分转换为 numpy 数组
w =[sol['x'][0], sol['x'][1]]                                   # 获取计算得到的权重 w
b = sol['x'][2]                                                 # 获取计算得到的偏置 b
```

代码 6-4 绘制训练集的散点图。首先创建一个画布（fig）和子图（ax），然后根据数据集中的标签值，将数据点分为两个类别进行给予不同的标记和颜色。其中，标签值为 1 的数据点用黑色圆形表示，标签值为-1 类的数据点用蓝色星形表示。这样可以通过散点图的方式可视化不同类别的数据点。

代码 6-4　绘制训练集散点图

```
# 绘制训练数据点的散点图
fig = plt.figure()                    # 创建一个新的图形窗口
ax = fig.add_subplot(111)             # 添加一个子图，将其设置为 1 行 1 列的第 1 个子图
for i in range(1, len(dataSet)):      # 遍历数据集中的样本点，从第二个样本点开始到最后一个样本点
    if labels[i] != labels[i - 1]:    # 判断当前样本点的标签是否与前一个样本点的标签不同
        pos = i                       # 记录不同标签的样本点的索引位置
        break                         # 找到一个即可退出循环

# 绘制正样本点（标签为 1）的散点图，颜色为黑色，标记为圆形
ax.scatter(dataSet[0:pos, 0], dataSet[0:pos, 1], c='k', marker='o', label='1')

# 绘制负样本点（标签为-1）的散点图，颜色为蓝色，标记为星形
ax.scatter(dataSet[pos:len(dataSet), 0], dataSet[pos:len(dataSet), 1], c='b', marker='*', label='-1')
```

代码 6-5 的功能是计算直线上两个点的坐标以及直线与坐标轴的交点，以便绘制分离超平面。首先通过对数据集进行最小值（m）和最大值（M）的计算，确定了坐标范围。然后根据权重（w）和偏置（b）的值，计算出直线与 y 轴的交点 t 的纵坐标，并判断是否在

数据集的范围内。如果在范围内，则确定了起点或终点的横坐标，并将其保存在 points 数组中。如果 points 数组中还不是两个点，再通过计算直线与 x 轴的交点 t 的横坐标，并判断是否在数据集的范围内。如果在范围内，则确定了起点或终点的纵坐标，并将其保存在 points 数组中。最后，使用 ax.plot 函数绘制连接这两个点的直线，并标记为分离超平面。

代码 6-5 绘制分离超平面

```
# 绘制分离超平面
# 计算直线上两个点的坐标，以及直线与坐标轴的交点，用于绘制分离超平面
m = dataSet.min(0)                          # 获取数据集中每一列的最小值
M = dataSet.max(0)                          # 获取数据集中每一列的最大值

t = -(w[0] * m[0] + b) / w[1]               # 求直线与横轴的交点的纵坐标
points = np.zeros((2, 2))                   # 创建一个用于存储两个点坐标的数组
i = 0

# 判断交点的纵坐标是否在数据集的纵坐标范围内，如果是则添加到 points 数组中
if t >= m[1] and t <= M[1]:
    points[i] = np.array([m[0]-5, t])       # 将起点横坐标减小，延长直线
    i += 1

t = -(w[0] * M[0] + b) / w[1]               # 求直线与横轴的交点的纵坐标
if t >= m[1] and t <= M[1]:
    points[i] = np.array([M[0]+5, t])       # 将终点横坐标增大，延长直线
    i += 1
# 此时需要求直线与纵轴的交点的横坐标，并将其添加到 points 数组中
if i != 2:
    t = -(w[1] * m[1] + b) / w[0]           # 求直线与纵轴的交点的横坐标
    if t > m[0] and t < M[0]:
        points[i] = np.array([t, m[1]-5])   # 将起点纵坐标减小，延长直线
        i += 1
# 此时需要求直线与纵轴的交点的横坐标，并将其添加到 points 数组中
if i != 2:
    t = -(w[1] * M[1] + b) / w[0]           # 求直线与纵轴的交点的横坐标
    if t > m[0] and t < M[0]:
        points[i] = np.array([t, M[1]+5])   # 将终点纵坐标增大，延长直线

# 在子图上绘制分离超平面，连接 points 数组中的两个点
ax.plot(points[:, 0], points[:, 1], label='Regression')
```

(3) 预测新样本并绘制散点图

代码 6-6 的功能是对新样本进行预测并进行可视化。首先定义了一个预测函数，然后输入了新样本的坐标，然后使用循环逐个样本进行处理。对于每个样本，将其转换为 NumPy 数组形式，并通过 predict 函数对其进行预测，得到预测的标签值，标签值体现在图形中。根据标签值确定绘图时所用的标记符号，如果标签是 1，则使用圆形（·）作为标记，否则使用星号（*）作为标记。然后使用 ax.scatter 函数绘制样本点，设置颜色为红色，标记符号根据前面确定的标记选择。最后使用 ax.annotate 函数添加一个标签，标识该样本点对应的预测结果。

代码 6-6　预测新样本并绘制散点图

```
# 定义预测函数
def predict(x, w, b):
    """
    输入:
    x -新样本的特征向量
    w -分离超平面的权重向量
    b -分离超平面的偏置项
    输出:
    result -预测结果, 1 表示正类, -1 表示负类
    """
    result = np.sign(np.dot(x, w) + b)                # 计算预测结果
    return result                                      # 返回预测结果

# 定义新的样本集合
new_samples = [(2, 2), (3, 3), (-1, -1), (3, -2)]

# 对每个新样本进行预测和可视化
for sample in new_samples:
    x = np.array(sample)                               # 将样本转换为 numpy 数组
    label = int(predict(x, w, b))                      # 预测样本的标签
    marker = 'o' if label == 1 else '*'                # 确定标记的形状
    ax.scatter(x[0], x[1], c='r', marker=marker)       # 绘制样本点
    ax.annotate(f"{label}", (x[0] + 0.1, x[1] + 0.1)) # 在样本点旁边添加标签
    print(label)                                       # 输出预测样本标签
```

代码 6-7 是在图表中添加图例并显示图表。通过调用 ax.legend() 函数，将会在图表中添加一个图例，用于标识不同元素的含义或分类。然后使用 plt.show() 函数显示整个图表，以便查看和分析图形结果。

代码 6-7　添加图例、显示整个图形

```
ax.legend()        # 添加图例
plt.show()         # 显示图形
```

得到 x_7，x_8为正类，x_9，x_{10}为负类，以及图 6-9。

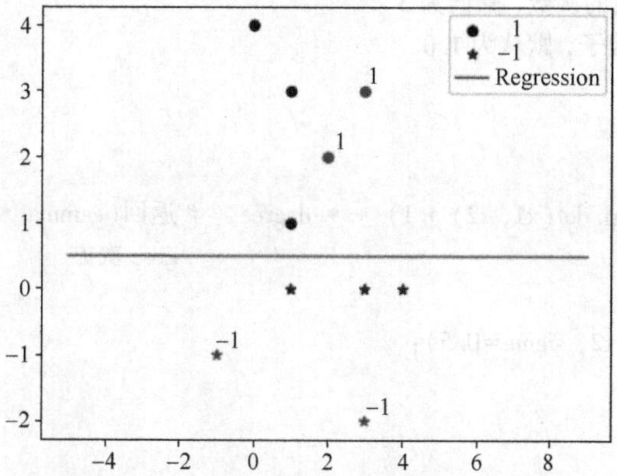

图 6-9　凸二次规划实现线性支持向量机分类

6.7.2 非线性支持向量机代码实现

下面我们使用 SMO 求解方法，实现线性核、多项式核，以及高斯核支持向量机分类。训练集使用两类数据并对训练结果进行对比。

（1）定义三类核函数

代码 6-8 定义了三个核函数，分别是线性核函数、多项式核函数和高斯核函数。线性核函数直接返回两个向量的点积结果；多项式核函数使用乘法因子 gamma 与两个向量的点积加一再进行 degree 次方的计算；高斯核函数使用高斯核的标准差 sigma 来计算两个向量之间的欧氏距离，然后将其平方除以 2 乘以 sigma 的平方，最后取指数。

代码 6-8 定义线性核函数、多项式核函数，以及高斯核函数

```
# 引入需要的库
import numpy as np                                    # 导入 numpy 库
from sklearn.metrics import accuracy_score            # 导入 accuracy_score 函数，用于计算分类准确率。


def linear_kernel(x1, x2):
    """
    线性核函数
    参数:
        x1:向量 1
        x2:向量 2
    返回:
        点积结果
    """
    return np.dot(x1, x2)                             # 返回向量 x1 和向量 x2 的点积结果。

def polynomial_kernel(x1, x2, degree=3, gamma=1.0):
    """
    多项式核函数
    参数:
        x1: 向量 1
        x2: 向量 2
        degree: 多项式的次数，默认为 3
        gamma: 乘法因子，默认为 1.0
    返回:
        核函数计算结果
    """
    return (gamma * np.dot(x1, x2) + 1) ** degree    # 返回(gamma * x1 与 x2 的点积 + 1)的 de-
                                                      gree 次方


def gaussian_kernel(x1, x2, sigma=0.5):
    """
    高斯核函数
    参数:
        x1: 向量 1
```

```
        x2: 向量 2
        sigma: 高斯核的标准差, 默认为 0.5
    返回:
        核函数计算结果
    """
    return np.exp(-np.linalg.norm(x1 - x2) ** 2 / (2 * (sigma ** 2)))
    # 返回 exp(-(||x1-x2||^2) / (2 * sigma^2))
```

（2）定义 SMO 算法求解的 SVM 训练函数。

代码 6-9 实现了一个支持向量机（SVM）的训练函数。首先根据输入的训练数据特征和标签，以及指定的核函数类型，计算出核矩阵 K。然后，在给定的最大迭代次数内，通过遍历训练样本并利用 SMO 算法，不断更新拉格朗日乘子 alpha 和偏置项 b，直到达到停止条件（即没有更新成功的 alpha 对）。在每一次迭代中，根据预测值和误差计算是否满足 KKT 条件，若不满足，则选择第二个变量，并根据其标签的关系确定其更新时的上下界。然后计算学习率 eta，更新第二个变量的 alpha 值并进行剪裁，接着更新第一个变量的 alpha 值，并计算新的偏置项 b。如果两个 alpha 值都满足取值范围，则选择 b1 和 b2 之间的平均值作为新的偏置项 b，否则选择其中一个作为新的偏置项。最后，在没有更新成功的 alpha 对的情况下，迭代次数 iter 加 1，直到达到最大迭代次数为止。最终返回训练得到的拉格朗日乘子 alpha 和偏置项 b。

代码 6-9　定义 SMO 算法求解的 SVM 训练函数

```
def select_random_index(i, m):
    """
    随机选择一个与 i 不同的下标 j
    参数:
        i: 当前下标
        m: 数据总数
    返回:
        j: 随机选择的下标
    """
    j = i
    while j == i:
        j = np.random.randint(0, m)
    return j
def clip_alpha(alpha, H, L):
    """
    将 alpha 剪裁到指定范围内
    参数:
        alpha: 待剪裁的值
        H: 上界
        L: 下界
    返回:
        alpha: 剪裁后的值
    """
    if alpha > H:
        alpha = H
```

```
    if alpha < L:
        alpha = L
    return alpha

def svm_train(X_train, Y_train, kernel, C=1.0, tol=0.001, max_iter=100):
    """
    SVM 训练函数
    参数:
        X_train: 训练数据特征
        Y_train: 训练数据标签
        kernel: 核函数类型, 可选 linear、polynomial 或 gaussian
        C: 惩罚参数, 默认为 1.0
        tol: 容忍误差, 默认为 0.001
        max_iter: 最大迭代次数, 默认为 100
    返回:
        alpha: 拉格朗日乘子
        b: 偏置项
    """
    # 获取训练数据样本数量和特征数量
    m, n = X_train.shape

    # 初始化 alpha、b 和迭代次数 iter
    alpha = np.zeros(m)
    b = 0.0
    iter = 0

    # 计算核矩阵 K
    K = np.zeros((m, m))
    for i in range(m):
        for j in range(m):
            if kernel == 'linear':
                K[i, j] = linear_kernel(X_train[i], X_train[j])
            elif kernel == 'polynomial':
                K[i, j] = polynomial_kernel(X_train[i], X_train[j])
            elif kernel == 'gaussian':
                K[i, j] = gaussian_kernel(X_train[i], X_train[j])

    while iter < max_iter:
        alpha_pairs_changed = 0
        for i in range(m):
            # 计算预测值 f_i 和误差 E_i
            f_i = np.dot(alpha * Y_train, K[:, i]) + b
            E_i = f_i - Y_train[i]

            # 判断是否满足 KKT 条件
            if (Y_train[i] * E_i < -tol and alpha[i] < C) or (Y_train[i] * E_i > tol and alpha[i] > 0):
                # 随机选择第二个变量 j
                j = select_random_index(i, m)
```

```
            # 计算预测值 f_j 和误差 E_j
            f_j = np.dot(alpha * Y_train, K[:, j]) + b
            E_j = f_j - Y_train[j]

            # 保存更新前的 alpha 值
            alpha_old_i = alpha[i]
            alpha_old_j = alpha[j]

            # 根据标签 Y_train[i]和 Y_train[j]的关系确定 alpha[j]的上下界
            if Y_train[i] != Y_train[j]:
                L = max(0, alpha[j] - alpha[i])
                H = min(C, C + alpha[j] - alpha[i])
            else:
                L = max(0, alpha[i] + alpha[j] - C)
                H = min(C, alpha[i] + alpha[j])

            # 如果上界等于下界，则跳过本次循环
            if L == H:
                continue

            # 计算更新 alpha[j]时的学习率 eta
            eta = 2 * K[i, j] - K[i, i] - K[j, j]
            if eta >= 0:
                continue

            # 更新 alpha[j]并进行剪裁
            alpha[j] -= Y_train[j] * (E_i - E_j) / eta
            alpha[j] = clip_alpha(alpha[j], H, L)

            # 如果 alpha[j]变化太小，则跳过本次循环
            if abs(alpha[j] - alpha_old_j) < tol:
                continue

            # 更新 alpha[i]
            alpha[i] += Y_train[i] * Y_train[j] * (alpha_old_j - alpha[j])

            # 计算新的偏置项 b
            b1 = b - E_i - Y_train[i] * (alpha[i] - alpha_old_i) * K[i, i] - Y_train[j] *
(alpha[j] - alpha_old_j) * K[i, j]
            b2 = b - E_j - Y_train[i] * (alpha[i] - alpha_old_i) * K[i, j] - Y_train[j] *
(alpha[j] - alpha_old_j) * K[j, j]

            # 根据更新后的 alpha[i]和 alpha[j]的取值范围确定新的偏置项 b
            if 0 < alpha[i] < C:
                b = b1
            elif 0 < alpha[j] < C:
                b = b2
            else:
```

```
                b = (b1 + b2) / 2

                # 更新成功的 alpha 对数加一
                alpha_pairs_changed += 1

        # 如果没有更新成功的 alpha 对，则迭代次数 iter 加一，否则重置 iter 为 0
        if alpha_pairs_changed == 0:
            iter += 1
        else:
            iter = 0

    return alpha, b
```

(3) 定义预测函数

代码 6-10 实现了一个支持向量机（SVM）的预测函数。根据输入的训练数据特征、标签、测试数据特征、拉格朗日乘子和偏置项，以及核函数类型，首先获取训练数据样本数量和特征数量，并初始化预测结果 y_pred。然后，对于每一个测试样本，根据指定的核函数类型计算核函数矩阵 K。接着，利用已知的拉格朗日乘子和偏置项，通过计算加权内积得到预测值 f，并根据预测值的符号进行预测，即将正数预测为 1，负数预测为-1。最后，返回预测结果 y_pred。

代码 6-10　定义 SVM 预测函数

```
def svm_predict(X_train, Y_train, X_test, alpha, b, kernel):
    """
    SVM 预测函数
    参数:
        X_train: 训练数据特征
        Y_train: 训练数据标签
        X_test: 测试数据特征
        alpha: 拉格朗日乘子
        b: 偏置项
        kernel: 核函数类型,可选 linear、polynomial 或 gaussian
    返回:
        y_pred: 预测结果
    """
    # 获取训练数据样本数量和特征数量
    m, n = X_train.shape

    # 初始化预测结果 y_pred
    y_pred = np.zeros(len(X_test))

    for i in range(len(X_test)):
        # 根据核函数类型计算核函数矩阵 K
        if kernel == 'linear':
            K = np.array([linear_kernel(X_train[j], X_test[i]) for j in range(m)])
        elif kernel == 'polynomial':
            K = np.array([polynomial_kernel(X_train[j], X_test[i]) for j in range(m)])
```

```
        elif kernel == 'gaussian':
            K = np.array([gaussian_kernel(X_train[j], X_test[i]) for j in range(m)])

        # 计算预测值 f, 并根据预测值的符号确定预测结果
        f = np.dot(alpha * Y_train, K) + b
        y_pred[i] = np.sign(f)

    return y_pred
```

(4) 随机生成训练集、测试集

生成指定样本数量的随机数据：代码 6-11 首先定义了一个函数 generate_data，用于生成指定样本数量的随机数据。函数的输入是样本数量 n_samples，输出是特征矩阵 X 和标签向量 y。在函数内部，首先生成范围在[0,1)之间的随机数构成的特征矩阵 X，矩阵的形状为(n_samples, 2)，X 具有 n_samples 行和 2 列的形状。其中，每一行代表一个样本，而每一列代表样本的一个特征。接着，从集合{-1,1}中随机选择生成与样本数量相等的标签向量 y，其中标签的形状为(n_samples,)。最后，将生成的特征矩阵 X 和标签向量 y 作为输出返回。示例中调用 generate_data 函数生成指定数量的训练集和测试集的数据。

代码 6-11　随机生成训练集、测试集

```
def generate_data(n_samples):
    """
    生成随机数据
    参数:
        n_samples: 样本数量
    返回:
        X: 特征矩阵
        y: 标签向量
    """
    # 生成由范围在[0, 1)之间的随机数构成的特征矩阵 X, 形状为(n_samples, 2)
    X = np.random.rand(n_samples, 2) * 10

    # 从{-1, 1}中随机选择生成样本数量个标签, 形状为(n_samples,)
    y = np.random.choice([-1, 1], size=n_samples)

    return X, y

# 生成训练集、测试集
X_train, Y_train = generate_data(30)   # 生成训练数据
X_test, Y_test = generate_data(10)     # 生成测试数据
```

生成一组满足特定规律的随机数据：代码 6-12 首先定义了一个函数 generate_data，用于生成指定样本数量的随机数据。函数的输入是样本数量 n_samples，输出是特征矩阵 X 和标签向量 y。在函数内部，首先设置随机种子，通过调用 np.random.seed(0)函数来保证生成的随机数据的可重复性。然后，分别创建空的特征列表 X 和标签列表 y。接下来，通过一个循环依次生成 n_samples 个样本。在每次循环中，从均匀分布[-5,5)中随

机抽取两个数作为特征 x1 和 x2。然后，使用条件语句判断点(x1，x2)是否位于圆形区域内。如果满足条件 x1 * * 2 + x2 * * 2 < 10，则将特征点[x1，x2]添加到特征列表 X 中，并将标签 1 添加到标签列表 y 中；否则，将特征点[x1，x2]添加到特征列表 X 中，并将标签-1 添加到标签列表 y 中。最后，将特征列表 X 和标签列表 y 转化为特征矩阵 X 和标签向量 y，并将其作为函数的输出返回。示例中调用 generate_data 函数生成指定数量的训练集和测试集的数据。

代码 6-12 随机生成满足特定规律训练集、测试集

```
def generate_data(n_samples):
    """
    生成随机数据函数

    参数:
        n_samples (int): 样本数量

    返回:
        X (ndarray): 特征矩阵, 形状为 (n_samples, 2)
        y (ndarray): 标签向量, 形状为 (n_samples,)
    """
    np.random.seed(0)                     # 设置随机种子, 保证可重复性

    X = []                                # 存储特征的列表
    y = []                                # 存储标签的列表

    for i in range(n_samples):
        # 从均匀分布[-5, 5)中随机抽取两个数作为特征 x1 和 x2
        x1 = np.random.uniform(-5, 5)
        x2 = np.random.uniform(-5, 5)

        if x1 ** 2 + x2 ** 2 < 10:        # 判断点(x1, x2)是否位于圆形区域内
            X.append([x1, x2])            # 将特征点添加到特征列表 X 中
            y.append(1)                   # 将标签 1 添加到标签列表 y 中
        else:
            X.append([x1, x2])            # 将特征点添加到特征列表 X 中
            y.append(-1)                  # 将标签-1 添加到标签列表 y 中

    return np.array(X), np.array(y)       # 将特征列表 X 和标签列表 y 转化为特征矩阵 X 和标签向
                                          量 y, 然后返回

# 生成训练集数据
X_train, Y_train = generate_data(30)

# 生成测试集数据
X_test, Y_test = generate_data(10)
```

（5）训练三类核支持向量机并测试，利用分类准确率评估

代码 6-13 通过设置不同的核函数对支持向量机模型进行训练和预测，并计算预测的准确率。

代码 6-13　训练三类核支持向量机，利用分类准确率评估

```
# 线性核
# 设置核函数为线性核
kernel = 'linear'
# 使用训练数据进行支持向量机训练，得到模型的超平面参数 alpha 和 b
alpha, b = svm_train(X_train, Y_train, kernel)
# 使用训练得到的模型对测试数据进行预测
y_pred = svm_predict(X_train,Y_train, X_test, alpha, b, kernel)
# 计算预测的准确率
accuracy = accuracy_score(Y_test, y_pred)
# 打印结果
print("线性核:")
print("预测结果:", y_pred)
print("准确率:", accuracy)

# 多项式核
# 设置核函数为多项式核
kernel = 'polynomial'
# 使用训练数据进行支持向量机训练，得到模型的超平面参数 alpha 和 b
alpha, b =svm_train(X_train, Y_train, kernel)
# 使用训练得到的模型对测试数据进行预测
y_pred = svm_predict(X_train, Y_train, X_test, alpha, b, kernel)
# 计算预测的准确率
accuracy = accuracy_score(Y_test, y_pred)
# 打印结果
print("多项式核:")
print("预测结果:", y_pred)
print("准确率:", accuracy)

# 高斯核
# 设置核函数为高斯核
kernel = 'gaussian'
# 使用训练数据进行支持向量机训练，得到模型的超平面参数 alpha 和 b
alpha, b = svm_train(X_train, Y_train, kernel)
# 使用训练得到的模型对测试数据进行预测
y_pred = svm_predict(X_train, Y_train, X_test, alpha, b, kernel)
# 计算预测的准确率
accuracy = accuracy_score(Y_test, y_pred)
# 打印结果
print("高斯核:")
print("预测结果:", y_pred)
print("准确率:", accuracy)
```

改变训练集的样本数量，对此实验得到如下结果：

由于第一组数据集完全随机，训练花费时间比较长，这里设置了三组训练集，由表 6-1 可以发现这个模型的准确率并不会随着训练的加深而升高。对于第二组有一定规律的数据，训练时间相对非常短，这里设置了五组训练集。可以看到随着训练集样本数量的增加，预测准确率会升高，并且线性核函数、多项式核函数、高斯核函数三者准确率依次增高。

表 6-1　不同核函数支持向量机分类

数据分类	训练样本数量	不同核函数预测准确率		
		线性核函数	多项式核函数	高斯核函数
随机数据	10	0.5	0.6	0.7
	20	0.3	0.8	0.1
	30	0.4	0.6	0.4
有规律的随机数据	10	0.6	0.6	1
	20	0.6	0.6	1
	30	0.6	0.6	1
	40	0.6	1	1
	50	0.6	1	1

6.7.3　支持向量机回归代码实现

下面我们编写代码手动实现 SMO 算法求解至少两类核支持向量机回归。

(1) 定义核函数

代码 6-14 主要定义了两个核函数：线性核函数和多项式核函数。线性核函数使用输入样本的点乘运算来计算样本间的相似度，返回结果即为样本间的线性核函数值。多项式核函数在线性核函数的基础上引入了一个次数参数，通过将点乘结果加一然后取次方得到多项式核函数的值。

代码 6-14　定义线性核函数、多项式核函数

```
# 导入库
import numpy as np
import matplotlib.pyplot as plt
# 定义线性核函数
def linear_kernel(x1, x2):
    """
    线性核函数

    参数:
        x1: 输入样本 1
        x2: 输入样本 2

    返回:
        样本间的线性核函数值
    """
    return np.dot(x1, x2)
```

```
# 定义多项式核函数
def polynomial_kernel(x1, x2, degree=2):
    """
    多项式核函数

    参数:
        x1: 输入样本 1
        x2: 输入样本 2
        degree: 多项式核函数的次数, 默认为 2

    返回:
        样本间的多项式核函数值
    """
    return (np.dot(x1, x2) + 1) ** degree
```

(2) 定义 SMO 算法

代码 6-15 实现了支持向量回归中的序列最小最优化（SMO）算法。算法的输入包括训练样本特征 X、训练样本标签 y、松弛变量 C、容忍度 tol、最大迭代次数 max_iter 和核函数 kernel_function。算法的输出是最优的拉格朗日乘子 alpha 和偏置项 b。

首先，算法初始化一些变量，包括样本数量 m、拉格朗日乘子 alpha、偏置项 b 和迭代计数器 iter_count。然后，算法进行迭代，迭代的停止条件是迭代计数器达到最大迭代次数。在每一次迭代中，算法遍历样本集合，并计算每个样本点的预测误差 error_i。接下来，算法判断是否需要优化乘子。如果满足一定的条件，算法随机选择一个样本点作为第二个样本点，计算第二个样本点的预测误差 error_j，并保存旧的 alpha_i 和 alpha_j。然后，算法确定 alpha_j 的取值范围，并计算核函数 eta。如果 eta 小于等于 0，则继续下一次循环。接着，算法根据公式更新 alpha_j，并对其进行修剪。然后，根据约束条件更新偏置项 b1 和 b2。最后，算法记录乘子变化次数，并根据乘子变化情况更新迭代计数器。如果没有乘子发生变化，则增加迭代计数器；否则，将迭代计数器重置为 0。最终，算法返回最优的拉格朗日乘子 alpha 和偏置项 b 作为结果。

代码 6-15 定义 SMO 算法

```
def smo(X, y, C, tol, max_iter, kernel_function):
    """
    支持向量回归中的序列最小最优化算法

    参数:
        X: 训练样本特征
        y: 训练样本标签
        C: 松弛变量
        tol: 容忍度
        max_iter: 最大迭代次数
        kernel_function: 核函数

    返回:
        alpha: 支持向量
```

```
        b：偏置项
    """
    m = len(X)                          # 样本数量
    alpha = np.zeros(m)                 # 初始化拉格朗日乘子
    b = 0                               # 初始化偏置项
    iter_count = 0                      # 迭代计数器

    while iter_count < max_iter:        # 迭代停止条件

        alpha_changed = 0               # 用于判断是否有乘子发生变化

        for i in range(m):              # 遍历样本
            error_i = np.dot(alpha * y, kernel_function(X, X[i])) + b - y[i] # 计算样本点的预测
                                                                               误差

            if np.any((y[i] * error_i < -tol) & (alpha[i] < C)) or np.any((y[i] * error_i > tol)
& (alpha[i] > 0)):                      # 判断是否需要优化乘子

                j = np.random.choice([x for x in range(m) if x != i])    # 随机选择第二个样本点
                error_j = np.dot(alpha * y, kernel_function(X, X[j])) + b - y[j]
                # 计算第二个样本点的预测误差
                alpha_old_i = alpha[i] # 保存旧的 alpha_i
                alpha_old_j = alpha[j] # 保存旧的 alpha_j

                if y[i] != y[j]:        # 确定 alpha_j 的取值范围
                    L = max(0, alpha[j] - alpha[i])
                    H = min(C, C + alpha[j] - alpha[i])
                else:
                    L = max(0, alpha[i] + alpha[j] - C)
                    H = min(C, alpha[i] + alpha[j])

                if L == H:              # 如果取值范围相等则继续下一次循环
                    continue

                eta = kernel_function(X[i], X[i]) + kernel_function(X[j], X[j]) - 2 * kernel_
function(X[i], X[j])                    # 计算核函数
                if eta <= 0:            # 如果 eta 小于等于 0 则继续下一次循环
                    continue

                alpha[j] = alpha[j] + float(y[j] * (error_i - error_j) / eta)    # 更新 alpha_j
                alpha[j] = np.clip(alpha[j], L, H)      # 修剪 alpha_j

                if abs(alpha[j] - alpha_old_j) < 1e-5:  # 如果 alpha_j 变化很小则继续下一次循环
                    continue

                alpha[i] += y[i] * y[j] * (alpha_old_j - alpha[j])      # 更新 alpha_i
```

```
                b1 = b - error_i - y[i] * (alpha[i] - alpha_old_i) * kernel_function(X[i], X[i]) -
y[j] * (alpha[j] - alpha_old_j) * kernel_function(X[i], X[j])
                                # 计算偏置项 b1
            b2 = b - error_j - y[i] * (alpha[i] - alpha_old_i) * kernel_function(X[i], X[j]) -
y[j] * (alpha[j] - alpha_old_j) * kernel_function(X[j], X[j])  # 计算偏置项 b2

                if 0 < alpha[i] < C:  # 根据约束条件更新偏置项
                    b = b1
                elif 0 < alpha[j] < C:
                    b = b2
                else:
                    b = (b1 + b2) / 2

                alpha_changed += 1   # 记录乘子变化次数

        if alpha_changed == 0:           # 如果没有乘子发生变化，则增加迭代计数器
            iter_count += 1
        else:
            iter_count = 0

    return alpha, b                      # 返回最优的拉格朗日乘子和偏置项作为结果
```

(3) 定义预测函数

代码 6-16 实现了一个预测函数，计算预测结果 pred。它是支持向量 alpha 与对应的训练样本标签 y 的乘积，乘上核函数 kernel_function(X, x)的结果，然后求和并加上偏置项 b。

代码 6-16　定义回归预测函数

```
def predict(X, y, alpha, b, x, kernel_function):
    """
    预测函数

    参数:
        X: 训练样本特征，形状为 (n_samples, n_features)
        y: 训练样本标签，形状为 (n_samples,)
        alpha: 支持向量，形状为 (n_support_vectors,)
        b: 偏置项
        x: 待预测样本特征，形状为 (n_features,)
        kernel_function: 核函数，接受两个参数，返回特征间的相似度

    返回:
        预测结果
    """
    # 计算预测值
    pred = np.sum(alpha * y * kernel_function(X, x)) + b
    return pred
```

(4) 绘制图形

代码 6-17 定义了一个函数 plot_samples_and_regression，用于绘制样本点和回归线的图形。该函数接受样本特征 X、样本标签 y、支持向量 alpha、偏置项 b 和核函数 kernel_ function 作为参数。函数首先创建一个图形对象和一个坐标轴对象，然后在主坐标系上绘制样本点的散点图，用蓝色表示，并设置横坐标和纵坐标的标签。接下来，创建一个共享横坐标的次坐标系，并在该次坐标系上绘制回归线。通过生成一系列在样本特征的最小值和最大值之间等间距的点，并使用预测函数对每个点进行预测，得到回归线上的纵坐标值。最后，将主坐标系和次坐标系上的线条和标签合并成一个图例，并显示在最佳位置。最终，通过 plt. show( ) 函数显示绘制的图形。

代码 6-17 定义绘图函数，绘制样本散点图和回归曲线

```
def plot_samples_and_regression(X, y, alpha, b, kernel_function):
    """
    绘制样本点和回归线

    Args:
        X：样本特征
        y：样本标签
        alpha：支持向量
        b：偏置项
        kernel_function：核函数
    """
    # 创建一个新的图形对象和一个坐标轴对象
    fig, ax1 = plt.subplots(figsize=(8, 6))

    # 绘制样本点
    ax1.scatter(X, y, label='Samples', color='blue')
    # 绘制散点图，X 为横坐标，y 为纵坐标，用蓝色表示
    ax1.set_xlabel('X')                      # 设置横坐标标签为'X'
    ax1.set_ylabel('y')                      # 设置纵坐标标签为'y'

    # 创建次坐标系
    ax2 = ax1.twinx()                        # 创建共享横坐标的次坐标系

    # 绘制回归线
    x_range = np.linspace(min(X), max(X), 100)
    # 生成 100 个在 X 的最小值和最大值之间等间距的点
    y_pred = [predict(X, y, alpha, b, x, kernel_function) for x in x_range]
    # 对每个点进行预测，得到回归线上的纵坐标值
    ax2.plot(x_range, y_pred, color='red', label='Regression Line')
    # 绘制回归线，x_range 为横坐标，y_pred 为纵坐标，用红色表示
    ax2.set_ylabel('y')                      # 设置次坐标系的纵坐标标签为'y'

    # 合并图例
    lines, labels = ax1.get_legend_handles_labels()   # 获取 ax1 上的线条和标签
    lines2, labels2 = ax2.get_legend_handles_labels() # 获取 ax2 上的线条和标签
    ax2.legend(lines + lines2, labels + labels2, loc='best')
    # 将图例合并并显示在最佳位置

    plt.show()                               # 显示绘制的图形
```

（5）定义主函数

代码 6-18 定义了一个主函数 main( )，用于加载数据集并进行支持向量回归的实验。在主函数中，首先定义样本特征和样本标签，然后设置松弛变量、容忍度和最大迭代次数。接下来，基于线性核调用 smo( ) 函数进行支持向量回归，获得支持向量系数 alpha_linear 和偏置项 b_linear，然后打印 "Linear Kernel:" 作为线性核回归的标识符，接着使用 evaluate_regression( ) 函数计算线性核支持向量回归的均方误差和 R 平方值，并调用 plot_samples_and_regression( ) 函数绘制线性核支持向量回归的样本点和回归线。接着，以多项式核为例，设置多项式核的次数为 3，再次调用 smo( ) 函数进行支持向量回归，得到多项式核支持向量回归的 alpha_poly 和 b_poly。然后打印 "Polynomial Kernel (Degree 3):" 作为多项式核回归的标识符，并使用 plot_samples_and_regression( ) 函数绘制多项式核支持向量回归的样本点和回归线。

代码 6-18 定义主函数

```
def main():
    """
    主函数
    """
    # 定义样本特征和样本标签
    X = np.array([1, 2, 3, 3, 5, 6])
    y = np.array([1, 1, 2, 3, 3, 6])
    C = 1.0                          # 松弛变量
    tol = 0.001                      # 容忍度
    max_iter = 1000                  # 最大迭代次数

    # 基于线性核的支持向量回归
    alpha_linear, b_linear = smo(X, y, C, tol, max_iter, linear_kernel)
    print("Linear Kernel:")
    # 计算线性核支持向量回归的均方误差和 R 平方值
    mse_linear, r_squared_linear = evaluate_regression(X, y, alpha_linear,b_linear, linear_kernel)
    # 绘制线性核支持向量回归的样本点和回归线
  plot_samples_and_regression(X, y, alpha_linear, b_linear, linear_kernel)

    # 基于多项式核的支持向量回归
    degree = 3                       # 多项式核的次数
    alpha_poly, b_poly = smo(X, y, C, tol, max_iter, lambda x1, x2: polynomial_kernel(x1, x2, de-
gree))
    print("Polynomial Kernel (Degree {}):".format(degree))
    # 绘制多项式核支持向量回归的样本点和回归线
    plot_samples_and_regression(X, y, alpha_poly, b_poly, lambda x1, x2: polynomial_kernel(x1, x2,
degree))
```

（6）运行主函数，实现回归并绘图

代码 6-19 运行主函数

```
if __name__ == '__main__':
    main()
```

得到图 6-10 和图 6-11。

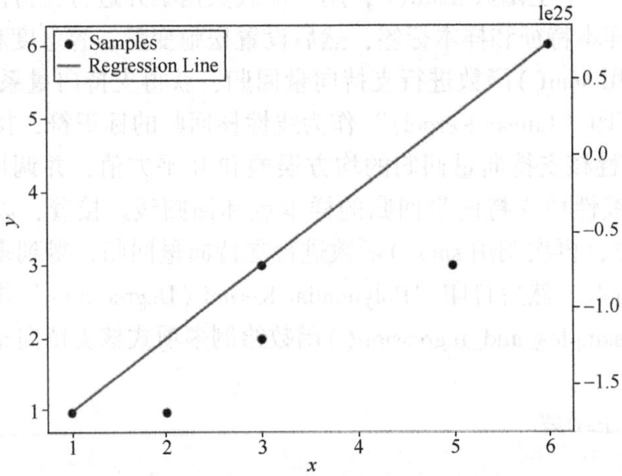

图 6-10　线性核支持向量机回归

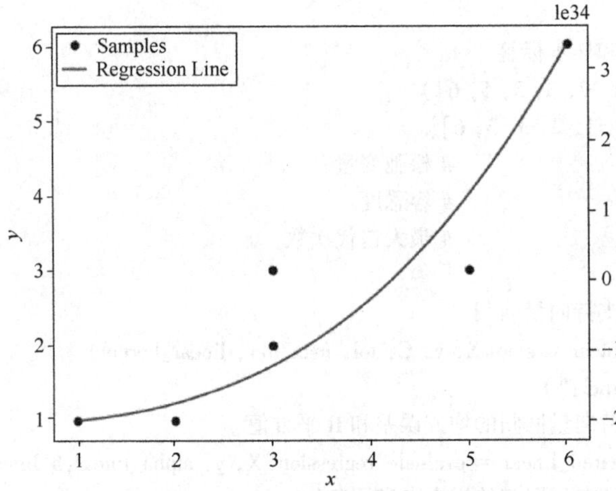

图 6-11　多项式核支持向量机回归

6.8　本章小结

本章主要介绍了支持向量机的基本原理。首先，介绍支持向量机的基本分类模型及其对偶算法，从线性到非线性，分别介绍其原理及应用范围。然后，从线性回归到支持向量机回归，分别介绍两者的原理和区别。最后，基于 Python 编程，通过不同数据集展示不同模型的实现方法。

6.9　延伸阅读——机器学习算法在电力负荷预测中的应用

随着我国经济的迅速发展，人们生活水平的不断提高，对电力和能源的需求量也在不断增加。同时，随着国家对新能源政策的支持，越来越多的新能源设备也被接入电网，用电终端的数量也在不断增长。在我国电力资源总量有限的情况下，为使电力资源得到最大限度的利用，必须制订出合理的用电方案，以减少能源的浪费。因此，对电网的负荷进行预测具有十分重要的意义。

电力负荷预测是指在历史用电需求已知的前提下，使用机器学习方法在一定的精度范围内对未来电力功率和用电量进行时空分布的预测。电力负荷预测不仅是电网正常运行的基础，还能够给电力规划和运行提供决策、保证电力供应安全和电力系统运行，同时在电力检修等方面也发挥着重要的作用。

近年来，基于机器学习的预测模型，如支持向量机、神经网络、随机森林、梯度提升机，乃至深度学习模型如卷积神经网络和长短时记忆网络，在电力负荷预测中展现出显著优势。这些算法能够自动从历史负荷数据、气象数据、经济社会指标等多种信息中学习复杂的非线性关系和模式，从而提供更为精确的预测结果。例如，支持向量机利用历史负荷数据、时间序列特征（如小时、日期、季节）、气象变量（温度、湿度）等作为输入特征，通过核技巧将这些数据映射到高维空间，进而寻找最优分类或回归边界，预测未来的电力需求。相比传统的统计方法，支持向量机在处理非线性关系和噪声数据时表现出更高的鲁棒性，能够提供更为精准的预测结果。特别是在面对异常值、周期性变化、趋势变化和季节性影响时，通过调整合适的核函数和参数优化，支持向量机能灵活捕捉负荷曲线的复杂动态特性，实现短期乃至中长期的电力负荷预测。

机器学习算法不仅提升了电力负荷预测的精度和可靠性，还增强了电网对各种外部影响因素变化的适应能力，是实现智能电网和能源互联网不可或缺的技术支柱。随着算法的持续优化与大数据技术的深入应用，机器学习算法在电力系统中的作用将更加显著，为保障电力供应的安全稳定与促进能源可持续发展贡献力量。

6.10　习题

1. 选择题

1）支持向量机是一种常用的监督学习算法，主要用于（　　）和（　　）任务。

A. 分类 回归　　B. 分类 聚类

C. 聚类 降维　　D. 降维 回归

2）线性支持向量机的优化模型是（　　）间隔最大化。

A. 硬　　B. 软

C. 软或硬　　D. 软和硬

3）非线性支持向量机通过（　　）可以转化为线性支持向量机。

A. 核技巧　　B. 对偶算法

C. SMO 方法　　D. 拉格朗日乘子法

4）支持向量机的对偶问题可以通过（　　）求解。

A. 核技巧　　B. 对偶算法

C. SMO 方法　　D. 拉格朗日乘子法

5）支持向量机回归模型的参数由（　　）决定。

A. SMO算法　　　　　　　　　　B. 支持向量

C. 整个训练集　　　　　　　　　D. 测试集

2. 简答题

1）请简述什么是支持向量机分类的“最大间隔（maximum margin）”划分超平面，什么是支持向量，它具有什么特点。

2）请简述非线性支持向量机中的核函数有什么意义。

3）请简述线性回归与支持向量机回归的联系与区别。

3. 编程题

采用内置鸢尾花数据，选取不同的特征，利用支持向量机实现分类。

第7章 决 策 树

本章导读（思维导图）

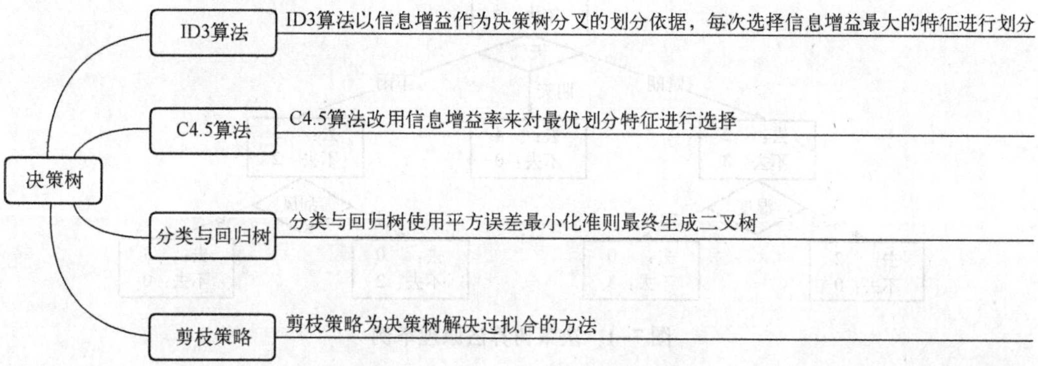
决策树
ID3算法
ID3算法以信息增益作为决策树分叉的划分依据，每次选择信息增益最大的特征进行划分
C4.5算法
C4.5算法改用信息增益率来对最优划分特征进行选择
分类与回归树
分类与回归树使用平方误差最小化准则最终生成二叉树
剪枝策略
剪枝策略为决策树解决过拟合的方法

决策树（decision tree）是一种基本的分类与回归方法，是最早的机器学习算法之一。1979 年，J. Ross Quinlan 提出了 ID3 算法原型，并于 1983 年和 1986 年对 ID3 算法进行了总结和简化，正式确立了决策树理论。此间的 1984 年，Leo Breiman、Jerome Friedman、Richard Olshen 与 Charles Stone 共同提出了分类与回归树（classification and regression trees），即 CART 算法。1993 年，Quinlan 在 ID3 算法的基础上又提出了著名的 C4. 5 算法。相对于其他算法，决策树算法的基本原理更加符合人的思维方式，可以产生可视化的分类或回归规则，生成的模型也具有可解释性，因此其应用十分广泛。本章主要介绍上述 3 种决策树算法的原理、流程及实现。

扫码看视频

7.1 决策树概述

决策树是一种呈树形结构的层次模型，可以是二叉树也可以是多叉树。在分类问题中，树的每个非叶节点表示对一个特征的判断，每个分支代表该特征在某个值域上的输出，而每个叶节点存放一个类别。使用决策树进行决策的过程就是从根节点开始，逐个判断待分类项中相应的特征，并按照其值选择输出分支，直到到达叶节点，将叶节点存放的类别作为决策的结果。每一个样本只会被一条路径覆盖（样本的特征与路径上的特征一致或样本满足规则的条件）。为了更直观地阐述决策树的算法原理，我们使用一个经典的例子来进行说明。

如果我们想知道在不同天气情况下人们是否会去室外打球，就可以建立图 7-1 中的决策树。

图中的菱形框表示对一个特征的判断，菱形框下方线段上的文字表示每个判断的所有可能的取值。图中最上方的矩形框为“根节点”，中间三个矩形框为“中间节点”，最下方的四个矩形框为“叶节点”。所以，在天气情况为“晴朗”且湿度为50的情况下，我们会选择从根节点走向第二行最左侧的中间节点，再走向第三行最左侧的叶节点，从而得出在此天气情况下会去室外打球的预测结果。此外，我们在图7-1中还可以看到许多箭头，这些箭头代表着树的生长方向。我们一般习惯称箭头的起点是终点的“父节点”，终点是起点的“子节点”。当子节点只有两个时，通常把他们称为“左子节点”和“右子节点”。比如，根节点是第二行所有节点的父节点，第二行所有节点都是根节点的子节点，第三行左数第一、第二个节点是第二行左数第一个节点的左子节点、右子节点。

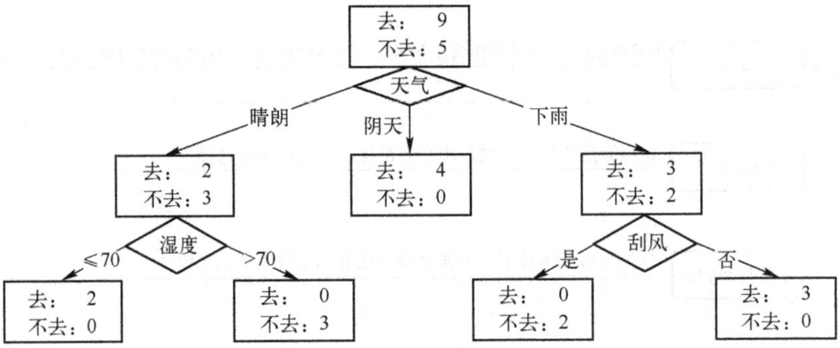

图7-1 决策树算法原理举例

其实，决策树中的每个叶节点都对应着样本空间的一个子空间，子空间彼此不会相交，且其并集等于样本空间。也就是说，决策树将样本空间划分为若干个互不相交的子空间，并且给每个子空间分配了一个类别标记。

那么决策树是如何构造的呢？我们可以将其简单归纳为以下过程：

1）从根节点开始，将数据集依照某个特征的取值划分为互不相交的几个子集。

2）如果某个子集中的样本都属于同一个类别或某一个类别所占的百分比大于设定的阈值，则将其设置为叶节点，并将多数样本的类别作为该叶节点的类别。否则将该子集设置为中间节点，并依照某个特征的取值继续划分。

3）重复步骤2）直至所有分支的末尾一行均为叶节点。

构造决策树的关键是如何进行最优特征划分，即确定非叶节点对应的特征及其判断阈值。最优特征划分的方法有很多，每种决策树之所以不同，一般都是因为最优特征选择的标准上有所差异，不同的标准导致生成不同类型的决策树。

决策树的生成算法发展至今已经有许多变种，想要全面介绍它们不是短短一个章节所能做到的。本书介绍其中三个相对而言比较基本且使用广泛的算法：ID3、C4.5和CART。三种算法是以递进的关系产生的。

1）ID3算法是最基础的决策树算法，可以解决离散型数据的分类问题。

2）C4.5算法在ID3算法的基础上进一步发展，可以解决混合型数据的分类问题。

3）CART算法则更进一步，在分类问题的基础上，还可以解决回归问题。

虽说上述算法的功能越来越强大，但其核心思想都是一致的，即算法通过不断划分数据集来生成决策树，其中每一步都选择最优的划分特征。

📖 值得一提的是，该核心思想的背后其实也有着机器学习的一些普适性的思想。可以这样来看待决策树：算法的目标是为了找到一个最优的划分规则序列，以最小化模型的损失（即算法得出的样本标记与样本实际标记间的差异）。和许多其他模型一样，想要从整个参数空间中选出算法的最优参数是NP完全问题，所以我们采用启发式的方法，近似求解这个最优化问题。具体而言，我们每次会选取一个局部最优解（每次选取一个最优特征对数据集进行划分），并把这些局部解合成最终解（合成一个划分规则的序列）。

7.2 ID3算法

如何选择最优的划分特征呢？一般而言，随着划分过程不断进行，我们希望决策树的每个分支中所包含的样本尽可能属于同一类别，即节点的“纯度”越来越高。因此，对于一个包含多个特征的数据集，应尽量选择对划分后子集的纯度提升最多的特征。我们知道，信息熵可以用来度量一个系统的有（无）序程度。如果将其应用在数据集上，那么一个集合中包含样本的类别越多，则说明数据越“混乱”，信息熵越大；否则说明数据越“纯净”，信息熵越小。而我们要做的就是保证每一次划分都让划分后的信息熵降低得最多，也就是信息熵的增益最大。ID3算法就是以信息增益作为决策树分支的划分依据，每次选择信息增益最大的特征进行划分。

7.2.1 信息熵和信息增益

对于一个数据集，若其中样本的类别为i的概率为p_i，那么此数据集信息熵的计算公式见式（7-1）。

$$E=-\sum_{i=1}^{k}p_i\log_2 p_i \tag{7-1}$$

显然，对于二分类问题，有$p_1+p_2=1$，则其信息熵的计算公式见式（7-2）。

$$E=-p_1\times\log_2 p_1-p_2\log_2 p_2=-p_1\times\log_2 p_1-(1-p_1)\times\log_2(1-p_1) \tag{7-2}$$

假定数据集中的样本共有两个类别$\{c_1,c_2\}$，总数为16个，其中类别c_1有3个元素个数，c_2类别有13个元素个数，则该数据集的信息熵为

$$-\frac{3}{16}\log_2\frac{3}{16}-\frac{13}{16}\log_2\frac{13}{16}=-0.1875\times(-2.4150)-0.8125\times(-0.29956)\approx 0.6962$$

在决策树中，信息熵用来度量依照某个特征划分后形成的子集的有（无）序程度，以确定最优划分特征。如果某个特征列向量的信息熵越大，则该向量的不确定性就越大，亦即其混乱程度就越大，就应该优先考虑从该特征向量入手进行划分。

首先，用信息熵度量数据集整体的有（无）序程度。设X为数据集，其类别标记集合$C=\{c_1,c_2,\cdots,c_n\}$，则数据集整体信息熵的计算公式见式（7-3）。

$$E(X)=-\sum_{i=1}^{k}p_i\log_2 p_i \tag{7-3}$$

式中，$p_i=\frac{|c_i|}{|X|}$是样本属于类别c_i的概率，$|c_i|$表示数据集X中类别为c_i的样本个数，$|X|$表

示数据集 X 的样本总数。

然后，使用信息熵度量以每个特征进行划分后形成的子集的有（无）序程度。假定特征 $A=\{a_1,a_2,\cdots,a_v\}$ 有 v 个不同的取值，那么使用特征 A 就可以将数据集 X 划分为 v 个互不相交的子集 $\{X_1^A,X_2^A,\cdots,X_v^A\}$，其中 $X_j^A=\{x\mid x\in X,x^A=a_j\}$，$j=1,2,\cdots,v$。由特征 A 划分后的信息熵计算公式见式（7-4）和式（7-5）。

$$E(X\mid A)=\sum_{j=1}^{v}\frac{|X_j^A|}{|X|}E(X_j^A) \tag{7-4}$$

$$E(X_j^A)=-\sum_{i=1}^{k}p_{ij}\log_2 p_{ij} \tag{7-5}$$

式中，$|X_j^A|$ 表示子集中的样本个数，$p_{ij}=|c_i|/|X_j^A|$ 是 X_j^A 中的样本属于类别 c_i 的概率，$|c_i|$ 表示数据集 X_j^A 中类别为 c_i 的样本个数。

信息增益即划分前整个数据（子）集的信息熵与以特征 A 划分后的信息熵的差值，计算公式见式（7-6）。

$$\mathrm{Gain}(X\mid A)=E(X)-E(X\mid A) \tag{7-6}$$

同样的，我们可以计算使用其他每个特征对将数据集 X 进行划分的信息增益，并选择信息增益最大的特征进行划分。如果选择特征 A 做最优划分特征，那么划分的子集就是根节点生长出来的决策树分支。然后对分支中的每个中间节点对应的数据子集重复上述操作，即可生成一棵完整的决策树。

7.2.2 算法流程

ID3 算法的具体流程如下：

1）取得待划分数据集合 X。

2）若 X 中的所有样本同属于类别 c_j，则该节点为叶节点，并将其类别记为 c_j。

3）若 X 中的样本已经是 0 维向量，即已没有可选特征，则该节点为叶节点，并将此时 X 中样本个数最多的类别 c_j 作为节点的类别。

4）若当前分支的深度已经达到设定的阈值，则该节点为叶节点，并将此时 X 中样本个数最多的类别 c_j 作为节点的类别。

5）否则，分别计算以样本的每个特征进行划分的信息增益，然后选择使得信息增益最大的特征 A^* 作为划分标准。

6）若 A^* 满足停止条件，则该节点为叶节点，并将此时 X 中样本个数最多的类别 c_j 作为节点的类别。

7）否则，依 A^* 的所有取值将 X 划分为相应的多个子集。

8）对每个子集从步骤 1）开始继续执行。

其中步骤 6）的“停止条件”（也可称为“预剪枝”，有关剪枝的内容会在 7.5 小节进行讨论）有多种定义方法，较为常用的是如下两种：

1）若选择作为划分特征时的信息增益小于某个阈值，则停止。

2）事先把数据集分为训练集与测试集，若由训练集得到的划分并不能降低测试集上的错误率，则停止。

这两种停止条件通用于 C4.5 算法和 CART 算法，后文将不再赘述。同时，决策树会在许多地方应用到递归的思想，上述算法中的步骤7）正是经典的递归。

下面我们通过一个例子加深对ID3算法的理解。

【例7-1】表7-1给出了一个哺乳动物数据集包含14个样本，样本有“饮食习性”“胎生动物”“水生动物”“会飞”4个特征，“哺乳动物”为样本的类别标记，有“是”与“否”两种取值。

表7-1 哺乳动物分类数据集

饮食习性	胎生动物	水生动物	会飞	哺乳动物
杂食动物	是	否	否	是
杂食动物	是	否	否	是
肉食动物	是	否	否	是
肉食动物	否	否	是	否
肉食动物	否	是	否	否
肉食动物	否	否	否	否
杂食动物	是	否	是	是
草食动物	是	否	否	是
杂食动物	否	否	是	否
肉食动物	否	是	否	否
肉食动物	是	是	否	是
肉食动物	否	否	否	是
草食动物	是	否	否	是
肉食动物	否	否	否	否

数据集共有14个样本，其中8个正例（类别标记为“是”），6个反例（类别标记为“否”），设此数据集划分前的信息熵为

$$E(X)=-\left(\frac{8}{14}\right)\log_2\left(\frac{8}{14}\right)-\left(\frac{6}{14}\right)\log_2\left(\frac{6}{14}\right)\approx 0.9852$$

下面需要以各个可选特征进行划分的信息熵和信息增益。首先，如果以“饮食习性”作为划分特征，当“饮食习性”为“肉食动物”的分支中有3个正例、5个反例，其信息熵为

$$E(X_{\text{肉食动物}}^{\text{饮食习性}})=-\left(\frac{3}{8}\right)\log_2\left(\frac{3}{8}\right)-\left(\frac{5}{8}\right)\log_2\left(\frac{5}{8}\right)\approx 0.9544$$

同理，计算出“饮食习性”分类为“草食动物”的分支与分类为“杂食动物”的分支中的熵值分别为

$$E(X_{\text{草食动物}}^{\text{饮食习性}})=-\left(\frac{2}{2}\right)\log_2\left(\frac{2}{2}\right)-0=0$$

$$E(X_{\text{杂食动物}}^{\text{饮食习性}})=-\left(\frac{3}{4}\right)\log_2\left(\frac{3}{4}\right)-\left(\frac{1}{4}\right)\log_2\left(\frac{1}{4}\right)\approx 0.8113$$

那么可以计算出以“饮食习性”作为划分特征的信息熵和信息增益为

$$E(X^{\text{饮食习性}})=\frac{8}{14}\times 0.9544+\frac{2}{14}\times 0+\frac{4}{14}\times 0.8113\approx 0.7772$$

$$\text{Gain}(X^{饮食习性}) = 0.9852 - 0.7772 = 0.2080$$

同理，可以计算出以其他特征进行划分时的信息增益。计算可得，以“胎生动物”“水生动物”“会飞”作为划分特征时的信息增益分别为 0.6893、0.0454、0.0454。由此可知以“胎生动物”作为划分特征时能获得最大的信息增益，所以在此处选择该特征对根节点进行划分。注意此时“胎生动物”已经不是可选特征了。我们接下来要分别对划分生成的两个子节点进行最优划分特征选择，计算过程和根节点上的计算过程大同小异。以此类推，最终可以得到完整的决策树。

📖 需要注意的是，信息增益偏向于取值数量更多的特征，也就是说在训练集中，某个特征所取的不同值的个数越多，就越有可能将它作为划分特征。我们举个极端点的例子，假设有 100 个样本，现在有一个特征其取值种类也是 100（如身份证号），如果按该特征分类，就能把这个样本集分成 100 个子集，每个子集只包含一个样本（信息熵为 0）。在用 ID3 算法构造决策树时，一定会选择这个特征作为第一个最优划分特征，因为这个特征划分出的每个子集纯度都最高。

ID3 算法只能处理离散数据，即可以处理像性别特征、布尔值特征等离散型特征，但没法处理特征值在某个区间内可以任意取值的特征，如身高特征、年龄特征等。

7.2.3 代码实现

下面我们使用 Python 语言对 ID3 算法进行实现。

（1）计算信息熵

代码 7-1 用于计算给定数据集的熵（信息熵）。首先，该函数首先通过 dataset[:,-1] 获取数据集的类别标记集合。接下来，使用字典 label_count 统计每种标记的数量，这里使用了 label_count.get(label,0)来获取字典中已有的标记数量，如果不存在则返回默认值 0 进行初始化。然后，通过循环遍历累加单个类别的熵来计算整体信息熵，并最终返回整体熵值。

代码 7-1 calculate_entropy 函数

```
import numpy as np

def calculate_entropy(dataset):
    """
    计算数据集的熵（信息熵）。
    参数:
        dataset (numpy.ndarray): 输入数据集，一个二维的 numpy 数组。最后一列是类别标记。
    返回:
        float: 计算得到的熵值。
    """
    label_set = dataset[:, -1]              # 获取当前数据集的类别标记集合
    label_count = {}                        # 以字典存储每种标记的数量

    for i in range(len(label_set)):         # 遍历标记集合统计标记数量
        label = label_set[i]
```

```
        label_count[label] = label_count.get(label, 0) + 1

    entropy = 0

    for label, value in label_count.items():   # 遍历标记数量集合计算信息熵
        entropy += -value / len(label_set) * np.log2(value / len(label_set))

    return entropy
```

(2) 数据集划分

代码7-2用于根据给定的特征索引将数据集划分为多个子集。集合中的子集既用于作为下一层划分的数据集，又用于计算本次划分的信息熵。首先，创建一个空的列表 sub_datasets 来存放划分后的子集。然后，获取数据集中指定特征的列 feature_values。继而使用 set 函数对 feature_values 去重，得到该特征的取值集合 feature_set。接下来，通过循环遍历 feature_set，并在内部循环中遍历整个数据集，如果某条数据的特征值与当前遍历的特征值相等，则将该数据添加到 new_set 中。最后，将 new_set 转换为 numpy 数组并保存到 sub_datasets 列表中。最终返回包含所有子集的列表。

代码7-2 dataset_split 函数

```
def dataset_split(dataset, feature_index):
    """
    根据特征索引将数据集划分为多个子集。
    参数:
        dataset (numpy.ndarray): 输入的数据集,必须是一个二维的 numpy 数组。
        feature_index (int): 划分数据集的特征索引,即要根据哪一列来划分数据集。
    返回:
        list: 包含所有子集的列表,每个子集都是一个二维的 numpy 数组。
    """
    sub_datasets = []                                # 存放所有子集的集合
    feature_values = dataset[:, feature_index]       # 取出划分特征列
    feature_set = list(set(feature_values))          # 去重,统计该特征的取值集合

    for i in range(len(feature_set)):                # 按该特征的取值将数据集划分为多个子集
        new_set = []

        for j in range(dataset.shape[0]):            # 遍历数据集,将同特征值的样本放入一个子集
            if feature_set[i] == feature_values[j]:
                new_set.append(dataset[j, :])

        sub_datasets.append(np.array(new_set))       # 保存获得的子集

    return sub_datasets
```

(3) 最优划分特征选择

代码7-3主要用于根据信息熵选择最优划分特征。由于划分前的信息熵固定，因此选择划分后信息增益最大的特征即等于选择划分后信息熵最小的特征。首先，计算数据集中特征的数量 feature_number 和样本的数量 sample_number。然后，初始化变量 min_entropy 和

best_feature_index，分别用于记录最小信息熵值和最优划分特征的索引。接下来，通过循环遍历每个特征（从0到feature_number-1），依次对数据集进行划分。在每次迭代中，首先将变量feature_entropy初始化为0，用于累积每个子集的信息熵。调用dataset_split函数获取根据当前特征划分得到的子集集合sub_datasets。然后，使用一个内部循环遍历每个子集sub_dataset，并通过调用calculate_entropy函数计算其信息熵。将每个子集的信息熵乘以该子集的样本数除以总样本数，并累加到feature_entropy中。在内部循环结束后，将feature_entropy与min_entropy进行比较，如果feature_entropy更小，则更新min_entropy和best_feature_index。最终，返回最优划分特征的索引best_feature_index。

代码7-3 best_feature_selection 函数

```
def best_feature_selection(dataset):
    """
    根据信息熵选择最优划分特征。
    参数:
        dataset (numpy.ndarray): 输入的数据集, 必须是一个二维的 numpy 数组。
    返回:
        int: 最优划分特征的索引。
    """
    feature_number = len(dataset[0]) - 1                 # 获得特征数量
    sample_number = len(dataset)                         # 获得样本数量
    min_entropy, best_feature_index = 1, None            # 记录最小信息熵和最优划分特征索引

    for i in range(feature_number):                      # 依次按照每个特征进行划分
        feature_entropy = 0
        sub_datasets = dataset_split(dataset, i)         # 获得根据当前特征划分的子集集合

        for sub_dataset in sub_datasets:                 # 遍历每个子集, 计算信息熵
            feature_entropy += sub_dataset.shape[0] /
                               sample_number * calculate_entropy(sub_dataset)

        if min_entropy > feature_entropy:                # 迭代更新最小信息熵
            min_entropy = feature_entropy
            best_feature_index = i                       # 记录最优划分特征索引

    return best_feature_index
```

（4）构造决策树

majority_vote函数用于在叶节点中样本类别不一致时，按少数服从多数原则决定该叶节点的类别标记。首先，初始化一个空字典label_count用于记录每个类别出现的次数。通过循环遍历label_values中的每个元素，在每次迭代中获取当前类别值，并将其作为键添加到label_count字典中。如果类别值已经存在于字典中，则将对应键的值加1，以统计各类别出现的次数。使用sorted函数对label_count.items()进行排序，按照每个键值对的第二个元素（即出现次数）从大到小排序。operator.itemgetter(1)指定按照第二个元素排序，reverse=True表示降序排列。最后，返回排序后列表中的第一个元素，即出现次数最多的类别值。

create_tree 函数通过递归的方式构造决策树。首先声明函数 create_tree，接收一个数据集 dataset 和特征列表 feature_list 作为输入。从数据集中获取类别标签列，并将其值存储在 label_values 中。然后通过集合操作将 label_values 转换为列表 label_set，以获取数据集中不重复的类别。如果 label_set 的长度为 1，即数据集中的类别完全相同，则停止划分并返回该类别作为树的叶节点。如果特征列表 feature_list 的长度为 1，即没有可用的特征进行划分，则停止划分，并使用 majority_vote 函数来返回投票最多的类别作为树的叶节点。通过调用 best_feature_selection 函数选择最佳划分特征的索引，并根据索引获取最优划分特征的名称 best_feature。使用字典表示决策树，将最优划分特征作为键，对应的值初始化为空字典，存储划分过程。从数据集中获取最优划分特征的数据，并通过集合操作将其转换为列表 best_feature_set，以获取特征的可能取值集合。通过调用 dataset_split 函数将数据集划分为子数据集 sub_datasets，每个子数据集对应最优划分特征的一个取值。使用循环遍历每个子数据集，递归调用 create_tree 函数来构建子树，并将子树添加到决策树字典中。最后返回构建好的决策树字典 dtree。

代码 7-4 majority_vote 函数

```
def majority_vote(label_values):
    """
    根据类别值进行多数投票。
    参数:
        label_values (List[int]): 类别值的列表。
    返回:
        int: 出现次数最多的类别值。
    """
    label_count = {}                                  # 记录每个类别出现的次数

    for i in range(len(label_values)):                # 统计各类别出现的次数
        label = label_values[i]
        label_count[label] = label_count.get(label, 0) + 1

    sorted_label = sorted(label_count.items(), # 对各类别出现的次数进行从大到小排序
                          key=operator.itemgetter(1), reverse=True)

    return sorted_label[0][0]                         # 返回出现次数最多的类别值
```

代码 7-5 create_tree 函数

```
def create_tree(dataset, feature_list):
    """
    创建决策树。
    参数:
        dataset (np.ndarray): 数据集，二维数组。
        feature_list (List[str]): 特征列表，包含数据集中所有特征的名称。
    返回:
        Dict[str, Any]: 决策树的字典表示。
    """
    label_values = dataset[:, -1]                         # 获取类别标签列
    label_set = list(set(label_values))
```

```
    if len(label_set) == 1:                                              # 当类别完全相同时停止划分
        return label_set[0]                                              # 返回此类别

    if len(feature_list) == 1:                                           # 当无可用特征时停止划分
        return majority_vote(label_values)                               # 返回投票最多的类别

    best_feature_index = best_feature_selection(dataset)                 # 选择最佳划分特征索引
    best_feature = feature_list[best_feature_index]                      # 获取最优划分特征名称
    dtree = {best_feature: {}}                                           # 以字典存储划分过程

    best_feature_values = dataset[:, best_feature_index]                 # 最优划分特征的数据
    best_feature_set = list(set(best_feature_values))                    # 去重，统计该特征的取值集合

    sub_datasets = dataset_split(dataset, best_feature_index)            # 划分数据集

    # 递归划分子数据集
    for i in range(len(sub_datasets)):
        dtree[best_feature][best_feature_set[i]] = create_tree(sub_datasets[i],
                                                               feature_list)

    return dtree
```

(5) 创建分类函数。

代码 7-6 定义了一个决策树分类器函数 decision_tree_classifier，接收一个决策树模型 decision_tree、特征列表 feature_list 和待分类样本 test_sample 作为输入，返回测试样本的类别。首先获取决策树的根节点的划分特征名称 root_node 和对应的划分结果字典 sub_tree。初始化 class_label 为空，用于存储最终的分类结果。通过 feature_list. index （root_node） 获取根节点特征在特征列表中的索引 feature_index。接下来通过遍历根节点划分特征的取值，在字典 sub_tree 中查找与测试样本特征值相同的键（即对应的划分结果）。如果找到的划分结果是一个字典，则说明对应的节点不是叶节点，需要递归调用 decision_tree_classifier 函数继续判断。如果找到的划分结果是一个叶节点的类别标签，则将其赋值给 class_label。最后返回 class_label，即测试样本的类别。

代码 7-6 decision_tree_classifier 函数

```
def decision_tree_classifier(decision_tree, feature_list, test_sample):
    """
    决策树分类器。
    参数:
        decision_tree (Dict[str, Any]): 决策树模型，字典表示。
        feature_list (List[str]): 特征列表，包含数据集中所有特征的名称。
        test_sample (List[Any]): 待分类样本，特征值的列表。
    返回:
        Any: 分类结果，即测试样本的类别。
    """
    root_node = list(decision_tree.keys())[0]   # 获得根节点的划分特征
    sub_tree = decision_tree[root_node]         # 获得根节点的划分结果
```

```
    class_label = None
    feature_index = feature_list.index(root_node)            # 根节点特征在特征列表中的位置

    for key in sub_tree.keys():                               # 遍历根节点划分特征的取值
        if test_sample[feature_index] == key:
            if type(sub_tree[key]).__name__ == 'dict':        # 如果不是叶节点则递归
                class_label = decision_tree_classifier(sub_tree[key], feature_list,
                                                       test_sample)
            else:
                class_label= sub_tree[key]                    # 如果对应节点是叶节点则取得其标记

    return class_label                                        # 返回测试样本的类别
```

(6) 创建主函数

下面我们使用一个数据集来测试定义的决策树算法。首先，我们创建一个名为 dataset 的数据集，包含了一些样本以及对应的特征和类别标签。然后定义了特征列表 feature_list，列出了数据集中所有特征的名称。接下来调用 create_tree 函数构建决策树，并将数据集和特征列表作为输入。得到的决策树存储在变量 decision_tree 中。然后打印出构建得到的决策树。接下来调用 decision_tree_classifier 函数对一个测试样本进行分类，将决策树、特征列表和测试样本作为输入。得到的分类结果存储在变量 test_result 中。最后打印出测试样本的类别。

代码 7-7　run 函数

```
def run() -> None:
    # 创建数据集
    dataset = np.array(
        [['青绿', '蜷缩', '浊响', '清晰', '凹陷', '硬滑', '是'],
         ['乌黑', '蜷缩', '沉闷', '清晰', '凹陷', '硬滑', '是'],
         ['乌黑', '蜷缩', '浊响', '清晰', '凹陷', '硬滑', '是'],
         ['青绿', '蜷缩', '沉闷', '清晰', '凹陷', '硬滑', '是'],
         ['浅白', '蜷缩', '浊响', '清晰', '凹陷', '硬滑', '是'],
         ['青绿', '稍蜷', '浊响', '清晰', '稍凹', '软粘', '是'],
         ['乌黑', '稍蜷', '浊响', '稍糊', '稍凹', '软粘', '是'],
         ['乌黑', '稍蜷', '浊响', '清晰', '稍凹', '硬滑', '是'],
         ['乌黑', '稍蜷', '沉闷', '稍糊', '稍凹', '硬滑', '否'],
         ['青绿', '硬挺', '清脆', '清晰', '平坦', '软粘', '否'],
         ['浅白', '硬挺', '清脆', '模糊', '平坦', '硬滑', '否'],
         ['浅白', '蜷缩', '浊响', '模糊', '平坦', '软粘', '否'],
         ['青绿', '稍蜷', '浊响', '稍糊', '凹陷', '硬滑', '否'],
         ['浅白', '稍蜷', '沉闷', '稍糊', '凹陷', '硬滑', '否'],
         ['乌黑', '稍蜷', '浊响', '清晰', '稍凹', '软粘', '否'],
         ['浅白', '蜷缩', '浊响', '模糊', '平坦', '硬滑', '否'],
         ['青绿', '蜷缩', '沉闷', '稍糊', '稍凹', '硬滑', '否']])
    feature_list = ['色泽', '根蒂', '敲击', '纹理', '脐部', '触感']

    # 构建决策树
    decision_tree = create_tree(dataset, feature_list)
```

```
        print('决策树:', decision_tree)

        # 对样本进行分类
        test_result = decision_tree_classifier(decision_tree, feature_list,
                                ['青绿', '蜷缩', '浊响', '清晰', '凹陷', '硬滑'])
        print('样本类别:', test_result)


    if '__main__' == __name__:
        run()
```

代码运行结果为：

```
决策树：{'纹理'：{'模糊'：'否', '稍糊'：{'触感'：{'硬滑'：'否', '软粘'：'是'}}, '清晰'：{'根蒂'：{'硬挺'：'否', '稍蜷'：{'色泽'：{'乌黑'：{'触感'：{'硬滑'：'是', '软粘'：'否'}}, '青绿'：'是'}}, '蜷缩'：'是'}}}}
样本类别：是
```

7.3 C4.5 算法

我们在前文提到过，ID3 算法存在一个问题，就是偏向于多值特征，例如，如果一个特征是样本的唯一标识，则 ID3 会选择它作为最优划分特征。这样虽然使得划分充分纯净，但这种划分对分类几乎毫无用处，而且小数目子集在分类效果上是不如大数目子集好的（如过拟合、抗噪差等问题）。所以，为了解决这个问题，可以对会产生大量“小数目”子集的划分进行惩罚，即划分后产生的子集越小，它的信息熵的惩罚性要增大。虽然 ID3 算法中会因为很多划分后的小数量子集而产生较低的信息熵，但做惩罚值处理后，熵值就会平衡性地增大。这就是 C4.5 算法的改进方向，它不再使用信息增益而是改用信息增益率来对最优划分特征进行选择，克服了使用信息增益选择特征时偏向于多值特征的不足。此外，C4.5 算法还可以处理连续型特征。

7.3.1 信息增益率

在信息熵概念的基础上，我们下面介绍信息增益率。在 C4.5 算法中，在根据某特征划分并计算出划分前后的信息熵差值后，再计算该特征的惩罚值，用该划分特征的信息熵差除以惩罚值得出的就是信息增益率。信息增益率最大的特征就是最优划分特征。

C4.5 算法首先定义了惩罚值的计算方法，见式（7-7）。

$$P(X|A)=-\sum_{j=1}^{v}\frac{|X_j^A|}{|X|}\log_2\left(\frac{|X_j^A|}{|X|}\right) \tag{7-7}$$

式中，$\{X_1^A,X_2^A,\cdots,X_v^A\}$ 分别是特征 A 的不同取值构成的子集的集合。这个惩罚值实际上就是“信息熵”，只不过这里的信息指的不是计算信息增益时“依照某个特征划分后形成的子集的有（无）序程度”，而是“子集的集合的有（无）序程度”。

然后，信息增益率计算公式见式（7-8）。

$$\mathrm{GR}(X|A)=\frac{\mathrm{Gain}(X|A)}{P(X|A)} \tag{7-8}$$

由此看出，划分的子集越多、子集中样本数量越少，惩罚值越大，相除后的信息增益率也就越小，依此做到了一定的平衡。由于“惩罚”了产生小样本数量子集的划分，其由于样本数量少带来信息增益抗噪性差的问题也得到一定程度的解决，这就是 C4.5 算法的最大好处。

另外 C4.5 算法和 ID3 算法还有一个特点，这两个算法的根本是都要计算信息增益，而信息增益的一个大前提就是要先进行划分，然后才能计算。所以，每计算一次增益也就代表进行了一次划分，而划分特征接下来就不能再用了，所以 ID3 算法和 C4.5 算法在分类时会不断消耗特征。

7.3.2 连续型特征处理

对于连续型特征，由于其取值数量无限多，如果按其取值划分则会生成大量小样本数子集。为了解决这个问题，C4.5 算法采用二类问题的解决方案进行处理，即将该特征的取值划分为两个类别。具体而言，我们可以用 a_1 作为阈值将特征的取值划分为如下两个类别：$Y_1=\{y:y^A<a_1\}$，$Y_2=\{y:y^A\geqslant a_1\}$。

相对应的，我们同样可以用处理二类问题的思想来处理离散型特征。假设特征 A 有三个取值$\{a_1,a_2,a_3\}$，我们仍然可以用 a_1 作为阈值将其取值划分为两个类别：$Y_1=\{y:y^A=a_1\}$，$Y_2=\{y:y^A\neq a_1\}$。

我们通常称 a_1 为“二分标准”。一般而言，如何处理连续型特征这个问题会归结于如何选择“二分标准”问题。一个比较容易想到的做法如下：

若特征 $A=\{a_1,a_2,\cdots,a_v\}$ 有 v 个不同的取值，不失一般性、再不妨假设它们满足 $a_1<\cdots<a_v$（若不然，进行一次排序操作即可），首先，将 $a_1\sim a_v$ 区间均匀分割得到 p 个割点 $t_1,\cdots,t_p$，其中 $t_1=a_1$，$t_p=a_v$，且 $t_1\sim t_p$ 构成等差数列。然后，依次尝试以每个割点作为二分标准并从中选出最好的一个。p 的选取则视情况而定，一般以反比于“深度”的方式选取。这意味着当数据越分越细时，对特征的划分会越分越粗，从直观上来说这有益于防止过拟合。但这样可能会产生许多“冗余”的二分标准。试想如果这些取值满足：$a_1=0,a_2=100,a_3=101,a_4=102,\cdots$，那么我们就会在 a_1 和 a_2 之间尝试大量的划分标准，但显然这些划分标准算出来的结果都是一样的。为了处理类似于这种不合理的情况，C4.5 算法采用如下做法：

依次选择 $t_1=\dfrac{a_1+a_2}{2},\cdots,t_{v-1}=\dfrac{a_{v-1}+a_v}{2}$ 作为二分标准，计算它们的信息增益率从而选择出最好的二分标准来划分数据。在此基础上还可以使用如下做法：设 $a_1,\cdots,a_v$ 的类别标记分别为 $y_1,\cdots,y_v$，那么 $t_1\sim t_{v-1}$ 中只选用使得 $y_i\neq y_{i+1}(i=1,\cdots,v-1)$ 的 t_i 为候选二分标准。这种做法在某些情况下会表现得更好，但在某些情况下也会显得不合理。鉴于此，本书采用最基础的方法进行实现。此外需要注意的是，在二分标准划分中特征在每次划分后是可重用的，因为同一个特征在不同节点划分时选择的分割点可以是不同的。

从以上讨论可知，我们完全可以把 ID3 算法推广成可以处理连续型特征的算法。只不过如果数据集是混合型数据集，ID3 算法就会倾向于选择离散型特征作为划分标准而已。如果数据集的所有特征都是连续型特征，那么 ID3 算法和 C4.5 算法之间孰优孰劣是难有定论的。

这里需要特别指出的是，C4.5 算法也有一个比较糟糕的性质。由信息增益率的定义可知，在二分类的情况下，它会倾向于把数据集分成很不均匀的两份。因为此时 $P(A)$ 将非常小，导致 $\text{GR}(A)$ 很大（即使 $\text{Gain}(A)$ 比较小）。之所以说该性质比较糟糕，是因为它将直接导致如下结果：当C4.5算法进行二叉分枝时，它可能总会直接分出一个比较小的节点作为叶节点，然后剩下一个大的节点继续进行划分。这种行为会导致决策树倾向于往深处发展，从而导致很容易产生过拟合现象。

📖 针对这个问题，Quinlan在1993年提出了一个启发式的方法：先选出信息熵高于平均值的特征，然后从这些特征中选出信息增益率最高的进行划分。

7.3.3 算法流程

C4.5算法的具体流程如下：

1）取得待划分数据集合 X。

2）若 X 中的所有样本同属于类别 c_j，则该节点为叶节点，并将其类别记为 c_j。

3）若 X 中的样本已经是0维向量，即已没有可选特征，则该节点为叶节点，并将此时 X 中样本个数最多的类别 c_j 作为节点的类别。

4）若当前分支的深度已经达到设定的阈值，则该节点为叶节点，并将此时 X 中样本个数最多的类别 c_j 作为节点的类别。

5）否则，分别计算以样本的每个特征进行划分的信息增益率，然后选择使得信息增益率最大的特征 A^* 作为划分标准。

6）若 A^* 满足停止条件，则该节点为叶节点，并将此时 X 中样本个数最多的类别 c_j 作为节点的类别。

7）否则，依 A^* 将 X 进行划分。

8）对每个 X^{A^*} 从步骤1）开始继续执行。

C4.5算法继承了ID3算法的优点，能够完成对连续型特征的离散化处理，也能够对不完整数据进行处理。C4.5算法产生的分类规则易于理解、准确率较高，但效率低，这是因为在树的构造过程中，需要对数据集进行多次的顺序扫描和排序。

7.3.4 代码实现

下面我们使用Python语言对C4.5算法进行实现。这里我们给出与ID3算法实现有所差异的函数，与其相同的函数不再赘述。完整代码可以通过扫描右侧二维码获取。

（1）计算信息增益率

代码7-8用于计算信息增益率。代码首先初始化了三个变量punish、gain_ratio和feature_entropy，并将它们的初始值都设为0.0。接着通过调用calculate_entropy函数计算了划分前的信息熵，并将结果保存在变量entropy_before_split中。然后通过循环遍历每个子集sub_dataset，计算了特征熵feature_entropy和惩罚值punish。接下来，计算了信息增益率并将结果保存在变量gain_ratio中。最后，函数返回计算得到的信息增益率。

代码7-8 cal_gain_ratio函数

```
def cal_gain_ratio(dataset, sub_datasets):
    """
    计算信息增益率。
```

```
    参数：
        dataset：numpy 数组，包含样本及对应的特征和类别标签。
        sub_datasets：包含若干个子数据集的列表。
    返回：
        float：信息增益率。
    """
    punish = 0.0                                            # 惩罚值
    gain_ratio = 0.0                                        # 信息增益率
    feature_entropy = 0.0                                   # 特征熵
    entropy_before_split = calculate_entropy(dataset)       # 计算划分前的信息熵

    for sub_dataset in sub_datasets:                        # 遍历每个子集，计算信息熵和惩罚值
        feature_entropy += sub_dataset.shape[0] / dataset.shape[0]
                           * calculate_entropy(sub_dataset)
        punish += -sub_dataset.shape[0] / dataset.shape[0]
                  * np.log2(sub_dataset.shape[0] / dataset.shape[0])

    # 计算信息增益率
    gain_ratio = (entropy_before_split - feature_entropy) / punish
    return gain_ratio
```

（2）连续型数据划分

代码 7-9 用于根据特定特征和阈值将数据集划分为左子集和右子集。代码首先创建一个空列表 sub_datasets，用于存放所有子集。然后从数据集中取出要划分的特征列，并将其保存在变量 feature_values 中。接着根据阈值 value，将数据集划分为左子集 new_set_l 和右子集 new_set_r。最后，将获得的左子集和右子集分别添加到 sub_datasets 列表中。函数返回包含左子集和右子集的列表 sub_datasets。

代码 7-9 dataset_split_c45 函数

```
def dataset_split_c45(dataset, feature_index, value):
    """
    根据特定特征和阈值，将数据集划分为左子集和右子集。
    参数：
        dataset：numpy 数组，包含样本及对应的特征和类别标签。
        feature_index：整数，表示要划分的特征在数据集中的列索引。
        value：浮点数，表示特定特征的阈值。
    返回：
        list：包含左子集和右子集的列表，每个子集是一个 numpy 数组。
    """
    sub_datasets = []                                               # 存放所有子集的集合
    feature_values = dataset[:, feature_index]                      # 取出划分特征列
    new_set_l = dataset[feature_values.astype('float64') < value]   # 划分出左子集
    new_set_r = dataset[feature_values.astype('float64') >= value]  # 划分出右子集
    sub_datasets.append(new_set_l)                                  # 保存获得的左子集
    sub_datasets.append(new_set_r)                                  # 保存获得的右子集
    return sub_datasets
```

（3）最优划分特征选择

代码 7-10 实现了 C4.5 算法的最优划分特征选择过程。首先，我们获取特征数和划分前的信息熵。然后，初始化最佳信息增益比、最佳特征索引和最佳划分值。之后，循环遍历每个特征：如果当前特征为离散型，将数据集按该特征进行划分，计算信息增益比。如果当前特征为连续型，对特征值进行排序，计算每个划分点的信息增益比；对于每个划分点，将数据集按该划分点进行划分，计算信息增益比。如果当前划分点的信息增益比大于当前最大信息增益比，更新最大信息增益比和划分值。如果当前特征的信息增益比大于当前最大信息增益比，更新最大信息增益比、最佳特征索引和最佳划分值。最后，返回最佳特征的索引和最佳划分值。

代码 7-10 best_feature_selection_c45 函数

```
def best_feature_selection_c45(dataset, feature_type):
    """
    根据 C4.5 算法选择最佳特征。
    参数：
        dataset：numpy 数组，包含样本及对应的特征和类别标签。
        feature_type：列表，表示每个特征的类型，0 表示离散型，1 表示连续型。
    返回：
        tuple：包含最佳特征的索引和最佳划分值。
    """
    feature_number = len(feature_type)                        # 特征数
    entropy_before_split = calculate_entropy(dataset)         # 计算划分前的信息熵
    best_gain_ratio = 0.0
    best_feature_index = -1
    best_split_value = None                                   # 连续型特征值的最佳划分值

    for i in range(feature_number):                           # 遍历每个特征
        feature_values = dataset[:, i]                        # 该特征包含的所有值
        feature_value_set = set(feature_values)               # 去重
        feature_gain_ratio = 0.0
        feature_split_value = None

        if feature_type[i] == 0:                              # 对离散型特征
            sub_datasets = dataset_split(dataset, i)
            feature_gain_ratio = cal_gain_ratio(dataset, sub_datasets)
        else:                                                 # 对连续型特征
            sorted_set = sorted(list(feature_value_set))      # 对特征值排序

            for j in range(len(sorted_set) - 1):              # 计算划分值及每个划分的信息增益率
                split_value = (float(sorted_set[j]) + float(sorted_set[j + 1])) / 2
                sub_datasets = dataset_split_c45(dataset, i, split_value)
                gain_ratio = cal_gain_ratio(dataset, sub_datasets)

                if gain_ratio > feature_gain_ratio:           # 获取最大信息增益率的划分点
                    feature_gain_ratio = gain_ratio
                    feature_split_value = split_value         # 存储划分值
```

```
        if feature_gain_ratio > best_gain_ratio:  # 取最大信息增益率的特征
            best_gain_ratio = feature_gain_ratio
            best_feature_index = i
            best_split_value = feature_split_value

    return best_feature_index, best_split_value
```

(4) 构造 C4.5 决策树

代码 7-11 构建了基于 C4.5 算法的决策树。首先，获取类别标签列和对应的类别集合。然后，判断是否满足停止划分的条件：类别完全相同时或没有可用特征时。如果满足条件，则返回其中一个类别或投票最多的类别。接着，选出最优划分特征及其划分值。如果无法选出最优划分特征，则返回投票最多的类别。取出最优划分特征，并创建决策树的字典。如果最优特征是离散型，获取最优划分特征的数据和取值集合，然后按照每个取值递归划分子数据集，并以相应取值作为键添加到决策树字典中。如果最优特征是连续型，按照最优划分值将数据集分为两部分，分别递归划分左右子集，并以'<'和'>='加上最优划分值作为键添加到决策树字典中。最后，返回构建好的决策树字典。

代码 7-11 create_tree_c45 函数

```
import copy

def create_tree_c45(dataset, feature_list, feature_type):
    """
    使用 C4.5 算法构建决策树。
    参数:
        dataset: numpy 数组, 包含样本及对应的特征和类别标签。
        feature_list: 列表, 表示每个特征的索引。
        feature_type: 列表, 表示每个特征的类型, 0 表示离散型, 1 表示连续型。
    返回:
        dict: 决策树的表示, 使用字典结构。
    """
    label_values = dataset[:, -1]                          # 获取类别标签列
    label_set = list(set(label_values))

    if len(label_set) == 1:                                # 当类别完全相同时停止划分
        return label_set[0]                                # 返回此类别

    if len(feature_list) == 1:                             # 当无可用特征时停止划分
        return majority_vote(label_values)                 # 返回投票最多的类别

    best_feature_index, best_split_value = best_feature_selection_c45(dataset,feature_type)
                                                           # 最优划分

    if best_feature_index == -1:                           # 如果无法选出最优划分特征
        return majority_vote(label_values)                 # 返回投票最多的类别

    best_feature = feature_list[best_feature_index]
```

```
    dtree = {best_feature: {}}

    if feature_type[best_feature_index] == 0:                          # 对离散型特征
        best_feature_values = dataset[:, best_feature_index]           # 最优划分特征的数据
        best_feature_set = list(set(best_feature_values))              # 统计该特征的取值集合
        sub_datasets = dataset_split(dataset, best_feature_index)      # 划分数据集

        for i in range(len(sub_datasets)):
            dtree[best_feature][best_feature_set[i]] = create_tree_c45(
                            sub_datasets[i], feature_list, feature_type)  # 递归划分
    else:                                                              # 对连续型特征
        sub_datasets = dataset_split_c45(dataset, best_feature_index,
                                         best_split_value)

        dtree[best_feature]['<' + str(best_split_value)] = create_tree_c45(
                        sub_datasets[0], feature_list, feature_type)     # 递归划分左子集
        dtree[best_feature]['>=' + str(best_split_value)] = create_tree_c45(
                        sub_datasets[1], feature_list, feature_type)     # 递归划分右子集

    return dtree
```

（5）创建主函数

下面我们使用一个数据集来测试 C4.5 决策树的构造过程。首先，我们创建一个名为 dataset 的数据集，包含了一些样本以及对应的特征和类别标签。然后定义了特征列表 feature_list，列出了数据集中所有特征的名称。接下来调用 create_tree_c45 函数，使用 C4.5 算法构建决策树，得到决策树的字典表示，赋值给 decision_tree 变量。最后，输出决策树字典 decision_tree。

代码 7-12 run_c45 函数

```
def run_c45():
    # 定义数据集
    dataset = np.array([
        ['蜷缩', '浊响', '清晰', '凹陷', '硬滑', 0.677, '是'],
        ['蜷缩', '沉闷', '清晰', '凹陷', '硬滑', 0.697, '是'],
        ['蜷缩', '浊响', '清晰', '凹陷', '硬滑', 0.797, '是'],
        ['蜷缩', '沉闷', '清晰', '凹陷', '硬滑', 0.897, '是'],
        ['蜷缩', '浊响', '清晰', '凹陷', '硬滑', 0.697, '是'],
        ['稍蜷', '浊响', '清晰', '稍凹', '软粘', 0.697, '是'],
        ['稍蜷', '浊响', '稍糊', '稍凹', '软粘', 0.857, '是'],
        ['稍蜷', '浊响', '清晰', '稍凹', '硬滑', 0.797, '是'],
        ['稍蜷', '沉闷', '稍糊', '稍凹', '硬滑', 0.697, '否'],
        ['硬挺', '清脆', '清晰', '平坦', '软粘', 0.347, '否'],
        ['硬挺', '清脆', '模糊', '平坦', '硬滑', 0.697, '否'],
        ['蜷缩', '浊响', '模糊', '平坦', '软粘', 0.317, '否'],
        ['稍蜷', '浊响', '稍糊', '凹陷', '硬滑', 0.697, '否'],
        ['稍蜷', '沉闷', '稍糊', '凹陷', '硬滑', 0.227, '否'],
        ['稍蜷', '浊响', '清晰', '稍凹', '软粘', 0.737, '否'],
        ['蜷缩', '浊响', '模糊', '平坦', '硬滑', 0.197, '否'],
```

```
        ['蜷缩', '沉闷', '稍糊', '稍凹', '硬滑', 0.147, '否']
    ])

    # 定义特征列表和特征类型
    feature_list =['根蒂', '敲击', '纹理', '脐部', '触感', '密度']
    feature_type =[0, 0, 0, 0, 0, 1]

    # 使用 C4.5 算法构建决策树
    decision_tree = create_tree_c45(dataset, feature_list, feature_type)

    # 输出决策树
    print('决策树:', decision_tree)

if __name__ == '__main__':
    run_c45()
```

运行结果为:

```
决策树:{'密度':{'<0.767':{'纹理':{'清晰':{'密度':{'<0.512':'否', '>=0.512':{'密度':{'<0.717':
'是', '>=0.717':'否'}}}}, '稍糊':'否', '模糊':'否'}}, '>=0.767':'是'}}
```

7.4 分类与回归树

分类与回归树（classification and regression tree，CART）算法是目前决策树算法中最为成熟的一类算法，它既可用于分类，也可用于回归。其一大特色就是假设最终生成的决策树为二叉树，即它在处理离散型和连续型特征时都会通过二分标准来划分数据。

在处理分类问题时，CART 算法一般会使用基尼系数作为划分优劣的度量，算法的其他流程与 C4.5 算法类似。

在处理回归问题时，CART 算法使用平方误差最小化（squared residuals minimization）准则。将数据集划分后，利用线性回归建模，如果每次划分后的子集仍然难以拟合则继续划分。这样创建出来的决策树，每个叶节点都是一个线性回归模型。这些线性回归模型反映了数据集中蕴含的模式，也称为模型树。因此，CART 算法不仅支持整体预测，也支持局部模式的预测，并有能力从整体中找到模式或根据模式组合成一个整体。整体与模式之间的相互结合，对于预测分析非常有价值。

7.4.1 基尼系数

对于一个数据集 X，若其中样本的类别为 $\{c_1, \cdots, c_k\}$，p_i 表示样本的类别为 c_i 的概率，$|c_i|$ 代表类别为 c_i 的样本个数，$|X|$ 代表数据集的样本总数，则基尼系数的定义见式（7-9）。

$$\mathrm{Gini}(X) = \sum_{i=1}^{k} p_i(1-p_i) = 1 - \sum_{i=1}^{k} p_i^2 = 1 - \sum_{i=1}^{k}\left(\frac{|c_i|}{|X|}\right)^2 \tag{7-9}$$

可以证明，当 $p_1 = p_2 = \cdots = p_k = 1/k$ 时，$\mathrm{Gini}(X)$ 取得最大值 $1-1/k$；当存在 i^* 使得 $p_{i^*}=1$ 时，$\mathrm{Gini}(X)=0$。

同样可以对二类问题进行推广，即当 $k=2$ 时，有 $\mathrm{Gini}(X)=1-p_1^2-p_2^2$ 且 $p_1+p_2=1$，可以得

出 $\text{Gini}(X)=2p_i(1-p_i)$。虽然最大值仍在 $p=0.5$ 时取得，但是此时 $\text{Gini}(X)$ 仅有 0.5。

只需要类比前文的过程，就可以使用基尼系数来定义信息增益。具体而言，假定使用特征 A 就可以将数据集 X 划分为 v 个互不相交的子集 $\{X_1^A,X_2^A,\cdots,X_v^A\}$，其中 $X_j^A=\{x\mid x\in X,x^A=a_j\}$，$j=1,2,\cdots,v$。由特征 A 划分后的基尼系数计算方法见式（7-10）。

$$\text{Gini}(X\mid A)=\sum_{j=1}^{v}\frac{|X_j^A|}{|X|}\left[1-\left(\frac{|X_j^A|}{|X|}\right)\right]=1-\sum_{j=1}^{v}\left(\frac{|X_j^A|}{|X|}\right)^2 \tag{7-10}$$

基尼系数代表了模型的不纯度，基尼系数越小，则不纯度越低，特征越好。这点和信息增益是相反的。

7.4.2 回归树

分类问题和回归问题在本质上的差异并不大，它们的区别仅在于：回归问题除了特征可能是连续型的以外，“类别”也可能是连续型的，此时我们一般把“类别向量”改称为“输出向量”。正如前文所提及，CART 算法使用平方误差最小化准则进行最优划分特征选择。在回归问题中，一种常见的做法就是将损失定义为平方误差，见式（7-11）。

$$\text{Loss}(X)=\sum_{i=1}^{N}(y_i-f(x_i))^2 \tag{7-11}$$

式中，N 是数据集 X 中的样本总数，f 是我们的回归决策树模型，$f(x_i)$ 是 x_i 在模型下的预测输出，y_i 是 x_i 对应的真实输出。平方损失其实就是我们熟悉的“欧氏距离”（预测向量和输出向量之间的距离），我们会在许多分类问题、回归问题中见到它的身影。在损失为平方损失时，一般称此时生成的回归决策树为最小二乘回归树。

在分类问题中决策树是一个划分规则的序列，在回归问题中也类似。具体而言，该序列一共会将输入空间划分为 $R_1,\cdots,R_m$（这 m 个子空间彼此不相交），那么对于分类问题，模型可表示为式（7-12）。

$$f(x_i)=\sum_{j=1}^{m}y_jI(x_i\in R_j) \tag{7-12}$$

式中，$y_m\in\{c_1,\cdots,c_k\}$ 由具体的算法（ID3 算法、C4.5 算法等）定出。对于回归问题，模型可表示为式（7-13）。

$$f(x_i)=\sum_{j=1}^{m}c_jI(x_i\in R_j) \tag{7-13}$$

式中，$c_j=\text{argmin}_c\text{Loss}_j(c)\triangleq\text{argmin}_c\sum_{(x_i,y_i)\in R_j}(y_i-c)^2$，那么由一阶条件 $\frac{\partial\text{Loss}_j(c)}{\partial c}=0\Leftrightarrow -2\sum_{(x_i,y_i)\in R_j}(y_i-c_j)=0$ 可解得 $c_j=\text{avg}(y_i\mid(x_i,y_i)\in R_j)\triangleq\frac{1}{|R_j|}\sum_{(x_i,y_i)\in R_j}y_i$。

最小二乘回归树的算法和 CART 做分类时的算法几乎完全一样，区别只在于解决分类问题时，我们会在特征和二分标准选好后，通过求解式（7-14）来选取划分标准。

$$(j^*,p^*)=\arg\max_{j,p}\text{Gain}_{\text{Gini}}(y,A_{jp}) \tag{7-14}$$

而解决回归问题时，我们会在特征和二分标准选好后，通过求解式（7-15）来选取划分标准，其中 $c_{jp}^{(1)}=\text{avg}(y_i\mid x_i<p)$、$c_{jp}^{(2)}=\text{avg}(y_i\mid x_i\geqslant p)$，$p$ 为分割点。分割点的选取可以模仿分类问题中二分标准的选取方法。

$$(j^*, p^*) = \arg\max_{j,p}\left[\sum_{x_i<p}(y_i - c_{jp}^{(1)})^2 + \sum_{x_i\geqslant p}(y_i - c_{jp}^{(2)})^2\right] \tag{7-15}$$

需要注意的是，CART 算法中特征在每次划分后是可重用的，因为同一个特征在不同节点划分时选择的分割点是不同的。

7.4.3　代码实现

本节主要给出 CART 回归树的实现。CART 算法的流程与前文介绍的 ID3 算法和 C4.5 算法基本一致，仅在划分特征选择的评价标准上有些差异，因此不再赘述。在算法实现方面，CART 分类树与 C4.5 算法仅在基尼系数的计算部分有所不同，因此仅给出此部分函数的实现，完整代码可以通过扫描右侧二维码获取。

（1）计算 CART 分类树的基尼系数

代码 7-13 用于计算基尼系数。首先，初始化总基尼系数为 0。然后，遍历每个子数据集，对于每个子数据集，获取其类别标记集合，并以字典形式存储每种标记的数量。接下来，对于每个标记数量，根据基尼系数的计算公式，计算子数据集的基尼系数。最后，将每个子数据集的基尼系数乘以子数据集占完整数据集的比例，加到总基尼系数上。最终返回总基尼系数。

代码 7-13　cal_gini 函数

```
def cal_gini(dataset, sub_datasets):
    """
    计算基尼系数。
    参数：
        - dataset：完整数据集。
        - sub_datasets：子数据集列表，每个子数据集是从完整数据集中划分得到的。
    返回：
        基尼系数。
    """
    total_gini = 0.0
    for sub_dataset in sub_datasets:
        # 遍历每个子集，计算基尼系数
        labels = sub_dataset[:, -1]
        # 获取当前数据集的类别标记集合
        label_count = {}
        # 以字典存储每种标记的数量
        for i in range(len(labels)):
            # 遍历标记集合统计标记数量
            label = labels[i]
            label_count[label] = label_count.get(label, 0) + 1
        gini = 1.0
        for k, v in label_count.items():
            # 遍历标记数量集合计算基尼系数
            gini -= float(v / len(labels)) * float(v / len(labels))
        total_gini += len(sub_dataset) / len(dataset) * gini
    return total_gini
```

（2）计算 CART 回归树的平方误差

代码 7-14 用于计算 CART 回归树的平方误差。由于 CART 回归树为二叉树，因此每个节点只会被划分为两个子集，划分的平方误差为每个子集平方误差的均值。首先初始化平方误差为 0。然后遍历每个子数据集，在每个子数据集中，计算类别标记的平均值，并将其与类别标记的每个值进行差值计算。然后对这些差值求平方并累加到平方误差上。最终返回平方误差。

代码 7-14 cal_square_residue 函数

```
def cal_square_residue(sub_datasets):
    """
    计算平方误差。
    参数：
      - sub_datasets：子数据集列表，每个子数据集是从完整数据集中划分得到的。
    返回：
        平方误差。
    """
    square_residue = 0.0
    for sub_dataset in sub_datasets:
        # 遍历每个子集，计算平方误差
        square_residue += np.sum(np.square(sub_dataset[:, -1]
                                  - np.mean(sub_dataset[:, -1]))) / 2

    return square_residue
```

（3）CART 回归树的数据集划分

CART 回归树的数据集划分与 C4.5 算法中处理连续型特征时的实现代码基本一致。首先创建一个空列表 sub_datasets，用于存放所有子数据集。然后从完整数据集中取出指定特征索引对应的特征列。接下来，根据划分值，将数据集按照小于划分值和大于等于划分值进行划分，分别得到左子集和右子集。将左子集、右子集添加到 sub_datasets 列表中。最后返回 sub_datasets 列表，即划分得到的子数据集列表。

代码 7-15 dataset_split_cart 函数

```
def dataset_split_cart(dataset, feature_index,value):
    """
    CART 决策树的数据集划分函数。
参数：
        - dataset：完整数据集。
        - feature_index：特征索引，表示按照哪个特征进行划分。
        - value：特征划分值。
    返回：
        子数据集列表。
    """
    sub_datasets =[]                              # 存放所有子集的集合

    feature_values = dataset[:, feature_index]  # 取出划分特征列

    # 按照小于划分值进行划分
```

```
    new_set_l = dataset[feature_values.astype('float64') < value]
    # 按照大于等于划分值进行划分
    new_set_r = dataset[feature_values.astype('float64') >= value]

    sub_datasets.append(new_set_l)  # 保存获得的子集
    sub_datasets.append(new_set_r)  # 保存获得的子集

    return sub_datasets
```

(4) CART 回归树的最优特征选择

代码 7-16 用于选择 CART 决策树中的最佳特征和最佳划分值。首先，获取数据集的特征数目，并初始化最佳平方误差为正无穷大，最佳特征索引为-1，最佳划分值为空。接着，使用一个循环遍历每个特征。在每个循环中，获取当前特征包含的所有值并对它们进行排序。然后，在排序后的特征值列表上进行循环，计算每个划分值的平方误差。通过调用 dataset_split_cart 函数划分子数据集，并调用 cal_square_residue 函数计算平方误差。如果平方误差小于当前最小平方误差，就更新最小平方误差和最佳划分值。最后，通过比较最小平方误差，选择具有最小平方误差的特征作为最佳特征，并返回最佳特征索引和最佳划分值。

代码 7-16 best_feature_selection_cart 函数

```
def best_feature_selection_cart(dataset):
    """
    CART 决策树的最佳特征选择函数。
    参数：
        - dataset：完整数据集。
    返回：
        最佳特征索引和最佳划分值。
    """
    feature_number = len(dataset[0]) - 1                    # 特征数
    best_square_residue = np.inf                            # 初始设置最小平方误差为无穷大
    best_feature_index = -1                                 # 初始设置最佳特征索引为-1
    best_split_value = None                                 # 最佳划分值

    for i in range(feature_number):                         # 遍历每个特征
        feature_values = dataset[:, i]                      # 该特征包含的所有值
        sorted_set = sorted(list(set(feature_values)))      # 对特征值排序

        min_square_residue = np.inf                         # 初始设置最小平方误差为无穷大
        feature_split_value = None

        for j in range(len(sorted_set) - 1):                # 计算划分值及每个划分的平方误差
            split_value = (float(sorted_set[j]) + float(sorted_set[j + 1]))/2
            # 利用数据集划分函数划分子集
            sub_datasets = dataset_split_cart(dataset, i, split_value)
            square_residue = cal_square_residue(sub_datasets) # 计算平方误差
            if square_residue < min_square_residue:         # 获取最小平方误差的划分点
                min_square_residue = square_residue
```

```
                feature_split_value = split_value        # 存储划分值

        if min_square_residue < best_square_residue:     # 取最小平方误差的特征
            best_square_residue = min_square_residue
            best_feature_index = i
            best_split_value = feature_split_value

    return best_feature_index, best_split_value
```

(5) 构造 CART 回归树

代码 7-17 实现了使用 CART 算法创建决策树的过程。首先，设置最大深度和最小样本划分数量的阈值。然后，获取数据集的输出标记列。接下来，根据停止划分的条件进行判断，如果满足条件，则返回当前数据集中样本输出标记的均值作为叶节点的取值。如果不满足停止划分的条件，就调用 best_feature_selection_cart 函数来选择最佳划分特征。如果无法选出最佳划分特征，则同样返回当前数据集中样本输出标记的均值作为叶节点的取值。否则，根据最佳划分特征创建一个字典，并将其作为决策树的根节点。然后，根据最佳划分特征和划分值将数据集划分成两个子集。对于每个子集，递归调用 create_tree_cart 函数生成其子树，并将其作为当前节点的子节点。最后，返回生成的决策树。

代码 7-17 create_tree_cart 函数

```
def create_tree_cart(dataset, feature_list, depth=0):
    """
    CART 决策树的创建函数。
    参数:
        - dataset: 完整数据集。
        - feature_list: 特征列表。
        - depth: 当前深度 (可选, 默认为 0)。
    返回:
        决策树。
    """
    max_depth = 5                                    # 最大深度
    min_sample_split = 2                             # 最小样本划分数量

    label_values = dataset[:, -1]                    # 获取输出标记列

    # 判断是否停止划分的条件
    if depth > max_depth or len(dataset) < min_sample_split
      or np.sum(np.square(dataset[:,-1] - np.mean(dataset[:,-1]))) == 0.0
      or len(feature_list) == 1:
          return np.mean(dataset[:,-1])          # 返回当前数据集中样本输出标记的均值

    # 获取最佳划分特征
    best_feature_index, best_split_value = best_feature_selection_cart(dataset)

    if best_split_value == None:                     # 无法选出最佳划分特征
        return np.mean(dataset[:,-1])
```

```
        best_feature = feature_list[best_feature_index]
        dtree = {best_feature: {}}

        sub_datasets = dataset_split_cart(dataset, best_feature_index,
                                           best_split_value)      # 划分数据集

        # 递归划分左子集和右子集
        dtree[best_feature]['<' + str(best_split_value)] =
                    create_tree_cart(sub_datasets[0], feature_list, depth=depth + 1)
        dtree[best_feature]['>=' + str(best_split_value)] =
                    create_tree_cart(sub_datasets[1], feature_list, depth=depth + 1)

        return dtree
```

(6) 创建主函数

下面我们使用一个数据集来测试 CART 回归树的构造过程，见代码 7-18。首先，创建一个包含样本数据的 dataset，以及特征列表 feature_list。然后，调用 create_tree_cart 函数，传入数据集和特征列表，生成 CART 决策树。最后，打印输出生成的 CART 回归树。

代码 7-18 run_cart 函数

```
def run_cart():
    # 数据集
    dataset = np.array([[1, 2, 3, 1, 3, 0.677, 0.91],[1, 1, 3, 1, 3, 0.697, 0.92],
                        [1, 2, 3, 1, 3, 0.797, 0.97],[1, 1, 3, 1, 3, 0.897, 0.97],
                        [1, 2, 3, 1, 3, 0.697, 0.96],[2, 2, 3, 2, 1, 0.697, 0.95],
                        [2, 2, 2, 2, 1, 0.857, 0.98],[2, 2, 3, 2, 3, 0.797, 0.97],
                        [2, 1, 2, 2, 3, 0.697, 0.79],[3, 3, 3, 3, 1, 0.347, 0.53],
                        [3, 3, 1, 3, 3, 0.697, 0.73],[1, 2, 1, 3, 1, 0.317, 0.51],
                        [2, 2, 2, 1, 3, 0.697, 0.73],[2, 1, 2, 1, 3, 0.227, 0.46],
                        [2, 2, 3, 2, 1, 0.737, 0.63],[1, 2, 1, 3, 3, 0.197, 0.32],
                        [1, 1, 2, 2, 3, 0.147, 0.22]])
    feature_list =['根蒂', '敲击', '纹理', '脐部', '触感', '密度']

    # 创建决策树
    decision_tree = create_tree_cart(dataset, feature_list)
    print('CART 回归树:', decision_tree)

if __name__ == '__main__':
    run_cart()
```

运行结果为：

```
CART 回归树: {'密度': {'<0.512': {'密度': {'<0.212': {'敲击': {'<1.5': 0.22, '>=1.5': 0.32}}, '>=0.212': {'敲击': {'<1.5': 0.46, '>=1.5': {'根蒂': {'<2.0': 0.51, '>=2.0': 0.53}}}}}}, '>=0.512': {'密度': {'<0.767': {'根蒂': {'<1.5': {'密度': {'<0.687': 0.91, '>=0.687': {'敲击': {'<1.5': 0.92, '>=1.5': 0.96}}}}, '>=1.5': {'密度': {'<0.717': {'纹理': {'<2.5': {'敲击': {'<1.5': 0.79, '>=1.5': 0.73}}, '>=2.5': 0.95}}, '>=0.717': 0.63}}}}, '>=0.767': {'纹理': {'<2.5': 0.98, '>=2.5': {'根蒂': {'<1.5': 0.97, '>=1.5': 0.97}}}}}}}}
```

7.5 剪枝策略

在知道怎么得到一棵决策树后，我们当然就想知道：这样建立起来的决策树的表现究竟如何？从直观上来说，只要决策树足够深，划分标准足够细，它在训练集上的表现就能接近完美；但同时也容易想象，由于它可能把训练集的一些“特性”当作所有数据的“特性”来看待，它在未知的测试数据上的表现可能就会比较一般，亦即会出现过拟合的问题。我们知道，模型出现过拟合问题一般是因为模型太过复杂。所以决策树解决过拟合的方法是采取适当的“剪枝”，我们在7.2节中也已经接触了这一概念。

剪枝通常分为两类：“预剪枝”和“后剪枝”，其中“预剪枝”的概念在前文中已有使用，彼时我们采取的说法是“停止条件”，如树的深度超出阈值、当前节点的样本数量小于阈值、信息增益小于阈值等。但是选取适当的阈值比较困难，过高会导致过拟合，而过低会导致欠拟合，因此需要人工反复地训练样本才能得到很好的效果。预剪枝也有优势，由于它不必生成整棵决策树，且算法简单、效率高，适合大规模问题的粗略估计。而“后剪枝”是指在完全生成的决策树上，剪掉树中不具备一般代表性的子树，使用叶节点取而代之，进而形成一棵规模较小的新树。换句话说，后剪枝是从全局出发，通过某种标准对一些节点进行局部剪枝，这样就能减少决策树中节点的数目，从而有效地降低模型复杂度。因此问题的关键在于如何定出局部剪枝的标准。通常来说我们有两种做法：

1）应用交叉验证的思想，若局部剪枝能够使得模型在测试集上的错误率降低，则进行局部剪枝（预剪枝中也可应用类似的思想）。

2）应用正则化的思想，综合考虑不确定性和模型复杂度来定出一个新的损失函数（此前我们的损失函数只考虑了误差），用该损失函数作为一个节点是否进行局部剪枝的标准。

第二种做法又涉及另一个关键问题：如何定量分析决策树中一个节点的复杂度？一个直观且合理的方法是：直接使用该节点下属叶节点的个数作为复杂度，这种方法称为代价复杂度剪枝法（cost complexity pruning）。其做法的数学描述为：定义新损失函数 $\text{New\_loss}_\alpha(\text{node})=\text{Loss}(\text{node})+\alpha|\text{node}|$，其中 node 代表一个节点，Loss(node) 即是该节点的平方误差，|node| 则是该节点下属叶节点的个数。不妨设一个节点 N 的全部叶节点数量为 T，第 i 个子节点 N_i 含有 T_i 个叶节点且节点的误差为 $\text{Loss}(N_i)$，那么节点 N 整体的损失函数可以定义为 $\text{New\_loss}_\alpha(N)=\sum_{i=1}^{k}\frac{T_i}{T}\text{Loss}(N_i)+\alpha T$，其中 k 为子节点总数。新损失函数既考虑了损失，又考虑了叶节点的数量，其实质就是在树的复杂度与准确性之间取得一个平衡。

新损失函数中的 α 则通常被称为“惩罚因子”，描述对树复杂度的惩罚程度。$\alpha=0$ 时意味着不进行修剪，α 越大意味着我们修剪出的决策树越小。需要指出的是，在这种做法下仍然可以分支出两种不同的算法：直接比较一个节点局部剪枝前的误差 $\text{Loss\_origin}_\alpha(N)$ 和局部剪枝后的误差 $\text{Loss\_prune}_\alpha(N)$，若 $\text{Loss\_prune}_\alpha(N)\leqslant\text{Loss\_origin}_\alpha(N)$，则对该节点进行局部剪枝；或者生成一系列的惩罚因子 $0=\alpha_0<\alpha_1<\cdots<\alpha_p<+\infty$，分别按照上述每个惩罚因子进行局部剪枝，并将局部剪枝后得到的决策树 tree_i 储存在一个列表中，其中 α_0 作为因子时则不会进行剪枝，而 a_p 作为因子时则会对根节点进行局部剪枝（此时剩下来的决策树 tree_p 就只包含根节点这一个节点）。最后通过交叉验证选出 $\text{tree}_0,\cdots,\text{tree}_p$ 中最好的决策树作为最终生

成的决策树。

下面我们分别介绍两种策略的具体流程。

7.5.1 单一因子策略

单一因子策略即人为设定一个惩罚因子 α，比较一个节点局部剪枝前的损失和局部剪枝后的损失，如剪枝后的损失更小则进行剪枝。下面我们通过一个例子对该策略的流程进行介绍。

以图 7-1 中的决策树为例，我们先考察最右侧的中间节点（该节点的划分标准是“刮风”）。那么局部剪枝前该节点的损失为 $\text{Loss\_origin}_\alpha(N)=\sum_{i=1}^{k}\frac{T_i}{T}\text{Loss}(N_i)+\alpha T=0+2\alpha=2\alpha$，局部剪枝后该节点变为叶节点，则其损失为 $\text{Loss\_prune}_\alpha(N)=\text{Loss}(N)+\alpha$，其中 $\text{Loss}(N)=-\frac{3}{5}\log_2\frac{3}{5}-\frac{2}{5}\log_2\frac{2}{5}=0.971$（使用信息熵作为误差函数），故 $\text{Loss\_prune}_\alpha(N)=0.971+\alpha$。

假设我们取 $\alpha=0.5$，则 $\text{Loss\_origin}_\alpha(N)=1$，$\text{Loss\_prune}_\alpha(N)=1.471$，所以我们不应该对该节点进行局部剪枝。但如果我们取 $\alpha=1$，则 $\text{Loss\_origin}_\alpha(N)=2$，$\text{Loss\_prune}_\alpha(N)=1.971$，那么就应该对该节点进行局部剪枝。

我们再考察一下根节点（该节点的划分标准是“天气”），其左右子节点各包含两个叶节点，中间子节点自身为叶节点。左右子节点的信息熵均为 0.971，中间子节点信息熵为 0，因此局部剪枝前该节点的损失为 $\text{Loss\_origin}_\alpha(N)=\frac{5}{14}\times0.971+\frac{4}{14}\times0+\frac{5}{14}\times0.971+5\alpha=0.6936+5\alpha$，局部剪枝后则其损失为 $\text{Loss\_prune}_\alpha(N)=-\frac{9}{14}\log_2\frac{9}{14}-\frac{5}{14}\log_2\frac{5}{15}+\alpha=0.9403+\alpha$。假设我们仍然取 $\alpha=0.5$，则 $\text{Loss\_origin}_\alpha(N)=3.1936$，$\text{Loss\_prune}_\alpha(N)=1.4403$，则需要对该节点进行剪枝。

可以看出，α 的取值对剪枝决策影响巨大，而凭借经验很难准确地选出最优的 α 值，因此才有了下面的最优因子选择策略。

7.5.2 最优因子策略

最优因子策略即生成一系列的惩罚因子，分别按照每个惩罚因子进行局部剪枝，选出其中最好的决策树作为最终的决策树。与前一种剪枝策略不同的是，前一种算法的惩罚因子是人为给定的，而在本策略中是算法生成出来的。如果取 $\alpha_0=0$，则意味着算法初始不对模型复杂度进行惩罚，此时最优树即是原始树 T_0。然后我们设想 α 缓慢增大，即缓慢增大对模型复杂度的惩罚，那么到某个阈值 α_1 时，对决策树中某个节点进行局部剪枝便是一个更好的选择。我们将该节点进行局部剪枝后的决策树 T_1 存进一个列表中，然后继续缓慢增加惩罚因子 α，继而到某个阈值 α_2 后，对某个节点进行局部剪枝就又会是一个更好的选择。依此类推，直到 α 变成一个充分大的数 α_p 后，只保留根节点这一个节点会是最好的选择，此时就终止算法，并通过交叉验证从 $T_0,\cdots,T_p$ 中选出最好的 T_p 作为修剪后的决策树。

设一个节点 N 的全部叶节点数量为 T，第 i 个子节点 N_i 含有 T_i 个叶节点且节点的误差为 $\text{Loss}(N_i)$，根据前文的介绍，节点 N 的损失为 $\text{Loss\_origin}_\alpha(N)=\sum_{i=1}^{k}\frac{T_i}{T}\text{Loss}(N_i)+\alpha T$，其中

k 为子节点总数。剪枝后损失为 $\text{Loss\_prune}_\alpha(N)=\text{Loss}(N)+\alpha$。当剪枝前后损失相等时，$\sum_{i=1}^{k}\frac{T_i}{T}\text{Loss}(N_i)+\alpha T=\text{Loss}(N)+\alpha$，于是 α 可表示为式（7-16）。

$$\alpha=\frac{\text{Loss}(N)-\sum_{i=1}^{k}\frac{T_i}{T}\text{Loss}(N_i)}{T-1} \tag{7-16}$$

此时的 α 即为候选的剪枝惩罚因子，因为此时剪枝前后的误差相同但剪枝后树的节点更少，故应该进行剪枝。自底向上的对所有中间节点求 α，然后选择最小的 α 并对其对应的节点进行剪枝（分类树中剪枝后的节点以多数表决法决定其类别），将形成的新树保存下来。再次计算新树中每个中间节点的 α 并选择最小的 α，对其对应的节点进行剪枝并保存生成的新树。重复上述过程直至剪枝后的新树只包含根节点。最后，在生成的全部新树中通过交叉验证法选择其中最优的作为输出。具体来说，可利用独立的验证集测试各棵新树的误差（如平方误差、基尼系数等），选择误差最小的为最优决策树。由于生成每棵新树都对应了一个 α，那么确定最优树后，最优的 α 也相应地确定了，所以本策略可以看成对 α 寻优的过程。

那么这个相对比较复杂的算法有什么优异之处呢？可以证明：算法剪枝得到的决策树 $T_0,T_1,\cdots,T_p$ 中，对 $\forall i=0,1,\cdots,p$，T_i 都是当惩罚因子 $\alpha\in[\alpha_i,\alpha_{i+1})$ 时的最优决策树。这条性质保证了算法最终通过交叉验证选出来的决策树具有一定的优良性。

7.5.3 代码实现

下面我们基于 CART 算法的代码，简单实现一个单一因子剪枝方法。这里仅给出与 CART 算法实现有差异的部分，完整代码可以通过扫描右侧二维码获取。

（1）计算平方误差

代码 7-19 square_residue 函数

```
def square_residue(dataset):
    return np.sum(np.square(dataset[:,-1] - np.mean(dataset[:,-1])))
```

（2）构造决策树并剪枝

代码 7-20 使用 CART 算法创建决策树并进行了剪枝。首先，根据设定的阈值和限制条件判断是否需要返回叶节点或进行剪枝。如果不满足剪枝条件，则选择最佳的特征来划分数据集，并生成决策树节点。然后，对划分后的子数据集递归调用 create_tree_cart_prune 函数来生成子节点和子树。最后，统计叶节点数量和总误差，并比较剪枝前后的损失，决定是否进行剪枝操作。返回最终的决策树、叶节点数量、总误差和样本数量。

代码 7-20 create_tree_cart_prune 函数

```
import copy


def create_tree_cart_prune(dataset, feature_list,depth=0):
    """
```

```
    使用 CART 算法创建决策树并进行剪枝。
    参数:
        dataset (numpy.array): 数据集,包含特征和类别标签。
        feature_list (list): 特征列表。
        depth (int): 当前节点的深度。
    返回:
        tuple: 包含决策树、叶节点数量、总误差、样本数量的元组。
    """
    alpha = 0.01
    max_depth = 5
    min_sample_split = 2
    label_values = dataset[:, -1]          # 获取类别标签列
    leaf_num = 0

    if depth > max_depth or len(dataset) < min_sample_split
        or square_residue(dataset) == 0.0 or len(feature_list) == 1:
        # 返回类输出值、叶节点数量、平方误差、样本数量
        return np.mean(dataset[:,-1]), 1, square_residue(dataset), len(dataset)

    best_feature_index, best_split_value = best_feature_selection_cart(dataset)

    if best_split_value is None:
        return np.mean(dataset[:,-1]), 1, square_residue(dataset), len(dataset)

    best_feature = feature_list[best_feature_index]
    dtree = {best_feature: {}}
    feature_list_new = copy.copy(feature_list)
    feature_list_new = np.delete(feature_list_new, best_feature_index)
    sub_datasets = dataset_split_cart(dataset, best_feature_index,
                                      best_split_value)

    dtree[best_feature]['<' + str(best_split_value)], leaf_num_l, loss_l,
    sample_num_l = create_tree_cart_prune(sub_datasets[0], feature_list_new,
                                          depth=depth + 1)
    dtree[best_feature]['>=' + str(best_split_value)], leaf_num_r, loss_r,
    sample_num_r = create_tree_cart_prune(sub_datasets[1], feature_list_new,
                                          depth=depth + 1)

    leaf_num = leaf_num_l + leaf_num_r       # 统计子节点的叶节点总数
    total_loss = sample_num_l/len(dataset) * loss_l
                 + sample_num_r/len(dataset) * loss_r   # 计算总误差

    # 比较剪枝前后的损失
    if (total_loss + alpha * leaf_num) > square_residue(dataset) + alpha:
        # 进行剪枝
        return np.mean(dataset[:,-1]), 1, square_residue(dataset), len(dataset)

    return dtree, leaf_num, total_loss, len(dataset)
```

7.6 本章小结

本章主要介绍了决策树算法中的 ID3 算法、C4.5 算法以及 CART 算法，讲解了其算法原理、算法流程，以及在 Python 中的具体实现代码，最后介绍了决策树算法中使用的剪枝策略。

CART 算法与 ID3 算法和 C4.5 算法都由最优划分特征选择、树的生成、剪枝等流程构成。但 ID3 算法和 C4.5 算法用于分类，CART 既可用于分类又可用于回归。ID3 算法和 C4.5 算法生成的决策树可以是多叉的，每个节点的子节点由该节点特征的取值种类而定，而 CART 算法假设决策树为二叉树，其等价于递归地二分每一个特征。

7.7 延伸阅读——5G 智能医疗中的机器学习

我国的医疗智能化发展正在快速推进，借助人工智能、大数据和云计算等新技术，实现了医疗信息化、智能诊疗、健康管理等多个方面的突破。智能医疗系统通过集成和分析患者的健康数据，能够提供个性化的诊断、治疗和健康管理服务，为医生提供决策支持，并为患者提供更便捷、准确、高效的医疗服务，推动了医疗领域的科技创新与升级，促进了医疗质量的提高和人民健康水平的提升。远程医疗是智能医疗中最具代表性的新手段之一。随着 5G 技术的推广，远程医疗得以快速发展并投入应用。5G 网络提供了高速的数据传输和低延迟的通信能力，大大增强了远程医疗的实时性和可靠性。医生可以通过远程视频会诊、远程手术指导等方式，与患者和其他医生进行实时交流，提供准确的诊断和治疗建议。由于 5G 网络具备大容量连接的特点，可以同时连接大量的医疗设备和传感器，实现对患者的远程监测和数据采集。医生可以通过云平台或智能医疗设备，实时获取患者的生理参数、医学影像等信息，进行远程诊断和监护，为患者提供个性化的医疗方案。此外，5G 的高带宽和低延迟为虚拟现实（VR）和增强现实（AR）在医疗领域的应用提供了条件。通过 5G 网络，医生可以远程进行虚拟手术模拟和操作指导，提高手术的精确度和安全性。患者也可以通过 VR 技术接受远程康复训练和心理干预，提升治疗效果。5G 技术还有助于实现救护车和移动医疗的智能化。通过 5G 网络，救护车可以实时传输患者的生命体征和影像数据到医院，提前准备好相应的医疗资源和抢救方案。同时，移动医疗设备可以通过 5G 网络连接到云平台，实现远程医疗的各项功能。

决策树及其相关算法在智能医疗中具有大量应用。智能医疗系统利用大数据和人工智能技术，对患者的健康数据进行收集、分析和管理。通过整合患者的电子病历、生理参数、遗传信息等多源数据，决策树可以用于预测患者的健康风险，例如预测疾病患病风险、药物反应风险等。这有助于提前干预和个性化治疗，改善患者的健康管理效果。

通过分析患者的临床表现、检查结果和医学知识库等信息，决策树可以构建模型来预测疾病的类型、分型和严重程度，帮助医生制定更准确的诊断方案。例如，在皮肤疾病诊断中，决策树可以根据患者的症状特征来判断疾病类型，提供医生的参考建议。

决策树在智能医疗中还可以用于制定个性化治疗方案。通过分析患者的病情特征、基因组数据和药物数据库等信息，决策树可以预测患者对不同治疗方案的响应和副作用风险，帮助医生为患者制定最佳的治疗方案。例如，在癌症治疗中，决策树可以基于患者的基因型和临床特征，推荐最有效的化疗药物组合。

智能医疗中的决策树还可以用于医疗资源的调配和排班优化。通过分析医院的就诊记录、病房利用率和人力资源等信息，决策树可以帮助医院制定科学的资源分配策略，优化医生的排班安排，提高医疗服务的效率和质量。

7.8　习题

1. 问答题

1）简述 ID3 算法和 C4.5 算法的异同。

2）简述 CART 原理并说明其特点。

2. 编程题

1）编写程序，用 ID3 算法分类一个电影是科幻片还是动作片，电影数据集实例见表 7-2。某电影打斗镜头为 49，科幻镜头为 51，其电影类别是什么？

表 7-2　电影数据集实例

电影名称	打斗镜头	科幻镜头	电影类型
1	1	101	科幻片
2	5	89	科幻片
3	108	5	动作片
4	115	8	动作片

2）编写程序，用 C4.5 算法进行分类，样本数据集实例见表 7-3。

表 7-3　样本数据集实例

编号	描述属性				类别属性
	年龄	收入	是否为学生	信誉	购买计算机
1	≤30	高	否	中	否
2	≤30	高	否	优	否
3	31~40	高	否	中	是
4	>40	中	否	中	是
5	>40	低	是	中	是
6	>40	低	是	优	否
7	31~40	低	是	优	是
8	≤30	中	否	中	否
9	≤30	低	是	中	是
10	>40	中	是	中	是
11	≤30	中	是	优	是
12	31~40	中	否	优	是
13	31~40	高	是	中	是
14	>40	中	否	优	否

3）编写程序，用CART算法进行分类，图书销量数据集实例见表7-4。

表7-4 图书销量数据集实例

序号	数量	页数	是否促销	评价	销量
1	多	100	是	B	高
2	少	50	是	A	低
3	多	50	是	B	低
4	多	120	否	B	低
5	多	40	否	A	高
6	多	140	是	A	高
7	少	130	是	B	低
8	少	50	是	A	高
9	多	160	是	B	高
10	少	50	否	B	低
11	多	30	否	B	高
12	少	170	是	B	低
13	多	60	否	A	高
14	多	100	否	A	高

第8章 集成学习

本章导读（思维导图）

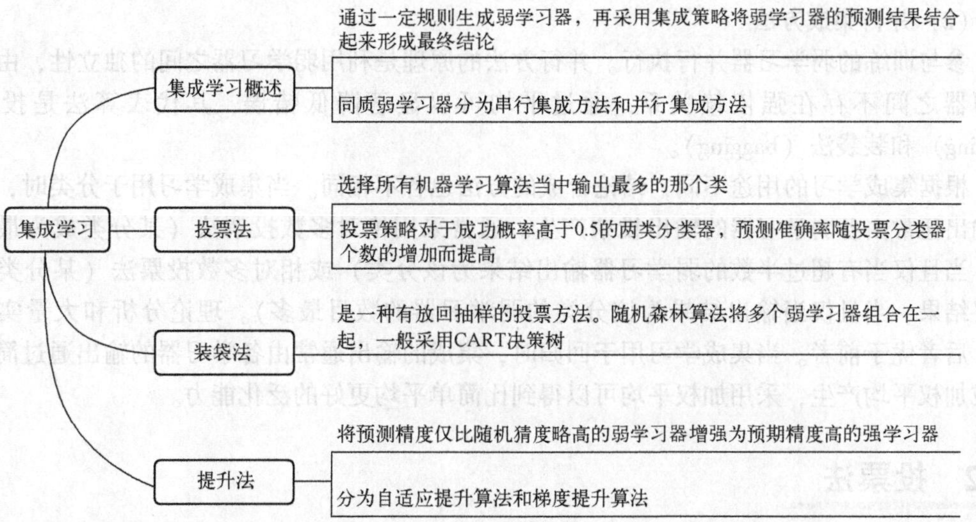

在监督学习中，传统方式是按照选定的学习算法，针对某个给定的训练数据集训练得到一个特定的学习器模型，然后再用它预测未知的样本。我们的目标是学习出一个稳定的且在各个方面表现都较好的模型，但实际情况往往没有这么理想，有时我们只能得到多个在某些方面表现较好的弱模型。而集成学习则可以组合多个弱模型以期得到一个更好更全面的强模型，集成学习潜在的思想是即便某一个弱学习器得到了错误的预测，其他的弱学习器也可以将错误纠正回来。因此，集成学习（ensemble learning）是指利用多个独立的弱学习器来进行学习，组合某输入样例在各个弱学习器上的输出，并由它们按照某种策略共同决定输出。

扫码看视频

本节简要介绍集成学习，列举了两种同质弱学习器的方法，包括串行集成方法和并行集成方法；分别介绍了投票法、装袋法和提升法，详细讲述了投票策略、随机森林算法、自适应提升算法和梯度提升算法，分别对这些算法进行了代码实现。

8.1 集成学习概述

集成学习是一种功能十分强大的机器学习方法，其基本思想是先通过一定的规则生成固定数量的弱学习器（或称为基学习器、个体学习器），再采用某种集成策略将这些弱学习器的预测结果组合起来，从而形成最终的结论。弱学习器（weak learner）是错误概率小于1/2

的学习器，也就是说在两类问题上仅比随机猜测好，而强学习器（strong learner）则具有任意小的错误概率。集成学习不是一个单独的机器学习算法，而是一个将多重或多个弱学习器组合成一个强学习器，从而有效地提升分类效果。

一般而言，集成学习中的基学习器可以是同质的“弱学习器”，也可以是异质的“弱学习器”。目前，同质弱学习器的应用最为广泛，同质弱学习器中使用最多的模型是 CART 决策树和神经网络。同质弱学习器按照其间是否存在依赖关系又可以分为两类。

（1）串行集成方法

参与训练的弱学习器按照顺序执行。串行方法的原理是利用弱学习器之间的依赖关系，通过对之前训练中错误标记的样本赋值较高的权重，可以提高整体的预测效果，其代表算法是提升法（boosting）。

（2）并行集成方法

参与训练的弱学习器并行执行。并行方法的原理是利用弱学习器之间的独立性，由于弱学习器之间不存在强依赖关系，通过平均可以显著降低错误，其代表算法是投票法（voting）和装袋法（bagging）。

根据集成学习的用途不同，结论合成的方法也各不相同。当集成学习用于分类时，集成的输出通常由各弱学习器的输出投票产生。通常采用绝对多数投票法（某分类成为最终结果，当且仅当有超过半数的弱学习器输出结果为该分类）或相对多数投票法（某分类成为最终结果，当且仅当输出结果为该分类的弱学习器的数目最多）。理论分析和大量实验表明，后者优于前者。当集成学习用于回归时，集成的输出通常由各学习器的输出通过简单平均或加权平均产生，采用加权平均可以得到比简单平均更好的泛化能力。

8.2 投票法

投票法是集成学习里面针对分类问题的一种结合策略。基本思想是选择所有机器学习算法当中输出最多的那个类。分类的机器学习算法输出有两种类型，一种是直接输出类标签，另外一种是输出类概率。使用前者进行投票叫作硬投票（majority/hard voting），使用后者进行分类叫作软投票（soft voting）。

例如，在硬投票中，如果三个算法将特定葡萄酒的颜色预测为“白色”“白色”和“红色”，则集成算法将输出“白色”；在软投票中，如果算法 A 以 40%的概率预测对象是一块岩石，而算法 B 以 80%的概率预测它是一块岩石，那么集成算法将预测该对象是一块岩石的可能性为(80%+40%)/2=60%。

8.2.1 投票策略

假设某机器学习模型有 L 个弱学习器 $M=\{M_1,M_2,\cdots,M_L\}$，用 d_j 表示弱学习器 M_i 在给定的任意输入向量 $\boldsymbol{x}$ 上的估计值，即 $d_i=M_i(\boldsymbol{x}),i=1,2,\cdots,L$。若输入向量 $\boldsymbol{x}$ 存在多种表示 $\{x_1,x_2,\cdots,x_L\}$，也就是说每个弱学习器的输入各不相同，且 M_i 在输入 x_i 上的预测 $d_i=M_i(\boldsymbol{x}_i)$，最终的预测值可由每个弱学习器的预测计算得出，计算公式见式（8-1），其中 $f()$ 是一个组合函数，ϕ 表示其参数。

$$y=f(d_1d_2,\cdots,d_L|\phi) \tag{8-1}$$

若每个弱学习器有 K 个输出，即弱学习器 M_i 的输出 $d_i=\{d_{i1},d_{i2},\cdots,d_{iK}\}$。一般可通过式（8-2）对输出进行组合，得到预测值 $y=\{y_1,y_2,\cdots,y_K\}$，其中 w_i 为弱学习器 d_i 输出的权重且 $\sum_{i=1}^{L} w_i = 1$。

$$y_j = \sum_{i=1}^{L} w_i d_{ij}, w_i \geqslant 0 \tag{8-2}$$

Handen 和 Salamon 在 1990 年给出了如下结论，对于成功概率高于 0.5（比随机猜测好）的一组独立的两类分类器，使用多数表决，预测准确率随投票分类器个数的增加而提高。

假定 d_i 是独立同分布的，其期望值为 $E(d_i)$，方差为 $\mathrm{var}(d_i)$，那么当 $w_i=1/L$ 时，输出的期望值和方差的计算公式见式（8-3）、式（8-4）。

$$E(y) = E\left(\sum_{i=1}^{L} \frac{1}{L} d_i\right) = \frac{1}{L} \times L \times E(d_i) = E(d_i) \tag{8-3}$$

$$\mathrm{var}(y) = E\left(\sum_{i=1}^{L} \frac{1}{L} d_i\right) = \frac{1}{L^2}\mathrm{var}\left(\sum_{i=1}^{L} d_i\right) = \frac{1}{L}\mathrm{var}(d_j) \tag{8-4}$$

从上述推导过程可以看到，期望值没有改变，但是方差随着独立投票数量的增加而下降。

8.2.2 代码实现

下面我们使用 Python 语言对投票法进行实现。

（1）实现软投票

soft_voting 函数实现了一个软投票过程。首先，通过 np.mean 计算了各个模型预测概率的平均值，得到 sv_predicted_proba 数组。然后，通过 1-np.sum 计算剩余的概率值，并将其赋给 sv_predicted_proba 数组的最后一列。最后，函数返回了经过软投票计算后得到的概率数组 sv_predicted_proba 和概率最高的类别序号数组。需要注意的是，因为浮点型变量精度的误差，每一行的和并不总为 1。如果我们使用 top k 的方法获取分类标签，这种误差不会有任何的影响。但是有时候还需要进行其他处理，可能需要保证概率的和为 1，那么就需要做一些简单的处理，如将最后一列中的值设置为 1 减去其他列值的和。

代码 8-1 soft_voting 函数

```
import numpy as np

def soft_voting(predicted_probas):
    """
    使用软投票进行集成学习，得到概率数组和概率最高的类别序号数组。
    参数：
    predicted_probas (numpy.array)：包含多个模型对样本分别预测的概率值的二维数组。
    返回值：
    sv_predicted_proba (numpy.array)：经过软投票后得到的概率数组，形状与输入数组相同。
    sv_predicted_proba.argmax(axis=1) (numpy.array)：概率最高的类别序号数组。
    """
    # 计算各个模型预测概率的平均值
```

```
    sv_predicted_proba = np. mean(predicted_probas, axis=0)
    # 计算剩余的概率值
    sv_predicted_proba[ :,-1] = 1-np. sum(sv_predicted_proba[ :,:-1], axis=1)

    # 返回概率数组和概率最高的类别序号数组
    return sv_predicted_proba, sv_predicted_proba. argmax(axis=1)
```

（2）实现硬投票

hard_voting 函数实现了一个硬投票过程。首先创建了一个空列表 hv_predictions，用于存储硬投票的结果。然后使用 np. array(predictions). T 将按行存储的弱学习器分类结果转换为按列存储的形式。接着，通过遍历每一列，使用列表推导式和 max 函数统计出现次数最多的类别，将该类别结果存储到 result 中。最后，将 result 添加到 hv_predictions 结果列表中。整个流程是将按行存储的弱学习器分类结果转换为按列存储的形式，然后对每一列进行统计，得到出现次数最多的类别，将结果存储到结果列表中，并返回最终的硬投票结果列表。

代码 8-2 hard_voting 函数

```
def hard_voting(predictions):
    """
    使用硬投票进行集成学习，得到硬投票结果列表。
    参数：
    predictions (list)：包含多个弱学习器的分类结果列表。
    返回值：
    hv_predictions (list)：经过硬投票计算后得到的硬投票结果列表。
    """
    hv_predictions =[ ]                          # 存储硬投票结果的列表

    for row in np. array(predictions). T:        # 将按行存储的弱学习器分类结果转为按列存储
        # 统计出现次数最多的类别
        result = max([(list(row). count(e), e) for e in set(row)])[1]
        hv_predictions. append(result)           # 将结果添加到结果列表中

    return hv_predictions                        # 返回硬投票结果列表
```

（3）主函数实现

下面我们对两种投票方法进行测试。首先，加载鸢尾花数据集，然后将数据集划分为训练集和测试集。接着，定义了三个弱学习器。我们选择高斯朴素贝叶斯算法、随机森林算法和极度随机树算法作为弱学习器。为了节省篇幅，每种弱学习器我们都直接使用了 scikit-learn 库中的函数，并将它们存储在 classifiers 字典中。然后，通过遍历 classifiers 字典中的弱学习器，对每个弱学习器进行模型训练，并将类别预测结果存储在 predictions 列表中，将类别概率预测结果存储在 predicted_probas 列表中。接下来，使用软投票方法对类别概率预测结果进行处理，得到软投票结果。最后，使用硬投票方法对类别预测结果进行处理，得到硬投票结果，并将软投票结果和硬投票结果打印输出。

代码 8-3 run_voting 函数

```
from sklearn import datasets
from sklearn. model_selection import train_test_split
```

```
from sklearn.naive_bayes import GaussianNB                              # 高斯朴素贝叶斯分类器
from sklearn.ensemble import RandomForestClassifier                     # 随机森林分类器
from sklearn.ensemble import ExtraTreesClassifier                       # 极度随机树分类器

def run_voting():
    """
    运行硬投票和软投票的集成学习方法。
    """
    iris = datasets.load_iris()                                         # 读取鸢尾花数据集
    X_train, X_test, y_train, y_test = train_test_split(
        iris.data, iris.target, random_state=RANDOM_STATE)              # 训练集和测试集划分

    classifiers = dict()
    classifiers["Random Forest"] = RandomForestClassifier(random_state=0)
    classifiers["Naive Bayes"] = GaussianNB()
    classifiers["Extra Random Trees"] = ExtraTreesClassifier(random_state=0)

    predictions = []                                                    # 存储分类标记的列表
    predicted_probas = []                                               # 存储类别概率的列表

    for name, classifier in classifiers.items():                        # 遍历每个弱学习器
        classifier.fit(X_train, y_train)                                # 训练弱学习器模型
        predictions.append(classifier.predict(X_test))                  # 存储类别预测结果
        # 存储类别概率预测结果
        predicted_probas.append(classifier.predict_proba(X_test))

    sv_predicted_proba, sv_predictions = soft_voting(predicted_probas)  # 软投票
    hv_predictions = hard_voting(predictions)                           # 硬投票

    print(sv_predictions)
    print(hv_predictions)

if '__main__' == __name__:
    run_voting()
```

代码的运行结果如下。可见在本数据集中，软投票和硬投票的预测结果相同。

```
[0 1 1 0 2 1 2 0 0 2 1 0 2 1 1 0 1 1 0 0 1 1 2 0 2 1 0 0 1 2 1 2 1 2 2 0 1 0]
[0 1 1 0 2 1 2 0 0 2 1 0 2 1 1 0 1 1 0 0 1 1 2 0 2 1 0 0 1 2 1 2 1 2 2 0 1 0]
```

8.3 装袋法

装袋法是一种有放回抽样（bootstrap sampling）的投票方法。给定包含 n 个样本的数据集 X，先从 X 中随机抽取一个样本并放入采样数据集 X_s 中，再将样本放回 X 中。重复上述过程 n 次，则可以得到一个包含 n 个样本的采样数据集 X_s（有些样本可能被多次抽取到，而有些样本可能一次都没有被抽中）。共进行 k 轮抽取，得到 k 个采样数据集（k 个数据集之间是相互独立的）。然后，每次使用一个采样数据集作为训练集得到一个模型，k 个训练

集共得到 k 个模型。对于分类问题，将上步得到的 k 个模型的输出类别标记采用投票的方式得到最终分类结果；对于回归问题，计算上述 k 个模型输出的均值作为最终预测结果（所有模型的重要性相同）。

8.3.1 随机森林算法

随机森林（random forest，RF）算法就是通过装袋法的思想将多个弱学习器组合在一起，其弱学习器一般采用 CART 决策树。随机森林算法的“随机”体现在两个方面：一是样本的随机选取，即通过有放回采样构造子数据集，子数据集的样本数量和原始数据集一致。不同子数据集中的样本可以重复，同一个子数据集中的样本也可以重复。这样在训练模型时，每一棵树的输入样本都不是全部的样本，使森林中的决策树不至于产生局部最优解。二是特征的随机选取，即随机森林算法中的决策树的每一个分裂过程并未使用所有特征，而是从所有特征中随机选取一定的特征，之后在随机选取的特征中选取最优划分特征。最后，将多棵决策树的输出进行整合作为最终输出。随机森林算法既可以用于分类问题，也可以用于回归问题，生成过程中样本和特征的随机性可以确保不会出现过拟合的情况。

随机森林算法的具体流程如下：

1）抽样产生每棵决策树的训练数据集。随机森林算法从原始数据集中产生 k 个子训练集（假设要生成 k 棵决策树）。

2）构建 k 棵决策树（弱学习器）。每一个子训练集生成一棵决策树，从而产生 k 棵决策树形成森林，每棵决策树不需要剪枝处理。在进行节点划分时，随机地选择 m 个特征（一般地，取 $m=\log_2 M$，$m \ll M$，其中 M 是特征总数）参与最优划分特征选择。

3）生成随机森林。使用第 2）步的 k 棵决策树对测试样本进行分类或回归，将每棵子树的结果汇总。对分类问题，以简单多数的原则决定该样本的类别标记；对回归问题，将所有决策树输出的均值作为最终预测结果。

这里我们还要提一下极端随机树（extremely randomized trees，Extra Tree）算法。它与随机森林算法十分相似，主要区别是随机森林算法采用对数据集有放回随机采样的方式生成多个子训练集，而极端随机树算法使用整个数据集作为训练集，但是节点的划分特征是随机选取的。因为分裂是完全随机的，所以有时可以得到比随机森林算法更好的结果。

8.3.2 代码实现

下面我们使用 Python 语言对随机森林算法进行实现，其中的个体分类器我们选择较为简单的 ID3 决策树。代码中的 calculate_entropy 函数、dataset_split 函数、majority_vote 函数、decision_tree_classifier 函数与决策树章节中的实现代码一致，故不再赘述。

（1）生成子数据集

get_sample_dataset 函数实现了带放回的数据集随机采样。首先，初始化一个空列表 sample_dataset，用于存储随机样本子数据集。然后进入循环，判断随机样本子数据集的样本数量是否小于原始数据集的样本数量。若条件满足，生成一个随机样本索引 index。这里使用 randrange( ) 函数从 0 到 len(dataset) -1 的范围内生成一个随机整数。将对应索引 index 处的样本加入随机样本子数据集 sample_dataset。重复上面的步骤，直到随机样本子数据集的样本数量与原始数据集相同。最后，将随机样本子数据集转换为 NumPy 数组，并作为函数的输出返回。

代码 8-4　get_sample_dataset 函数

```
import numpy as np
from random import randrange

def get_sample_dataset(dataset):
    """
    从给定数据集中获取随机样本子数据集。
    参数:
    - dataset: 原始数据集
    返回值:
    - sample_dataset: 随机样本子数据集
    """
    sample_dataset =[]                          # 初始化随机样本子数据集列表

    # 当随机样本子数据集的样本数小于原数据集的样本数时
    while len(sample_dataset) < len(dataset):
        index = randrange(len(dataset) - 1)     # 生成一个随机样本索引
        sample_dataset.append(dataset[index])   # 将对应索引的样本加入随机样本子数据集

    return np.array(sample_dataset)             # 返回随机样本子数据集（转换为 NumPy 数组）
```

（2）选择最优划分特征

best_feature_selection 函数实现了从给定数据集中根据指定的随机选取特征数量选择最佳特征。首先，获取原始数据集的总特征数量和样本数量。然后，初始化特征索引列表。进入循环，当特征索引列表的长度小于指定的随机选取特征数量时，随机选取一个特征索引；若当前选中的特征索引不在特征索引列表中，则将其添加到特征索引列表中。接下来，初始化最小信息熵和最佳特征索引。对于每一个选定的特征索引，初始化当前特征的信息熵为 0；根据当前特征对数据集进行划分，得到子数据集集合；对于每个子数据集，计算其信息熵，并将其加权平均到当前特征的信息熵上；比较当前特征的信息熵与最小信息熵，若小于最小信息熵，则更新最小信息熵和最佳特征索引。最后，返回最佳特征的索引。

代码 8-5　best_feature_selection 函数

```
def best_feature_selection(dataset, sample_feature_num):
    """
    根据指定的随机选取特征数量，从给定数据集中选择最佳特征。
    参数:
    - dataset: 原始数据集。
    - sample_feature_num: 随机选取特征的数量。
    返回值:
    - best_feature_index: 最佳特征的索引。
    """
    feature_number = len(dataset[0]) - 1  # 获取总特征数量
    sample_number = len(dataset)          # 获取样本数量
    features =[]                          # 初始化特征索引列表
```

```
    # 当特征索引列表的长度小于指定的随机选取特征数量时
    while len(features) < sample_feature_num:
        index = randrange(feature_number)        # 随机选取一个特征索引
        if index not in features:
            features.append(index)               # 将选中的特征索引添加到特征索引列表

    min_entropy, best_feature_index= 1, None     # 初始化最小信息熵和最佳特征索引

    for i in features:                           # 遍历每一个选定的特征索引
        feature_entropy = 0
        # 根据当前特征进行数据集划分，得到子数据集集合
        sub_datasets = dataset_split(dataset, i)

        for sub_dataset in sub_datasets:         # 遍历每个子数据集，计算信息熵
            feature_entropy += len(sub_dataset) / sample_number
                              * calculate_entropy(sub_dataset)

        if min_entropy > feature_entropy:        # 更新最小信息熵和最佳特征索引
            min_entropy = feature_entropy
            best_feature_index = i

    return best_feature_index
```

(3) 构造决策树

create_tree 函数与 7.2 节中给出的代码基本相同，仅在最优划分特征选择时增加了随机特征选择数量这个参数。代码首先获取类别标签列和类别标签集合。若类别标签集合中只有一个类别，说明所有样本属于同一类别，停止划分，并返回该类别标签。然后，根据指定的随机选取特征数量选择最佳划分特征的索引。若无可用特征，即所有样本在当前特征上取值相同，停止划分，并返回投票最多的类别标签。接下来，获取最优划分特征的名称，以及最优划分特征的取值列表和去重后的取值集合。划分数据集，得到子数据集集合。对于每个子数据集，递归调用 create_tree 函数进行划分，并将结果存储在决策树模型的字典中。最后，返回构建的决策树模型。

代码 8-6 create_tree 函数

```
def create_tree(dataset, feature_list, sample_feature_num):
    """
    构建决策树模型。
    参数:
    - dataset: 原始数据集。
    - feature_list: 特征列表。
    - sample_feature_num: 随机选取特征的数量。
    返回值:
    - dtree: 构建的决策树模型。
    """
    label_values = dataset[:, -1]                # 获取类别标签列
    label_set = list(set(label_values))          # 获取类别标签集合
```

```
    if len(label_set) == 1:                                  # 当类别标签完全相同时停止划分
        return label_set[0]                                  # 返回此类别标签

    # 选择最佳划分特征
    best_feature_index = best_feature_selection(dataset, sample_feature_num)

    if best_feature_index == None:                           # 当无可用特征时停止划分
        return majority_vote(label_values)                   # 返回投票最多的类别标签

    best_feature = feature_list[best_feature_index]          # 获取最优划分特征名称
    dtree = {best_feature: {}}                               # 以字典形式存储划分过程

    best_feature_values = dataset[:, best_feature_index]     # 最优划分特征的取值列表
    best_feature_set = list(set(best_feature_values))        # 去重,统计该特征的取值集合

    sub_datasets = dataset_split(dataset, best_feature_index) # 划分数据集

    for i in range(len(sub_datasets)):
        dtree[best_feature][best_feature_set[i]] = create_tree(sub_datasets[i],
                                        feature_list, sample_feature_num)  # 递归划分

    return dtree
```

(4) 定义随机森林

代码 8-7 实现了随机森林模型的函数。首先，初始化存储生成的决策树模型的列表 trees，存储每个决策树对测试样本的分类结果的列表 results，以及最终的分类结果 final_result。然后，使用循环迭代生成指定数量的决策树：生成随机采样子训练集 sample_dataset；调用 create_tree 函数生成决策树 decision_tree；将决策树添加到 trees 列表中；对测试样本调用 decision_tree_classifier 函数进行分类，得到分类结果 test_result；将分类结果添加到 results 列表中。接下来，调用 majority_vote 函数对所有决策树输出的分类结果进行投票，得到最终的分类结果 final_result。最后，返回最终的分类结果。

代码 8-7　random_forest 函数

```
def random_forest(dataset, feature_list, sample_feature_num, tree_num, test_sample):
    """
    随机森林模型。
    参数:
    - dataset: 原始数据集。
    - feature_list: 特征列表。
    - sample_feature_num: 随机选取特征的数量。
    - tree_num: 决策树数量。
    - test_sample: 测试样本。
    返回值:
    - final_result: 最终分类结果。
    """
    trees = []          # 存储生成的决策树模型
    results = []        # 存储每个决策树对测试样本的分类结果
```

```
    final_result = None                                    # 最终分类结果

    for i in range(tree_num):                              # 迭代生成指定数量的决策树
        sample_dataset = get_sample_dataset(dataset)       # 生成随机采样子训练集
        decision_tree = create_tree(sample_dataset, feature_list,
                                   sample_feature_num)     # 生成决策树
        print('决策树', i, ":", decision_tree)              # 输出决策树
        trees.append(decision_tree)                        # 保存决策树
        test_result = decision_tree_classifier(decision_tree, feature_list,
                                               test_sample)  # 对测试样本分类
        results.append(test_result)                        # 保存分类结果
        print('分类结果', i, ":", test_result)              # 输出分类结果

    final_result = majority_vote(results)                  # 对所有决策树输出的分类结果进行投票
    return final_result
```

（5）生成主函数

代码 8-8 将随机森林模型应用于一个自定义数据集并输出了运行结果。代码首先创建原始数据集 dataset，包括特征和标签。然后，定义特征列表 feature_list，用于指定数据集中特征的顺序。接下来，定义测试样本 test_sample。调用 random_forest 函数，传入数据集、特征列表、随机选取特征的数量、决策树数量和测试样本，并将返回的最终分类结果保存到变量 result 中。最后，输出最终的分类结果。

代码 8-8 run 函数

```
def run():
    """
    主函数，用于运行随机森林模型，并输出结果。
    """
    dataset = np.array(
        [['青绿', '蜷缩', '浊响', '清晰', '凹陷', '硬滑', '是'],
         ['乌黑', '蜷缩', '沉闷', '清晰', '凹陷', '硬滑', '是'],
         ['乌黑', '蜷缩', '浊响', '清晰', '凹陷', '硬滑', '是'],
         ['青绿', '蜷缩', '沉闷', '清晰', '凹陷', '硬滑', '是'],
         ['浅白', '蜷缩', '浊响', '清晰', '凹陷', '硬滑', '是'],
         ['青绿', '稍蜷', '浊响', '清晰', '稍凹', '软粘', '是'],
         ['乌黑', '稍蜷', '浊响', '稍糊', '稍凹', '软粘', '是'],
         ['乌黑', '稍蜷', '浊响', '清晰', '稍凹', '硬滑', '是'],
         ['乌黑', '稍蜷', '沉闷', '稍糊', '稍凹', '硬滑', '否'],
         ['青绿', '硬挺', '清脆', '清晰', '平坦', '软粘', '否'],
         ['浅白', '硬挺', '清脆', '模糊', '平坦', '硬滑', '否'],
         ['浅白', '蜷缩', '浊响', '模糊', '平坦', '软粘', '否'],
         ['青绿', '稍蜷', '浊响', '稍糊', '凹陷', '硬滑', '否'],
         ['浅白', '稍蜷', '沉闷', '稍糊', '凹陷', '硬滑', '否'],
         ['乌黑', '稍蜷', '浊响', '清晰', '稍凹', '软粘', '否'],
         ['浅白', '蜷缩', '浊响', '模糊', '平坦', '硬滑', '否'],
         ['青绿', '蜷缩', '沉闷', '稍糊', '稍凹', '硬滑', '否']])
    feature_list = ['色泽', '根蒂', '敲击', '纹理', '脐部', '触感']
```

```
    test_sample = ['青绿', '蜷缩', '浊响', '清晰', '凹陷', '硬滑']
    result = random_forest(dataset, feature_list, 3, 5, test_sample)
    print('随机森林结果:', result)

if '__main__' == __name__:
    run()
```

程序的运行结果如下。

```
决策树 0: {'根蒂': {'蜷缩': {'脐部': {'平坦': '否', '凹陷': '是'}}, '稍蜷': '是', '硬挺': '否'}}
分类结果 0: 是
决策树 1: {'脐部': {'稍凹': '否', '平坦': '否', '凹陷': {'色泽': {'青绿': {'敲击': {'浊响': '否', '沉闷': '是'}}, '乌黑': '是', '浅白': {'纹理': {'稍糊': '否', '清晰': '是'}}}}}}
分类结果 1: 否
决策树 2: {'敲击': {'浊响': {'触感': {'软粘': {'根蒂': {'蜷缩': '否', '稍蜷': '是'}}, '硬滑': {'根蒂': {'蜷缩': {'色泽': {'青绿': '是', '乌黑': '是', '浅白': {'纹理': {'清晰': '是', '模糊': '否'}}}}}, '稍蜷': '否'}}}}, '清脆': '否', '沉闷': {'根蒂': {'蜷缩': '是', '稍蜷': '否'}}}}
分类结果 2: 是
决策树 3: {'色泽': {'青绿': {'根蒂': {'蜷缩': '是', '稍蜷': {'脐部': {'稍凹': '是', '凹陷': '否'}}, '硬挺': '否'}}, '乌黑': {'根蒂': {'蜷缩': '是', '稍蜷': '否'}}, '浅白': '否'}}
分类结果 3: 是
决策树 4: {'根蒂': {'蜷缩': '是', '稍蜷': {'色泽': {'青绿': '否', '乌黑': {'敲击': {'浊响': {'纹理': {'稍糊': '是', '清晰': '否'}}, '沉闷': '否'}}, '浅白': '否'}}, '硬挺': '否'}}
分类结果 4: 是
随机森林结果: 是
```

8.4 提升法

提升法是一种重要的集成学习技术，能够将预测精度仅比随机猜度略高的弱学习器增强为预测精度高的强学习器，这在直接构造强学习器非常困难的情况下，为学习算法的设计提供了一种有效的新思路和新方法。

最初的提升法由 Schapire 于 1990 年提出并进行了实验和理论性的证明。在此之后，Freund 研究出一种更高效的提升法。但这两种算法都有共同的不足即需要提前确定弱学习算法识别准确率的下限。提升法可以提升任意给定学习算法的准确度，主要思想是通过一些简单的规则整合得到一个整体，使得该整体具有的性能比任何一个部分都高。其思想受启发于 Valiant 提出的 PAC（probably approximately correct）学习模型。Valiant 认为“学习”是一种不管模式明显清晰或是否存在模式时都能够获得知识的过程，并从计算的角度定义了学习的方法，其包含学习的协议、合理信息采集机制的选择，以及可以在适当过程内实现学习概念的分类。PAC 学习模型的原理是指在训练样本的基础上，算法的输出能够以概率靠近未知的目标进行学习分类，基本框架涉及样本复杂度和计算复杂度。简而言之，在 PAC 学习模型中，能够在多项式时间内和样本获得特定要求的正确率就是一个好的学习过程。该模型由统计模式识别、决策理论得到的一些简单理论并结合计算复杂理论的方法而得出的学习模型，其中提出了弱学习和强学习的概念。

提升法先从初始训练集训练出一个弱学习器，再根据弱学习器的表现对训练样本分布进行调整，使得先前弱学习器做错的训练样本在后续受到更多关注，然后基于调整后的样本分布来训练下一个弱学习器。如此重复进行，直至弱学习器数目达到指定的值 k，最终将这 k 个弱学习器的输出进行加权结合。提升法包含一系列算法，如自适应提升（adaptive boosting，AdaBoost）算法，梯度提升（gradient boosting）算法等。提升法中的个体分类器可以是不同类的分类器。下面我们主要介绍自适应提升和梯度提升两个算法。

8.4.1 自适应提升算法

自适应提升算法是提升法中最成功的代表，被评为数据挖掘十大算法之一。该算法是 Freund 和 Schapire 于 1995 年对 Boosting 算法的改进得到的，算法中有两种权重，一种是样本的权重，另一种是弱分类器的权重。样本的权重主要用于弱分类器计算误差最小的划分特征，找到之后用这个最小误差计算出该弱分类器的权重（发言权），分类器权重越大说明该弱分类器在最终决策时拥有更大的发言权。其原理是通过调整样本的权重和弱分类器的权重，对关键分类特征进行挑选，逐步训练不同的弱分类器，再用适当的阈值选择最佳弱分类器，最后将每次迭代训练选出的最佳弱分类器构建为强分类器。因此，每一个弱分类器都是在样本的不同权重集上训练获得的。每个样本被分类的难易度决定权重，而分类的难易度是经过前面步骤中的分类器的输出估计得到的。

我们可以先回忆一下决策树算法的原理。如果训练数据保持不变，那么每棵决策树在同一层的划分中所使用的划分特征和分割点必然都是一样的。因为决策树把所有可能的特征和分割点遍历过后选择了其中最优的。如果训练数据不变，那么每次找到的最好的点当然都是同一个点了。所以随机森林算法在训练数据集和候选特征方面都加入了随机性，而自适应提升算法则采用了为样本设置权重的方法。在决策树计算划分后的误差时，自适应提升算法要求其乘上样本的权重，即计算带权重的误差。

举个例子，当未考虑样本的权重时（即所有样本的权重均相等），假设我们有 10 个样本，每个样本的权重都是 0.1，每分错 1 个错误率就增加 0.1，分错 3 个则增加 0.3。现在我们加入样本权重，假设前 9 个样本的权重均为 0.01，第 10 个样本的权重为 0.91。那么如果分错了前 9 个样本中的任意一个，错误率为 0.01，而如果分错了最后一个样本，则错误率是 0.91。这样，在选择划分特征和分割点的时候自然是要尽量把权重大的样本（本例中是最后一个样本）分对才能降低误差率。由此可见，权重的分布影响着划分特征和分割点的选择，权重大的样本变得更重要，权重小的样本则相对更不重要。

在自适应提升算法中，每训练完一个弱分类器就会调整权重，上一轮训练中被误分类的样本的权重会增加。因此在本轮训练中，由于权重影响，本轮的弱分类器更有可能把上一轮的误分类样本分对，如果还是没有分对，那么分错的样本的权重将继续增加，下一个弱分类器将更加关注这个点，尽量将其分对。也就是说，下一个分类器主要关注上一个分类器没分对的样本，因此每个弱分类器都有各自最关注的点，每个弱分类器都只关注整个数据集中的一部分数据。但是这也产生了一个问题，就是第 n 个分类器更可能分对第 $n-1$ 个分类器没分对的样本，却不能保证以前分类器分对的样本还能分对。所以必然是所有的弱分类器组合在一起才能发挥出最好的效果。因此，最终投票表决时，需要根据弱分类器的权重来进行加权投票，权重大小是根据弱分类器的分类错误率计算得出的，总的规律就是弱分类器错误率越低，其权重就越高。

自适应提升算法的具体流程如下。

1）初始化样本权重集合 W，其中 W 的下标代表弱分类器的索引，即第 1 棵决策树使用的样本权重集合为 W_1，其中的 $w_{1,i}$ 为每个样本的权重。这些权重的初始值相等，均为 $\frac{1}{N}$，其中 N 为样本的数量见式（8-5）。

$$W_1=(w_{1,1},w_{1,2},\cdots,w_{1,N}),\quad w_{1,i}=\frac{1}{N},\quad i=1,2,\cdots,N \tag{8-5}$$

2）在进行分类时，假设共使用 M 个弱学习器（即迭代 M 次），则对于 $m=1,2,\cdots,M$，重复以下过程：

① 使用权重集合 W_m 对样本计算加权损失，并根据此损失选择最优划分特征，构造弱学习器 $R_m(X)$。

② 计算弱学习器 $R_m(X)$ 在训练数据集上的损失 l_m，l_m 的计算见式（8-6），其中 $R_m(x_i)$ 为弱学习器 R_m 对 x_i 的预测标记，y_i 为 x_i 的真实标记。$I(R_m(x_i)\neq y_i)$ 为指示函数，取值为 1 或 0。当指示函数括号中的表达式为真时，函数结果为 1；当括号中的表达式为假时，函数结果为 0。

$$l_m=\sum_{i=1}^{N}w_{m,i}I(R_m(x_i)\neq y_i) \tag{8-6}$$

③ 以式（8-7）计算弱学习器 $R_m(X)$ 在集成时的权重 α_m。由此可知，损失越小的弱分类器，其权重越大。

$$\alpha_m=\frac{1}{2}\ln\frac{1-l_m}{l_m} \tag{8-7}$$

④ 更新样本权重集合 W_m，见式（8-8）和式（8-9）。最后使用式（8-10）对 $w_{m+1,i}$ 进行归一化。

$$W_{m+1}=(w_{m+1,1},w_{m+1,2},\cdots,w_{m+1,N}) \tag{8-8}$$

$$w_{m+1,i}=\begin{cases}w_{m,i}\mathrm{e}^{\alpha_m},\text{当 } x_i \text{ 被错误分类时}\\ w_{m,i}\mathrm{e}^{-\alpha_m},\text{当 } x_i \text{ 被正确分类时}\end{cases} \tag{8-9}$$

$$w_{m+1,i}=\frac{w_{m+1,i}}{\sum_{i=1}^{N}w_{m+1,i}} \tag{8-10}$$

⑤ 最终的集成输出结果以式（8-11）计算。

$$R(X)=\operatorname{sign}\Big(\sum_{i=1}^{M}\alpha_m R_m(X)\Big) \tag{8-11}$$

可以看出，被弱学习器误分类的样本权重会增加，被正确分类的样本权重会降低。所以当前学习器为了让损失函数最小化，更倾向于将权重大的样本分到正确的类。因此，在决策树构造过程中的节点分裂时，分裂节点会受到权重较大的样本的影响。

3）解决回归问题的计算公式与分类问题有所不同。在进行回归时，仍假设共使用 M 个弱学习器（即迭代 M 次），则对于 $m=1,2,\cdots,M$，重复以下过程：

① 使用权重集合 W_m 对样本计算加权损失，并根据此损失选择最优划分特征，构造弱学习器 $R_m(X)$。

② 计算弱学习器 $R_m(X)$ 在训练数据集上的最大损失 E_m，见式（8-12），其中 $R_m(x_i)$ 为弱学习器 R_m 对 x_i 的预测标记，y_i 为 x_i 的真实标记。

$$E_m = \max|R_m(x_i)-y_i|, \quad i=1,2,\cdots,N \tag{8-12}$$

③ 计算每个样本的相对损失 $e_{m,i}$。相对损失的计算方法与损失的计算方法有关，比如在使用平方误差的情况下，计算公式见式（8-13）。

$$l_m = \frac{(R_m(x_i)-y_i)^2}{E_m^2} \tag{8-13}$$

④ 计算弱学习器 $R_m(X)$ 在训练数据集上的损失率 e_m，见式（8-14）。

$$e_m = \sum_{i=1}^{N} w_{m,i} e_{m,i} \tag{8-14}$$

⑤ 以式（8-15）计算弱学习器 $R_m(X)$ 在集成时的权重 α_m。损失越小的弱分类器，其权重越大。

$$\alpha_m = \frac{1-e_m}{e_m} \tag{8-15}$$

⑥ 更新样本权重集合 W_m，见式（8-16）和式（8-17）。最后使用式（8-18）对 $w_{m+1,i}$ 进行归一化。

$$W_{m+1} = (w_{m+1,1}, w_{m+1,2}, \cdots, w_{m+1,N}) \tag{8-16}$$

$$w_{m+1,i} = w_{m,i}\alpha_m^{1-e_{m,i}} \tag{8-17}$$

$$w_{m+1,i} = \frac{w_{m+1,i}}{\sum_{i=1}^{N} w_{m+1,i}} \tag{8-18}$$

⑦ 最终的集成输出结果以式（8-19）计算，其中 $R_m^*(X)$ 是所有弱学习器的 $\ln\frac{1}{\alpha_m}$ 的中位数对应的弱学习器。

$$R(X) = R_m^*(X) \tag{8-19}$$

AdaBoost 进行回归时没有使用加法集成策略得到最终的强学习器，整体过程同样是基于当前弱学习器的表现来计算其权重，最后依据弱学习器权重排序选取中位权重学习器的输出作为最终结果。

下面给出一个使用 AdaBoost 算法并以决策树作为弱分类器进行分类的计算过程示例。给定单特征数据集 $X=\{0,1,2,3,4,5\}$，其对应的标记 $Y=\{1,1,-1,-1,1,-1\}$。对于第一个弱分类器（即第一轮迭代），首先样本权重全部初始化为$\frac{1}{6}$，然后选择最优划分特征和最优分割点。由于数据集只有一个特征，因此可直接进行分割点的选择。

本数据集的候选分割点为$\{0.5,1.5,2.5,3.5,4.5\}$，若以 0.5 切分数据，即当 $x<0.5$ 时，$y=1$；当 $x>0.5$ 时，$y=-1$。此时损失率为 $2\times\frac{1}{6}=0.333$；若以 1.5 切分数据，即当 $x<1.5$ 时，$y=1$；当 $x>1.5$ 时，$y=-1$。此时损失率为 $1\times\frac{1}{6}=0.167$；若以 2.5 切分数据，即当 $x<2.5$时，$y=1$；当 $x>2.5$ 时，$y=-1$。此时损失率为 $2\times\frac{1}{6}=0.333$；若以 3.5 切分数据，即

当 $x<3.5$ 时，$y=1$；当 $x>3.5$ 时，$y=-1$。此时损失率为 $3\times\frac{1}{6}=0.500$；若以 4.5 切分数据，即当 $x<4.5$ 时，$y=1$；当 $x>4.5$ 时，$y=-1$。此时损失率为 $2\times\frac{1}{6}=0.333$。可见以 1.5 作为分割点时损失率最小，故选择其为分割点构建决策树。

然后，计算第一个弱分类器的权重 $\alpha_1=\frac{1}{2}\ln\frac{1-0.167}{0.167}=0.8047$。

继而，更新样本权重。对于样本{0,1,2,3,5}，弱分类器分类正确，则其样本权重为 $0.167\times e^{-0.8047}=0.075$；对于样本{4}，弱分类器分类错误，则其样本权重为 $0.167\times e^{0.8047}=0.373$。对样本权重进行归一化可得最终权重为{0.1,0.1,0.1,0.1,0.5,0.1}，此时的强分类器为 $R(X)=0.8047R_1(X)$。

基于上述结果再进行第二个弱分类器的训练（即第二轮迭代），仍然首先进行最优分割点的选择。若以 0.5 切分数据，即当 $x<0.5$ 时，$y=1$；当 $x>0.5$ 时，$y=-1$。此时损失率为 $0.1+0.5=0.6$；若以 1.5 切分数据，即当 $x<1.5$ 时，$y=1$；当 $x>1.5$ 时，$y=-1$。此时损失率为 0.5；若以 2.5 切分数据，即当 $x<2.5$ 时，$y=1$；当 $x>2.5$ 时，$y=-1$。此时损失率为 $0.1+0.5=0.6$；若以 3.5 切分数据，即当 $x<3.5$ 时，$y=1$；当 $x>3.5$ 时，$y=-1$。此时损失率为 $0.1+0.1+0.5=0.7$；若以 4.5 切分数据，即当 $x<4.5$ 时，$y=1$；当 $x>4.5$ 时，$y=-1$。此时损失率为 $0.1+0.1=0.2$。可见以 4.5 作为分割点时损失率最小，故选择其为分割点构建决策树。

然后，计算第二个弱分类器的权重 $\alpha_2=\frac{1}{2}\ln\frac{1-0.2}{0.2}=0.6931$。

继而，更新样本权重。对于样本{0,1,5}，弱分类器分类正确，则其样本权重为 $0.1\times e^{-0.6931}=0.05$；对于样本{4}，弱分类器分类正确，则其样本权重为 $0.5\times e^{-0.6931}=0.25$；对于样本{2,3}，弱分类器分类错误，则其样本权重为 $0.1\times e^{0.6931}=0.2$。对样本权重进行归一化可得最终权重为{0.0625,0.0625,0.25,0.25,0.3125,0.0625}，此时的强分类器为 $R(X)=0.8047R_1(X)+0.6931R_2(X)$。

后续重复上述过程，直至达到停止迭代条件。

8.4.2 梯度提升算法

梯度提升算法的基本思想是：串行地生成多个弱学习器，每个弱学习器的目标是拟合先前累加模型的损失函数的负梯度，使加上该弱学习器后的累加模型损失向负梯度的方向减少。因为拟合的是连续值，所以算法中的弱学习器一般是 CART 决策树，而不使用分类树。

举个简单的例子，假设一个样本真实值为 10，第一个弱学习器拟合结果为 6，则误差（损失）为 4。那么就将 4 作为下一个学习器的拟合目标，如第二个弱学习器拟合结果为 3，则这两个弱学习器组合而成的模型对于样本的预测结果为 6+3=9。以此类推可以继续增加弱学习器以提高预测准确度，直至准确度达到我们的要求或弱学习器的数量达到上限。

梯度提升算法还可以被理解为函数空间上的梯度下降。我们比较熟悉的梯度下降通常是指在参数空间上的梯度下降（如训练神经网络，每轮迭代中计算当前损失关于参数的梯度，对参数进行更新）。而在梯度提升算法中，每轮迭代生成一个弱学习器，这个弱学习器拟合损失函数关于之前累加模型的梯度，然后将这个弱学习器加入累加模型中，逐渐降低累加模型的损失。即参数空间的梯度下降利用梯度信息调整参数降低损失，函数空间的梯度下降利用梯度拟合一个新的函数降低损失。

假设有训练集 X，其对应的真实值集合为 y，在第 $m-1$ 轮获得的累加模型为 $R_{m-1}(X)$，则第 m 轮的弱学习器 $h(x)$ 可以通过式（8-20）得到。

$$R_m(X)=R_{m-1}(X)+\text{argminLoss}(y,R_{m-1}(X)+h_m(X)) \tag{8-20}$$

即在函数空间 H 中找到一个弱学习器 $h_m(X)$，使得加入这个弱学习器之后的累加模型的损失最小。那么应该如何找这个 $h_m(X)$ 呢？在第 $m-1$ 轮结束后，我们可以计算得到损失 $\text{Loss}(y,R_{m-1}(X))$。如果我们希望加入第 m 轮的弱学习器后模型的损失最小，根据最速下降法，那么新加入的模型应该使损失函数沿着负梯度的方向移动，即如果第 m 轮的弱学习器拟合损失函数关于累加模型 $R_{m-1}(X)$ 的负梯度，则加上该弱学习器之后累加模型的损失会最小。因此可以知，第 m 轮弱学习器训练的目标值是损失函数的负梯度，即式（8-21）。

$$g_m=-\frac{\partial\text{Loss}(y,R_{m-1}(X))}{\partial R_{m-1}(X)} \tag{8-21}$$

如果梯度提升算法中采用的是平方损失函数，即 $\text{Loss}=(y,R_{m-1}(X)^2)$，那么损失函数负梯度计算出来刚好是残差 $y-R_{m-1}(X)$。但是如果使用其他损失函数或者在损失函数中加入正则项，那么负梯度就不再刚好是残差。

8.4.3 代码实现

下面我们使用 Python 语言首先对自适应提升算法进行实现，其中的个体分类器我们选择 CART 决策树。

（1）计算加权平方误差

由于 CART 回归树为二叉树，因此每个节点只会被划分为两个子集。划分的平方误差为每个子集平方误差的均值。代码首先创建了一个变量 square_residue，并初始化为 0.0。然后使用 enumerate 函数遍历样本值数组 values，返回索引和对应的值。在循环中，通过 np.mean(values)计算样本值数组 values 的均值，并将样本值与均值相减后进行平方操作，最后乘以对应的权重，并累加到 square_residue 变量中。最后，函数返回计算得到的平方残差的总和。

代码 8-9 cal_square_residue 函数

```
import numpy as np


def cal_square_residue(values, weights):
    """
    计算平方残差。
    参数:
    - values: 样本值数组。
    - weights: 样本权重数组。
```

```
    返回:
    - square_residue: 平方残差的总和。
    """
    square_residue = 0.0
    for i, value in enumerate(values):
        # 每个样本的残差乘以权重
        square_residue += np.square(value - np.mean(values)) * weights[i]
    return square_residue
```

(2) 数据集划分

自适应提升算法中的 CART 回归树的数据集划分与决策树章节中的代码相同。函数的输入参数包括原始数据集 dataset、划分特征的索引 feature_index 和划分特征的阈值 value。函数返回划分后的子数据集列表。

代码 8-10 dataset_split_cart 函数

```
def dataset_split_cart(dataset, feature_index, value):
    """
    CART 决策树的数据集划分函数。
    参数:
    - dataset: 原始数据集。
    - feature_index: 划分特征的索引。
    - value: 划分特征的阈值。
    返回:
    - sub_datasets: 划分后的子数据集列表。
    """
    sub_datasets = []                                    # 存放所有子集的集合

    feature_values = dataset[:, feature_index]           # 取出划分特征列

    # 根据阈值将数据集划分为左右两个子集
    new_set_l = dataset[feature_values.astype('float64') < value]
    new_set_r = dataset[feature_values.astype('float64') >= value]

    sub_datasets.append(new_set_l)                       # 保存获得的子集
    sub_datasets.append(new_set_r)                       # 保存获得的子集

    return sub_datasets
```

(3) 最优特征选择

代码 8-11 实现了 CART 决策树的最佳特征选择操作。函数的输入参数包括原始数据集 dataset 和样本权重 weights，函数的返回结果是最佳划分特征的索引 best_feature_index 和最佳划分特征的阈值 best_split_value。首先通过遍历每个特征，获取该特征包含的所有值，并对特征值进行排序。接下来，使用两个循环遍历特征值列表，计算划分值及每个划分的加权残差和。在内层循环中，将划分值设置为相邻两个特征值的平均值，并通过调用 dataset_split_cart 函数将数据集划分为左右两个子集。通过计算加权残差和，找到最小的残差平方和并更新最佳划分特征的索引和划分值。最后，返回最佳划分特征的索引和划分值作为函数的输出结果。

代码 8-11 best_feature_selection_cart 函数

```
def best_feature_selection_cart(dataset, weights):
    """
    CART 决策树的最佳特征选择函数。
    参数:
    - dataset: 原始数据集。
    - weights: 样本权重。
    返回:
    - best_feature_index: 最佳划分特征的索引。
    - best_split_value: 最佳划分特征的阈值。
    """
    feature_number = len(dataset[0]) - 1                # 特征数
    best_square_residue = np.inf
    best_feature_index = -1
    best_split_value = None                             # 连续型特征值的最佳划分值

    for i in range(feature_number):                     # 遍历每个特征
        feature_values = dataset[:, i]                  # 该特征包含的所有值
        sorted_set = sorted(list(set(feature_values)))  # 对特征值排序
        min_square_residue = np.inf
        feature_split_value = None

        for j in range(len(sorted_set) - 1):            # 计算划分值及每个划分的信息增益率
            split_value = (float(sorted_set[j]) + float(sorted_set[j + 1])) / 2
            sub_datasets = dataset_split_cart(dataset, i, split_value)

            square_residue = 0.0

            for sub_dataset in sub_datasets:            # 分别计算加权残差和
                square_residue += cal_square_residue(sub_dataset[:, -1], weights)

            if square_residue < min_square_residue:     # 获取最优的划分点
                min_square_residue = square_residue
                feature_split_value = split_value       # 存储划分值

        if min_square_residue < best_square_residue:    # 获取最优划分特征
            best_square_residue = min_square_residue
            best_feature_index = i
            best_split_value = feature_split_value

    return best_feature_index, best_split_value
```

(4) 构造 CART 回归树

代码 8-12 实现了一个带样本权重的 CART 回归树。首先通过一系列条件判断，确定是否需要停止递归并返回当前样本标签的均值。如果满足以下条件之一，即当前递归深度超过最大深度、样本数量小于最小划分样本数、样本方差为 0 或特征列表长度为 1，则直接返回当前样本标签的均值。如果不符合停止条件，调用 best_feature_selection_cart 函数获取最佳

划分特征的索引和阈值。然后，针对最佳划分特征，创建决策树节点，并递归处理左右子集。首先，通过调用 dataset_split_cart 函数将数据集划分为左右两个子集，然后使用递归调用 create_tree_cart 函数，传入左子集和右子集，继续生成子树。最后，将生成的左子树和右子树添加到决策树节点上。最后，返回生成的决策树作为函数的输出结果。

代码 8-12 create_tree_cart 函数

```
# 加入样本权重参数
def create_tree_cart(dataset, feature_list, weights, depth=0):
    """
    使用 CART 算法创建决策树。
    参数:
    - dataset: 原始数据集。
    - feature_list: 特征列表。
    - weights: 样本权重。
    - depth: 当前递归深度。
    返回:
    - dtree: 决策树。
    """
    max_depth = 3                              # 树的最大深度设置为 3 层
    min_sample_split = 2
    label_values = dataset[:, -1]              # 获取类别标签列

    # 如满足条件则停止递归，返回当前样本标签的均值
    if depth > max_depth or len(dataset) <min_sample_split
      or np.sum(np.square(dataset[:, -1] - np.mean(dataset[:, -1]))) == 0.0
      or len(feature_list) == 1:
        return np.mean(dataset[:, -1])

    # 最佳划分特征的索引和阈值
    best_feature_index, best_split_value = best_feature_selection_cart(dataset,weights)
    # 如果无法进行划分，返回当前样本标签的均值
    if best_split_value == None:
        return np.mean(dataset[:, -1])

    best_feature = feature_list[best_feature_index]
    dtree = {best_feature: {}}

    # 划分数据集并递归处理左子集
    sub_datasets = dataset_split_cart(dataset, best_feature_index,
                                      best_split_value)
    dtree[best_feature]['<' + str(best_split_value)] = create_tree_cart(
        sub_datasets[0], feature_list, weights, depth=depth + 1
    )

    # 划分数据集并递归处理右子集
    dtree[best_feature]['>=' + str(best_split_value)] = create_tree_cart(
        sub_datasets[1], feature_list, weights, depth=depth + 1
```

```
    )
    return dtree
```

(5) 使用构造的 CART 决策树进行回归

代码 8-13 使用 CART 决策树模型对待分类样本进行回归预测。代码首先获取根节点的划分特征和划分结果。然后，通过查找根节点特征在特征列表中的位置，确定待分类样本在该特征上的取值。接下来，使用一个循环遍历根节点划分特征的取值。对于每个划分取值，首先判断其是否为“<”开头。如果是，将待分类样本在该特征上的取值与划分取值进行比较，如果小于划分取值，则判断对应节点是否为叶节点。如果是叶节点，则将其标记作为类别标签；如果不是叶节点，则递归调用 cart_regressor 函数，继续向下搜索。如果划分取值不是以“<”开头，则将待分类样本在该特征上的取值与划分取值进行比较，如果大于等于划分取值，则执行与上面相同的逻辑。最后，返回待分类样本的类别标签作为函数的输出结果。

代码 8-13 cart_regressor 函数

```
def cart_regressor(decision_tree, feature_list, test_sample):
    """
    使用 CART 决策树模型对待分类样本进行回归预测。
    参数:
    - decision_tree: CART 决策树模型。
    - feature_list: 特征列表。
    - test_sample: 待分类样本。
    返回:
    - class_label: 预测结果。
    """
    root_node = list(decision_tree.keys())[0]          # 获取根节点的划分特征
    sub_tree = decision_tree[root_node]                # 获取根节点的划分结果
    class_label = None
    feature_index = feature_list.index(root_node)      # 根节点特征在特征列表中的位置

    for key in sub_tree.keys():                        # 遍历根节点划分特征的取值
      if key[0] == '<':
            if float(test_sample[feature_index]) < float(key[1:]):
                # 如果对应节点不是叶节点, 则递归调用 cart_regressor 函数
                if type(sub_tree[key]).__name__ == 'dict':
                    class_label = cart_regressor(sub_tree[key], feature_list,
                                                 test_sample)
                else:
                    class_label = sub_tree[key]  # 如果对应节点是叶节点, 则取得其标记
        else:
            if float(test_sample[feature_index]) >= float(key[2:]):
                # 如果对应节点不是叶节点, 则递归调用 cart_regressor 函数
                if type(sub_tree[key]).__name__ == 'dict':
                    class_label = cart_regressor(sub_tree[key], feature_list,
                                                 test_sample)
```

```
            else:
                class_label = sub_tree[key]   # 如果对应节点是叶节点,则取得其标记

    return class_label                       # 返回测试样本的类别
```

(6) 实现自适应提升

代码 8-14 实现了自适应提升过程。首先初始化结果列表 results 和弱学习器权重列表 estimator_weights，以及最终分类结果 final_result 的初始值为 0.0。然后，根据数据集的大小初始化样本权重 sample_weights，使每个样本的权重均为 1/样本数量。接下来，使用一个循环迭代生成指定数量的决策树。在每次迭代中，调用 create_tree_cart 函数生成决策树。然后，对训练数据集中的每个样本进行分类，将分类结果存储在列表 predictions 中。计算损失值采用绝对误差的形式，计算总损失和弱学习器权重，输出分类器的权重，并更新样本权重。归一化样本权重后，将弱学习器权重添加到列表 estimator_weights 中，同时保存当前决策树对待分类样本的预测结果到列表 results 中并输出。接下来，通过对比弱学习器权重的中位数，选取与之对应的分类结果作为最终分类结果，并将其赋值给 final_result。最后，返回最终分类结果。

代码 8-14 adaboost 函数

```
def adaboost(dataset, feature_list, tree_num, test_sample):
    """
    使用 AdaBoost 算法对数据集进行分类。
    参数:
    - dataset: 训练数据集。
    - feature_list: 特征列表。
    - tree_num: 决策树数量。
    - test_sample: 待分类样本。
    返回:
    - final_result: 分类结果。
    """
    results = []                                               # 存储每个决策树的分类结果
    estimator_weights = []                                     # 存储弱学习器权重
    final_result= 0.0                                          # 最终分类结果
    sample_weights = np.ones(len(dataset)) / len(dataset)      # 初始化样本权重

    for i in range(tree_num):                                  # 迭代生成指定数量的决策树
        decision_tree = create_tree_cart(dataset, feature_list, sample_weights,
                                         depth=0)              # 生成决策树
        print('决策树', i, ':', decision_tree)                  # 输出决策树

        predictions = []
        for sample in dataset:
            # 对测试样本进行分类
            prediction = cart_regressor(decision_tree, feature_list, sample)
            predictions.append(prediction)

        sample_error = np.abs(predictions - dataset[:, -1])    # 计算损失
```

```
        error_max = sample_error.max()                              # 求最大损失值
        sample_error = np.square(sample_error / error_max)          # 计算损失率
        estimator_error = (sample_weights * sample_error).sum()     # 计算总损失
        alpha = estimator_error / (1 - estimator_error)             # 求 α 值
        estimator_weight = np.log(1 / alpha)                        # 求弱学习器权重
        print('分类器权重:', estimator_weight)

        sample_weights *= np.power(alpha, (1 - sample_error))       # 更新样本权重
        weights_sum= sample_weights.sum()                           # 求样本权重和
        sample_weights /= weights_sum                               # 归一化样本权重
        print('样本权重:', sample_weights)

        estimator_weights.append(estimator_weight)                  # 保存弱学习器权重
        results.append(cart_regressor(decision_tree, feature_list, test_sample))
        print('决策树', i, '结果:', results[-1])                     # 输出当前预测结果

    final_result = results[np.argwhere(estimator_weights
                                        == np.median(estimator_weights))[0][0]]
    return final_result
```

（7）创建主函数

代码 8-15 使用自定义数据集测试我们构造的自适应提升算法。首先定义了训练数据集 dataset 和特征列表 feature_list。接下来，调用 adaboost 函数，并传入训练数据集 dataset、特征列表 feature_list、决策树数量 3 和待分类样本[1,1,3,1,3,0.697]进行预测。将预测结果保存在变量 predict_result 中。最后，输出预测结果 predict_result。

代码 8-15 run_ada 函数

```
def run_ada():
    """
    运行 AdaBoost 算法并输出预测结果的函数。
    """
    # 定义训练数据集
    dataset = np.array(
        [[1, 2, 3, 1, 3, 0.677, 0.91], [1, 1, 3, 1, 3, 0.697, 0.92],
         [1, 2, 3, 1, 3, 0.797, 0.97], [1, 1, 3, 1, 3, 0.897, 0.97],
         [1, 2, 3, 1, 3, 0.697, 0.96], [2, 2, 3, 2, 1, 0.697, 0.95],
         [2, 2, 2, 2, 1, 0.857, 0.98], [2, 2, 3, 2, 3, 0.797, 0.97],
         [2, 1, 2, 2, 3, 0.697, 0.79], [3, 3, 3, 3, 1, 0.347, 0.53],
         [3, 3, 1, 3, 3, 0.697, 0.73], [1, 2, 1, 3, 1, 0.317, 0.51],
         [2, 2, 2, 1, 3, 0.697, 0.73], [2, 1, 2, 1, 3, 0.227, 0.46],
         [2, 2, 3, 2, 1, 0.737, 0.63], [1, 2, 1, 3, 3, 0.197, 0.32],
         [1, 1, 2, 2, 3, 0.147, 0.22]])

    feature_list = ['根蒂', '敲击', '纹理', '脐部', '触感', '密度']

    # 使用 AdaBoost 算法进行预测
    predict_result = adaboost(dataset, feature_list, 3, [1, 1, 3, 1, 3, 0.697])
```

```
    # 输出预测结果
    print('预测结果:', predict_result)

if '__main__' == __name__:
    run_ada()
```

代码运行结果如下。

```
决策树 0 :{'密度':{'<0.512':{'密度':{'<0.212':{'敲击':{'<1.5':0.22, '>=1.5':0.32}}, '>=0.212':{'敲击':{'<1.5':0.46, '>=1.5':{'根蒂':{'<2.0':0.51, '>=2.0':0.53}}}}}}, '>=0.512':{'密度':{'<0.767':{'根蒂':{'<1.5':{'密度':{'<0.687':0.91, '>=0.687':0.94}}, '>=1.5':{'密度':{'<0.717':0.8, '>=0.717':0.63}}}}, '>=0.767':{'纹理':{'<2.5':0.98, '>=2.5':{'根蒂':{'<1.5':0.97, '>=1.5':0.97}}}}}}}}
分类器权重:2.353381275890344
样本权重:[0.03577048 0.03729878 0.03577048 0.03577048 0.03729878 0.37634419
 0.03577048 0.03577048 0.03614658 0.03577048 0.05971821 0.03577048
 0.05971821 0.03577048 0.03577048 0.03577048 0.03577048]
决策树 0 结果:0.94
决策树 1 :{'密度':{'<0.512':{'密度':{'<0.212':{'敲击':{'<1.5':0.22, '>=1.5':0.32}}, '>=0.212':{'敲击':{'<1.5':0.46, '>=1.5':{'根蒂':{'<2.0':0.51, '>=2.0':0.53}}}}}}, '>=0.512':{'纹理':{'<2.5':{'触感':{'<2.0':0.98, '>=2.0':{'敲击':{'<1.5':0.79, '>=1.5':0.73}}}}, '>=2.5':{'触感':{'<2.0':{'密度':{'<0.717':0.95, '>=0.717':0.63}}, '>=2.0':{'密度':{'<0.747':0.93, '>=0.747':0.97}}}}}}}}
分类器权重:2.7996871584771608
样本权重:[0.07398861 0.03034161 0.02131915 0.02131915 0.36545048 0.22430057
 0.02131915 0.02131915 0.02154331 0.02131915 0.03559196 0.02131915
 0.03559196 0.02131915 0.02131915 0.02131915 0.02131915]
决策树 1 结果:0.93
决策树 2 :{'密度':{'<0.332':{'密度':{'<0.212':{'敲击':{'<1.5':0.22, '>=1.5':0.32}}, '>=0.212':{'根蒂':{'<1.5':0.51, '>=1.5':0.46}}}}, '>=0.332':{'密度':{'<0.512':0.53, '>=0.512':{'密度':{'<0.767':{'脐部':{'<1.5':0.88, '>=1.5':0.775}}, '>=0.767':{'纹理':{'<2.5':0.98, '>=2.5':0.97}}}}}}}}
分类器权重:0.6290368065806714
样本权重:[0.05868887 0.02441596 0.01660093 0.01660093 0.32454999 0.32762732
 0.01660093 0.01660093 0.01685318 0.01660093 0.02889204 0.01660093
 0.04399704 0.01660093 0.02556724 0.01660093 0.01660093]
决策树 2 结果:0.88
决策树 3 :{'密度':{'<0.332':{'密度':{'<0.212':{'敲击':{'<1.5':0.22, '>=1.5':0.32}}, '>=0.212':{'根蒂':{'<1.5':0.51, '>=1.5':0.46}}}}, '>=0.332':{'根蒂':{'<2.5':{'纹理':{'<2.5':{'触感':{'<2.0':0.98, '>=2.0':0.76}}, '>=2.5':{'密度':{'<0.717':0.935, '>=0.717':0.885}}}}, '>=2.5':{'纹理':{'<2.0':0.73, '>=2.0':0.53}}}}}}
分类器权重:3.2634997313926077
样本权重:[0.03597054 0.01466717 0.01417036 0.01417036 0.19891745 0.19681255
 0.00986054 0.01417036 0.01047291 0.00986054 0.01716116 0.00986054
 0.02734065 0.00986054 0.39698323 0.00986054 0.00986054]
决策树 3 结果:0.935
决策树 4 :{'密度':{'<0.332':{'密度':{'<0.212':{'敲击':{'<1.5':0.22, '>=1.5':0.32}}, '>=0.212':{'根蒂':{'<1.5':0.51, '>=1.5':0.46}}}}, '>=0.332':{'根蒂':{'<2.5':{'纹理':{'<2.5':
```

```
{'触感': {'<2.0': 0.98, '>=2.0': 0.76}}, '>=2.5': {'根蒂': {'<1.5': 0.946, '>=1.5': 0.85}}}},
'>=2.5':{'纹理': {'<2.0': 0.73, '>=2.0': 0.53}}}}}}
分类器权重: 0.22139210554137778
样本权重: [0.03262143 0.01326388 0.01280874 0.01280874 0.17949138 0.18573755
 0.0088896 0.01364485 0.00948062 0.0088896 0.01547135 0.0088896
 0.02475016 0.0088896 0.44658371 0.0088896 0.0088896]
决策树 4 结果: 0.946
回归结果: 0.94
```

可以观察到随着构造的决策树的增加，样本的权重一直在变化，有些样本的权重在第二棵决策树中较高而在第三棵决策树中变得较低。而且由于样本权重的变化影响了最优划分特征的选择，每次迭代生成的决策树有较大的不同。

下面我们对梯度提升算法进行实现。由于梯度提升算法对经典 CART 决策树没有修改，为了节省篇幅，我们直接使用 scikit-learn 库中的函数。

（1）构建梯度提升过程

gradient_boosting 函数逐个生成弱学习器（CART 决策树）。首先，初始化集成预测结果 h_predictions 和决策树列表 trees。然后，通过迭代生成多棵决策树，在每次迭代中，计算目标变量的负梯度并输出。创建一个 CART 决策树对象 decision_tree，使用负梯度训练决策树，并对训练集进行预测得到 predictions。将当前决策树添加到决策树列表 trees 中。如果是第一棵树，将预测结果 predictions 赋值给集成预测结果 h_predictions；否则，将每棵树的预测结果乘以学习率 learning_rate 累加到集成预测结果 h_predictions 中。最后，返回构建的决策树列表 trees。注意累加时引入了学习率参数（learning_rate）。设置较低的学习率可以提升模型的泛化能力，但精确拟合所需的迭代次数会增加，即算法的收敛速度变慢；设置较高的学习率可以提升收敛速度，但可能会使模型过拟合。

代码 8-16 gradient_boosting 函数

```
from sklearn.tree import DecisionTreeRegressor
import numpy as np

def gradient_boosting(dataset, tree_number, learning_rate, max_depth=3):
    """
    使用梯度提升算法构建集成模型的函数。
    参数:
    dataset: 数据集, 包含特征和目标变量。
    tree_number: 决策树的数量。
    learning_rate: 学习率参数, 控制每棵树的贡献程度。
    max_depth: 决策树的最大深度, 默认为 3。
    返回值:
    trees: 构建的决策树模型列表。
    """
    # 初始化集成预测结果
    h_predictions = np.zeros_like(dataset[:, -1], dtype=float)
    trees = []

    for i in range(tree_number):                              # 迭代生成多棵决策树
```

```
        neg_grads = dataset[:, -1] - h_predictions                # 计算负梯度
        print('决策树', i, ':', neg_grads.sum())                  # 输出负梯度

        # 创建 CART 决策树对象
        decision_tree = DecisionTreeRegressor(max_depth=max_depth)
        decision_tree.fit(dataset[:, :-1], neg_grads)             # 使用负梯度训练决策树
        predictions = decision_tree.predict(dataset[:, :-1])      # 对训练集进行预测
        trees.append(decision_tree)                               # 保存决策树

        if i == 0:                                                # 如果是第一棵树
            h_predictions = predictions                           # 集成结果即是决策树的输出
        else:                                                     # 自第二棵树开始
            # 集成结果为全部树输出乘学习率的和
            h_predictions += learning_rate * predictions

    return trees
```

（2）构建主函数

代码 8-17 使用自定义数据集测试我们构造的梯度提升算法。

代码 8-17　run_gbrt 函数

```
def run_gbrt():
    dataset = np.array(
        [[1, 2, 3, 1, 3, 0.677, 0.91], [1, 1, 3, 1, 3, 0.697, 0.92],
        [1, 2, 3, 1, 3, 0.797, 0.97], [1, 1, 3, 1, 3, 0.897, 0.97],
        [1, 2, 3, 1, 3, 0.697, 0.96], [2, 2, 3, 2, 1, 0.697,0.95],
        [2, 2, 2, 2, 1, 0.857, 0.98], [2, 2, 3, 2, 3, 0.797, 0.97],
        [2, 1, 2, 2, 3, 0.697, 0.79], [3, 3, 3, 3, 1, 0.347, 0.53],
        [3, 3, 1, 3, 3, 0.697, 0.73], [1, 2, 1, 3, 1, 0.317, 0.51],
        [2, 2, 2, 1, 3, 0.697, 0.73], [2, 1,2, 1, 3, 0.227, 0.46],
        [2, 2, 3, 2, 1, 0.737, 0.63], [1, 2, 1, 3, 3, 0.197, 0.32],
        [1, 1, 2, 2, 3, 0.147, 0.22]])

    gradient_boosting(dataset, 5, 0.1)

if '__main__' == __name__:
    run_gbrt()
```

代码运行结果如下。

```
决策树 0 : -3.741
决策树 1 : -1.023
决策树 2 : -0.745
决策树 3 : -0.660
决策树 4 : -0.151
```

根据代码的输出结果，我们可以观察到每棵决策树的负梯度和逐渐减小。这是由于梯度提升算法的核心思想是迭代地拟合目标变量的负梯度，以更新模型的预测能力。在第一棵决策树中，负梯度和为-3.741。随着迭代的进行，负梯度和逐渐减小，最后在第五棵决策树中为-0.151。这说明集成模型在每一轮迭代中都在努力纠正之前模型的预测误差，并逐步

改善整体性能。

8.5 本章小结

本章主要介绍了集成学习理论，介绍了投票法、装袋法和提升法的原理及代码实现。投票法的过程较为简单，而装袋法和提升法的过程则相对复杂。

对比装袋法和提升法可以发现：装袋法通过对原数据进行有放回的采样构建出多个样本数据集，然后用这些新的数据集训练多个分类器。因为是有放回的采样，所以一些样本可能会出现多次，而其他样本会被忽略。装袋法的性能依赖于弱学习器的稳定性，如果弱学习器是不稳定的，装袋法有助于减低训练数据的随机扰动导致的误差，但是如果弱学习器是稳定的，即对数据变化不敏感，那么装袋法就得不到性能的提升，甚至会降低。提升法是一个迭代的过程，通过改变样本分布，使得弱学习器聚焦在那些很难分的样本上，对那些容易错分的样本加强学习，增加错分样本的权重，这样错分的样本在下一轮迭代中就有更大的作用。

装袋法采用均匀采样，而提升法根据错误率来采样。装袋法训练集的选择是随机的，各轮训练集之间相互独立，而提升法各轮训练集的选择与前面各轮的学习结果有关。装袋法的弱学习器在集成时具有相等的权重，而提升法的弱学习器在集成时的权重是不同的，对于分类误差小的弱学习器会分配更大的权重。装袋法的弱学习器可以并行生成，而提升法的弱学习器只能顺序生成，因为后一个模型的参数需要前一轮模型的结果，故装袋法可以通过并行节省大量训练时间。

8.6 延伸阅读——国产 C919 飞机研发中的机器学习

长期以来，全球大飞机市场基本被空客和波音两家企业垄断。早在 1970 年我国就开始大飞机运 10 型号的研制，2017 年 5 月中国国产大飞机 C919 首飞成功，标志着我国成为全球第四个（仅次于美国、欧洲、俄罗斯）拥有自主制造大型干线客机能力的国家或地区。C919 中型客机是由中国商飞按照国际民航规章自行研制、具有自主知识产权的中型喷气式民用飞机。另外，还有中航工业下属多家企业参与产业链上游研制工作。

在机身结构方面，中航沈飞、中航西飞、洪都航空、中直股份等主机厂或中航工业下属企业都参与了 C919 机身、机翼等结构件的制造；机载设备方面，主要是以合资公司的形式为 C919 提供机电、航电设备；发动机方面，C919 采购 CFM 公司 LEAP-1C 型发动机，航发动力则参与了其中零部件的加工制造。

在飞机的设计中，C919 空气动力学的模拟仿真需要借助千万亿次级的传统超算，耗时非常长。因此，我们在设计过程中引入了人工智能，在应用场景收集大数据，再使用 AI 的方法反馈结果。整体来看，通过引入 AI 得到计算结果的用时仅为传统超级计算机的 1/20 到 1/30。中国商飞联合华为，基于昇腾 AI 基础软硬件平台，打造的工业级流体仿真大模型——东方御风，通过高维非线性湍流流程数据编码及预处理创新技术，提取特征数据导入大模型训练，依托流体仿真套件，实现飞机攻角、马赫数、翼形几何流场变化的泛化推理。

在精度满足要求的同时，将大型客机在巡航速度段的超临界翼型全流程预测平均误差降低至万分之一量级，单次仿真耗时缩短 24 倍，大大缩短了研发周期。

8.7　习题

1. 单项选择题

1）下面关于提升树的说法哪个是正确的（　　）。

a. 在提升树中，每个弱学习器是相互独立的。

b. 这是通过对弱学习器的结果进行综合来提升能力的方法。

A. a　　B. b　　C. a 和 b　　D. 都不对

2）下面关于随机森林算法和梯度提升算法的说法哪个是正确的？（　　）。

a. 这两种算法都可以用来做分类。

b. 随机森林算法用来做分类，梯度提升算法用来做回归。

c. 随机森林算法用来做回归，梯度提升算法用来做分类。

d. 两种算法都可以用来做回归。

A. a 和 c　　B. b 和 d　　C. c 和 d　　D. a 和 d

3）假设我们在随机森林算法中生成了几百棵树，然后对这些树的结果进行综合，下面关于随机森林中每棵树的说法正确的是（　　）。

a. 每棵树是通过数据集的子集和特征的子集构建的。

b. 每棵树是通过所有的特征构建的。

c. 每棵树是通过所有数据的子集构建的。

d. 每棵树是通过所有的数据构建的。

A. a 和 c　　B. a 和 d　　C. b 和 c　　D. b 和 d

4）下面关于梯度提升算法中 max_depth 的超参数的说法正确的是（　　）。

a. 对于相同的验证准确率，越低越好。

b. 对于相同的验证准确率，越高越好。

c. max_depth 增加可能会导致过拟合。

d. max_depth 增加可能会导致欠拟合。

A. a 和 c　　B. a 和 d　　C. b 和 c　　D. b 和 d

5）下面哪个算法不是集成学习算法的例子？（　　）。

A. 随机森林　　B. Adaboost　　C. 梯度提升　　D. 决策树

6）关于梯度提升树，下面说法正确的是（　　）。

a. 在每一个步骤，使用一个新的回归树来补偿已有模型的缺点。

b. 我们可以使用梯度下降的方法来最小化损失函数。

A. a　　B. b　　C. a 和 b　　D. 都不对

7）关于随机森林描述不正确的是（　　）。

A. 随机森林是一种集成学习算法。

B. 随机森林的随机性主要体现在训练单决策树时，对样本和特征同时进行采样。

C. 随机森林算法可以高度并行化。

D. 随机森林预测时，根据单决策树分类误差进行加权投票。

2. 问答题

1）随机森林算法的随机性体现在哪里？

2）投票法和提升法适用于什么情景？

3）简述决策树和随机森林的关系。

第9章 聚类算法

本章导读（思维导图）

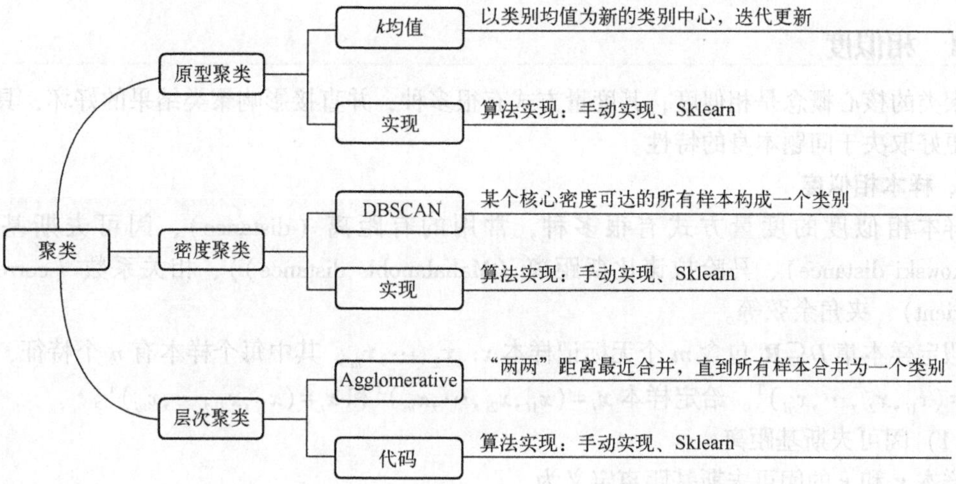

9.1 聚类概述

扫码看视频

无监督学习（unsupervised learning）是指在样本标记信息未知的情况下，通过对样本的学习来找到数据本身的内在性质和规律。无监督学习可以用于数据分析或者监督学习的前处理，主要包含聚类（clustering）、降维（dimensionality reduction）、概率估计（probability estimation）等。其中聚类应用最为广泛，其基本思想是将样本中“相似”的样本聚为相同的类或簇，“不相似”的样本聚为不同的类。

然而，相似或者不相似的定义和标准是不固定的，根据数据本身的性质决定。如图 9-1 和图 9-2 所示，我们可以依据形状聚类，得到图 9-1 的结果，也可以依据颜色聚类，得到图 9-2 的结果，因此，样本之间的相似度或距离起着重要作用。

依据不同的策略，可以设计不同的聚类算法，本章将对不同类型的代表算法进行介绍，主要包括原型聚类、层次聚类以及密度聚类。在此之前，我们先介绍聚类算法涉及的两个基本问题——相似度和性能度量。

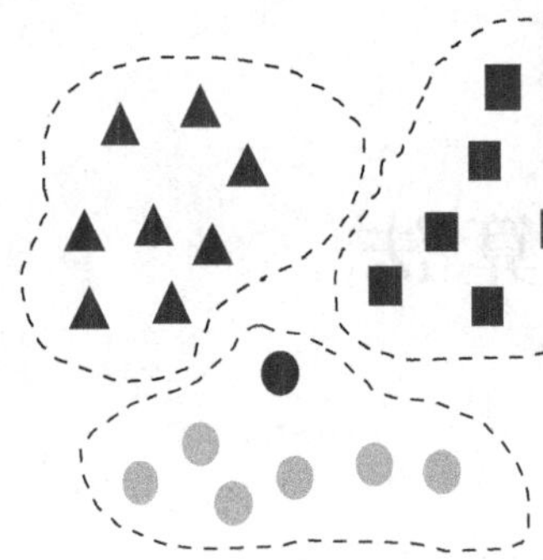

图 9-1　依据形状聚类

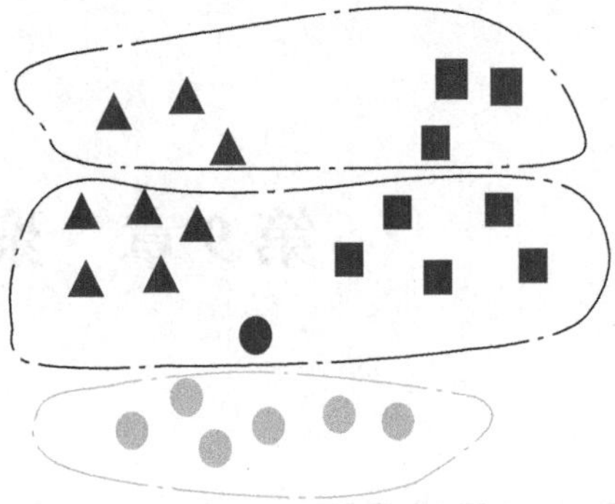

图 9-2　依据颜色聚类

9.1.1　相似度

聚类的核心概念是相似度，其度量方式有很多种，并直接影响聚类结果的好坏，具体哪一种更好取决于问题本身的特性。

1. 样本相似度

样本相似度的度量方式有很多种，常用的有距离（distance）、闵可夫斯基距离（Minkowski distance）、马哈拉诺比斯距离（Mahalanobis distance））、相关系数（correlation coefficient）、夹角余弦等。

假定样本集 $D\subseteq\mathbf{R}^n$ 包含 m 个无标记样本 $\boldsymbol{x}_1,\boldsymbol{x}_2,\cdots,\boldsymbol{x}_m$，其中每个样本有 n 个特征，表示为 $\boldsymbol{x}_i=(x_{1i},x_{2i},\cdots,x_{ni})^{\mathrm{T}}$。给定样本 $\boldsymbol{x}_i=(x_{1i},x_{2i},\cdots,x_{ni})^{\mathrm{T}}$ 和 $\boldsymbol{x}_j=(x_{1j},x_{2j},\cdots,x_{nj})^{\mathrm{T}}$。

（1）闵可夫斯基距离

样本 $\boldsymbol{x}_i$ 和 $\boldsymbol{x}_j$ 的闵可夫斯基距离定义为

$$d(\boldsymbol{x}_i,\boldsymbol{x}_j):=\left(\sum_{l=1}^{n}|x_{li}-x_{lj}|^p\right)^{\frac{1}{p}}$$

式中，常数 $p\geqslant1$。显然，闵可夫斯基距离越大，样本相似度越小，距离越小，相似度越大。特别地，$p\geqslant2$ 时，闵可夫斯基距离称为欧氏距离（Euclidean distance）；当 $p=1$ 时，称为曼哈顿距离（Manhattan distance）；当 $p=\infty$ 时，称为切比雪夫（Chebyshev distance），定义为

$$d(\boldsymbol{x}_i,\boldsymbol{x}_j):=\max_{l}|x_{li}-x_{lj}|$$

（2）马哈拉诺比斯距离

给样本集 $\boldsymbol{D}$，可以将其表示为如下矩阵形式

$$\boldsymbol{D}=[\boldsymbol{x}_1,\boldsymbol{x}_2,\cdots,\boldsymbol{x}_m]=\begin{bmatrix}x_{11} & x_{12} & \cdots & x_{1m}\\ x_{21} & x_{22} & \cdots & x_{2m}\\ \vdots & \vdots & & \vdots\\ x_{n1} & x_{n2} & \cdots & x_{nm}\end{bmatrix}$$

其协方差矩阵记为 $\boldsymbol{S}$。样本 $\boldsymbol{x}_i$ 和 $\boldsymbol{x}_j$ 的马哈拉诺比斯距离定义为

$$d(\boldsymbol{x}_i,\boldsymbol{x}_j):=[(\boldsymbol{x}_i-\boldsymbol{x}_j)^{\mathrm{T}}\boldsymbol{S}^{-1}(\boldsymbol{x}_i-\boldsymbol{x}_j)]^{\frac{1}{2}}$$

马哈拉诺比斯距离简称马氏距离，也是一种度量相似度常用的距离。其数值越大相似度

越小，数值越小相似度越大。特别地，当 $\boldsymbol{S}$ 为单位矩阵，即样本数据的各个分量相互独立且各个分量的方差为 1 时，马氏距离就是欧氏距离。

(3) 相关系数

样本 $\boldsymbol{x}_i$ 和 $\boldsymbol{x}_j$ 的相关系数定义为

$$r_{ij}=\frac{\sum_{l=1}^{n}(x_{li}-\bar{x}_i)(x_{lj}-\bar{x}_j)}{\left[\sum_{l=1}^{n}(x_{li}-\bar{x}_i)^2\sum_{l=1}^{n}(x_{lj}-\bar{x}_j)^2\right]^{\frac{1}{2}}}$$

式中，

$$\bar{x}_i=\frac{1}{n}\sum_{l=1}^{n}x_{li},\bar{x}_j=\frac{1}{n}\sum_{l=1}^{n}x_{lj}$$

相关系数绝对值越接近 1 表示样本越相似；越接近 0 表示样本越不相似。

(4) 夹角余弦

样本 $\boldsymbol{x}_i$ 和 $\boldsymbol{x}_j$ 的夹角余弦定义为

$$s_{ij}=\frac{\sum_{l=1}^{n}x_{li}x_{lj}}{\left[\sum_{l=1}^{n}x_{li}^2\sum_{l=1}^{n}x_{lj}^2\right]^{\frac{1}{2}}}$$

夹角余弦的数值越接近 1 表示样本越相似；越接近 0 表示样本越不相似。

由上述几种定义可以看出，不同的度量方式得到的结果并不一致，如图 9-3 所示。

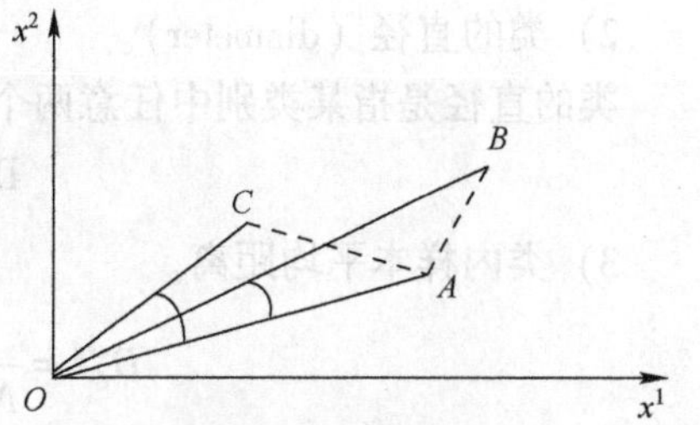

图 9-3　不同距离

可以看出，从距离的角度，A 与 B 比 A 与 C 更相似；但从夹角余弦角度，A 与 C 比 A 与 B 更相似。

(5) VDM (value difference metric) 距离

在讨论样本的距离时，其属性是否有"序"非常重要。例如，某水果含糖量属性值{0.12,0.5,0.75}属于有序属性；产地{新疆，山东}属于无序属性。对于有序属性，可以采用前述给出的相似度或距离的定义；对于无序属性，可采用 VDM 距离。设某样本集有 n 个属性，其中第 u 个属性无序，其取值 a 和 b 两种。$N_{u,a}$ 表示在该属性上取值为 a 的样本数，$N_{u,b}$ 表示在该属性上取值为 b 的样本数。设该样本集有 k 个类别，$N_{u,a}^l$、$N_{u,b}^l$ 分别表示在第 l 个类别中，该属性上取值为 a、b 的样本数，那么该属性上 a 与 b 的 VDM 距离定义为

$$\mathrm{VDM}_p(a,b):=\sum_{i=1}^{k}\left|\frac{N_{u,a}^l}{N_{u,a}}-\frac{N_{u,b}^l}{N_{u,b}}\right|^p$$

假定该样本集共有 n_c 个属性有序，$n-n_c$ 个属性无序，将有序属性排在无序属性之前，那么可将闵可夫斯基距离与 VDM 距离结合处理该类混合属性。样本 $\boldsymbol{x}_i$ 和 $\boldsymbol{x}_j$ 的距离定义为

$$\mathrm{MinkovDM}_p(\boldsymbol{x}_i,\boldsymbol{x}_j):=\left(\sum_{u=1}^{n_c}|x_{ui}-x_{uj}|^p+\sum_{u=n_c+1}^{n}\mathrm{VDM}_p(x_{ui},x_{uj})\right)^{\frac{1}{p}}$$

（6）加权距离（weighted distance）

当样本的不同属性重要性不同时，可使用“加权距离”。以加权闵可夫斯基距离为例：

$$d(\boldsymbol{x}_i,\boldsymbol{x}_j):=(\omega_1|x_{1i}-x_{1j}|^p+\cdots+\omega_n|x_{ni}-x_{nj}|^p)^{\frac{1}{p}}$$

式中，$\omega_i\geqslant 0(i=1,2,\cdots,n)$为权重系数，表示不同属性的重要性，通常 $\sum_{i=1}^{n}\omega_i=1$。

2. 类（或簇）的相似度或距离

聚类算法是通过某些方法，将样本集划分为不同的子集。如果一个样本只能属于一个类，那么该方法称为硬聚类（hard clustering），否则称为软聚类（soft clustering）。我们这里只考虑硬聚类。假设通过某聚类算法将样本 D 划分为 k 个不相交的类，$\mathcal{C}=\{C_l|l=1,2,\cdots,k\}$，其中 $C_l\cap C_{l'}=\varnothing(l\neq l')$，且$\cup_{l=1}^{k}C_l=D$。$N_C$表示类别 C 中样本的个数。

（1）类的特征

1）类的中心（均值）。

$$\bar{\boldsymbol{x}}_C:=\frac{1}{N_C}\sum_{i=1}^{N_C}\boldsymbol{x}_i$$

2）类的直径（diameter）。

类的直径是指某类别中任意两个样本的最大距离：

$$\text{Diam}_C:=\max_{\boldsymbol{x}_i,\boldsymbol{x}_j\in C}d(\boldsymbol{x}_i,\boldsymbol{x}_j)$$

3）类内样本平均距离。

$$D_C^{\text{avg}}=\frac{2}{N_C(N_C-1)}\sum_{1\leqslant i<j\leqslant N_C}d(\boldsymbol{x}_i,\boldsymbol{x}_j)$$

4）类的散布矩阵（scatter matrix）和协方差矩阵（covariance matrix）。

散布矩阵为

$$\boldsymbol{A}_C:=\sum_{i=1}^{N_C}(\boldsymbol{x}_i-\bar{\boldsymbol{x}}_C)(\boldsymbol{x}_i-\bar{\boldsymbol{x}}_C)^{\mathrm{T}}$$

协方差矩阵为

$$\boldsymbol{S}_C:=\frac{1}{n-1}\boldsymbol{A}_C=\frac{1}{n-1}\sum_{i=1}^{N_C}(\boldsymbol{x}_i-\bar{\boldsymbol{x}}_C)(\boldsymbol{x}_i-\bar{\boldsymbol{x}}_C)^{\mathrm{T}}$$

（2）类的相似度或距离

给定类别 C_p和 C_q，度量两者之间的相似度的方式也有很多种。设对应的样本个数分别为 N_p和 N_q，对应的样本中心分别为$\bar{\boldsymbol{x}}_p$和$\bar{\boldsymbol{x}}_q$。下面列举几种常见距离定义：

1）最短距离。

$$D_{pq}^{\min}:=\min\{d(\boldsymbol{x}_i,\boldsymbol{x}_j)|\boldsymbol{x}_i\in C_p,\boldsymbol{x}_j\in C_q\} \tag{9-1}$$

2）最长距离。

$$D_{pq}^{\max}:=\max\{d(\boldsymbol{x}_i,\boldsymbol{x}_j)|\boldsymbol{x}_i\in C_p,\boldsymbol{x}_j\in C_q\} \tag{9-2}$$

3）中心距离。

$$D_{pq}^{\text{cen}}:=d(\bar{\boldsymbol{x}}_p,\bar{\boldsymbol{x}}_q) \tag{9-3}$$

4）平均距离。

$$D_{pq}^{\text{ave}}:=\frac{1}{N_pN_q}\sum_{\boldsymbol{x}_i\in C_p}\sum_{\boldsymbol{x}_j\in C_q}d(\boldsymbol{x}_i,\boldsymbol{x}_j) \tag{9-4}$$

9.1.2 性能度量

依据不同的策略设计的不同聚类方法，会产生不同的聚类结果，那么什么样的结果比较好呢？直观上来说，我们希望"物以类聚"，即同一类的样本尽可能相似，不同类样本要尽可能不同。确切地说，我们需要利用"有效性指标（validity index）"来评估类内样本的相似度，不同类别之间的相似度，用以评价聚类结果以及聚类算法的好坏，并据此对算法进行优化，这些指标亦称为聚类算法的性能度量。

性能度量大致有两类，一类是"外部指标（external index）"，将聚类结果与某个"参考模型（reference model）"进行比较；另一类是"内部指标（internal index）"，直接评价聚类结果。

我们用 $\lambda_j \in \{1,2,\cdots,k\}$ 表示样本 $\boldsymbol{x}_j$ 的类标记，即 $\boldsymbol{x}_j \in C_{\lambda_j}(j=1,2,\cdots,k)$。那么，样本集 D 的聚类结果可以用类标记向量 $\boldsymbol{\lambda}=\{\lambda_1,\lambda_2,\cdots,\lambda_m\}$ 表示。假设参考模型给出的类别划分为 $C^*=\{C_j^* \mid j=1,2,\cdots,k\}$，类别标记为 $\boldsymbol{\lambda}^*=\{\lambda_1^*,\lambda_2^*,\cdots,\lambda_m^*\}$。我们将样本两两配对，定义以下集合

$$
\begin{aligned}
SS &:= \{(\boldsymbol{x}_i,\boldsymbol{x}_j) \mid \lambda_i=\lambda_j, \lambda_i^*=\lambda_j^*, i<j\}, a:=|SS|,\\
SD &:= \{(\boldsymbol{x}_i,\boldsymbol{x}_j) \mid \lambda_i=\lambda_j, \lambda_i^*\neq\lambda_j^*, i<j\}, b:=|SD|,\\
DS &:= \{(\boldsymbol{x}_i,\boldsymbol{x}_j) \mid \lambda_i\neq\lambda_j, \lambda_i^*=\lambda_j^*, i<j\}, c:=|DS|,\\
DD &:= \{(\boldsymbol{x}_i,\boldsymbol{x}_j) \mid \lambda_i\neq\lambda_j, \lambda_i^*\neq\lambda_j^*, i<j\}, d:=|DD|,
\end{aligned}
\tag{9-5}
$$

可以看到集合 SS 包含了在 C 和 C^* 中都属于同一类别的样本对，集合 SD 包含了在 C 中属于同一类别但在 C^* 属于不同类别的样本对，集合 DS 包含了在 C 中属于不同类别但在 C^* 属于同一类别的样本对，集合 DD 包含了在 C 和 C^* 中都属于不同类别的样本对，而每对样本 $(\boldsymbol{x}_i,\boldsymbol{x}_j)(i<j)$ 只能出现在一个集合里，因此有 $a+b+c+d=m(m-1)/2$。

基于这些集合我们可以定义以下外部指标：

Jaccard 系数（Jaccard Coefficient，JC）

$$
\mathrm{JC}:=\frac{a}{a+b+c}
$$

FM 指数（Fowlkes and Mallows Index，FMI）

$$
\mathrm{FMI}:=\sqrt{\frac{a}{a+b}\,\frac{a}{a+c}}
$$

Rand 指数（Rand Index，RI）

$$
\mathrm{RI}:=\frac{2(a+d)}{m(m-1)}
$$

上述指标均在区间[0,1]，数值越大越好。

考虑聚类的划分结果 $C=\{C_j \mid j=1,2,\cdots,k\}$，考虑类别特征定义以下内部指标：

DB 指数（Davies-Bouldin Index，DBI）

$$
\mathrm{DBI}:=\frac{1}{k}\sum_{i=1}^{k}\max_{i\neq j}\left(\frac{D_{C_i}^{\mathrm{avg}}+D_{C_j}^{\mathrm{avg}}}{D_{ij}^{\mathrm{cen}}}\right),
$$

Dunn 指数（Dunn Index，DI）

$$\mathrm{DI}:=\min_{1\leqslant i\leqslant k}\left\{\min_{i\neq j}\left(\frac{D_{ij}^{\min}}{\max\limits_{1\leqslant l\leqslant k}\mathrm{Diam}_{C_l}}\right)\right\},$$

显然，DBI 指数越小越好，DI 指数越大越好。

9.2 原型聚类

原型聚类（prototype-based clustering），此类算法假设聚类结构能够通过一组原型求解。原型聚类在现实任务中应用广泛，代表性的算法有 k 均值（k-means）、学习向量量化、高斯混合聚类等，本节只讨论 k 均值。

9.2.1 k 均值

k 均值是原型聚类的典型代表，其主要思想为：在给定要构建的类别数 k 时，首先选定 k 个初始类别中心，并依据数据集中每个样本与初始聚类中心的距离创建一个初始划分；然后，利用均值重新计算类别中心，再把对象调整到最近聚类中心对应的类别中；迭代上述过程，直至达到某些条件时结束聚类。

假设通过 k 均值聚类算法将样本 D 划分为 k 个不相交的类，$\mathcal{C}=\{C_l\mid l=1,2,\cdots,k\}$，其中 $C_l\cap C_{l'}=\varnothing(l\neq l')$，且 $\bigcup_{l=1}^{k}C_l=D$。记 $\bar{x}_l$ 为类别 C_l 的样本中心。k 均值聚类算法的策略是通过最小化损失函数选取最优划分。

首先，恰当选取距离定义。一般选取欧氏距离平方作为样本之间的距离：

$$d(\boldsymbol{x}_i,\boldsymbol{x}_j):=\sum_{l=1}^{n}|x_{li}-x_{lj}|^2=\|\boldsymbol{x}_i-\boldsymbol{x}_j\|^2$$

然后，将样本与所属类别的中心的距离总和作为损失函数：

$$\mathrm{Loss}(\mathcal{C})=\sum_{l=1}^{k}\sum_{x_i\in C_l}\|\boldsymbol{x}_i-\bar{\boldsymbol{x}}_l\|^2 \tag{9-6}$$

k 均值聚类就是求解最优化问题：

$$\arg\min_{\mathcal{C}}\mathrm{Loss}(\mathcal{C})=\arg\min_{\mathcal{C}}\sum_{l=1}^{k}\sum_{x_i\in C_l}\|\boldsymbol{x}_i-\bar{\boldsymbol{x}}_l\|^2$$

但是，此问题为 NP 难问题。现实中采用迭代的方法求解。首先，给定 k 个初始类别中心$(\bar{\boldsymbol{x}}_1,\bar{\boldsymbol{x}}_2,\cdots,\bar{\boldsymbol{x}}_k)$，通过极小化式（9-6）得到一个划分 $\mathcal{C}$。即在类别中心给定时，将每个样本指派到与其距离最近的中心所在的类别中。然后，对于得到的划分 $\mathcal{C}$，计算其各个类别的中心。迭代这两个步骤，直到划分不再改变，聚类过程结束。基本算法流程如下：

1）初始化。令 $t=0$。设置类别数 k，初始化 k 个初始类别中心$(\bar{\boldsymbol{x}}_1^0,\bar{\boldsymbol{x}}_2^0,\cdots,\bar{\boldsymbol{x}}_k^0)$，其中 $1<k\leqslant m$。初始类别中心可以随机生成，也可以从 D 中随机或依照某种特定策略选取。

2）聚类。对于确定的类别中心$(\bar{\boldsymbol{x}}_1^t,\bar{\boldsymbol{x}}_2^t,\cdots,\bar{\boldsymbol{x}}_k^t)$，其中 $\bar{\boldsymbol{x}}_l^t$ 表示第 t 次迭代产生的 C_l^t 类别的中心，计算每一个样本到每一个聚类中心的距离，依次比较每一个样本到每一个类别中心的距离，将样本分派到距离最近的类别中心的类别中，得到新的分类 $\mathcal{C}^t=\{C_l^t\mid l=1,2,\cdots,k\}$。

3）更新类别中心。当所有样本都归类完毕后，对于分类 $\mathcal{C}^t=\{C_l^t\mid l=1,2,\cdots,k\}$，计算各类别的均值，得到新的类别中心$(\bar{\boldsymbol{x}}_1^{t+1},\bar{\boldsymbol{x}}_2^{t+1},\cdots,\bar{\boldsymbol{x}}_k^{t+1})$。

4）重复以上 2)~3）步，直至类别中心不再发生变化或者达到结束条件。

k 均值聚类算法容易理解，当类别中样本近似高斯分布时，效果比较好，并且算法运行速度较快。但该算法属于启发式方法，不能保证收敛到全局最优，初始中心的选取会直接影响聚类结果。并且，需要预先指定类别数量 k 的值，而在实际应用中最优的 k 值是不知道的，通常都需要经过多次试验才能找到。

9.2.2 代码实现

下面我们手动编码实现 k 均值算法，采用随机生成 4 组数据进行训练。

(1) 生成数据集

代码 9-1 首先导入了 NumPy 和 Matplotlib 库，用于进行数值计算和绘图操作。然后，生成了四组数据集，每组数据包括 20 个点的坐标。第一组数据在 x 轴和 y 轴上的取值范围是 0~10，第二组数据在 x 轴上的取值范围是 10~20，在 y 轴上的取值范围是 0~10，第三组数据在 x 轴和 y 轴上的取值范围都是 10~20，第四组数据在 x 轴的取值范围是 0~10，在 y 轴的取值范围是 10~20。接着，将四组数据的 x 坐标和 y 坐标分别合并为两个数组 x 和 y。最后，使用 plt. scatter( ) 函数绘制散点图，将 x 和 y 作为参数传入，并调用 plt. show( ) 函数显示图像。

代码 9-1　随机生成 4 组数据集并绘制散点图

```
# 导入必要的库
import numpy as np
import matplotlib.pyplot as plt

# 生成 4 组数据集
x1 = np.random.uniform(0, 10, 20)          # 在 0~10 之间生成 20 个随机数作为 x 坐标
y1 = np.random.uniform(0, 10, 20)          # 在 0~10 之间生成 20 个随机数作为 y 坐标

x2 = np.random.uniform(10, 20, 20)         # 在 10~20 之间生成 20 个随机数作为 x 坐标
y2 = np.random.uniform(0, 10, 20)          # 在 0~10 之间生成 20 个随机数作为 y 坐标

x3 = np.random.uniform(10, 20, 20)         # 在 10~20 之间生成 20 个随机数作为 x 坐标
y3 = np.random.uniform(10, 20, 20)         # 在 10~20 之间生成 20 个随机数作为 y 坐标

x4 = np.random.uniform(0, 10, 20)          # 在 0~10 之间生成 20 个随机数作为 x 坐标
y4 = np.random.uniform(10, 20, 20)         # 在 10~20 之间生成 20 个随机数作为 y 坐标

x = np.concatenate((x1, x2, x3, x4))       # 将 4 组数据的 x 坐标合并为一个数组
y = np.concatenate((y1, y2, y3, y4))       # 将 4 组数据的 y 坐标合并为一个数组

plt.scatter(x, y)                          # 绘制散点图
plt.show()                                 # 显示图像
```

(2) 数据初始化

代码 9-2 获取初始类别中心。首先，指定了要分成的份数为 k。然后，获取了数据集的总长度。接下来，计算了 x 坐标和 y 坐标的范围。创建了两个空的列表 ax 和 ay，用于存储初始随机点的 x 坐标和 y 坐标。接下来，通过循环 k 次，生成了 k 个初始随机点的坐标。在每一次循环中，使用 np. random. uniform( ) 函数在(0. 001, 1)的范围内生成一个随机数，并

将其与 x 坐标的范围和 y 坐标的范围分别相乘，得到初始随机值。然后，将这些初始随机值分别添加到 ax 和 ay 列表中。最终，ax 和 ay 列表中分别存储了 k 个初始随机点的 x 坐标和 y 坐标。

代码 9-2 初始化数据，找到初始的 k 个类别中心

```
k = 3  # 分几类，自己决定

data_total = len(x)                            # 数据总量

# 一开始的 k 个随机点坐标：把 x、y 坐标分开记录
range_x = max(x) - min(x)                      # x 坐标的范围
range_y = max(y) - min(y)                      # y 坐标的范围

ax = []                                        # 存储初始随机点的 x 坐标
ay = []                                        # 存储初始随机点的 y 坐标

for i in range(k):
    atmp_x = np.random.uniform(0.001, 1) * range_x
    # 在(0.001, 1)范围内生成一个随机数，与 x 坐标的范围相乘得到初始随机值
    atmp_y = np.random.uniform(0.001, 1) * range_y
    # 在(0.001, 1)范围内生成一个随机数，与 y 坐标的范围相乘得到初始随机值
    ax.append(atmp_x)                          # 将初始随机点的 x 坐标添加到 ax 列表中
    ay.append(atmp_y)                          # 将初始随机点的 y 坐标添加到 ay 列表中
```

（3）定义基于最小距离的分类函数

代码 9-3 定义了一个用于计算样本点到每个类别中心的距离，并将样本点进行归类的函数。传入参数包括类别中心的 x 坐标列表和 y 坐标列表。函数首先创建一个空列表 clusterx 和 clustery 用于存储每个类别的 x 坐标和 y 坐标。然后创建一个大小为(k, data_total)的全零数组 distance，用于存储样本点到类别中心的距离。接下来，通过循环遍历所有类别中心，计算每个样本点与类别中心的 x 坐标差值的平方和 y 坐标差值的平方，并将结果保存到 distance 数组中。然后使用 np.argmin 函数找到每个样本点距离哪个类别中心最近，返回最小值所在的索引。最后，根据得到的最小距离索引，将距离每个类别最近的样本点进行归类，将其 x 坐标加入 clusterx 列表中，将其 y 坐标加入 clustery 列表中。函数返回已分组的数据，每个变量中包含 k 个元素/分组，每个元素是一个数组，表示一个分组的 x 坐标和 y 坐标。

代码 9-3 定义分类函数，返回分类结果

```
def clust_min_distance_index(each_ax, each_ay):
    """
    计算样本点到每个类别中心的距离，并将样本点进行归类。

    参数：
        each_ax (list)：类别中心的 x 坐标列表。
        each_ay (list)：类别中心的 y 坐标列表。

    返回：
```

```
        clusterx (list): 已分组的数据的 x 坐标列表, 每个元素是一个数组, 表示一个分组。
        clustery (list): 已分组的数据的 y 坐标列表, 每个元素是一个数组, 表示一个分组。
    """

    clusterx = [ ]  # 存储每个类别的 x 坐标
    clustery = [ ]  # 存储每个类别的 y 坐标
    distance = np.zeros((k, data_total))
    # 创建一个大小为(k, data_total)的全零数组, 用于存储样本点到类别中心的距离

    # 记录样本点, 到每个类别中心的距离
    for each_a in range(k):
        x_a = np.power(x - each_ax[each_a], 2)
        # 计算每个样本点与类别中心的 x 坐标差值的平方
        y_a = np.power(y - each_ay[each_a], 2)
        # 计算每个样本点与类别中心的 y 坐标差值的平方
        distance[each_a] = np.sqrt(x_a + y_a)
        # 将每个样本点到类别中心的距离保存到 distance 数组中

    min_distance_index = np.argmin(distance, axis=0)
    # 找到每个样本点距离哪个类别中心最近, 返回最小值所在的索引
    for i in range(k):
        index = np.where(min_distance_index == i)  # 将距离类别 i 最近的样本点进行归类
        clusterx.append(x[index])                  # 将 x 坐标加入到 clusterx 列表中
        clustery.append(y[index])                  # 将 y 坐标加入到 clustery 列表中

    return clusterx, clustery
    # 返回已分组的数据, 每个变量中包含 k 个元素/分组, 每个元素是一个数组
```

(4) 定义获取类别中心的函数

代码 9-4 定义了一个用于计算每个类别的中心点坐标的函数。它接收两个二维数组作为输入，分别表示每个类别中样本点的 x 坐标和 y 坐标。函数通过循环遍历每个类别，并使用 np.mean 函数分别计算每个类别的 x 坐标和 y 坐标的平均值。然后，将这些平均值添加到对应的列表中，并最终返回包含每个类别的中心点坐标的一维数组 newa_x 和 newa_y。

代码 9-4　定义获取类别中心的函数，返回类别中心坐标

```
def mean_center(clusterx, clustery):
    """
    计算每个类别的中心点坐标。

    输入:
    clusterx: 二维数组, 表示每个类别中的样本点的 x 坐标。
    clustery: 二维数组, 表示每个类别中的样本点的 y 坐标。

    输出:
    newa_x: 一维数组, 表示每个类别的中心点的 x 坐标。
    newa_y: 一维数组, 表示每个类别的中心点的 y 坐标。
    """
```

```
    # 记录每组类别中心点 x、y 坐标：
    newa_x = []
    newa_y = []

    # 对每组类别进行类别中心坐标 x、y 循环求取：
    for i in range(k):
        axtmp = np.mean(clusterx[i])          # 计算第 i 组类别的 x 坐标平均值
        aytmp = np.mean(clustery[i])          # 计算第 i 组类别的 y 坐标平均值
        newa_x.append(axtmp)                  # 将第 i 组类别的 x 坐标平均值添加到列表中
        newa_y.append(aytmp)                  # 将第 i 组类别的 y 坐标平均值添加到列表中

    return np.array(newa_x), np.array(newa_y) # 返回每个类别的中心点坐标作为数组
```

（5）聚类主体部分

代码 9-5 实现聚类，并绘制聚类结果。首先，对于给定的数据，通过调用 clust_min_distance_index 函数将数据分成不同的类别，并将结果保存在 clusterx 和 clustery 中。然后，调用 mean_center 函数计算得到每个类别的新中心点。接下来，计算新中心点与原中心点之间的误差，并将误差值打印出来。如果误差小于设定的阈值（0.001），则输出循环次数并提前结束循环；否则，更新中心点，并继续进行下一次迭代。最后，使用散点图展示分组后的数据，不同类别的样本点使用不同的颜色和标记进行表示。

代码 9-5　实现聚类，并绘制聚类结果图像

```
for i in range(100):
    clusterx, clustery = clust_min_distance_index(ax, ay)   # 分组后数据
    axtmp, aytmp = mean_center(clusterx, clustery)          # 新类别中心

    # 计算误差：error
    dx = np.power(axtmp - ax, 2)                            # 计算 x 坐标的平方差
    dy = np.power(aytmp - ay, 2)                            # 计算 y 坐标的平方差
    error = np.sum(np.sqrt(dx + dy))                        # 计算误差，将平方差相加并开平方根

    print('当前误差：', error)
    # 停止条件
    if error < 0.001:
        print('循环次数：', i, '精度要求已达标，提前结束！')
        break    # 满足条件停止
    else:
        ax = axtmp   # 不满足条件停止时，存储新类别中心
        ay = aytmp

# 画图显示：不同类别使用不同形状和颜色
plt.scatter(clusterx[0], clustery[0], c="red", marker='o')
plt.scatter(clusterx[1], clustery[1], c="green", marker='*')
plt.scatter(clusterx[2], clustery[2], c="blue", marker='+')

plt.show()
```

代码循环 5 次停止，得到如下结果及图 9-4 和图 9-5（不同次数实验，结果不同）：

当前误差：10.890444286962625。

当前误差：3.426087240672493。

当前误差：7.735404506467532。

当前误差：3.1739766711514457。

当前误差：0.42764660582506947。

当前误差：0.0。

循环次数：5，精度要求已达标，提前结束！

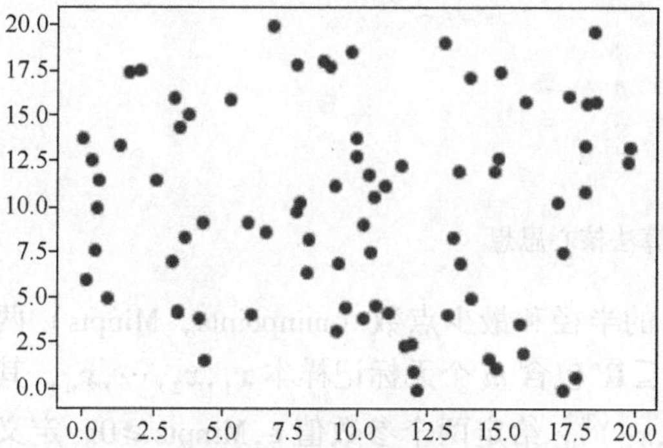

图 9-4 原始数据分布

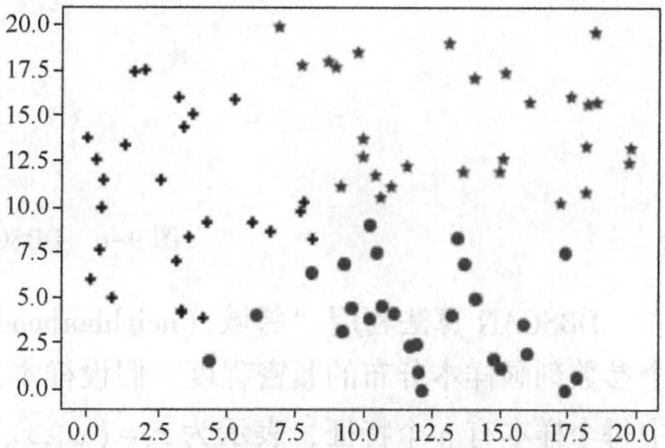

图 9-5 聚类结果（不同形状代表不同类别）

9.3 密度聚类

密度聚类（density-based clustering），假设聚类结构可以通过样本分布的紧密程度确定，以数据集在空间分布上的稠密程度为依据进行聚类。此类算法无须预先设定类别数量，因此适合于未知内容的数据集，代表算法有 DBSCAN、OPTICS、DENCLUE 等，本节只讨论 DBSCAN。

密度聚类算法的主要思想是：逐步检查数据集中的每个样本，如果其邻域内的样本点总数小于某个阈值，那么定义该点为低密度点；反之，如果大于该阈值，则称其为高密度点。如果一个高密度点在另外一个高密度点的邻域内，就直接把这两个高密度点划分为一个类别；如果一个低密度点在一个高密度点的邻域内，则将该低密度点加入距离它最近的高密度点的类别中；不在任何高密度点邻域内的低密度点，被划入异常点类别，直到整个数据集划分完毕。

密度聚类确定的类别可以具有任意形状，因此较为精确。此外，该算法无须人为设定类别数，所以性能较为稳定。尽管如此，密度聚类也有一些缺点：当数据集中的样本密度频繁变化时，该类算法的聚类结果较差。另外，当样本间的距离变化较大时，设置邻域的大小也变得较为困难。

9.3.1 DBSCAN 算法

DBSCAN（density-based spatial clustering of applications with noise）算法是一种著名的密度聚类算法。DBSCAN 算法的核心是找到样本点的全部密集区域，并把这些密集区域当作不同的类别。如图 9-6 所示。

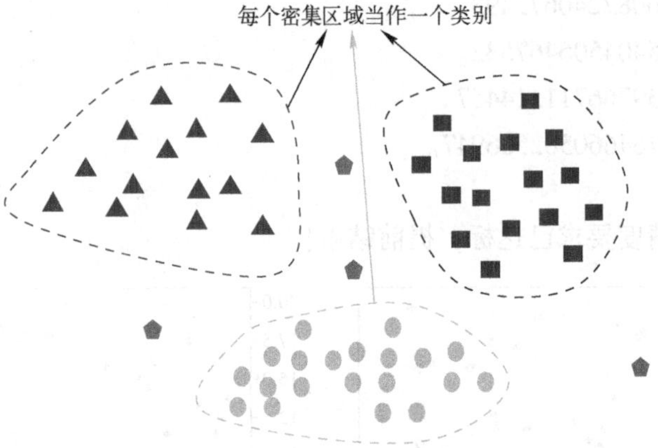

图 9-6 DBSCAN 算法核心思想

DBSCAN 算法利用“邻域（neighborhood）”的半径和最少点数（minpoints，Minpts）两个参数刻画样本分布的紧密程度。假设样本集 $D\subseteq\mathbf{R}^n$ 包含 m 个无标记样本 $\boldsymbol{x}_1,\boldsymbol{x}_2,\cdots,\boldsymbol{x}_m$，其中每个样本有 n 个特征，表示为 $\boldsymbol{x}_i=(x_{1i},x_{2i},\cdots,x_{ni})^{\mathrm{T}}$。给定两个参数值 ϵ，Minpts≥0。定义以下概念：

ϵ-邻域：对于样本 $\boldsymbol{x}_i$，样本集 D 中与 $\boldsymbol{x}_i$ 的距离不大于 ϵ 的所有样本构成的集合，称为 $\boldsymbol{x}_i$ 的 ϵ-邻域，记为 $N_\epsilon(\boldsymbol{x}_i)$，即

$$N_\epsilon(\boldsymbol{x}_i):=\{\boldsymbol{x}_j\in D\mid d(\boldsymbol{x}_i,\boldsymbol{x}_j)\leqslant\epsilon\}$$

利用此概念将样本点分为以下三类：

核心点：对于样本 $\boldsymbol{x}_i$，若该点的 ϵ-邻域内至少包含 Minpts 个样本点，则称 $\boldsymbol{x}_i$ 为核心点。

边界点：对于样本 $\boldsymbol{x}_i$，若该点的 ϵ-邻域内包含的样本点个数少于 Minpts，但是它在其他核心点的邻域内，则称 $\boldsymbol{x}_i$ 的 ϵ-邻域内的点为边界点。

噪声点：既不是核心点也不是边界点的样本点，称为噪声点。

DBSCAN 算法的三类样本点如图 9-7 所示。

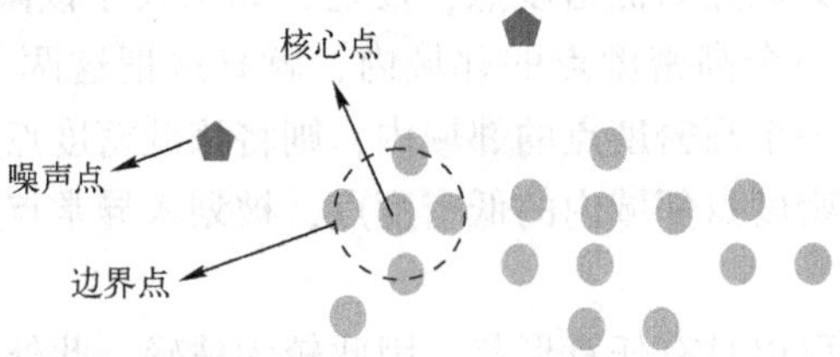

图 9-7 DBSCAN 算法的三类样本点（虚线为 ϵ-邻域，Minpts=5）

进一步地，定义四种样本点的关系：

密度直达（directly density-reachable）：设 P 为核心点，若 $Q\in D$ 位于 P 的 ϵ-邻域中，则称 Q 可由 P 密度直达或者 P 到 Q 密度直达。任何核心点到其自身密度直达，密度直达不具有对称性，如果 P 到 Q 密度直达，那么 Q 到 P 不一定密度直达。

密度可达（density-reachable）：如果存在核心点序列 $P_1,P_2,\cdots,P_l$，满足 P_i 到 P_{i+1} 密度直达，P_l 到 Q 密度直达，则称 P_1 到 Q 密度可达。密度可达也不具有对称性。

密度相连（density-connected）：如果存在核心点 P，使得 P 到 Q_1 和 Q_2 均密度可达，则称 Q_1 和 Q_2 密度相连。密度相连具有对称性，如果 Q_1 和 Q_2 密度相连，那么 Q_2 和 Q_1 也一定密度相连。

非密度相连（non-density connected）：如果两个点不属于密度相连关系，则两个点非密度相连。

四种样本点的关系如图 9-8 所示。

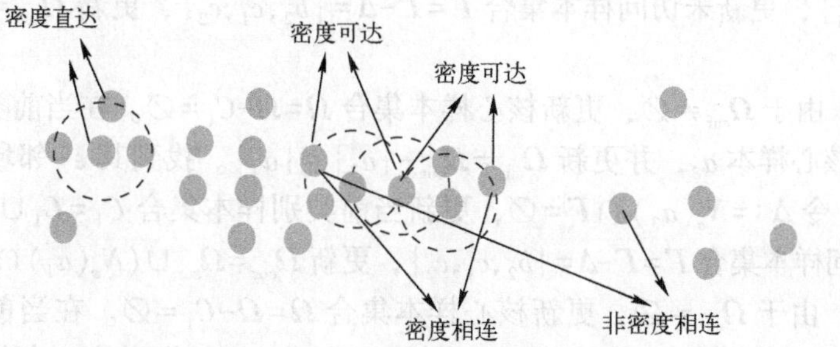

图 9-8　DBSCAN 算法的四种样本关系（虚线为 ϵ-邻域，Minpts=4）

DBSCAN 算法的使用的方法很简单，它任意选择一个没有类别的核心对象作为种子，然后找到所有这个核心对象能够密度可达的样本集合，即为一个类别。接着继续选择另一个没有类别的核心对象去寻找密度可达的样本集合，这样就得到另一个聚类簇，这样得到的都肯定是密度相连的，一直运行到所有核心对象都有类别为止。

例如，如图 9-9 所示，给定样本集 $D=\{a_1,a_2,a_3,a_4,b_1,b_2,c_1,c_2\}$。给定参数 $\epsilon\geqslant 0$，minpts=4。最终聚类结果 $C=\{C_1\}$，$C_1=\{a_1,a_2,a_3,a_4,b_1,b_2\}$，$c_1,c_2$ 为噪声点。聚类详细过程如下：

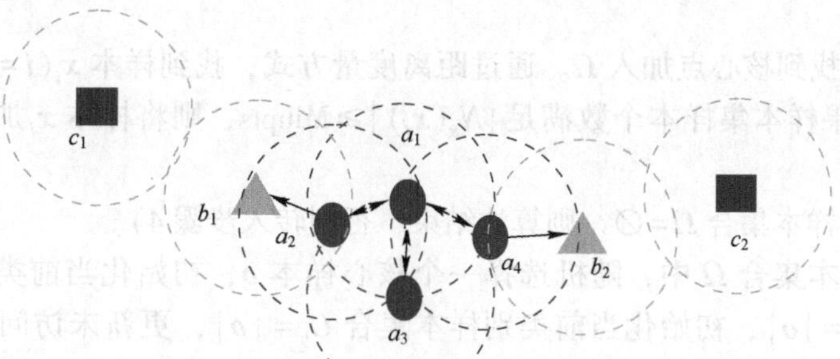

图 9-9　DBSCAN 算法原理图

首先，初始化未访问样本集合 $\Gamma:=D$，找到所有核心点 $\Omega:=\{a_i(i=1,2,3,4)\}$。然后，由于 $\Omega\neq\varnothing$，进行外循环：

1）第一轮，在核心样本集合 Ω 中，随机选择一个核心样本，例如 a_1。初始化当前类别核心样本队列 $\Omega_{\mathrm{cur}}=\{a_1\}$，初始化当前类别样本集合 $C_1=\{a_1\}$，更新未访问样本集合 $\Gamma=\Gamma-\{a_1\}$。开始内循环：

① 第一轮，由于 $\Omega_{\mathrm{cur}}\neq\varnothing$，更新核心样本集合 $\Omega=\Omega-C_1=\{a_2,a_3,a_4\}$。在当前类别核心样本队列 Ω_{cur} 中取出一个核心样本 a_1，并更新 $\Omega_{\mathrm{cur}}=\Omega_{\mathrm{cur}}-\{a_1\}$，找到其 ϵ-邻域样本集

$N_\varepsilon(a_1)=\{a_1,a_2,a_3,a_4\}$，令 $\Delta:=N_\varepsilon(a_1)\cap\Gamma=\{a_2,a_3,a_4\}$，更新当前类别样本集合 $C_1=C_1\cup\Delta=\{a_1,a_2,a_3,a_4\}$，更新未访问样本集合 $\Gamma=\Gamma-\Delta=\{b_1,b_2,c_1,c_2\}$，更新 $\Omega_{cur}=\Omega_{cur}\cup(N_\varepsilon(a_1)\cap\Omega)=\{a_2,a_3,a_4\}$。

② 第二轮，由于 $\Omega_{cur}\neq\varnothing$，更新核心样本集合 $\Omega=\Omega-C_1=\varnothing$。在当前类别核心样本队列 Ω_{cur} 中取出一个核心样本 a_2，并更新 $\Omega_{cur}=\Omega_{cur}-\{a_2\}=\{a_3,a_4\}$。找到其 ϵ-邻域样本集 $N_\varepsilon(a_2)=\{a_1,a_2,a_3,b_1\}$，令 $\Delta:=N_\varepsilon(a_2)\cap\Gamma=\{b_1\}$，更新当前类别样本集合 $C_1=C_1\cup\Delta=\{a_1,a_2,a_3,a_4,b_1\}$，更新未访问样本集合 $\Gamma=\Gamma-\Delta=\{b_2,c_1,c_2\}$，更新 $\Omega_{cur}=\Omega_{cur}\cup(N_\varepsilon(a_1)\cap\Omega)=\{a_3,a_4\}$。

③ 第三轮，由于 $\Omega_{cur}\neq\varnothing$，更新核心样本集合 $\Omega=\Omega-C_1=\varnothing$。在当前类别核心样本队列 Ω_{cur} 中取出一个核心样本 a_3，并更新 $\Omega_{cur}=\Omega_{cur}-\{a_3\}=\{a_4\}$。找到其 ϵ-邻域样本集 $N_\varepsilon(a_3)=\{a_1,a_2,a_3,a_4\}$，令 $\Delta:=N_\varepsilon(a_3)\cap\Gamma=\varnothing$，更新当前类别样本集合 $C_1=C_1\cup\Delta=\{a_1,a_2,a_3,a_4,b_1\}$，更新未访问样本集合 $\Gamma=\Gamma-\Delta=\{b_2,c_1,c_2\}$，更新 $\Omega_{cur}=\Omega_{cur}\cup(N_\varepsilon(a_1)\cap\Omega)=\{a_4\}$。

④ 第四轮，由于 $\Omega_{cur}\neq\varnothing$，更新核心样本集合 $\Omega=\Omega-C_1=\varnothing$。在当前类别核心样本队列 Ω_{cur} 中取出一个核心样本 a_4，并更新 $\Omega_{cur}=\Omega_{cur}-\{a_4\}=\varnothing$。找到其 ϵ-邻域样本集 $N_\varepsilon(a_4)=\{a_1,a_3,a_4,b_2\}$，令 $\Delta:=N_\varepsilon(a_4)\cap\Gamma=\{b_2\}$，更新当前类别样本集合 $C_1=C_1\cup\Delta=\{a_1,a_2,a_3,a_4,b_1,b_2\}$，更新 $\Omega_{cur}=\Omega_{cur}\cup(N_\varepsilon(a_1)\cap\Omega)=\varnothing$。

由于 $\Omega_{cur}=\varnothing$，则类别 C_1 产生完成，初始化类别序号 $k=2$，更新类别划分 $\mathcal{C}=\{C_1\}$，更新核心样本集合 $\Omega=\Omega-C_1=\varnothing$，内循环结束。

2）由于 $\Omega=\varnothing$，外循环结束，算法结束。

最终聚类结果 $\mathcal{C}=\{C_1\}$，$C_1=\{a_1,a_2,a_3,a_4,b_1,b_2\}$，$c_1,c_2$ 为噪声点。

对于样本集 $D=\{\boldsymbol{x}_1,\boldsymbol{x}_2,\cdots,\boldsymbol{x}_m\}$，邻域参数（$\epsilon$,Minpts），DBSCAN 算法流程如下：

1）初始化。设置核心样本集合 $\Omega=\varnothing$，类别数 $k=0$，未访问样本集合 $\Gamma=D$，类别划分 $\mathcal{C}=\varnothing$。

2）遍历 D，找到核心点加入 Ω。通过距离度量方式，找到样本 $\boldsymbol{x}_i(i=1,2,\cdots,m)$ 的 ϵ-邻域 $N_\epsilon(\boldsymbol{x}_i)$。如果样本集样本个数满足 $|N_\varepsilon(\boldsymbol{x}_j)|\geqslant$ Minpts，则将样本 $\boldsymbol{x}_i$ 加入核心样本集合 $\Omega=\Omega\cup\{\boldsymbol{x}_i\}$。

3）如果核心样本集合 $\Omega=\varnothing$，则算法结束，否则转入步骤 4）。

4）在核心样本集合 Ω 中，随机选择一个核心样本 $\boldsymbol{o}$，初始化当前类别核心样本队列（"种子点"）$\Omega_{cur}=\{\boldsymbol{o}\}$，初始化当前类别样本集合 $C_k=\{\boldsymbol{o}\}$，更新未访问样本集合 $\Gamma=\Gamma-\{\boldsymbol{o}\}$。转入步骤 5）。

5）如果当前类别核心样本队列 $\Omega_{cur}=\varnothing$，则当前类别 C_k 生产完毕，初始化类别序号 $k=k+1$，更新类别划分 $\mathcal{C}=\{C_1,C_2,\cdots,C_k\}$，更新核心样本集合 $\Omega=\Omega-C_k$，转入步骤 3）。否则，更新核心样本集合 $\Omega=\Omega-C_k$，转入步骤 6）。

6）在当前类别核心样本队列 Ω_{cur} 中取出一个核心样本 $\boldsymbol{o}$，并更新 $\Omega_{cur}=\Omega_{cur}-\{\boldsymbol{o}\}$。找出其所有 ϵ-邻域样本集 $N_\varepsilon(\boldsymbol{o})$，令 $\Delta=N_\varepsilon(\boldsymbol{o})\cap\Gamma$，更新当前类别样本集合 $C_k=C_k\cup\Delta$，更新未访问样本集合 $\Gamma=\Gamma-\Delta$，更新 $\Omega_{cur}=\Omega_{cur}\cup(N_\varepsilon(\boldsymbol{o})\cap\Omega)$，转步骤 5）。

DBSCAN 的主要优点有：①可以对任意形状的稠密数据集进行聚类，而 k 均值之类的聚类算法一般只适用于凸数据集。②可以在聚类的同时发现异常点，对数据集中的异常点不敏感。③聚类结果没有偏倚，而 k 均值之类的聚类算法初始值对聚类结果有很大影响。

DBSCAN 的主要缺点有：①如果样本集的密度不均匀、聚类间距差相差很大时，聚类质量较差，这时 DBSCAN 聚类一般不适合。②如果样本集较大时，聚类收敛时间较长，此时可以在搜索最近邻时，建立 kd 树或者球树进行规模限制来改进算法。③调参相对于传统的 k 均值之类的聚类算法稍复杂，主要需要对距离阈值 ϵ、邻域样本数阈值 Minpts 联合调参，不同的参数组合对最后的聚类效果有较大影响。

9.3.2　代码实现

下面我们手动实现 DBSCAN 算法，对表 9-1 的数据实现聚类。

表 9-1　数据

序号	属性 1	属性 2	序号	属性 1	属性 2	序号	属性 1	属性 2	序号	属性 1	属性 2	序号	属性 1	属性 2
1	13594666	4509729	31	13594670	4509722	61	13594668	4509714	91	13594672	4509709	121	13594658	4509732
2	13594666	4509729	32	13594669	4509722	62	13594668	4509712	92	13594670	4509709	122	13594660	4509731
3	13594666	4509728	33	13594672	4509723	63	13594668	4509711	93	13594672	4509709	123	13594657	4509731
4	13594666	4509727	34	13594671	4509723	64	13594669	4509711	94	13594670	4509709	124	13594657	4509730
5	13594667	4509726	35	13594670	4509723	65	13594669	4509709	95	13594670	4509707	125	13594657	4509732
6	13594667	4509725	36	13594672	4509721	66	13594671	4509710	96	13594671	4509708	126	13594658	4509730
7	13594667	4509724	37	13594671	4509721	67	13594668	4509710	97	13594670	4509710	127	13594658	4509730
8	13594667	4509724	38	13594671	4509721	68	13594668	4509708	98	13594669	4509709	128	13594657	4509731
9	13594667	4509723	39	13594670	4509721	69	13594670	4509709	99	13594671	4509709	129	13594659	4509731
10	13594667	4509722	40	13594669	4509721	70	13594672	4509708	100	13594669	4509708	130	13594658	4509731
11	13594667	4509721	41	13594668	4509721	71	13594670	4509709	101	13594669	4509723	131	13594658	4509731
12	13594667	4509720	42	13594669	4509722	72	13594669	4509709	102	13594669	4509723	132	13594657	4509731
13	13594669	4509721	43	13594671	4509724	73	13594669	4509709	103	13594669	4509722	133	13594656	4509731
14	13594669	4509720	44	13594671	4509724	74	13594668	4509709	104	13594668	4509722	134	13594657	4509733
15	13594669	4509719	45	13594669	4509724	75	13594670	4509709	105	13594667	4509722	135	13594657	4509733
16	13594670	4509719	46	13594670	4509722	76	13594669	4509709	106	13594669	4509722	136	13594658	4509730
17	13594669	4509724	47	13594670	4509720	77	13594672	4509708	107	13594669	4509722	137	13594657	4509731
18	13594672	4509722	48	13594669	4509720	78	13594671	4509708	108	13594669	4509722	138	13594658	4509732
19	13594672	4509721	49	13594672	4509723	79	13594670	4509708	109	13594670	4509721	139	13594666	4509727
20	13594672	4509720	50	13594672	4509722	80	13594670	4509707	110	13594669	4509721	140	13594666	4509727
21	13594672	4509720	51	13594671	4509722	81	13594669	4509707	111	13594668	4509721	141	13594668	4509726
22	13594670	4509720	52	13594670	4509722	82	13594669	4509708	112	13594668	4509721	142	13594668	4509728
23	13594672	4509720	53	13594671	4509722	83	13594668	4509708	113	13594669	4509722	143	13594668	4509729
24	13594671	4509720	54	13594669	4509721	84	13594669	4509708	114	13594668	4509722	144	13594656	4509732
25	13594670	4509720	55	13594670	4509721	85	13594672	4509709	115	13594668	4509722	145	13594657	4509729
26	13594669	4509720	56	13594671	4509721	86	13594672	4509707	116	13594670	4509721	146	13594668	4509728
27	13594669	4509720	57	13594672	4509721	87	13594672	4509710	117	13594669	4509722	147	13594664	4509731
28	13594668	4509719	58	13594670	4509723	88	13594669	4509711	118	13594668	4509722	148	13594663	4509732
29	13594671	4509719	59	13594668	4509716	89	13594669	4509707	119	13594669	4509723	149	13594663	4509730
30	13594670	4509720	60	13594668	4509715	90	13594671	4509709	120	13594669	4509724	150	13594661	4509731

(1) 定义距离

代码 9-6 定义了用于计算欧几里得距离平方的函数。首先导入了 NumPy 库用于数值计算和数组操作，Matplotlib 库用于数据可视化，以及 SciPy 库中的距离计算函数。该函数接受一个数据矩阵作为输入，其中每行代表一个样本。函数通过使用 pdist 函数计算出欧几里得距离向量，然后使用 squareform 函数将距离向量转换为距离矩阵，并返回该矩阵的平方形式。

代码 9-6 以欧几里得距离平方为距离度量，定义距离函数

```
# 导入需要的库
import numpy as np                                          # 导入 NumPy 库，用于数值计算和数组操作
import matplotlib.pyplot as plt                             # 导入 Matplotlib 库，用于数据可视化
from scipy.spatial.distance import pdist, squareform        # 导入 SciPy 库中的距离计算函数

# 解决中文显示乱码问题
plt.rcParams['font.sans-serif'] = ['SimHei']
plt.rcParams['axes.unicode_minus'] = False
def compute_squared_EDM(X):
    """
    计算欧几里得距离矩阵的平方

    参数:
        X (array-like): 输入的数据矩阵，每行代表一个样本

    返回:
        squared_EDM (ndarray): 欧几里得距离矩阵的平方
    """
    squared_EDM = squareform(pdist(X, metric='euclidean'))
    # 使用 pdist 函数计算欧几里得距离，并使用 squareform 函数将距离向量转换为距离矩阵
    return squared_EDM
```

(2) 定义 DBSCAN 算法函数

代码 9-7 实现了 DBSCAN 算法，用于密度聚类。它将输入的数据矩阵按照给定的 ε-邻域半径和最小样本数进行聚类，并返回每个样本的聚类标签。首先，根据输入数据计算距离矩阵。然后，找到满足条件的核心点的索引，这些核心点在其 ε-邻域内具有足够的样本数量。初始化所有样本的标签为-1，表示未分类。接下来，遍历所有的核心点，对未分类的核心点进行处理。将核心点标记为当前类别，并找到其 ε-邻域内的未分类点，将其放入种子集合。通过种子点开始生长，寻找与种子点密度可达的数据点，直到种子集合为空。将所有被发现的点标记为当前类别，并继续寻找新的种子点扩展簇集。最后，找到一个类别后，切换到下一个类别，并继续寻找未分类的核心点。最终，返回每个样本的聚类标签，其中-1 代表未分类，其他非负整数代表不同的簇。

代码 9-7 定义主要部分，DBSCAN 算法实现函数

```
def DBSCAN(data, eps, minPts):
    """
    DBSCAN 算法实现
```

```
    参数：
    data：输入的数据矩阵，每一行代表一个数据样本
    eps：ε-邻域的半径，用于确定样本之间的密度可达关系
    minPts：某个样本的 ε-邻域中最小样本数，用于确定核心点

    返回：
    labels：聚类后的标签，与输入数据的行数相同，-1 代表未分类，其他非负整数代表不同的簇

    """

    # 获得距离矩阵
    disMat = compute_squared_EDM(data)

    # 获得数据的行和列(一共有 n 条数据)
    n, m = data.shape

    # 将矩阵中小于 minPts 的数赋予 1，大于 minPts 的数赋予零，然后 1 代表对每一行求和，然后求
      核心点坐标的索引
    core_points_index = np.where(np.sum(np.where(disMat <= eps, 1, 0), axis=1) >= minPts)[0]

    # 初始化类别，-1 代表未分类
    labels = np.full((n,), -1)
    clusterId = 0

    # 遍历所有的核心点
    for pointId in core_points_index:
        # 如果核心点未被分类，将其作为“种子点”(当前类别核心样本队列)，开始寻找相应簇集
        if (labels[pointId] == -1):
            # 首先将点 pointId 标记为当前类别 (即标识为已操作)
            labels[pointId] = clusterId

            # 然后寻找种子点的 eps 邻域且没有被分类的点，将其放入种子集合
            neighbour = np.where((disMat[:, pointId] <= eps) & (labels == -1))[0]
            seeds = set(neighbour)

            # 通过种子点，开始生长，寻找密度可达的数据点，一直到种子集合为空，一个簇集寻
              找完毕
            while len(seeds) > 0:
                # 弹出一个新种子点
                newPoint = seeds.pop()

                # 将 newPoint 标记为当前类
                labels[newPoint] = clusterId

                # 寻找 newPoint 种子点 eps 邻域 (包含自己)
                queryResults = np.where(disMat[:, newPoint] <= eps)[0]
```

```
                # 如果 newPoint 属于核心点，那么 newPoint 是可以扩展的，即密度是可以通过
                newPoint 继续密度可达的
                if len(queryResults) >= minPts:
                    # 将邻域内且没有被分类的点压入种子集合
                    for resultPoint in queryResults:
                        if labels[resultPoint] == -1:
                            seeds.add(resultPoint)

            # 簇集生长完毕，寻找到一个类别
            clusterId = clusterId + 1

    return labels        # 返回聚类标签
```

（3）定义绘图函数

代码 9-8 定义了一个名为 plotFeature 的函数，用于绘制特征图。函数接受两个参数：data 表示输入的数据矩阵，每一行代表一个数据样本；labels_表示聚类标签，与输入数据的行数相同，-1 表示未分类，其他非负整数表示不同的簇。该函数没有返回值，直接在图形界面上显示绘制的特征图。

在函数内部，首先通过 len(set(labels_))获取簇的数量。然后创建一个新的图形对象，并定义了散点颜色列表 scatterColors 和散点标记列表 scatterMarkers。接下来，使用 fig. add_subplot(111)添加一个子图。然后，通过循环遍历所有的簇（包括未分类的），根据簇的索引选择相应的颜色和标记样式。然后根据当前簇的索引，使用 np. where(labels_ == i)获取属于当前簇的数据子集。最后，调用 ax. scatter 绘制散点图，其中设置了数据子集的坐标、颜色、标记样式和大小。最后调用 plt. show()显示绘制的特征图。

代码 9-8 定义可视化展示绘图函数

```
def plotFeature(data, labels_):
    """
    绘制特征图

    参数:
    data: 输入的数据矩阵，每一行代表一个数据样本。
    labels_: 聚类标签，与输入数据的行数相同，-1 代表未分类，其他非负整数代表不同的簇。

    输出:
    无输出，直接绘制特征图。

    """

    clusterNum = len(set(labels_))                          # 簇的数量
    fig = plt.figure()                                      # 创建一个新的图形对象
    scatterColors = ['black', 'blue', 'green', 'yellow', 'red', 'purple', 'orange', 'brown']  # 散点颜色列表
    scatterMarkers = ['*', 's', '<', '1', '2', '3', '+']    # 散点标记列表
    ax = fig.add_subplot(111)                               # 添加一个子图
```

```
    for i in range(-1, clusterNum):                         # 遍历所有的簇（包括未分类的）
        colorStyle = scatterColors[i % len(scatterColors)]
        # 根据簇的索引选择颜色样式
        markerStyle = scatterMarkers[i % len(scatterMarkers)]
        # 根据簇的索引选择标记样式

        subCluster = data[np.where(labels_ == i)]           # 获取属于当前簇的数据子集
        ax.scatter(subCluster[:, 0], subCluster[:, 1], c=colorStyle, marker=markerStyle, s=15)
                                                            # 绘制散点图

    plt.show()                                              # 显示绘制的特征图
```

（4）实现聚类，展示结果

代码 9-9 首先使用 np.loadtxt 从文件"data-9-3.csv"中加载数据，并将其存储在 data 变量中。接下来，使用 plt.scatter 绘制原数据图像。其中，data[:, 0]表示使用数据的第一列作为 x 坐标，data[:, 1]表示使用数据的第二列作为 y 坐标，c="g"表示设置颜色为绿色，marker='o'表示使用圆形作为标记样式，label="原数据"表示添加一个图例，并将其显示在图中的左上角。最后，调用 plt.show()显示原数据图像。随后，调用 DBSCAN 函数进行 DBSCAN 聚类，并将返回的标识存储在 labels 变量中。其中，data 表示数据矩阵，2 表示 ϵ 的值，15 表示 MinPts 的值。最后，调用 plotFeature 函数绘制特征图。其中，data 表示数据矩阵，labels 表示聚类标签。

代码 9-9　实现对给定数据集的聚类，并可视化展示结果

```
# 加载数据
data = np.loadtxt("data-9-3.csv", delimiter=",")

# 绘制原数据图像
plt.scatter(data[:, 0], data[:, 1], c="g", marker='o', label="原数据")
# 绘制散点图，数据的 x 坐标来自第一列，y 坐标来自第二列，设置颜色为绿色，标记样式为星号，
添加图例
plt.legend(loc=2)      # 设置图例的位置，2 表示在左上角
plt.show()             # 显示原数据图像

# DBSCAN 聚类并返回标识；ϵ=2，且 MinPts=15
labels = DBSCAN(data, 2, 15)
# 调用 DBSCAN 函数进行聚类，输入参数为 data 表示数据矩阵，2 表示 ϵ 的值，15 表示 MinPts 的值

# 绘制特征图
plotFeature(data, labels)
# 调用 plotFeature 函数绘制特征图，输入参数为 data 表示数据矩阵和 labels 表示聚类标签
```

得到图像如下，图 9-10 中圆形为未分类样本，图 9-11 中不同形状颜色表示不同类别，其中“+”形状的为噪声点。

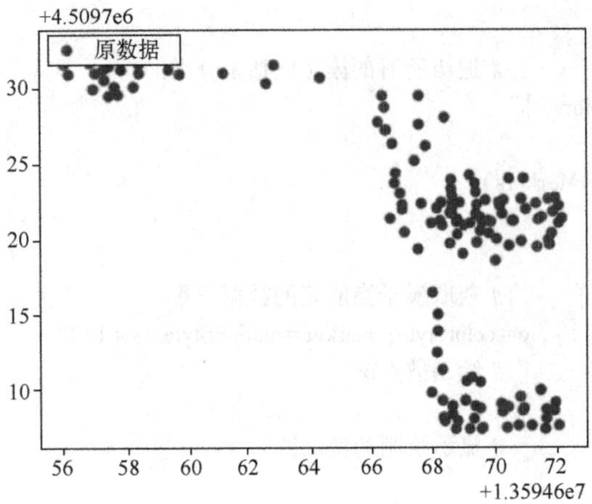

图 9-10 原始数据

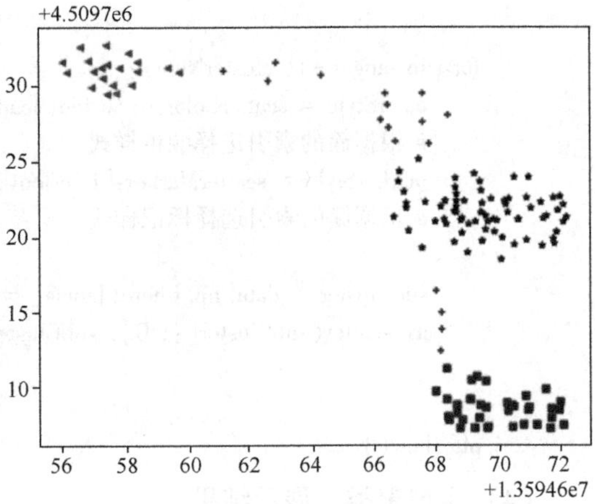

图 9-11 聚类结果

9.4 层次聚类

层次聚类（hierarchical clustering）假设类别之间存在层次结构，将样本聚到层次化的类别中。层次聚类有两种，一种聚合（agglomerative）或自下而上（bottom-up）聚类，另一种分裂（divisive）或自上而下（Top-down）聚类。聚合聚类将每个样本各分到一个类，之后将距离相近的两类合并，建立一个新的类别，重复此操作直到满足停止条件，得到层次化的类别。

分裂聚类首先将所有的样本分到一个类，之后将已有类别利用某种分裂准则分成两个新的类别，重复此操作直到满足停止条件，得到层次化的类别。实际问题中多以聚合聚类为主，本节只讨论聚合聚类算法。

9.4.1 聚合聚类

给定样本集 $D\subseteq \mathbf{R}^n$ 包含 m 个无标记样本 $\boldsymbol{x}_1,\boldsymbol{x}_2,\cdots,\boldsymbol{x}_m$，聚合聚类算法基本流程为：

1）将每个样本归为一类，共得到 m 类，每类仅包含一个样本。

2）找到距离最接近的两个类并合并成一类，于是总类别数减少 1。

3）重新计算新类与所有旧类之间的距离。

4）重复步骤 2）和步骤 3），直到最后合并成一个类为止。

这里的关键是如何计算类与类之间的距离，可以采用 9.1.1 节中给出的最短距离、最长距离、平均距离等，对应的算法相应的称为“单链接（single-linkage）算法”“全链接（complete-linkage）算法”“均链接（average-linkage）算法”。也可以采用 Ward 方差，该方法认为如果分类正确，同类样本的 Ward 方差应当较小，不同类别间的 Ward 较大。假设有两个类别 $U=\{u_0,u_1,\cdots,u_{|U|-1}\}$ 和 $V=\{v_0,v_1,\cdots,v_{|V|-1}\}$，且类别 U 是由类别 S 和类别 T 合并而成，V 是样本空间中 U 以外的任何一个类别，且 $U=S\cup T, S\cap T=\varnothing, U\cap V=\varnothing$。利用 Ward 方差定义的距离为

$$D_{uv}^{\text{ward}}:=\sqrt{\frac{|V|+|S|}{n}\text{dist}(V,S)^2+\frac{|V|+|T|}{n}\text{dist}(V,T)^2+\frac{|S|+|S|}{n}\text{dist}(S,T)^2}$$

式中，$n=|S|+|T|+|V|$。对应的算法相应的称为“Ward 链接（ward-linkage）”。

假设有 5 个样本点$\{\boldsymbol{x}_1,\boldsymbol{x}_2,\cdots,\boldsymbol{x}_5\}$，两两样本之间的欧氏距离如下矩阵：

$$\boldsymbol{D}=[d_{ij}]=\begin{bmatrix}0&8&2&10&3\\8&0&5&4&6\\2&5&0&9&1\\10&4&9&0&5\\3&6&1&5&0\end{bmatrix}$$

式中，d_{ij}表示$\boldsymbol{x}_i$与$\boldsymbol{x}_j$的距离。应用单链接聚合聚类算法，步骤如下：

1）假设每个样本点都为一个类别，得到$C_i=\{\boldsymbol{x}_i\}$，$i=1,2,\cdots,5$。计算每个类别类间距离，得到矩阵$\boldsymbol{D}_1:=D_{ij}=\boldsymbol{D}$，其中$D_{ij}$表示$C_i$与$C_j$的距离。

2）寻找各个类之间最近的两个类。由矩阵$\boldsymbol{D}_1$看到$D_{35}=D_{53}=1$最小，因此把C_3与C_5合并为新类，记为$C_6=\{\boldsymbol{x}_3,\boldsymbol{x}_5\}$。

3）计算C_6与其他旧类别C_1，C_2，C_4的距离，得到$D_{61}=2$，$D_{62}=5$，$D_{63}=5$，同时旧类别之间的距离为$D_{12}=8$，$D_{14}=10$，$D_{24}=4$。D_{61}最小，把C_1与C_6合并为新类，记为$C_7=\{\boldsymbol{x}_1,\boldsymbol{x}_3,\boldsymbol{x}_5\}$。

4）计算C_7与其他旧类别C_2，C_4的距离，得到$D_{72}=5$，$D_{74}=5$，同时旧类别之间的距离为$D_{24}=4$。D_{24}最小，把C_2与C_4合并为新类，记为$C_8=\{\boldsymbol{x}_2,\boldsymbol{x}_4\}$。

5）把C_7与C_8合并为新类，记为$C_9=\{\boldsymbol{x}_1,\boldsymbol{x}_3,\boldsymbol{x}_5,\boldsymbol{x}_2,\boldsymbol{x}_4\}$。

单链接聚合聚类实现过程如图 9-12 所示。

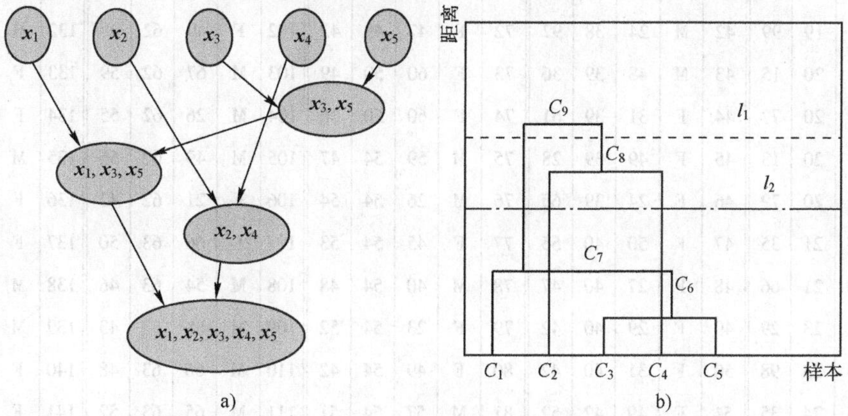

图 9-12 单链接聚合聚类实现过程

右侧树状图通常用来选取类别数，相连接的垂线表示把两个类别合并时的类内距离，聚类希望类内距离小，因此一般选取可以把较长垂线截断的阈值。例如，选取l_1对应的距离作为类别距离阈值时，得到分类结果是$C=\{C_7,C_8\}$两类，选取l_2时，分类结果为$C=\{C_2,C_4,C_7\}$三类。

聚合聚类算法可在不同层次上对数据集进行划分，形成一个树状的聚类结构，可以指定类别数也可不指定。但聚合聚类算法的时间和空间复杂度较高，不适合解决大型数据集聚类问题。

9.4.2 代码实现

下面我们编写代码，手动实现聚合聚类算法，对表 9-2 某商城用户数据聚类，其中 N（customerID）表示顾客编号，G（gender）表示性别，M（male）为男性，F（female）为女性，ag（age）表示顾客年龄，ai（annual income）表示年收入，单位为万元，ss（spending score）表示顾客消费得分，取值范围为 1~100。

表 9-2 某商城用户数据

N	G	ag	ai	ss	N	G	ag	ai	ss	N	G	ag	ai	ss	N	G	ag	ai	ss	N	G	ag	ai	ss
1	M	19	15	39	31	M	60	30	4	61	M	70	46	56	91	F	68	59	55	121	M	27	67	56
2	M	21	15	81	32	F	21	30	73	62	M	19	46	55	92	M	18	59	41	122	F	38	67	40
3	F	20	16	6	33	M	53	33	4	63	F	67	47	52	93	M	48	60	49	123	F	40	69	58
4	F	23	16	77	34	M	18	33	92	64	F	54	47	59	94	F	40	60	40	124	M	39	69	91
5	F	31	17	40	35	F	49	33	14	65	M	63	48	51	95	F	32	60	42	125	F	23	70	29
6	F	22	17	76	36	F	21	33	81	66	M	18	48	59	96	M	24	60	52	126	F	31	70	77
7	F	35	18	6	37	F	42	34	17	67	F	43	48	50	97	F	47	60	47	127	M	43	71	35
8	F	23	18	94	38	F	30	34	73	68	F	68	48	48	98	F	27	60	50	128	M	40	71	95
9	M	64	19	3	39	F	36	37	26	69	M	19	48	59	99	M	48	61	42	129	M	59	71	11
10	F	30	19	72	40	F	20	37	75	70	F	32	48	47	100	M	20	61	49	130	M	38	71	75
11	M	67	19	14	41	F	65	38	35	71	M	70	49	55	101	F	23	62	41	131	M	47	71	9
12	F	35	19	99	42	M	24	38	92	72	F	47	49	42	102	F	49	62	48	132	M	39	71	75
13	F	58	20	15	43	M	48	39	36	73	F	60	50	49	103	M	67	62	59	133	F	25	72	34
14	F	24	20	77	44	F	31	39	61	74	F	60	50	56	104	M	26	62	55	134	F	31	72	71
15	M	37	20	13	45	F	49	39	28	75	M	59	54	47	105	M	49	62	56	135	M	20	73	5
16	M	22	20	79	46	F	24	39	65	76	M	26	54	54	106	F	21	62	42	136	F	29	73	88
17	F	35	21	35	47	F	50	40	55	77	F	45	54	53	107	F	66	63	50	137	F	44	73	7
18	M	20	21	66	48	F	27	40	47	78	M	40	54	48	108	M	54	63	46	138	M	32	73	73
19	M	52	23	29	49	F	29	40	42	79	F	23	54	52	109	M	68	63	43	139	M	19	74	10
20	F	35	23	98	50	F	31	40	42	80	F	49	54	42	110	M	66	63	48	140	F	35	74	72
21	M	35	24	35	51	F	49	42	52	81	M	57	54	51	111	M	65	63	52	141	F	57	75	5
22	M	25	24	73	52	M	33	42	60	82	M	38	54	55	112	F	19	63	54	142	M	32	75	93
23	F	46	25	5	53	F	31	43	54	83	M	67	54	41	113	F	38	64	42	143	F	28	76	40
24	M	31	25	73	54	M	59	43	60	84	F	46	54	44	114	M	19	64	46	144	F	32	76	87
25	F	54	28	14	55	F	50	43	45	85	F	21	54	57	115	F	18	65	48	145	M	25	77	12
26	M	29	28	82	56	M	47	43	41	86	M	48	54	46	116	F	19	65	50	146	M	28	77	97
27	F	45	28	32	57	F	51	44	50	87	F	55	57	58	117	F	63	65	43	147	M	48	77	36
28	M	35	28	61	58	M	69	44	46	88	F	22	57	55	118	F	49	65	59	148	F	32	77	74
29	F	40	29	31	59	F	27	46	51	89	F	34	58	60	119	F	51	67	43	149	F	34	78	22
30	F	23	29	87	60	M	53	46	46	90	F	50	58	46	120	F	50	67	57	150	M	34	78	90

（续）

N	G	ag	ai	ss	N	G	ag	ai	ss	N	G	ag	ai	ss	N	G	ag	ai	ss	N	G	ag	ai	ss
151	M	43	78	17	161	F	56	79	35	171	M	40	87	13	181	F	37	97	32	191	F	34	103	23
152	M	39	78	88	162	F	29	79	83	172	M	28	87	75	182	F	32	97	86	192	F	32	103	69
153	F	44	78	20	163	M	19	81	5	173	M	36	87	10	183	M	46	98	15	193	M	33	113	8
154	F	38	78	76	164	F	31	81	93	174	M	36	87	92	184	F	29	98	88	194	F	38	113	91
155	F	47	78	16	165	M	50	85	26	175	F	52	88	13	185	F	41	99	39	195	F	47	120	16
156	F	27	78	89	166	F	36	85	75	176	F	30	88	86	186	M	30	99	97	196	F	35	120	79
157	M	37	78	1	167	M	42	86	20	177	M	58	88	15	187	F	54	101	24	197	F	45	126	28
158	F	30	78	78	168	F	33	86	95	178	M	27	88	69	188	M	28	101	68	198	M	32	126	74
159	M	34	78	1	169	F	36	87	27	179	M	59	93	14	189	F	41	103	17	199	M	32	137	18
160	F	30	78	73	170	M	32	87	63	180	M	35	93	90	190	F	36	103	85	200	M	30	137	83

（1）导入数据，提取特征

代码 9-10 首先导入了一些需要使用的库，包括 pandas、itertools、scipy. spatial. distance、scipy. cluster. hierarchy 和 numpy。然后，从 csv 文件中读取数据集，并提取出数据集中的最后两列作为新的特征，即收入和消费得分。

代码 9-10　导入数据，提取数据的后两个特征：年收入和消费得分

```
# 导入需要的库
import pandas as pd
# 导入需要的库
from itertools import combinations,product
from scipy. spatial. distance import pdist,squareform
from scipy. cluster. hierarchy import linkage
from scipy. cluster. hierarchy import dendrogram
from collections import OrderedDict
import numpy as np
# 导入数据
ourData = pd. read_csv('data-9-5. csv')

# 从数据集中提取后两个特征：收入和消费得分
newData = ourData. iloc[ :, [3, 4]]. values
```

（2）获取距离矩阵

代码 9-11 的作用是计算原始数据的欧氏距离矩阵，并通过转换操作得到完整的距离矩阵。然后，根据距离矩阵的压缩距离列表，获取样本个数并向上取整，最后生成样本之间的两两组合（实际上是压缩距离矩阵的索引）。

代码 9-11　获取原始的距离矩阵

```
# 计算原始数据的欧氏距离矩阵
dist_Matrix =squareform(pdist(newData,metric='euclidean'))
```

```
# 计算距离矩阵的压缩距离矩阵，实际上是一个距离列表
dist_Matrix_Vector = pdist(dist_Matrix,metric='euclidean')

dist_Matrix_Matrix = squareform(dist_Matrix_Vector)  # 将距离列表转换成完整的距离矩阵

n = int(np.ceil((dist_Matrix_Vector.size * 2) **0.5))  # 获取样本个数，向上取整

indexes = combinations(range(n),2)  # 获取样本之间的两两组合，其实是压缩距离矩阵的索引
```

（3）存储类别索引和类别对应的样本子集

代码 9-12 创建了两个有序字典 clusters 和 initial_clusters。其中，clusters 用于存储类别索引和类别对应的样本子集，每个类别由整数类型的类别标号作为键，对应的值是一个列表，用于存储该类别的样本。initial_clusters 用于存储初始的距离矩阵。通过使用 zip 函数迭代 indexes 和 dist_Matrix_Vector，代码将每个样本作为一个类别，并将其对应的样本子集添加到 clusters 中，其中类别索引由 idx 表示，样本子集由 ids 表示。这样，初始化后，clusters 中的每个类别都只包含一个样本。

代码 9-12 初始化一个有序字典，用于存储类别索引和类别对应的样本子集

```
clusters = OrderedDict()
# 用于存储类别索引和类别对应的样本子集，key 为 int 类型是类别标号，value 是 list 类型来存储类别
  样本

initial_clusters = OrderedDict()                       # 初始距离矩阵

for idx, ids in zip(indexes, dist_Matrix_Vector):      # 初始化时每个样本形成一个类别
    clusters[idx] = ids                                # 将样本 ids 添加到类别 idx 的样本子集中
```

（4）存储类别对和类别对之间的距离

代码 9-13 创建了一个有序字典 repository，用于存储类别对和类别对之间的距离。每个类别对由元组类别组合作为键，对应的值是相应类别对的距离（这里指单链接距离）。通过使用 range(n)遍历 n 个类别对的索引，代码将每个索引 idx 作为键，创建一个只包含单一元素 idx 的列表，并将该列表作为值存储到 repository 中。这样，在初始化后，repository 中的每个类别对都有一个对应的距离值（在这里是单链接距离）。

代码 9-13 初始化一个有序字典，用于存储类别对和类别对之间的距离

```
repository = OrderedDict()
# 用于存储类别对和类别对之间的距离，key 为元组类别组合，value 是相应类别对的距离 single linkage

for idx in range(n):  # 每个类别对对应一个距离值
    repository[idx] = [idx]
  # 将索引 idx 作为键，创建包含单一元素 idx 的列表，并将其作为值存储到 repository 中
```

（5）实现层次聚类

代码 9-14 实现了一个层次聚类的算法。它通过迭代地合并距离最小的两个类别，直到所有的类别都被合并完成。在每次迭代中，它首先从类别对距离字典中找到距离最小的类别对，并记录下这对类别的信息（类别索引、距离、合并后的长度），然后更新类别的索引和样本的存储方式，接着计算更新后的类别之间的距离，并将距离最小的类别对及其距离添加

到类别对距离字典中。不断循环迭代，直到所有的类别都被合并完毕，并将每次合并的类别对信息存储在输出列表中。

代码 9-14　实现层次聚类算法

```
output = [ ]
while len(clusters)>0:
    # 获取最小类别对
    mini_cluster_pairs = min(clusters. items( ), key=lambda x:x[1])
      # 寻找距离最小类别对
    a, b = mini_cluster_pairs[0]                          # 最小类别对的两个类别
    d = mini_cluster_pairs[1]                             # 最小类别对的距离
    length = len(repository[a] + repository[b])           # 最小类别对的合并后的长度
    output. append([a, b, d, length])                     # 将最小类别对的信息添加到输出列表中

    # 然后更新 repository，添加一个新类别，删除两个旧类别
    idx, ids = max(repository. items( ), key=lambda x: x[0])
      # 获取 repository 中的最大索引和对应的值(列表)
    idx += 1                                              # 创建新的类别索引
    repository[idx] = repository[a] + repository[b]       # 将两个旧类别中的样本合并为新类别
    repository. pop(a)                                    # 删除旧类别 a
    repository. pop(b)                                    # 删除旧类别 b

    # 更新类别对距离字典
    current_clusters_Comb = combinations(repository. keys( ), 2) # 当前所有的类别对组合
    clusters. clear( )                                    # 清空类别对距离字典
    for ele in current_clusters_Comb:
        dikarji = product(repository[ele[0]], repository[ele[1]]) # 类别对中的样本组合
        sub_cluster = OrderedDict( )
        for item in dikarji:
            a, b = item
            sub_cluster[item] = dist_Matrix_Matrix[a,b]   # 计算类别对间的距离
        mini_dist_cluster, mini_dist_cluster_value = min(sub_cluster. items( ), key=lambda x: x[1])
                                                          # 寻找距离最小的类别对
        clusters[ele] = mini_dist_cluster_value  # 将距离最小的类别对及其距离添加到类别对距离字典中
```

（6）输出结果

代码 9-15 输出结果，包括每次迭代更新的类别对的信息，格式为[a, b, d, length]，其中 a 和 b 是合并的类别标号，d 是类别对之间的距离，length 是合并后类别的样本个数。

代码 9-15　输出层次聚类算法结果

```
print('手工结果:\n', np. array(output))
```

得到结果[[48, 49, 0, 2] [65, 68, 0, 2]…]。

另外，Scikit-learn 模块提供了聚合聚类算法，其函数原型如下：

```
sklearn. cluster. AgglomerativeClustering (n_clusters=2, affinity='euclidean',
memory=Memory(cachedir=None),connectivity=None, compute_full_tree='auto',
linkage='ward', pooling_func=<function mean>)
```

其中各参数的格式与含义可参考 Python 帮助或者 CDA scikit-learn 中文社区聚类模块。

(1) 导入数据，提取特征

首先，通过导入 pandas 库和 matplotlib. pyplot 库，以及层次聚类算法库 scipy. cluster. hierarchy，实现了必要的功能和可视化操作。接着，通过设置参数解决了中文显示乱码问题，确保中文能够正确显示。然后，使用 pd. read_csv( ) 函数从名为 "data-9-5-y. csv" 的文件中读取数据，并将其存储在名为 "ourData" 的 DataFrame 中。这一步骤可以用来加载并展示数据。最后，通过使用 .iloc 函数从 "ourData" 数据框中提取特定的列数据，即年收入和消费得分，并将它们存储在名为 "newData" 的数组中，方便后续处理和分析。

代码 9-16 导入数据，提取特征：年收入和消费得分

```
# 导入需要的库
import pandas as pd
import matplotlib. pyplot as plt
import scipy. cluster. hierarchy as sch        # 导入层次聚类算法
# 解决中文显示乱码问题
plt. rcParams['font. sans-serif'] = ['SimHei']
plt. rcParams['axes. unicode_minus'] = False

# 导入数据并显示
ourData = pd. read_csv('data-9-5. csv')
# 从文件"data-9-5-y. csv"中读取数据，并将其存储在名为"ourData"的 DataFrame 中

# 从数据集中提取后两个特征：
newData = ourData. iloc[:, [3, 4]]. values
# 从"ourData"数据框中提取第 3 列和第 4 列的数据，并将其存储在名为"newData"的数组中
```

(2) 绘制树状图

这段代码的作用是绘制树状图（谱系图），找到最佳的聚类数。代码首先使用 sch. linkage( ) 函数计算数据集 newData 中各个样本的距离，并将其传递给 sch. dendrogram( ) 函数，生成树状图。树状图可以帮助我们观察样本之间的距离关系和聚类情况。通过调整参数和观察树状图的形状，可以大致确定最佳的聚类数。接下来，代码设置了横坐标的标签为 "用户"，使得树状图在横轴上显示用户的标识。紧接着，代码设置了纵坐标的标签为 "欧氏距离"，说明纵轴上的数值表示样本之间的欧氏距离。最后，使用 plt. show( ) 函数展示绘制好的树状图。

代码 9-17 绘制树状图，找到聚类数

```
dendrogram = sch. dendrogram(sch. linkage(newData, method='ward'))
# 生成树状图
# 'newData' 为输入的数据集，`method='ward'`表示使用 Ward 方法进行聚类

# plt. title('Dendrogram')  # 设置树状图的标题，此处注释掉了该行代码

plt. xlabel("用户")          # 设置横坐标标签为"用户"

plt. ylabel("欧氏距离")      # 设置纵坐标标签为"欧氏距离"

plt. show()                  # 展示绘制的树状图
```

得到聚合聚类树状图如图 9-13 所示。

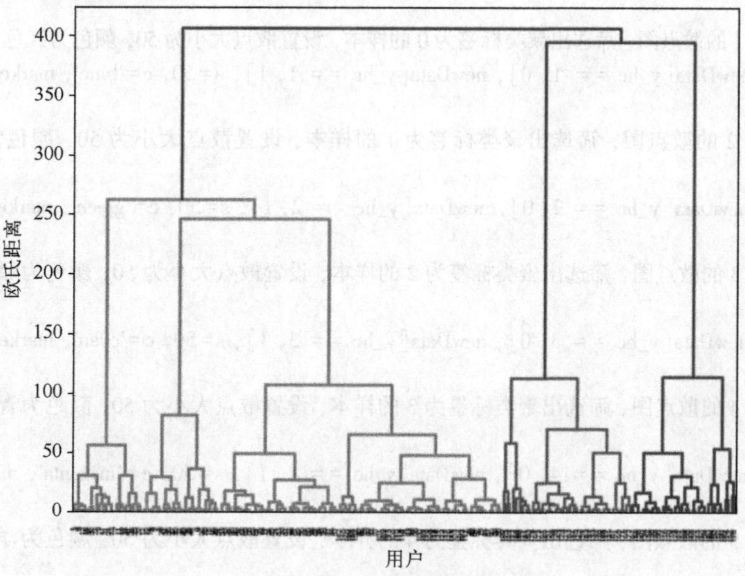

图 9-13 聚合聚类树状图

由图 9-13 可以观察到最长的垂线为最右侧蓝色垂线，比较长的垂线为左侧黄色垂线，因此选取欧氏距离 150 作为阈值，可以将它们截断。那么，选取类别数为 5 进行分类。

(3) 实现层次聚类

代码 9-18 使用层次聚类算法对数据进行聚类，并通过可视化展示聚类结果首先导入 AgglomerativeClustering 函数，用于进行层次聚类。然后创建了 Agg_hc 对象，将聚类数设置为 5，距离度量方式为欧氏距离，连接方式为 Ward 方法。接下来，调用 fit_predict 方法对数据集 newData 进行聚类训练，并将每个样本的聚类标签保存在 y_hc 中。然后，通过多次调用 plt. scatter 函数绘制不同类别的散点图，根据聚类标签筛选出具有相同标签的样本，并将它们分别用不同颜色和形状的散点表示。

随后，设置横坐标为“年收入”，纵坐标为“消费得分”，并通过 plt. legend( ) 显示图例。

最后，使用 plt. show( ) 展示绘制好的散点图，并通过 print(y_hc) 打印聚类结果，即每个样本所属的聚类标签。

代码 9-18 实现层次聚类，并对结果进行可视化展示

```
from sklearn. cluster import AgglomerativeClustering
# 导入 AgglomerativeClustering 函数，用于进行层次聚类

Agg_hc = AgglomerativeClustering( n_clusters = 5, metric = 'euclidean', linkage = 'ward')
# 创建 AgglomerativeClustering 对象，设置聚类数为 5，距离度量方式为欧氏距离，连接方式为 Ward 方法

y_hc = Agg_hc. fit_predict( newData)
# 对数据集 newData 进行聚类训练，并返回每个样本所属的聚类标签
```

```
plt.scatter(newData[y_hc == 0, 0], newData[y_hc == 0, 1], s=50, c='red', marker='+', label="类别1")
# 绘制类别1的散点图，筛选出聚类标签为0的样本，设置散点大小为50，颜色为红色，标记形状为+号
plt.scatter(newData[y_hc == 1, 0], newData[y_hc == 1, 1], s=50, c='blue', marker='o', label="类别2")
# 绘制类别2的散点图，筛选出聚类标签为1的样本，设置散点大小为50，颜色为蓝色，标记形状为圆形
plt.scatter(newData[y_hc == 2, 0], newData[y_hc == 2, 1], s=50, c='green', marker='s', label="类别3")
# 绘制类别3的散点图，筛选出聚类标签为2的样本，设置散点大小为50，颜色为绿色，标记形状为正方形
plt.scatter(newData[y_hc == 3, 0], newData[y_hc == 3, 1], s=50, c='cyan', marker='1', label="类别4")
# 绘制类别4的散点图，筛选出聚类标签为3的样本，设置散点大小为50，颜色为青色，标记形状为三角形
plt.scatter(newData[y_hc == 4, 0], newData[y_hc == 4, 1], s=50, c='magenta', marker='v', label="类别5")
# 绘制类别5的散点图，筛选出聚类标签为4的样本，设置散点大小为50，颜色为洋红色，标记形状为倒三角形

plt.xlabel("年收入")          # 设置横坐标的标签为"年收入"

plt.ylabel("消费得分")        # 设置纵坐标的标签为"消费得分"

plt.legend()                  # 显示图例，即不同类别的标签说明

plt.show()                    # 展示绘制的散点图

print(y_hc)                   # 打印聚类结果，即每个样本所属的聚类标签
```

得到如下分类结果：[4,3,4,3,…,1,1,1,…,0,2,0,2]，以及图 9-14。

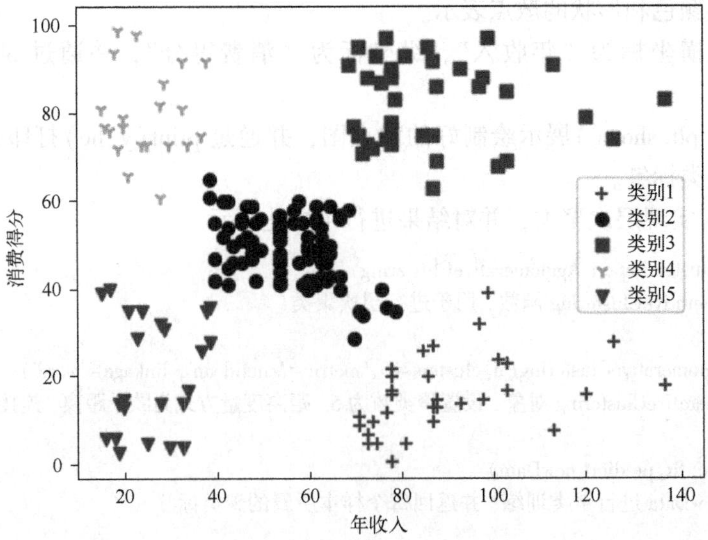

图 9-14 聚合聚类结果展示

9.5 本章小结

本章主要介绍了三类聚类思想，原型聚类、密度聚类以及层次聚类，并分别介绍了代表性的算法，k 均值聚类算法、DBSCAN 算法以及聚合聚类算法。首先，分别介绍了各个算法的原理，分析其优缺点及使用范围。k 均值聚类算法，当类别中对象近似高斯分布时，效果比较好，并且算法运行速度较快，但需要指定类别数，且初始样本中心对聚类结果影响较大。DBSCAN 算法，不需要指定类别的数量，聚类的形状可以是任意的，能找出数据中的噪音，对噪音不敏感，算法应用参数少。但对于密度不均匀的样本集、聚类间距差相差很大的样本集，聚类质量较差，一般不适合。聚合聚类算法可在不同层次上对数据集进行划分，形成一个树状的聚类结构，可以指定类别数也可不指定。但聚合聚类算法的时间和空间复杂度较高，不适合解决大型数据集聚类问题。其次，对于三种算法，通过不同案例，分别介绍了代码实现方式。

9.6 延伸阅读——聚类算法在少数民族服饰色彩分析中的应用

少数民族服饰是少数民族文化的载体之一，色彩在其中扮演着重要的角色，其色彩搭配和图案设计蕴含着丰富的民族特色和文化内涵。通过对服饰色彩的分析，可以深入理解少数民族的传统文化和价值观念，有助于文化的传承和保护。而聚类算法在少数民族服饰色彩分析中的应用正日益受到关注，代表了科技与文化的交融，具有重要的意义。这一应用领域涉及文化保护、时尚设计和商业推广等多个方面。少数民族服饰色彩独特丰富，反映着不同民族的历史、文化和生活方式，在这样的背景下，聚类算法可以发挥重要作用。

通过将服饰色彩数据化，算法能够处理大量的图像信息，将相似色彩模式归为一类，从而揭示不同少数民族服饰特有的色彩搭配规律与审美偏好。例如，通过 K-means、DBSCAN 等算法，研究人员能够从海量的民族服饰图像中自动聚类出典型的色彩组合，这些组合不仅反映了地理、气候、宗教信仰对服饰色彩选择的影响，还展现了民族文化的独特性和多样性。进一步地，利用层次聚类等技术，可以构建服饰色彩的层次结构关系，帮助理解色彩使用上的细微差异与演变，这对于追踪服饰文化的历史变迁、地域传播具有重要意义。此外，聚类算法还能识别在传统服饰色彩中被广泛使用的“核心色系”，为现代设计提供灵感，同时，通过分析这些核心色彩在当代服饰设计中的缺失，可促进对传统元素的复现与创新融合。在具体操作中，算法处理前需对服饰图像进行预处理，包括颜色空间转换、标准化和降噪，确保分析的准确性和稳定性。最终，聚类结果可以通过可视化的方式展示出来，比如生成色彩簇的热力图、颜色分布的直方图、服饰色彩的聚类标记等。聚类结果的可视化不仅丰富了学术研究，也为民族服饰展览、教育普及提供了直观的展示材料，加深了公众对少数民族服饰文化特色的认识与尊重。

通过聚类算法，我们可以更深入地理解和挖掘少数民族服饰色彩的文化内涵，从而促进了非物质文化遗产的数字化保护与活态传承。可以促进不同学科之间的交流与合作，推动跨学科研究的发展，有助于深入挖掘少数民族服饰文化的多样性和独特性。同时，可以为当代服饰设计提供灵感和借鉴，促进文化创新与设计的发展。此外，聚类算法在少数民族服饰色彩分析中的应用也为文化展览、教育普及等方面提供了新的可能性。

9.7 习题

1. 选择题

1）关于 k 均值和 DBSCAN 的比较，以下说法不正确的是（　　）。

A. k 均值丢弃被它识别为噪声的样本，而 DBSCAN 一般聚类所有样本。

B. k 均值可以发现不是明显分离的聚类，即便聚类有重叠也可以发现，但是 DBSCAN 会合并有重叠的类别。

C. k 均值很难处理非球形的聚类和不同大小的聚类，DBSCAN 可以处理不同大小和不同形状的聚类。

D. k 均值聚类基于质心，而 DBSCAN 基于密度。

2）“从某个选定的核心点出发，不断向密度可达的区域扩张，从而得到一个包含核心点和边界点的最大化区域，区域中任意两点密度相连”是（　　）算法的核心思想。

A. k 均值　　B. DBSCAN　　C. 聚合　　D. 其他

3）（　　）算法的缺点是当样本集较大时，聚类收敛时间较长，但可以对搜索最近邻时建立的 kd 树或者球树进行规模限制来改进。

A. k 均值　　B. DBSCAN　　C. 聚合　　D. 其他

2. 简答题

1）简述 k 均值算法的思想及优缺点。

2）简述聚合算法的思想及优缺点。

3. 编程题

以某商城用户数据表 9-2（见 data-9-5.csv）为例，选用不同的特征，使用 k 均值和 DBSCAN 算法进行聚类并可视化展示聚类结果。

第 10 章　数据降维

本章导读（思维导图）

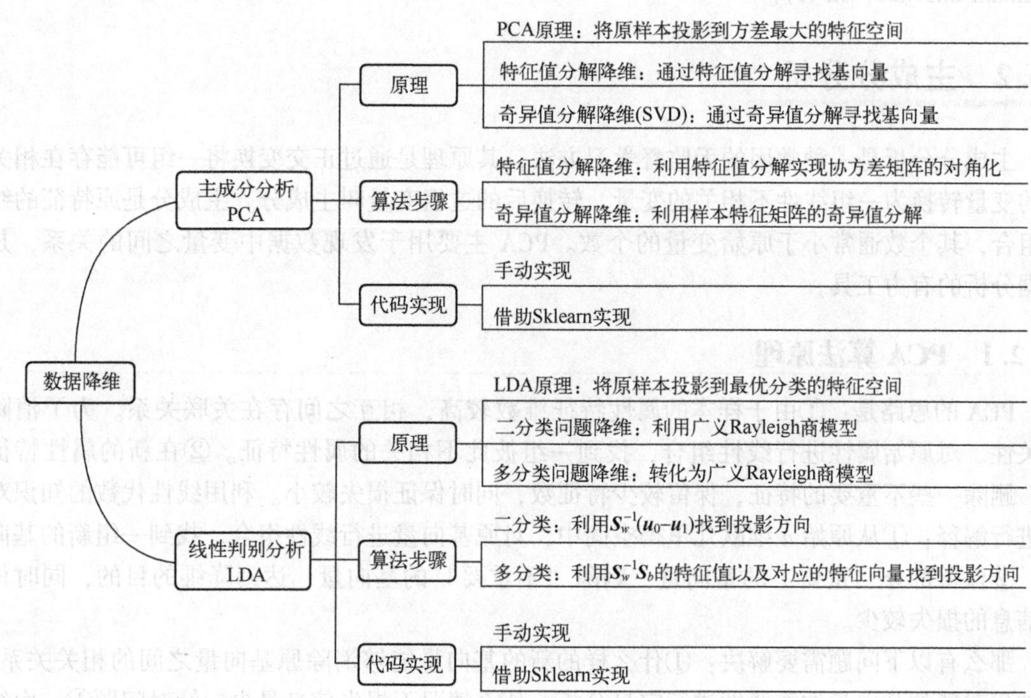

10.1　数据降维概述

扫码看视频

针对研究对象，我们通常会收集一系列特征属性，对研究对象进行分析，属性越多，越有利于细致研究分析。但是随着属性增多，也会增加后续数据处理的运算量，带来较大的处理负担。随着样本特征数量的增加，样本集维度越来越高，样本也将变得越来越稀疏：大多数训练样本可能彼此远离。当然，这也意味着一个新样本可能远离任何训练样本，这使得预测的可靠性远低于我们处理较低维度数据的预测。简而言之，训练集的维度越高，过拟合的风险就越大，这是维数灾难的直接体现。理论上来说，维数灾难的一个解决方案是增加训练集的大小从而达到拥有足够密度的训练集。不幸的是，在实践中，达到给定密度所需的训练实例的数量随着维度的数量呈指数增长。如果只有 100 个特征并且假设它们均匀分布在所有维度上，那么如果想要任意样本在其附近 0.001 距离范围内总能找到另一个样本，您需要比宇宙中的原子还要多的训练实例。

数据降维是缓解维数灾难常用方法之一，是将原始数据映射到低维子空间，以达到降低维度的目的，这个过程中数据的特征发生了本质的变化，新的子空间的特征不再是原来的特征，因此不存在完全无损的降维方法，区别只是损失多少的问题。数据降维方法从不同角度可以分为不同的类别，主要有：根据数据的特性划分，有线性降维和非线性降维；根据是否利用数据的监督信息划分，有无监督降维、有监督降维和半监督降维；根据是否保持数据的结构划分，有全局保持降维、局部保持降维和全局与局部保持一致降维等。需要根据特定的问题选择合适的数据降维方法。本章主要介绍常见的两种数据降维技术：主成分分析（principal component analysis，PCA）、线性判别分析（linear discriminant analysis，LDA）。

10.2 主成分分析

主成分分析是一种常用的无监督学习方法，其原理是通过正交变换将一组可能存在相关性的变量转换为一组线性不相关的变量，转换后的这组变量叫主成分。主成分是原特征的线性组合，其个数通常小于原始变量的个数。PCA 主要用于发现数据中变量之间的关系，是数据分析的有力工具。

10.2.1 PCA 算法原理

PCA 的思路是：①由于样本的属性特征维数较高，相互之间存在关联关系。为了消除相关性，对原始属性进行线性组合，找到一组彼此不相关的属性特征。②在新的属性特征中，删除一些不重要的特征，保留较少特征数，同时保证损失较小。利用线性代数的知识对此进行解释：①从原始 n 维欧几里得空间中，对原基向量进行线性组合，找到一组新的基向量；②保留部分“重要”的基向量，删除“不重要”的基向量，达到降维的目的，同时保证信息的损失较少。

那么有以下问题需要解决：①什么样的新的基向量能够消除原基向量之间的相关关系？②如何对新的基向量的重要性进行定量分析？什么情况下损失信息最少？针对问题①，由线性代数的知识，基向量组一般选取正交的向量组，而正交的向量组一定是线性无关。针对问题②，采用协方差矩阵对角化，并将对角线上元素从大到小排列的策略，下面进行详细说明。

1. 方差最大

设有一组二维数据$\begin{bmatrix}-1 & -1 & 0 & 2 & 0\\ -2 & 0 & 0 & 1 & 1\end{bmatrix}$，其中心点为 (0,0)。在平面直角坐标系内的表示如图 10-1 所示。

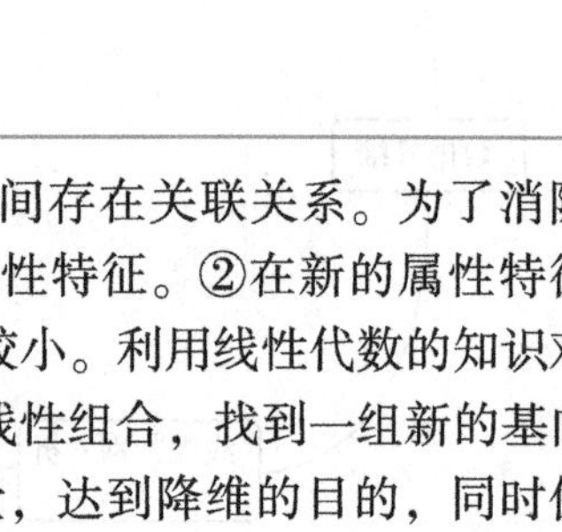

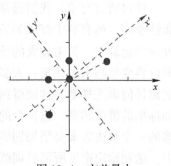

图 10-1 方差最大

PCA 的原理为寻找一组新的坐标轴 x' 和 y'，保留 x'，删除 y'。也就是对原坐标进行旋转，得到新的坐标轴 x' 和 y'，每个样本点垂直投影到 x'轴，得到新的样本点。随着坐标系的旋转，到达某个角度时所有新样本点到中心的距离的平方和最大，由勾股定理，原数据点到新坐标的投影的距离平方和最小。此时的 x' 轴就是要寻找的新坐标轴。另一种直观的看法，希望样本点投影到新的坐标轴上越分散，可分性越强，样本的分布信息保存的越全面。如图 10-1 所示，如果向原 x 轴投影，最左边的两个样本点会重叠，中间的也会重叠，那么最后只剩下三个样本数据，造成严重损失。如果向 x' 轴投影，则五个样本数据得以保全。此分散程度，可以利用方差来表示。

设 $D=\{\boldsymbol{x}_1,\boldsymbol{x}_2,\cdots,\boldsymbol{x}_m\}$ 为样本集，其中 $\boldsymbol{x}_i\in\mathbf{R}^d(i=1,2,\cdots,m)$ 为样本特征向量。设 $d=2$，投影后的新数据集为 $D'=\{x'_1,x'_2,\cdots,x'_m\}$，其中 $x'_i\in R(i=1,2,\cdots,m)$。方差为

$$\mathrm{Var}(D)=\frac{1}{m}\sum_{i=1}^{m}(x'_i-\mu)^2$$

式中，$\mu=\frac{1}{m}\sum_{i=1}^{m}x'_i$。一般在进行 PCA 之前，需要对样本中心化，因此方差转化为

$$\mathrm{Var}(D)=\frac{1}{m}\sum_{i=1}^{m}(x'_i)^2$$

2. 协方差为 0

对于二维降一维问题，只需要找到一个基向量就够了，即方差最大化就够了。但对于更高维的问题，还有其他基向量需要求解。例如，三维降二维，第一个基向量通过方差找到，第二个基向量如果也利用方差，那么它与第一个基向量几乎重合。我们希望第二个基向量与第一个基向量线性无关，而协方差可以表示样本某两个属性的相关性。设 $d\geqslant 3$，投影后的新数据集为 $D'=\{\boldsymbol{x}'_1,\boldsymbol{x}'_2,\cdots,\boldsymbol{x}'_m\}$，其中 $\boldsymbol{x}'_i\in\mathbf{R}^{d-1}(i=1,2,\cdots,m)$，其任意两个属性 x'_{ij}，$x'_{il}(j,l\in\{1,2,3,\cdots,d-1\})$ 的协方差为

$$\mathrm{Cov}(j,l)=\frac{1}{m}\sum_{i=1}^{m}x'_{ij}x'_{il}$$

当 $\mathrm{Cov}(j,l)=0$ 时，表示样本第 j 个属性和第 l 个属性独立。

3. 协方差矩阵

由上述讨论知，我们希望单个属性上方差最大，两两属性间协方差为 0。为将二者统一，我们考虑协方差矩阵。设 $D=\{\boldsymbol{x}_1,\boldsymbol{x}_2,\cdots,\boldsymbol{x}_m\}$ 为样本集，其中 $\boldsymbol{x}_i\in\mathbf{R}^2(i=1,2,\cdots,m)$ 为样本特征向量。

将样本按行写成矩阵形式

$$\boldsymbol{X}=\begin{bmatrix}x_{11} & x_{21} & \cdots & x_{m1}\\ x_{12} & x_{22} & \cdots & x_{m2}\end{bmatrix}$$

那么

$$\frac{1}{m}\boldsymbol{X}\boldsymbol{X}^{\mathrm{T}}=\begin{bmatrix}\frac{1}{m}\sum_{i=1}^{m}x_{i1}^2 & \frac{1}{m}\sum_{i=1}^{m}x_{i1}x_{i2}\\ \frac{1}{m}\sum_{i=1}^{m}x_{i1}x_{i2} & \frac{1}{m}\sum_{i=1}^{m}x_{i2}^2\end{bmatrix}$$

可以看到，对角线上为单个属性的方差，其他为两个属性的协方差。对于更高维情形，设 $D=\{\boldsymbol{x}_1,\boldsymbol{x}_2,\cdots,\boldsymbol{x}_m\}$ 为样本集，其中 $\boldsymbol{x}_i\in\mathbf{R}^n(i=1,2,\cdots,m)$ 为样本特征向量。将样本按行写成矩阵形式

$$X=[x_1,x_2,\cdots,x_m]=\begin{bmatrix} x_{11} & x_{21} & \cdots & x_{m1} \\ x_{12} & x_{22} & \cdots & x_{m2} \\ \vdots & \vdots & & \vdots \\ x_{1n} & x_{2n} & \cdots & x_{mn} \end{bmatrix}$$

记 $\boldsymbol{C}:=\frac{1}{m}\boldsymbol{X}\boldsymbol{X}^{\mathrm{T}}$，那么 $\boldsymbol{C}$ 为对称矩阵，对角线上为单个属性的方差，其他为两个属性的协方差。

4. 协方差矩阵对角化

由上述讨论知，要达到我们的目的，即找到一组新的正交基，使得在这组基下的样本集的协方差矩阵为对角矩阵，并且为了找到最大方差，对角线上元素应从大到小排列。设这组新的正交基向量按行写成正交矩阵 $\boldsymbol{P}$，记任意样本 $\boldsymbol{x}_i(i=1,2,\cdots,m)$ 在新的基下的表示为 $\boldsymbol{y}_i(i=1,2,\cdots,m)$，那么二者的关系为

$$\boldsymbol{y}_i=\boldsymbol{P}\boldsymbol{x}_i(i=1,2,\cdots,m)$$

记 $\boldsymbol{Y}=[\boldsymbol{y}_1,\boldsymbol{y}_2,\cdots,\boldsymbol{y}_m]$，那么

$$\boldsymbol{Y}=\boldsymbol{P}\boldsymbol{X}$$

其协方差矩阵记为 $\boldsymbol{D}:=\frac{1}{m}\boldsymbol{Y}\boldsymbol{Y}^{\mathrm{T}}$，因此得到

$$\boldsymbol{D}=\frac{1}{m}\boldsymbol{Y}\boldsymbol{Y}^{\mathrm{T}}=\boldsymbol{P}\boldsymbol{C}\boldsymbol{P}^{\mathrm{T}}$$

那么问题转化为找到正交矩阵 $\boldsymbol{P}$ 使得 $\boldsymbol{P}\boldsymbol{C}\boldsymbol{P}^{\mathrm{T}}$ 为对角矩阵，并且对角线上元素从大到小排列。此问题可以利用特征值分解或者奇异值分解的方法解决。

（1）利用特征值分解

由于 $\boldsymbol{C}$ 为对称矩阵，这样的矩阵 $\boldsymbol{P}$ 利用特征值和特征向量可以找到。将特征向量按对应特征值的大小从上到下排列，形成矩阵 $\boldsymbol{P}$。取矩阵 $\boldsymbol{P}$ 的前 k 行构成矩阵 $\boldsymbol{P}_k$，那么 $P_k a$ 为新的属性值，即为 k 个组成分，并且 $\boldsymbol{Y}_k=\boldsymbol{P}_k\boldsymbol{X}$ 为降维后的数据。

（2）利用奇异值（SVD）分解

奇异值分解（Singular Value Decomposition，SVD）是现代数值分析的最基本和最重要的工具之一，我们这里简单介绍一下相关基本理论。设矩阵 $\boldsymbol{X}\in\mathbf{R}^{n\times m}$，由相关数学理论 SVD 可记为

$$\boldsymbol{X}=\boldsymbol{U}\boldsymbol{\Sigma}\boldsymbol{V}^{\mathrm{T}}$$

式中，$\boldsymbol{U}\in\mathbf{R}^{n\times n}$（或$\mathbb{C}^{n\times n}$），$\boldsymbol{V}\in\mathbf{R}^{m\times m}$（或$\mathbb{C}^{m\times m}$）为正交矩阵（或酉矩阵），分别称为矩阵 $\boldsymbol{X}$ 的左奇异矩阵、右奇异矩阵，对应的列向量分别称为矩阵 X 的左奇异向量、右奇异向量。$\boldsymbol{\Sigma}\in\mathbf{R}^{n\times m}$满足 $\boldsymbol{\Sigma}=\begin{bmatrix}\boldsymbol{\Sigma}_1 & \boldsymbol{O}\\ \boldsymbol{O} & \boldsymbol{O}\end{bmatrix}$，且 $\boldsymbol{\Sigma}_1=\mathrm{diag}(\sigma_1,\sigma_2,\cdots,\sigma_r)$，$\sigma_1\geqslant\sigma_2\geqslant\cdots\geqslant\sigma_r>0$，$r=\mathrm{rank}(\boldsymbol{X})$，$\sigma_i(i=1,2,\cdots,r)$称为矩阵 $\boldsymbol{X}$ 的奇异值。那么此时

$$\boldsymbol{X}\boldsymbol{X}^{\mathrm{T}}=(\boldsymbol{U}\boldsymbol{\Sigma}\boldsymbol{V}^{\mathrm{T}})(\boldsymbol{V}\boldsymbol{\Sigma}\boldsymbol{U}^{\mathrm{T}})=\boldsymbol{U}\boldsymbol{\Sigma}^2\boldsymbol{U}^{\mathrm{T}}$$

即 $\boldsymbol{U}^{\mathrm{T}}\boldsymbol{X}\boldsymbol{X}^{\mathrm{T}}\boldsymbol{U}=\boldsymbol{\Sigma}^2$。设 $\boldsymbol{X}\boldsymbol{X}^{\mathrm{T}}$的特征值为 $\lambda_1\geqslant\lambda_2\geqslant\cdots\geqslant\lambda_r>0$，那么 $\sigma_i=\sqrt{\lambda_i}(i=1,2,\cdots,r)$，由此可见我们利用 SVD 可以实现 $\boldsymbol{X}\boldsymbol{X}^{\mathrm{T}}$的对角化，此时的正交矩阵 $\boldsymbol{U}^{\mathrm{T}}$正是我们要寻找的 $\boldsymbol{P}$。特别

地，X 的左奇异矩阵和右奇异矩阵均可以作为降维的矩阵使用。左奇异矩阵 U 用于降低 X 的行数，即样本集的特征维数；右奇异矩阵 V 用于降低 X 的列数，即样本集中样本的个数。SVD 降维与特征值降维虽然原理一致，但不需要计算协方差矩阵，节省了计算量。

5. 贡献率

那么，降维后的 k 个主成分包含了原始属性的多少信息呢？或者说对整个样本集的贡献率是多少呢？对于特征值分解的方法，我们可以利用新的属性对应的样本方差占总方差的比例进行刻画。设 C 的对应特征值按从大到小的顺序排列 $\lambda=\{\lambda_1,\lambda_2,\cdots,\lambda_n\}$，那么前 k 个主成分的贡献率为

$$\frac{\sum_{i=1}^{k}\lambda_i}{\sum_{i=1}^{n}\lambda_i} \tag{10-1}$$

此外，降维后的维数 k 通常为事先指定，也可以从重构的角度利用式（10-1）贡献率设置一个阈值，例如 $\alpha=95\%$，选取使得式（10-2）成立最小的 k 值：

$$\frac{\sum_{i=1}^{k}\lambda_i}{\sum_{i=1}^{n}\lambda_i} \geqslant 95\% \tag{10-2}$$

对于利用 SVD 实现的降维，我们可以利用奇异值衡量，将式（10-1）和式（10-2）的特征值替换为对应的奇异值即可。

10.2.2　特征值分解降维

1. 算法步骤

由 10.2.1 节讨论知，PCA 算法即实现协方差矩阵 C 的对角化，并将对角线上元素按从大到小顺序排列。回顾线性代数知识，利用特征值和特征向量实现 PCA 算法基本步骤如下。

设样本有 n 个属性值，记为向量 $\boldsymbol{a}=(a_1,a_2,\cdots,a_n)$，需要降到 k 维。具体步骤为：

1）设数据集为 $D=\{\boldsymbol{x}_1,\boldsymbol{x}_2,\cdots,\boldsymbol{x}_m\}$，其中 $\boldsymbol{x}_i\in\mathbf{R}^n(i=1,2,\cdots,m)$。

2）将 m 个样本按行写成矩阵形式 $\boldsymbol{X}=[\boldsymbol{x}_1,\boldsymbol{x}_2,\cdots,\boldsymbol{x}_m]^{\mathrm{T}}\in\mathbf{R}^{m\times n}$。

3）对样本集进行中心化处理，即 X 的每一列减去该列均值。

4）求解出协方差矩阵 $\boldsymbol{C}=\dfrac{1}{m}\boldsymbol{X}^{\mathrm{T}}\boldsymbol{X}$。

5）求解协方差矩阵 C 的特征值以及对应的特征向量。

6）将特征向量按对应特征值的大小从左到右排列，形成矩阵 P。

7）取矩阵 P 的前 k 行构成矩阵 P_k。

8）$P_k a$ 为新的属性值，即为 k 个组成分。

9）$\boldsymbol{Y}_k=\boldsymbol{X}\boldsymbol{P}_k^{\mathrm{T}}$为降维后的数据。

10）计算降维后数据的贡献率 $\alpha=\dfrac{\sum_{i=1}^{k}\lambda_i}{\sum_{i=1}^{n}\lambda_i}$。

2. 代码实现

【例 10-1】 手动利用特征值分解实现 PCA 算法。设数据集为 5 个 3 维数据 $\boldsymbol{x}_1=(2,2,2)$，$\boldsymbol{x}_2=(2,6,5)$，$\boldsymbol{x}_3=(4,6,4)$，$\boldsymbol{x}_4=(8,8,5)$，$\boldsymbol{x}_5=(4,8,6)$。

代码和步骤如下：

(1) 中心化处理

代码 10-1 对输入数据进行中心化处理，然后计算中心化后数据的协方差矩阵。首先，导入需要的 numpy 库。然后，定义了一个输入数据矩阵 X，其中包含了五个样本，每个样本有三个属性。接着，输出原始数据矩阵 X 的值。接下来，我们通过计算每个属性的平均数，将数据矩阵 X 进行中心化处理，得到中心化后的数据矩阵 S。中心化后的数据矩阵 S 是通过将每个属性减去该属性的平均值得到的。最后，我们用 np. cov 函数计算中心化后的数据矩阵 S 的协方差矩阵 C。协方差矩阵 C 反映了各个属性之间的相关性。最后，我们输出协方差矩阵 C 的值。

代码 10-1 计算中心化矩阵和协方差矩阵

```
import numpy as np

# 定义输入数据矩阵 X
X= np.array([[2, 2, 2], [2, 6, 5], [4, 6, 4], [8, 8, 5], [4, 8, 6]])
print("原始数据矩阵 X:")
print(X)

# 减去各属性的平均数
S = X - np.mean(X, axis=0)
print("中心化后的数据矩阵 S:")
print(S)

# 计算协方差矩阵 C
C = np.cov(np.transpose(S))
print("协方差矩阵 C:")
print(C)
```

得到中心化后的数据矩阵以及协方差矩阵：

$$\begin{bmatrix} -2 & -4 & -2.4 \\ -2 & 0 & 0.6 \\ 0 & 0 & -0.4 \\ 4 & 2 & 0.6 \\ 0 & 2 & 1.6 \end{bmatrix} \quad \begin{bmatrix} 6 & 4 & 1.5 \\ 4 & 6 & 3.5 \\ 1.5 & 3.5 & 2.3 \end{bmatrix}$$

(2) 求协方差矩阵的特征值和特征向量

代码 10-2 计算协方差矩阵的特征值和特征向量。首先，我们从 scipy 库中导入 linalg 模块，该模块提供了线性代数的函数和工具。然后，我们使用 linalg. eig 函数来计算协方差矩阵 C 的特征值和特征向量。特征值表示了矩阵在特定方向上的扩展或收缩程度，而特征向量则表示了在这些方向上的变化模式。通过计算协方差矩阵的特征值和特征向量，我们可以了解数据的主要变化方向和重要特征。接着，我们输出计算得到的特征值。特征值是一个包含了协方差矩阵 C 的所有特征值的数组。每个特征值代表了一种变化方向的重要性。最后，我们输出特征向量对应的特征矩阵。特征矩阵是一个包含了协方差矩阵 C 的所有特征向量的矩阵。每一列的特征向量与相同位置的特征值相对应。

代码 10-2 计算特征值和特征向量

```
from scipy import linalg

# 使用 linalg. eig 函数求解协方差矩阵 C 的特征值和特征向量
evalue, evector = linalg. eig(C)

# 输出特征值
print("特征值:")
print(evalue)

# 输出特征向量对应的特征矩阵
print("特征向量对应的特征矩阵:")
print(evector)
```

得到由大到小的特征值（保留小数点后两位）：11.41，2.86，0.03；以及对应的特征矩阵

$$\begin{bmatrix} 0.62 & 0.76 & 0.20 \\ 0.70 & -0.41 & -0.59 \\ 0.37 & -0.50 & 0.78 \end{bmatrix}$$

（3）协方差矩阵对角化

代码 10-3 通过特征向量构成矩阵 P，对协方差矩阵 C 进行对角化操作。首先，我们将特征向量矩阵 evector 按行构成了矩阵 P。通过 np. transpose 函数，我们将 evector 的转置作为 P。将特征向量按行构成矩阵是为了方便后续进行矩阵乘法计算。接着，我们使用 np. dot 函数对协方差矩阵 C 进行对角化。对角化是一种将矩阵转换为对角矩阵的操作，可以提取出矩阵的特定信息。我们通过计算 P、C 和 P 的转置 P_t 的矩阵乘法，得到对角化后的矩阵 D。最后，我们输出对角化后的矩阵 D 的值。对角化后的矩阵 D 是一个包含了协方差矩阵 C 的特征值的对角矩阵。对角矩阵的主对角线上的元素即为特征值，它们反映了矩阵在不同方向上的变化程度。

代码 10-3 对协方差矩阵进行对角化

```
# 将特征向量按行构成矩阵 P
P = np. transpose(evector)
P_t = evector

# 对协方差矩阵 C 进行对角化
D = np. dot(np. dot(P, C), P_t)

# 输出对角化后的矩阵 D
print(D)
```

得到对角化的协方差矩阵（保留小数点后两位）：

$$\begin{bmatrix} 11.41 & 0 & 0 \\ 0 & 2.86 & 0 \\ 0 & 0 & 0.03 \end{bmatrix}$$

（4）按要求取主成分，实现降维

代码 10-4 将数据集 X 降维到二维空间，并对降维后的数据进行中心化处理。首先，我们选取了特征向量矩阵 P 中的前两个主成分，通过 np. vstack 函数将它们按行堆叠起来，得到了一个新的矩阵 P2。选取前两个主成分的目的是将数据集降维到二维空间，以便进行可视化操作或其他需要的分析。接着，我们使用 np. dot 函数将原始数据集 X 降维到选取的主成分 P2 所构成的空间中，得到降维后的数据集 Y。降维后的数据集 Y 是一个经过线性变换后的数据集，它的每一行对应着原始数据集中的一个样本，且维度降低到了二维。然后，我们输出降维后的数据集 Y 的值。接下来，我们对降维后的数据集 Y 进行中心化处理。中心化是将数据减去其均值的操作，用于去除数据的平均值偏差。我们通过 np. mean 函数计算出 Y 在每个维度上的均值，然后将 Y 中的每个样本减去相应维度上的均值，得到中心化后的数据集 YN。最后，我们输出中心化后的数据集 YN 的值。

代码 10-4 对原样本数据进行降维

```
# 选取前两个主成分
P2 = np.vstack((P[0], P[1]))

# 将数据集 X 降维到选取的主成分上
Y = np.dot(X, np.transpose(P2))

# 输出降维后的数据集 Y
print(Y)

# 对降维后的数据集进行中心化处理
YN = Y - np.mean(Y, axis=0)

# 输出中心化后的数据集 YN
print(YN)
```

得到降维后的数据集以及中心化后的数据集：

$$\begin{bmatrix} 3.36 & -0.30 \\ 7.24 & -3.45 \\ 8.11 & -1.42 \\ 12.34 & -0.31 \\ 10.24 & -3.24 \end{bmatrix} \quad \begin{bmatrix} -4.90 & 1.32 \\ -1.01 & -1.82 \\ -0.15 & 0.20 \\ 4.08 & 1.93 \\ 1.98 & -1.62 \end{bmatrix}$$

（5）计算贡献率

代码 10-5 计算选取前两个特征值时，它们所占的比例。这个比例可以用来评估前两个特征值的贡献率。首先，我们获取了特征值列表 evalue，并从中取出前两个特征值。这里假设 evalue 是一个包含三个特征值的列表。接着，我们计算了前两个特征值之和与所有三个特征值之和的比例，这个比例可以衡量前两个特征值在总变化中所占的比例。最后，我们输出了特征值之和的比例 t 的值。

代码 10-5 计算降维后新特征的贡献率

```
# 计算特征值之和的比例
t = (evalue[0] + evalue[1]) / (evalue[0] + evalue[1] + evalue[2])

# 输出特征值之和的比例 t，即贡献率
print(t)
```

得到贡献率为：99.79%。

10.2.3 奇异值分解降维

1. 算法步骤

由 10.2.1 节讨论知，利用 SVD 实现 PCA 算法与利用特征值和特征向量实现相似，为保持完整性，下面给出其基本步骤。

设样本有 n 个属性值，记为向量 $\boldsymbol{a}=(a_1,a_2,\cdots,a_n)$，需要降到 k 维。具体步骤为：

（1）设数据集为 $D=\{\boldsymbol{x}_1,\boldsymbol{x}_2,\cdots,\boldsymbol{x}_m\}$，其中 $\boldsymbol{x}_i\in\mathbf{R}^n(i=1,2,\cdots,m)$。

（2）将 m 个样本按行写成矩阵形式 $\boldsymbol{X}=[\boldsymbol{x}_1,\boldsymbol{x}_2,\cdots,\boldsymbol{x}_m]$。

（3）对样本集进行中心化处理，即 $\boldsymbol{X}$ 的每一列减去该行均值，得到中心化的数据集 S。

（4）求解中心化矩阵 $\boldsymbol{S}$ 的 SVD，得到对应的左奇异矩阵和右奇异矩阵 $\boldsymbol{U}$ 和 $\boldsymbol{V}$。

（5）取矩阵 $\boldsymbol{U}^{\mathrm{T}}$的前 k 行（或者 $\boldsymbol{U}$ 的前两列）构成矩阵 $\boldsymbol{U}_k$。

（6）$\boldsymbol{U}_k a$ 为新的属性值，即为 k 个组成分。

（7）$\boldsymbol{Y}_k=\boldsymbol{X}\boldsymbol{U}_k^{\mathrm{T}}$为降低属性维度后的数据。

（8）计算降维后数据的贡献率 $\alpha=\dfrac{\sum_{i=1}^{k}\boldsymbol{\sigma}_i^2}{\sum_{i=1}^{n}\boldsymbol{\sigma}_i^2}$。

2. 代码实现

【例 10-2】 手动利用 SVD 分解实现 PCA 算法。设数据集为 5 个 3 维数据 $\boldsymbol{x}_1=(2,2,2)$，$\boldsymbol{x}_2=(2,6,5)$，$\boldsymbol{x}_3=(4,6,4)$，$\boldsymbol{x}_4=(8,8,5)$，$\boldsymbol{x}_5=(4,8,6)$。

代码和步骤如下：

（1）中心化处理

参考代码 10-1。

（2）求解中心化矩阵的 SVD

代码 10-6 对中心化后的矩阵进行奇异值分解，并打印出分解得到的左奇异矩阵 U、奇异值列表 sigma 和右奇异矩阵 VT。首先，我们从 scipy 库中引入了 linalg 模块，用于进行线性代数运算。然后，我们通过 np.transpose(S)将矩阵 S 进行转置操作，得到转置后的矩阵，并对转置后的矩阵进行奇异值分解。分解得到的左奇异矩阵 U、奇异值列表 sigma 和右奇异矩阵 VT 分别赋值给变量 U、sigma 和 VT。最后，我们分别输出左奇异矩阵 U、奇异值列表 sigma 和右奇异矩阵 VT。

代码 10-6 计算左右奇异矩阵以及奇异值

```
# 引入需要的库
from scipy import linalg

# 对矩阵 S 进行奇异值分解(SVD)
U, sigma, VT = np.linalg.svd(np.transpose(S))

# 输出左奇异矩阵 U
print(U)

# 输出奇异值列表 sigma
print(sigma)

# 输出右奇异矩阵 VT
print(VT)
```

得到左奇异矩阵和右奇异矩阵（保留小数点后两位）：

$$\begin{bmatrix} 0.62 & 0.76 & 0.20 \\ 0.70 & -0.41 & -0.59 \\ 0.37 & -0.50 & 0.78 \end{bmatrix} \begin{bmatrix} -0.73 & -0.15 & -0.02 & 0.60 & 0.29 \\ 0.39 & -0.54 & 0.06 & 0.57 & -0.48 \\ 0.27 & 0.19 & -0.89 & 0.25 & 0.18 \\ 0.33 & 0.66 & 0.41 & 0.49 & 0.16 \\ 0.37 & -0.45 & 0.17 & -0.04 & 0.79 \end{bmatrix}$$

以及对应的奇异值[6.75,3.38,0.35]。

（3）协方差矩阵对角化

代码 10-7 实现协方差矩阵 C 的对角化。首先，对左奇异矩阵 U 进行转置操作，得到转置后的矩阵 U_t。接着，通过 np.dot()函数计算矩阵 D 等于左奇异矩阵 U 的转置乘以矩阵 C 再乘以左奇异矩阵 U。最后，我们输出矩阵 D 的结果。

代码 10-7 对协方差矩阵进行对角化

```
# 对左奇异矩阵 U 进行转置操作
U_t = np.transpose(U)

# 计算矩阵 D,D = U_t * C * U
D = np.dot(np.dot(U_t, C), U)

# 输出矩阵 D
print(D)
```

得到对角化的协方差矩阵（保留小数点后两位）：

$$\begin{bmatrix} 11.41 & 0 & 0 \\ 0 & 2.86 & 0 \\ 0 & 0 & 0.03 \end{bmatrix}$$

（4）按要求取主成分，实现降维，这里将样本的属性特征降为二维

首先，从给定的左奇异矩阵 U 中取出前两列，并将它们垂直堆叠在一起，形成一个新的矩阵 U2。接着，我们将样本矩阵 X 与转置后的矩阵 U2 进行点乘操作，得到降维结果矩

阵 Y。通过 np. dot( ) 函数实现点乘操作。然后，我们对降维后的样本矩阵 Y 进行中心化操作，通过减去 Y 的均值得到中心化后的矩阵 YN。通过 np. mean( ) 函数计算 Y 的均值，并使用减法操作实现中心化。

最后，我们分别输出了降维结果矩阵 Y 和中心化后的矩阵 YN。

代码 10-8 对原样本数据进行降维并中心化处理

```
# 从左奇异矩阵 U 中取前两列形成新的矩阵 U2
U2 = np.vstack((U[:, 0], U[:, 1]))

# 将样本矩阵 X 与转置后的矩阵 U2 进行点乘操作得到降维结果矩阵 Y
Y = np.dot(X, np.transpose(U2))

# 对降维后的样本矩阵 Y 进行中心化操作
YN = Y - np.mean(Y, axis=0)

# 输出降维结果矩阵 Y 和中心化后的矩阵 YN
print(Y)
print(YN)
```

得到与例 10-1 一样的结果。

(5) 计算降维的贡献率

代码 10-9 根据给定的 sigma 列表中的三个元素，计算 t 值，即贡献率。t 值的计算方式是将 sigma[0]的平方和 sigma[1]的平方相加，然后除以 sigma[0]的平方、sigma[1]的平方和 sigma[2]的平方之和，得到最终的 t 值并输出。

代码 10-9 对原样本数据进行降维并中心化处理

```
# 计算 t 值，即贡献率
t = (sigma[0] ** 2 + sigma[1] ** 2) / (sigma[0] ** 2 + sigma[1] ** 2 + sigma[2] ** 2)

# 输出 t 值
print(t)与例 10-1 一样，得到贡献率为：99.79%。
```

10.3 线性判别分析

线性判别分析（linear discriminant analysis，LDA）是一种经典的线性学习方法。LDA 是一种重要的分类算法，也是一种有监督降维方法，其基本思想是将数据投影到低维空间上，并且希望投影后的数据点满足：同一类别尽可能“接近”，不同类别尽可能“远离”。例如，设任意样本为$(\boldsymbol{x},y)$，其中$\boldsymbol{x}\in\mathbf{R}^n$表示样本的属性特征，$y\in\mathbf{R}$表示样本的标记。对于二分类问题，LDA 将 x 投影到直线上，对于 N 分类问题，LDA 则将 x 投影到 N-1 维超平面（子空间）上。

10.3.1 LDA 算法原理

以二分类问题为例，如图 10-2、图 10-3 给出的二维空间示意图。如图所示，矩形和三角形分别代表不同类别。在图 10-2 中，l_1（x_1坐标轴）和 l_2表示两条直线。两类别分别用样本中心（均值）u_1，u_2，以及以它们为中心的椭圆表示。由图可以看出，投影到两个超平面上都可以将两类别区分开，但是投影到 l_1 时，同一类别的离散度更大，因此 l_2 更好一些。在图 10-3 中，l_3 和 l_4 表示两条直线。由图可以看出，若将样本投影到 l_3，则不同类别的样本会出现重合，这不是我们想要的。而投影到 l_4 时，两类别区分明显，效果比 l_3 好。LDA 对“接近”和“远离”进行度量，并统一到同一模型下。

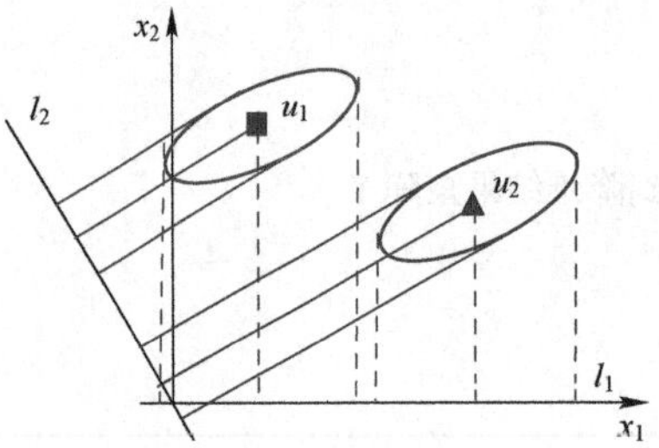

图 10-2　同一类别尽量“靠近”

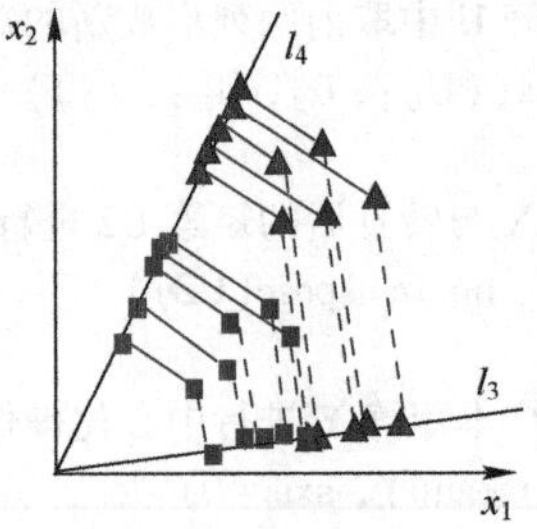

图 10-3　不同类别尽量“远离”

1. 二分类问题

（1）广义 Rayleigh 商

我们首先简单介绍需要用的矩阵分析模型——广义 Rayleigh 商。设 $\boldsymbol{A}$，$\boldsymbol{B}$ 为 $n\times n$ 维的对称矩阵，且 $\boldsymbol{B}$ 为正定矩阵。矩阵束$(\boldsymbol{A},\boldsymbol{B})$的广义 Rayleigh 商为函数 $f:\mathbf{R}^n\to\mathbf{R}$（$R$ 表示实数域），定义为

$$f(x):=\frac{\boldsymbol{x}^{\mathrm{T}}\boldsymbol{A}\boldsymbol{x}}{\boldsymbol{x}^{\mathrm{T}}\boldsymbol{B}\boldsymbol{x}},\quad \forall \boldsymbol{x}\in\mathbf{R}^n$$

由矩阵分析的数学知识知，f 取得最大值 $f_{\max}$ 和最小值 $f_{\min}$ 的条件为

$$f(x)=\begin{cases}\lambda_{\max},\text{当 }\boldsymbol{A}\boldsymbol{x}=\lambda_{\max}\boldsymbol{B}\boldsymbol{x}\text{ 时}\\ \lambda_{\min},\text{当 }\boldsymbol{A}\boldsymbol{x}=\lambda_{\min}\boldsymbol{B}\boldsymbol{x}\text{ 时}\end{cases}$$

式中，$\boldsymbol{\lambda}_{\max}$ 和 $\boldsymbol{\lambda}_{\min}$ 分别为 $\boldsymbol{B}^{-1}\boldsymbol{A}$ 的最大特征值和最小特征值，也称为矩阵束$(\boldsymbol{A},\boldsymbol{B})$的最大广义特征值、最小广义特征值。$\boldsymbol{x}$ 为对应的特征向量。

（2）投影

设某直线的单位方向（基）向量为 $\boldsymbol{w}$，如图 10-4 所示。那么由线性代数知识有任意 $\boldsymbol{x}\in\mathbf{R}^n$ 到上述（直线）超平面的投影为 $\boldsymbol{x}'=\boldsymbol{w}^{\mathrm{T}}\boldsymbol{x}$，图 10-4 给出了二维空间示意图。

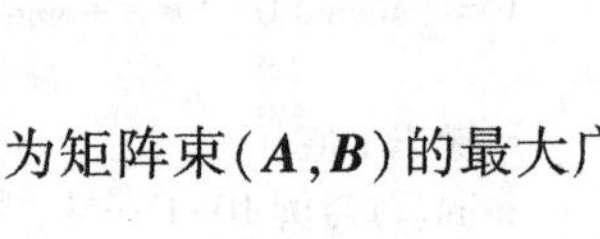

图 10-4　二维空间上到直线的投影

（3）类内散度

设数据集 $D=[(\boldsymbol{x}_1,\boldsymbol{y}_1),(\boldsymbol{x}_2,\boldsymbol{y}_2),\cdots,(\boldsymbol{x}_m,\boldsymbol{y}_m)]$，其中 $\boldsymbol{x}_i\in\mathbf{R}^n(i=1,2,\cdots,m)$，$y_i\in\{0,1\}$。记 $X_j(j=0,1)$ 为第 j 类样本的集合，$|X_j|(j=0,1)$ 表示第 j 类样本的个数，$\boldsymbol{u}_j(j=0,1)$ 为第 j 类样本的中心（均值），即

$$\boldsymbol{u}_j=\frac{1}{|X_j|}\sum_{x\in X_j}\boldsymbol{x}(j=0,1)$$

那么投影后的样本中心为

$$u_j' = \frac{1}{|X_j|}\sum_{x\in X_j} \boldsymbol{w}^{\mathrm{T}}\boldsymbol{x} = \boldsymbol{w}^{\mathrm{T}}\boldsymbol{u}_j(j=0,1)$$

LDA利用每个类别的样本方差度量同类别的“接近”程度，即同类别样本的离散程度。记$\sigma_j^2(j=0,1)$表示第j类样本投影后的方差，即

$$\sigma_j^2 = \frac{1}{|X_j|}\sum_{x\in X_j}\|\boldsymbol{w}^{\mathrm{T}}\boldsymbol{x}-\boldsymbol{w}^{\mathrm{T}}\boldsymbol{u}_j\|_2^2 = \frac{1}{|X_j|}\sum_{x\in X_j}(\boldsymbol{w}^{\mathrm{T}}\boldsymbol{x}-\boldsymbol{w}^{\mathrm{T}}\boldsymbol{u}_j)(\boldsymbol{w}^{\mathrm{T}}\boldsymbol{x}-\boldsymbol{w}^{\mathrm{T}}\boldsymbol{u}_j)^{\mathrm{T}}$$

$$= \frac{1}{|X_j|}\boldsymbol{w}^{\mathrm{T}}\sum_{x\in X_j}(\boldsymbol{x}-\boldsymbol{u}_j)(\boldsymbol{x}-\boldsymbol{u}_j)^{\mathrm{T}}\boldsymbol{w}(j=0,1)$$

记第$j(j=0,1)$类样本的协方差矩阵为$\boldsymbol{\Sigma}_j(j=0,1)$，即

$$\boldsymbol{\Sigma}_j = \frac{1}{|X_j|}\sum_{x\in X_j}(\boldsymbol{x}-\boldsymbol{u}_j)(\boldsymbol{x}-\boldsymbol{u}_j)^{\mathrm{T}}(j=0,1)$$

那么投影后的两类样本的方差和为

$$\sigma_0^2+\sigma_1^2 = \boldsymbol{w}^{\mathrm{T}}(\boldsymbol{\Sigma}_0+\boldsymbol{\Sigma}_1)\boldsymbol{w}(j=0,1)$$

定义类内散度矩阵为

$$\boldsymbol{S}_w := \boldsymbol{\Sigma}_0+\boldsymbol{\Sigma}_1$$

那么最小化投影后类间方差，即最小化$\boldsymbol{w}^{\mathrm{T}}\boldsymbol{S}_w\boldsymbol{w}$。

(4) 类间散度

LDA利用类别中心的欧氏距离的平方刻画不同类别之间的“远离”程度，即

$$(\boldsymbol{w}^{\mathrm{T}}\boldsymbol{u}_0-\boldsymbol{w}^{\mathrm{T}}\boldsymbol{u}_1)^2$$

定义类间散度矩阵（between-class scatter matrix）

$$\boldsymbol{S}_b := (\boldsymbol{u}_0-\boldsymbol{u}_1)(\boldsymbol{u}_0-\boldsymbol{u}_1)^{\mathrm{T}}$$

那么

$$(\boldsymbol{w}^{\mathrm{T}}\boldsymbol{u}_0-\boldsymbol{w}^{\mathrm{T}}\boldsymbol{u}_1)^2 = (\boldsymbol{w}^{\mathrm{T}}\boldsymbol{u}_0-\boldsymbol{w}^{\mathrm{T}}\boldsymbol{u}_1)(\boldsymbol{w}^{\mathrm{T}}\boldsymbol{u}_0-\boldsymbol{w}^{\mathrm{T}}\boldsymbol{u}_1)^{\mathrm{T}} = \boldsymbol{w}^{\mathrm{T}}\boldsymbol{S}_b\boldsymbol{w}$$

因此，最大化投影后类间距离即最大化$\boldsymbol{w}^{\mathrm{T}}\boldsymbol{S}_b\boldsymbol{w}$。

(5) LDA模型（二分类）

将上述类内散度与类间散度结合，得到LDA的目标函数

$$\arg\max_{\boldsymbol{w}} J(\boldsymbol{w}) := \frac{\boldsymbol{w}^{\mathrm{T}}\boldsymbol{S}_b\boldsymbol{w}}{\boldsymbol{w}^{\mathrm{T}}\boldsymbol{S}_w\boldsymbol{w}}$$

由广义Rayleigh商知，此函数J取得最大值的条件为

$$\boldsymbol{S}_b\boldsymbol{w} = \lambda_{\max}\boldsymbol{S}_w\boldsymbol{w} \tag{10-3}$$

且其最大值为$\boldsymbol{S}_w^{-1}\boldsymbol{S}_b$的最大特征值$\lambda_{\max}$，$\boldsymbol{w}$为对应的特征向量。由$\boldsymbol{S}_b$的定义注意到

$$\boldsymbol{S}_b\boldsymbol{w} = (\boldsymbol{u}_0-\boldsymbol{u}_1)(\boldsymbol{u}_0-\boldsymbol{u}_1)^{\mathrm{T}}\boldsymbol{w} = \alpha(\boldsymbol{u}_0-\boldsymbol{u}_1) \tag{10-4}$$

式中，$\alpha=(\boldsymbol{u}_0-\boldsymbol{u}_1)^{\mathrm{T}}\boldsymbol{w}$，式（10-3）和式（10-4）结合可以得到

$$\boldsymbol{w} = \frac{\alpha}{\lambda_{\max}}\boldsymbol{S}_w^{-1}(\boldsymbol{u}_0-\boldsymbol{u}_1)$$

而在此模型中，$\boldsymbol{w}$表示投影方向，其范数大小对问题并没有什么影响，因此选取

$$\boldsymbol{w} = \boldsymbol{S}_w^{-1}(\boldsymbol{u}_0-\boldsymbol{u}_1)$$

那么，只要找到原样本的不同类别的均值，以及对应的类间散度矩阵$\boldsymbol{S}_w$，投影方向也就找到了。

2. 多分类问题

（1）投影

对于多分类问题，设类别数为$(N<n)$，LDA将样本投影到超平面（即$N-1$维子空间）上。某超平面的一组标准基正交基为$\boldsymbol{w}_1,\boldsymbol{w}_2,\cdots,\boldsymbol{w}_{N-1}$，其中$\boldsymbol{w}_i(i=1,2,\cdots,N-1)\in\mathbf{R}^n$。记$\boldsymbol{W}=[\boldsymbol{w}_1,\boldsymbol{w}_2,\cdots,\boldsymbol{w}_{N-1}]$，则任意$\boldsymbol{x}\in\mathbf{R}^n$到上述超平面（子空间）的投影为

$$\boldsymbol{x}'=\boldsymbol{W}^{\mathrm{T}}\boldsymbol{x}=[\boldsymbol{w}_1^{\mathrm{T}}\boldsymbol{x},\boldsymbol{w}_2^{\mathrm{T}}\boldsymbol{x},\cdots,\boldsymbol{w}_{N-1}^{\mathrm{T}}\boldsymbol{x}]^{\mathrm{T}}$$

（2）类内散度

设数据集$D=[(\boldsymbol{x}_1,y_1),(\boldsymbol{x}_2,y_2),\cdots,(\boldsymbol{x}_m,y_m)]$，其中$\boldsymbol{x}_i\in\mathbf{R}^n(i=1,2,\cdots,m)$，$y_i\in\{0,1\}$。记$X_j(j=1,2,\cdots,N)$为第$j$类样本的集合，$|X_j|(j=1,2,\cdots,N)$表示第$j$类样本的个数，$\boldsymbol{u}_j(j=1,2,\cdots,N)$为第$j$类样本的中心（均值），$\boldsymbol{\Sigma}_j(j=1,2,\cdots,N)$表示第$j$类样本的协方差矩阵。对于类内散度$\boldsymbol{S}_w$矩阵重新定义为每个类别的协方差矩阵之和：

$$\boldsymbol{S}_w:=\sum_{j=1}^{N}\boldsymbol{\Sigma}_j$$

那么，类似于二分类问题，投影后的样本中心为

$$\boldsymbol{u}_j'=\frac{1}{|X_j|}\sum_{\boldsymbol{x}\in X_j}\boldsymbol{W}^{\mathrm{T}}\boldsymbol{x}=\boldsymbol{W}^{\mathrm{T}}\boldsymbol{u}_j(j=1,2,\cdots,N)$$

类似于二分类，投影后的第$j(j=1,2,\cdots,N)$类样本的方差为

$$\sigma_j^2=\sum_{l=1}^{N-1}\boldsymbol{w}_l^{\mathrm{T}}\boldsymbol{\Sigma}_j\boldsymbol{w}_l$$

每个类别的方差和为

$$\sum_{j=1}^{N}\sigma_j^2=\sum_{j=1}^{N}\boldsymbol{w}_l^{\mathrm{T}}\sum_{l=1}^{N-1}\boldsymbol{\Sigma}_j\boldsymbol{w}_l=\sum_{l=1}^{N-1}\boldsymbol{w}_l^{\mathrm{T}}\boldsymbol{S}_w\boldsymbol{w}_l=\mathrm{tr}(\boldsymbol{W}^{\mathrm{T}}\boldsymbol{S}_w\boldsymbol{W})$$

式中，$\mathrm{tr}(\cdot)$表示矩阵的迹（trace）。因此，最小化投影后类内方差，即最小化$\mathrm{tr}(\boldsymbol{W}^{\mathrm{T}}\boldsymbol{S}_w\boldsymbol{W})$。

（3）类间散度

设全局样本中心为$\boldsymbol{u}$，即

$$\boldsymbol{u}=\frac{1}{m}\sum_{\boldsymbol{x}}\boldsymbol{x}$$

我们首先将全局协方差矩阵，定义为“全局散度矩阵”

$$\boldsymbol{S}_t:=\sum_{i=1}^{m}(\boldsymbol{x}_i-\boldsymbol{u})(\boldsymbol{x}_i-\boldsymbol{u})^{\mathrm{T}}$$

再定义类间散度为

$$\boldsymbol{S}_b:=\boldsymbol{S}_t-\boldsymbol{S}_w=\sum_{j=1}^{N}|X_j|(\boldsymbol{u}_j-\boldsymbol{u})(\boldsymbol{u}_j-\boldsymbol{u})^{\mathrm{T}}$$

对于多分类问题，对投影后不同类别的“远离”程度的度量方式有多种，这里利用

$$\sum_{l=1}^{N-1}\boldsymbol{w}_l^{\mathrm{T}}\boldsymbol{S}_b\boldsymbol{w}_l=\mathrm{tr}(\boldsymbol{W}^{\mathrm{T}}\boldsymbol{S}_b\boldsymbol{W})$$

因此，最大化投影后类间“距离”即最大化$\mathrm{tr}(\boldsymbol{W}^{\mathrm{T}}\boldsymbol{S}_b\boldsymbol{W})$。

（4）LDA模型（多分类）

将上述类内散度与类间散度结合，得到多分类问题LDA的目标函数

$$\arg\max_{W} J(W):=\frac{\mathrm{tr}(W^{\mathrm{T}}S_bW)}{\mathrm{tr}(W^{\mathrm{T}}S_wW)}$$

此问题可以利用拉格朗日乘子法求解。不失一般性，令 $\mathrm{tr}(W^{\mathrm{T}}S_wW)=1$。问题转化为以下约束优化问题：

$$\begin{cases}\min\limits_{W}-\mathrm{tr}(W^{\mathrm{T}}S_bW)\\ \mathrm{s.\,t.}\ \mathrm{tr}(W^{\mathrm{T}}S_wW)=1\end{cases}$$

利用拉格朗日乘子法，上述问题可转化为以下问题的求解。

$$S_bW=\lambda S_wW$$

式中，λ 表示 $S_w^{-1}S_b$ 的前 $N-1$ 个最大特征值构成的向量，W 为对应的特征向量构成的矩阵。

我们也可以把目标函数改写为

$$\arg\max_{W} J(W):=\frac{\prod_{\mathrm{diag}} W^{\mathrm{T}}S_bW}{\prod_{\mathrm{diag}} W^{\mathrm{T}}S_wW}=\prod_{i=1}^{N-1}\frac{w_i^{\mathrm{T}}S_bw_i}{w_i^{\mathrm{T}}S_ww_i}$$

式中，$\prod_{\mathrm{diag}}(\cdot)$表示矩阵主对角线上元素的乘积。因此我们希望右端项的每一项最大化，此问题又回归到广义 Rayleigh 商模型，因此我们只需要找到 $S_w^{-1}S_b$ 的前 $N-1$ 个最大特征值，以及对应的特征向量，将其按行排列构成矩阵 W。

10.3.2 LDA 对二分类问题降维

1. 算法步骤

由 10.3.1 节讨论知，对于给定的样本集，只要找到原样本的不同类别的均值，以及对应的间散度矩阵 S_w，投影方向也就找到了。因此对于二分类问题，其具体步骤如下：

（1）设数据集 $D=[(x_1,y_1),(x_2,y_2),\cdots,(x_m,y_m)]$，其中 $x_i\in\mathbf{R}^n(i=1,2,\cdots,m)$，$y_i\in\{0,1\}$。

（2）分别输入两个类别的数据，记 $X_0=[x_1,x_2,\cdots,x_{n_1}]^{\mathrm{T}}$，$X_1=[x_{n_1+1},x_{n_1+2},\cdots,x_m]^{\mathrm{T}}$。

（3）计算每类样本的均值 $u_j(j=0,1)$。

（4）计算每个类别的协方差矩阵方差 $\boldsymbol{\Sigma}_j(j=0,1)$，进而计算类内散度矩阵 S_w。

（5）计算散度矩阵的逆矩阵 S_w^{-1}。

（6）计算投影方向 $w=S_w^{-1}(u_0-u_1)$。

（7）单位化投影方向 w，得到$\overline{w}$。

（8）计算$\overline{w}^{\mathrm{T}}x_i(i=1,2,\cdots,m)$将样本投影在直线上，实现降维。

2. 代码实现

【例 10-3】 利用 LDA 对二分类问题进行降维。设数据集为 5 个 3 维数据 $x_1=(2,3,2)$，$x_2=(2,6,4)$，$x_3=(1,3,4)$，$x_4=(6,8,7)$，$x_5=(4,5,6)$，$x_6=(3,6,4)$，对应的类别标记为 $y_1=y_2=y_3=0$，$y_4=y_5=y_6=1$。

代码和步骤如下：

（1）输入数据

代码 10-10 首先，导入 numpy 库。然后，输入两个类别的数据，分别存储在 X_0 和 X_1

中。接下来，计算每个类别的数据中心，即各个特征的均值，分别存储在 u_0 和 u_1 中。最后，通过 print( ) 函数输出两个类别的数据中心。

代码 10-10 输入训练数据集

```
import numpy as np                    # 导入需要的库

X_0 = np.array([[2,3,2],              # 输入第一个类别的数据
                [2,6,4],
                [1,3,4]])
X_1 = np.array([[6,8,7],              # 输入第二个类别的数据
                [4,5,6],
                [3,6,4]])

u_0 = np.mean(X_0, axis=0)            # 计算第一个类别的数据中心
u_1 = np.mean(X_1, axis=0)            # 计算第二个类别的数据中心

print(u_0)                            # 输出第一个类别的数据中心
print(u_1)                            # 输出第二个类别的数据中心
```

得到两类别中心为（保留小数点后两位）：[1.67,4,3.33]，[4.33,6.33,5.67]。

（2）计算类内散度矩阵

代码 10-11 首先计算两个类别数据的协方差矩阵。分别计算得到第一个类别的协方差矩阵 sigma_0 和第二个类别的协方差矩阵 sigma_1。然后，通过将两个协方差矩阵相加，得到了类内散度矩阵 sigma。最后，通过 print( ) 函数输出类内散度矩阵 sigma。

代码 10-11 计算协方差矩阵和散度矩阵

```
# 计算各类别的协方差矩阵
sigma_0 = np.dot((X_0 - u_0).T, (X_0 - u_0))
sigma_1 = np.dot((X_1 - u_1).T, (X_1 - u_1))

# 计算类内散度矩阵
sigma = sigma_0 + sigma_1

print(sigma)          # 输出类内散度矩阵
```

得到散度矩阵为

$$\begin{bmatrix} 5.33 & 4.67 & 3.67 \\ 4.67 & 10.67 & 4.33 \\ 3.67 & 4.33 & 7.33 \end{bmatrix}$$

（3）计算投影方向

代码 10-12 首先计算类内散度矩阵的逆矩阵 sigma1。然后，根据逆矩阵 sigma1 和两个类别数据中心的差构成的向量，计算投影方向 w。接着，计算投影方向 w 的模长，并将其标准化为单位向量 w_n。最后，通过 print( ) 函数输出单位化的投影方向 w_n。

代码 10-12 利用散度矩阵计算投影方向

```
# 计算类内散度矩阵的逆矩阵
sigma1 =np.mat(sigma).I
```

```
# 计算投影方向
w = np.dot(sigma1, (np.mat(u_0 - u_1).T))

# 计算投影方向的模长
w_norm = np.linalg.norm(w)

# 将投影方向标准化为单位向量
w_n = w / w_norm

print(w_n)  # 输出单位化的投影方向
```

得到单位化的投影方向为：[-0.97,0.04,-0.23]。

(4) 计算投影后（降维）后的两类样本

代码 10-13 首先计算投影方向 w_n 与类别 0 数据集 X_0 和类别 1 数据集 X_1 进行矩阵相乘，分别得到类别 0 数据在投影方向上的投影 X_0_new 和类别 1 数据在投影方向上的投影 X_1_new。然后，通过 print( ) 函数输出类别 0 数据在投影方向上的投影 X_0_new 和类别 1 数据在投影方向上的投影 X_1_new。

代码 10-13　利用投影方向计算降维后的样本

```
# 计算类别 0 数据在投影方向上的投影
X_0_new = np.dot(w_n.T, X_0.T)

# 计算类别 1 数据在投影方向上的投影
X_1_new = np.dot(w_n.T, X_1.T)

print(X_0_new)  # 输出类别 0 数据在投影方向上的投影
print(X_1_new)  # 输出类别 1 数据在投影方向上的投影
```

得到投影（降维）后的两类样本分别为

$$\boldsymbol{X}_{0\_new}=[-2.29,-2.65,-1.80],\quad \boldsymbol{X}_{1\_new}=[-7.16,-5.11,-3.62]。$$

(5) 对降维后的数据中心化、标准化

代码 10-14 首先将类别 0 数据在投影方向上的投影和类别 1 数据在投影方向上的投影进行合并。然后，对合并后的数据集进行中心化操作，即减去数据集的均值。接着，计算中心化后的数据集的模长，并将数据集除以模长进行标准化。最后，通过 print( ) 函数输出标准化后的数据集 X_S。

代码 10-14　处理降维后的数据

```
# 合并两个类别的数据
X = np.hstack((X_0_new, X_1_new))

# 计算数据的中心化
X_n = X - np.mean(X)

# 计算数据的标准化
X_norm = np.linalg.norm(X_n)
```

```
X_S = X_n / X_norm
print(X_S)  # 输出标准化后的数据
```

得到中心化、标准化后的样本为：[0.33,0.25,0.43,-0.75,-0.29,0.03]。

10.3.3 LDA 对多分类问题降维

1. 算法步骤

由 10.3.1 节关于多分类问题的讨论知，我们只需要找到 $S_w^{-1}S_b$ 的特征值，从大到小排列，取前 $d(d\leqslant N-1)$ 个特征值，并利用对应的特征向量实现降维。具体步骤如下：

1）数据集 $D=[(\boldsymbol{x}_1,y_1),(\boldsymbol{x}_2,y_2),\cdots,(\boldsymbol{x}_m,y_m)]$，其中 $\boldsymbol{x}_i\in\mathbf{R}^n(i=1,2,\cdots,m)$，$y_i\in\{1,2,\cdots,N\}$。

2）分别输入不同类别的数据，按行排列构成矩阵 $\boldsymbol{X}_j(j=1,2,\cdots,N)$。

3）计算全局均值 $\boldsymbol{u}$，以及全局散度 $\boldsymbol{S}_t$。

4）计算每类样本的均值 $\boldsymbol{u}_j(j=1,2,\cdots,N)$，以及每个类别的协方差矩阵方差 $\boldsymbol{\Sigma}_j(j=1,2,\cdots,N)$，进而计算类内散度矩阵 $\boldsymbol{S}_w$ 及其逆矩阵 $\boldsymbol{S}_w^{-1}$。

5）计算类间散度 $\boldsymbol{S}_b$，以及矩阵 $\boldsymbol{S}_w^{-1}\boldsymbol{S}_b$。

6）计算 $\boldsymbol{S}_w^{-1}\boldsymbol{S}_b$ 的特征值以及对应的特征向量，从大到小排列，取前 d 个向量构成矩阵

$$\boldsymbol{W}=[\boldsymbol{w}_1,\boldsymbol{w}_2,\cdots,\boldsymbol{w}_d]$$

7）将样本投影到新的空间 $\boldsymbol{x}_i'=\boldsymbol{W}^{\mathrm{T}}\boldsymbol{x}_i(i=1,2,\cdots,m)$，实现降维。

2. 代码实现

【例 10-4】 利用 LDA 实现多分类问题的降维。设数据集为 15 个 4 维数据，3 个类别。多分类数据集见表 10-1。

表 10-1 多分类数据集

项目	分类														
	1	2	3	4	5	6	7	8	9	10	11	12	13	14	15
属性 1	1	2	3	4	5	1	2	3	3	5	2	3	4	3	3
属性 2	2	3	3	5	5	0	1	1	2	3	1	1	2	4	3
属性 3	1	2	1	2	4	1	2	2	1	3	2	2	1	1	5
属性 4	4	1	3	3	6	1	2	3	2	4	3	1	3	3	4
类别	1	1	1	1	1	2	2	2	2	2	3	3	3	3	3

将上述表格数据降维 2 维，代码和步骤如下：

（1）输入数据

代码 10-15 首先导入 numpy 库。然后，分别创建了类别 1、类别 2 和类别 3 的数据集数组 X_1、X_2 和 X_3，每个数组包含了相应类别的数据样本，每个样本有 4 个特征。接着，通过 np.vstack() 函数将三个类别的样本数据垂直拼接起来，形成一个总的样本数据 X。

代码 10-15 按不同类别输入训练数据集

```
import numpy as np                              # 导入需要的库

# 输入不同类别的样本数据
X_1 = np. array([[1, 2, 1, 4],                  # 类别 1 的样本数据
                [2, 3, 2, 1],
                [3, 3, 1, 3],
                [4, 5, 2, 3],
                [5, 5, 4, 6]])
X_2 = np. array([[1, 0, 1, 0],                  # 类别 2 的样本数据
                [2, 1, 2, 2],
                [3, 1, 2, 3],
                [3, 2, 1, 2],
                [5, 3, 3, 4]])
X_3 = np. array([[2, 1, 2, 3],                  # 类别 3 的样本数据
                [3, 1, 2, 1],
                [4, 2, 1, 3],
                [3, 4, 1, 3],
                [3, 3, 5, 4]])

X = np. vstack((X_1, X_2, X_3))                 # 垂直拼接不同类别的样本数据
```

此时，X_i(i=1,2,3)为第 i 类样本按行构成的 5×3 的矩阵，X 为所有样本按行构成的 15×3 的矩阵。

（2）计算各类别的中心，以及全局中心

代码 10-16 分别计算了类别 1、类别 2、类别 3 和全局的数据中心。首先，通过 np. mean( )函数对每个类别的数据集进行按列方向的均值计算，得到类别 1、类别 2、类别 3 的中心。然后，再对所有数据进行按列方向的均值计算，得到全局中心。最后，通过 print( )函数将类别 1、类别 2、类别 3 和全局的中心输出。

代码 10-16 计算各类别中心与全局中心

```
u_1 = np. mean(X_1, axis=0)   # 计算类别 1 的中心，axis=0 表示按照列方向计算均值
u_2 = np. mean(X_2, axis=0)   # 计算类别 2 的中心，axis=0 表示按照列方向计算均值
u_3 = np. mean(X_3, axis=0)   # 计算类别 3 的中心，axis=0 表示按照列方向计算均值
u = np. mean(X, axis=0)       # 计算全局中心，axis=0 表示按照列方向计算均值
print(u_1)                    # 输出类别 1 的中心
print(u_2)                    # 输出类别 2 的中心
print(u_3)                    # 输出类别 3 的中心
print(u)                      # 输出全局中心
```

得到各类别中心与全局中心见表 10-2。

表 10-2 各类别中心与全局中心

项 目	类别 1	类别 2	类别 3	全 局
属性 1	3	2. 8	3	2. 93
属性 2	3. 6	1. 4	2. 2	2. 4

（续）

项　目	类别1	类别2	类别3	全　局
属性3	2	1.8	2.2	2
属性4	3.4	2.2	2.8	2.8

（3）计算散度矩阵

代码 10-17 计算全局散度矩阵、类内散度矩阵和类间散度矩阵。首先，计算全局散度矩阵（协方差矩阵）S_t，即(X - u).T 和(X - u)的乘积，然后将结果输出。接着，分别计算类别 1、类别 2、类别 3 的协方差矩阵 sigma_1、sigma_2、sigma_3，然后将它们相加得到类内散度矩阵 S_w，再将类内散度矩阵从全局散度矩阵中减去，得到类间散度矩阵 S_b。最后，将类内散度矩阵和类间散度矩阵分别输出。

代码 10-17　计算各类散度矩阵

```
S_t = np.dot((X - u).T, (X - u))                    # 计算全局散度矩阵（协方差矩阵）
print(S_t)                                          # 输出全局散度矩阵

sigma_1 = np.dot((X_1 - u_1).T, (X_1 - u_1))        # 计算类别 1 的协方差矩阵
sigma_2 = np.dot((X_2 - u_2).T, (X_2 - u_2))        # 计算类别 2 的协方差矩阵
sigma_3 = np.dot((X_3 - u_3).T, (X_3 - u_3))        # 计算类别 3 的协方差矩阵

S_w = sigma_1 + sigma_2 + sigma_3                   # 计算类内散度矩阵
print(S_w)                                          # 输出类内散度矩阵

S_b = S_t - S_w                                     # 计算类间散度矩阵
print(S_b)                                          # 输出类间散度矩阵
```

得到全局散度矩阵、类内散度矩阵和类间散度矩阵分别为

$$\begin{bmatrix} 20.93 & 16.4 & 9 & 14.8 \\ 16.4 & 31.6 & 9 & 19.2 \\ 9 & 9 & 20 & 13 \\ 14.8 & 19.2 & 13 & 30.4 \end{bmatrix} \quad \begin{bmatrix} 20.8 & 15.4 & 8.8 & 14.2 \\ 15.4 & 19.2 & 8.2 & 12.6 \\ 8.8 & 8.2 & 19.6 & 12.4 \\ 14.2 & 12.6 & 12.4 & 26.8 \end{bmatrix} \quad \begin{bmatrix} 0.13 & 1 & 0.2 & 0.6 \\ 1 & 12.4 & 0.8 & 6.6 \\ 0.2 & 0.8 & 0.4 & 0.6 \\ 0.6 & 6.6 & 0.6 & 3.6 \end{bmatrix}$$

（4）找到投影方向

代码 10-18 首先计算类内散度矩阵 S_w 的逆矩阵，并将结果保存在变量 S_w_1 中。然后，计算关键矩阵，使用 np.dot()函数计算 S_w_1 和 S_b 的矩阵乘积，并将结果保存在变量 S 中。最后，输出关键矩阵 S。

代码 10-18　计算关键矩阵 $S_w^{-1}S_b$

```
# 计算类内散度矩阵的逆矩阵
S_w_1 = np.mat(S_w).I              # 计算类内散度矩阵 S_w 的逆矩阵

# 计算关键矩阵
S = np.dot(S_w_1, S_b)             # 计算矩阵乘积 S_w_1 和 S_b

print(S)                           # 输出关键矩阵 S
```

得到 $S_w^{-1}S_b$ 矩阵为

$$\begin{bmatrix} -0.09 & -1.11 & -0.06 & -0.59 \\ 0.11 & 1.48 & 0.08 & 0.78 \\ -0.01 & -0.24 & 0.01 & -0.11 \\ 0.02 & 0.25 & 0.02 & 0.13 \end{bmatrix}$$

代码 10-19 首先导入需要的库 scipy 中的 linalg 模块。然后，调用 linalg. eig( ) 函数计算关键矩阵 S 的特征值和特征向量，并将结果分别保存在变量 evalue 和 evector 中。接着输出特征值以及对应的特征向量。

代码 10-19 计算关键矩阵 $S_w^{-1}S_b$ 的特征值和特征向量

```
# 计算关键矩阵的特征值和特征向量

# 导入需要的库
from scipy import linalg

# 调用 linalg. eig() 函数计算特征值和特征向量
evalue, evector = linalg. eig(S)

# 输出特征值
print(evalue)
# 输出特征向量
print(evector)
```

得到特征值 $\lambda_1=1.51$，$\lambda_2=0.019$，$\lambda_3=\lambda_4=0$；以及对应的特征向量 $w_1=(0.59,-0.78,0.13,-0.13)$，$w_2=(0.03,0.10,-0.99,-0.10)$，$w_3=(0.43,-0.35,-0.50,0.66)$，$w_4=(-0.89,-0.16,0.13,0.42)$。前两个特征值比较大，因此选取对应的特征向量。

代码 10-20 首先提取关键矩阵的特征向量。通过 evector[:, i] 可以提取第 i 列特征向量，其中 i=0 表示第一个特征向量，i=1 表示第二个特征向量。然后，将提取到的两个特征向量分别保存在变量 w_1 和 w_2 中。接着，使用 np. vstack( ) 函数将这两个特征向量进行垂直拼接，得到新的矩阵 W。最后，打印矩阵 W。

代码 10-20 利用矩阵 $S_w^{-1}S_b$ 的特征值和特征向量得到对应的投影方向

```
# 选取较大特征值对应的特征向量
w_1 = evector[ :, 0]                # 提取第一个特征向量
w_2 = evector[ :, 1]                # 提取第二个特征向量

W = np. vstack((w_1, w_2))          # 垂直拼接特征向量, 构成新的矩阵 W

print(W)                            # 打印矩阵 W
```

得到 $W=\begin{bmatrix} 0.59 & -0.78 & 0.13 & -0.13 \\ 0.03 & 0.10 & -0.99 & -0.10 \end{bmatrix}$。

（5）将样本投影到新的空间，实现降维

代码 10-21 首先对数据进行变换。将每个数据集（X_1、X_2、X_3）分别与矩阵 W 的转置进行点乘，得到变换后的数据。然后，将变换后的数据分别保存在变量 X_1_new、X_2_new、X_3_new 中。接着，使用 print( ) 函数打印变换后的数据 X_1_new、X_2_new 和 X_3_new。

代码 10-21 将各类别投影到新的空间

```
# 对数据进行变换

X_1_new = np.dot(X_1, W.T)        # 将数据 X_1 与权重矩阵 W 的转置进行点乘，得到变换后的数据 X_1_new
print(X_1_new)                    # 打印变换后的数据 X_1_new

X_2_new = np.dot(X_2, W.T)        # 将数据 X_2 与权重矩阵 W 的转置进行点乘，得到变换后的数据 X_2_new
print(X_2_new)                    # 打印变换后的数据 X_2_new

X_3_new = np.dot(X_3, W.T)        # 将数据 X_3 与权重矩阵 W 的转置进行点乘，得到变换后的数据 X_3_new
print(X_3_new)                    # 打印变换后的数据 X_3_new
```

得到降维后的数据见表 10-3。

表 10-3 多分类数据集

项目	类别 1	类别 2	类别 3	类别 4	类别 5	类别 6	类别 7	类别 8
新属性 1	-1.38	-1.04	-0.84	-1.69	-1.24	0.72	0.39	0.85
新属性 2	-1.15	-1.72	-0.90	-1.66	-3.91	-0.95	-2.02	-2.10
类别	1	1	1	1	1	2	2	2
项目	类别 9	类别 10	类别 11	类别 12	类别 13	类别 14	类别 15	—
新属性 1	0.07	0.46	0.26	1.12	0.53	-1.63	-0.47	—
新属性 2	-0.90	-2.93	-2.12	-1.90	-0.98	-0.80	-4.96	—
类别	2	2	3	3	3	3	3	—

(6) 对投影后的样本中心化、标准化

代码 10-22 首先将变换后的数据 X_1_new、X_2_new 和 X_3_new 按列合并，得到投影后的整个样本数据集 X_new。然后，将投影后的样本数据集 X_new 减去其在每列上的均值，得到中心化后的数据集 X_n。接着，将中心化后的样本数据集 X_n 按列进行标准化处理，得到标准化后的数据集 X_N。最后，使用 print( ) 函数打印标准化后的数据集 X_N。

代码 10-22 处理投影后的数据集

```
# 合并不同类别的数据
# 将变换后的数据 X_1_new、X_2_new 和 X_3_new 按列合并，得到投影后的整个样本数据集 X_new

X_new = np.vstack((X_1_new, X_2_new, X_3_new))

# 样本中心化
# 将投影后的样本数据集 X_new 减去其在每列上的均值，得到中心化后的数据集 X_n
X_n = X_new - np.mean(X_new, axis=0)

# 样本标准化
# 将中心化后的样本数据集 X_n 按列进行标准化处理，得到标准化后的数据集 X_N
```

```
X_N = X_n / np.linalg.norm(X_n, axis=0)

print(X_N)          # 打印标准化后的数据集 X_N
```

得到降维后的中心化、标准化数据见表10-4。

表10-4 多分类数据集

项目	类别1	类别2	类别3	类别4	类别5	类别6	类别7	类别8
新属性1	-0.31	-0.22	-0.16	-0.39	-0.27	0.27	0.18	0.31
新属性2	0.17	0.05	-0.23	-0.06	-0.44	0.22	-0.02	-0.04
类别	1	1	1	1	1	2	2	2

项目	类别9	类别10	类别11	类别12	类别13	类别14	类别15	—
新属性1	0.09	0.20	0.14	0.38	0.22	-0.38	-0.06	—
新属性2	0.23	-0.22	-0.04	0.01	0.21	0.25	-0.67	—
类别	2	2	3	3	3	3	3	—

10.4 本章小结

本章主要介绍两种降维方法PCA和LDA，PCA是一种常见的降维方法，通过线性变换将原数据集映射到新的特征空间中，在新的坐标系下数据集的方差最大。LDA算法也是将原数据集映射到新的特征空间，但要求在新的空间中同类别尽量“靠近”，不同类别尽量远离，两种算法各有优缺点。

PCA算法的优点：保留复杂数据中的关键信息，降低处理数据的难度，能够降低复杂数据本身包含的噪声和冗余信息，提升数据的质量，能够有效降低复杂数据的维度，降低样本特征之间的关联性，提高处理数据的效率。缺点是：只能处理线性关系，要求数据分布符合高斯分布，否则降维效果不理想；保留方差大的主成分，但方差小的主成分不一定不重要，可能损失一些重要信息。

LDA算法的优点：在降维过程中使用了类别的标记信息，其他无监督降维方法则无法使用，LDA在样本分类信息依赖均值而不是方差的时候，比其他算法效果好。缺点是：LDA不适合对非高斯分布样本进行降维，LDA在样本分类信息依赖方差而不是均值的时候，降维效果不好，LDA降维可以将维度降到$N-1$（N为类别数）维，如果降维的维度大于$N-1$，则不能使用LDA。

PCA与LDA对比，相同点有：均可以对高维数据进行降维，均适用于服从高斯分布的数据的降维，均采用特征值与特征向量分解的思想，均采用将高位数据投影到低维空间的方法实现降维。不同点为：LDA还可以用于分类，PCA不可以，LDA是有监督学习，利用了标记信息，而PCA为无监督学习，LDA最多降到$N-1$（N为类别数）维，而PCA没有这个限制，在选择特征空间进行投影时，LDA选择分类性能好的空间，PCA选择样本点投影后方差最大的空间。

10.5 延伸阅读——数据降维技术在地震属性分析中的应用

地震属性技术始于20世纪70年代初，其发展非常迅速，目前已成为油藏和储层描述的重要手段。在此领域，数据降维技术不仅是一种高效的数据处理手段，更是一种揭示地下地质结构复杂性的有力工具。随着地震数据采集技术的进步，所获得的数据量急剧增加，其中包括了海量的地震属性信息。这些属性虽然富含地质含义，但直接在高维空间中进行分析和解释却面临着维度灾难的问题，即数据稀疏性和计算复杂度的指数级增长。因此，如何从这些高维数据中提取关键信息，去除噪声和冗余，成为了一个急待解决的问题。数据降维技术便成了连接地震属性数据与高效地质理解的桥梁，极大地促进了对地下结构理解的精确度与效率。

通过主成分分析，研究者可以在低维空间中直观地识别出地震属性的分布模式，为后续的地质解释提供清晰的指引。当地震属性数据中存在复杂的非线性关系时，传统的线性降维技术可能不足以捕捉到所有的关键地质信息。这时，非线性降维技术，如等距映射和局部线性嵌入，便显得尤为重要。等距映射算法通过构造数据的低维嵌入，保持了高维数据的全局几何结构，这对于揭示地震数据中的连续地质构造特别有利。局部线性嵌入算法则专注于局部邻域的保真，适合揭示地震属性中的局部地质异常。这些降维方法不仅降低了后续分析的复杂性，提高了处理速度，而且增强了对地下结构如断层、沉积相带的识别能力。

在地震勘探中，数据降维技术还扮演着促进多属性数据融合的角色。通过将不同类型的地震属性（如振幅、瞬时频率、波阻抗等）降至同一低维空间，可以更容易地发现它们之间的相关性和差异，进而进行综合分析。这种融合不仅增强了对地质结构的识别，还提高了对岩石物理性质的理解，对于油气储藏的评估尤为关键。通过降维后的属性空间，可以更直观地进行颜色编码显示，或者进行体积属性分析，为地质建模和储层预测提供直观依据。

数据降维技术在地震属性降维中的应用，不仅是一种技术手段的革新，更是地质理解的深刻变革。它使地质学家能够从纷繁复杂的高维数据中抽丝剥茧，洞察地下地质构造的本质，从而推动了石油和天然气勘探技术的进步，同时也为其他地球科学领域提供了宝贵的方法论。随着算法的不断优化和计算能力的提升，数据降维技术在地震属性分析中的应用前景将更加广阔，为地球科学的深入探索开辟新的可能性。

10.6 习题

1. 选择题

1）PCA原理是通过（　　）将一组可能存在相关性的变量转换为一组线性不相关的变量。

A. 正交变换　　B. 线性变换　　C. 特征值分解　　D. 奇异值分解

2）主成分是原特征的（　　），其个数通常小于原始变量的个数。

A. 缩减　　B. 线性组合　　C. 非线性组合　　D. 扩充

3）对于二维降一维问题，只需要找到一个基向量就够了，即最大化（　　）就够了。

A. 协方差　B. 标准差　C. 方差　D. 协方差矩阵

4）特征值分解降维时，需要将对应特征值按（　　）顺序排列。

A. 从大到小　B. 从小到大　C. 无须排列　D. 都不是

5）奇异值分解降维时，需要找到的奇异矩阵是（　　）。

A. 协方差矩阵的左右奇异矩阵　B. 训练集矩阵的左右奇异矩阵

C. 协方差矩阵的特征向量构成的矩阵　D. 训练集矩阵的特征向量构成的矩阵

6）利用 PCA 降为 k 维后，k 个主成分的贡献率为（　　）。

A. $\dfrac{\sum_{i=1}^{k}\lambda_i^2}{\sum_{i=1}^{n}\lambda_i^2}$　B. $\dfrac{\sum_{i=1}^{k}\lambda_i^2}{\sum_{i=1}^{k}\lambda_i}$　C. $\dfrac{\sum_{i=1}^{k}\lambda_i}{\sum_{i=1}^{n}\lambda_i}$　D. $\dfrac{\sum_{i=1}^{n}\lambda_i^2}{\sum_{i=1}^{n}\lambda_i}$

7）LDA 是一种经典的（　　）学习方法。

A. 线性　B. 非线性　C. 多项式　D. 核方法

8）利用 LDA 进行降维时，（　　）用到类别标记。

A. 不需要　B. 需要

C. 二分类不需要，多分类需要　D. 二分类需要，多分类不需要

9）利用 LDA 降维时，其矩阵模型为（　　）。

A. Rayleigh 商　B. 特征值分解

C. 奇异值分解　D. 广义 Rayleigh 商

10）对于二分类问题，设类间散度矩阵为 $\boldsymbol{S}_w$，类别中心为 $\boldsymbol{u}_0$ 和 $\boldsymbol{u}_1$。那么 LDA 投影方向为（　　）。

A. $\boldsymbol{w}=\boldsymbol{S}_w^{-1}(\boldsymbol{u}_0-\boldsymbol{u}_1)$　B. $\boldsymbol{w}=\boldsymbol{S}_w^{-1}(\boldsymbol{u}_0+\boldsymbol{u}_1)$

C. $\boldsymbol{w}=\boldsymbol{S}_w(\boldsymbol{u}_0-\boldsymbol{u}_1)$　D. $\boldsymbol{w}=\boldsymbol{S}_w(\boldsymbol{u}_0+\boldsymbol{u}_1)$

11）对于多分类问题，设类别数为 $(N<n)$，LDA 将样本投影到（　　）维子空间上。

A. N　B. $N-1$　C. $N+1$　D. $N+1$

12）对于多分类问题，设 $\boldsymbol{W}$ 为投影子空间的一组标准正交基按行构成的矩阵，$\boldsymbol{S}_w$ 为类内散度矩阵，$\boldsymbol{S}_b$ 为类间散度矩阵。利用 LDA 最小化投影后类间方差，即最小化（　　）。

A. $\mathrm{tr}(\boldsymbol{W}^{\mathrm{T}}\boldsymbol{S}_b\boldsymbol{W})$　B. $\mathrm{tr}(\boldsymbol{W}\boldsymbol{S}_w\boldsymbol{W}^{\mathrm{T}})$　C. $\mathrm{tr}(\boldsymbol{W}^{\mathrm{T}}\boldsymbol{S}_w\boldsymbol{W})$　D. $\mathrm{tr}(\boldsymbol{W}\boldsymbol{S}_b\boldsymbol{W}^{\mathrm{T}})$

13）对于多分类问题，设 $\boldsymbol{W}$ 为投影子空间的一组标准正交基按行构成的矩阵，$\boldsymbol{S}_w$ 为类内散度矩阵，$\boldsymbol{S}_b$ 为类间散度矩阵。利用 LDA 最大化投影后类间“距离”，即最大化（　　）。

A. $\mathrm{tr}(\boldsymbol{W}^{\mathrm{T}}\boldsymbol{S}_b\boldsymbol{W})$　B. $\mathrm{tr}(\boldsymbol{W}\boldsymbol{S}_w\boldsymbol{W}^{\mathrm{T}})$　C. $\mathrm{tr}(\boldsymbol{W}^{\mathrm{T}}\boldsymbol{S}_w\boldsymbol{W})$　D. $\mathrm{tr}(\boldsymbol{W}\boldsymbol{S}_b\boldsymbol{W}^{\mathrm{T}})$

2. 简答题

1）简述特征值分解降维和奇异值分解降维的区别和联系。

2）简述 PCA 与 LDA 的异同点，分析 PCA 和 LDA 各自的应用场景。

3. 编程题

1）现有 10 位中学生身体的各项指标见表 10-5，其中指标 1（单位：cm）表示身高、指标 2（单位：kg）表示体重、指标 3（单位：cm）表示胸围、指标 4（单位：cm）表示坐高。试对此组数据做 PCA。

表 10-5 身体指标数据集

指标	分类									
	1	2	3	4	5	6	7	8	9	10
指标 1	148	139	160	149	152	147	153	156	147	154
指标 2	41	34	49	37	46	38	42	45	41	43
指标 3	72	70	77	66	80	75	67	72	65	77
指标 4	78	77	86	79	85	76	81	76	82	79

2）Sklearn 内置 iris 数据集，每个样本有四个特征（四维），分别是萼片长度（sepal length）、萼片宽度（sepal width）、花瓣长度（petal length）、花瓣宽度（petal width），标签有三种，分别是 setosa、versicolor 和 virginica。分别利用 PCA 和 LDA 对此数据集进行降维并对比分析。

第 11 章　半监督学习

本章导读（思维导图）

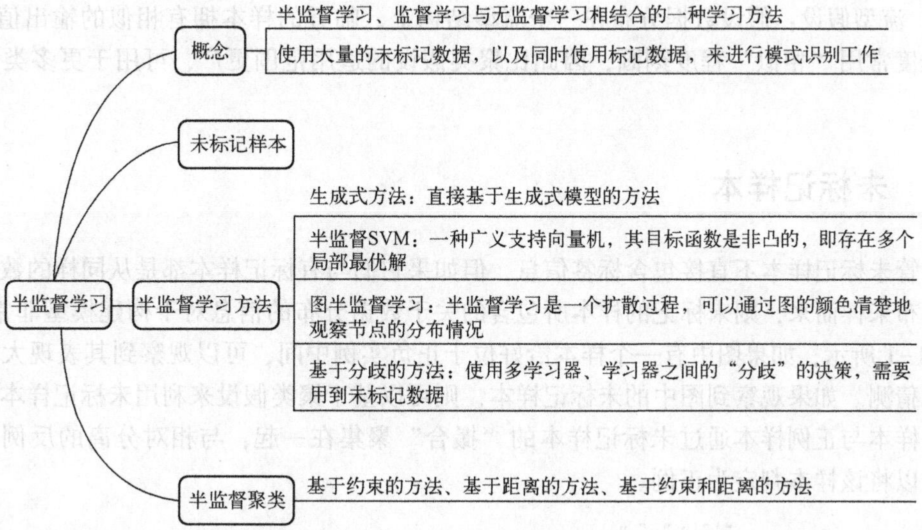

扫码看视频

传统监督学习通过对大量有标记的（labeled）训练示例进行学习以建立模型用于预测未见示例的标记。这里的“标记（label）”是指示例所对应的输出，例如，在分类任务中标记就是示例的类别，而在回归任务中标记就是示例所对应的实值输出。随着人类收集、存储数据能力的高度发展，在很多实际任务中可以容易地获取大批未标记（unlabeled）数据，而对这些数据赋予标记则往往需要耗费大量的人力物力。例如在进行计算机辅助医学影像分析时，可以从医院获得大量医学影像，但如果希望医学专家把影像中的病灶全都标识出来则是不现实的。如果只使用少量“昂贵的”有标记数据进行学习，那么所训练出的学习系统可能很难具有强泛化能力；而忽略了大量“廉价的”未标记数据，则是对数据资源极大的浪费。那么，在仅有少量有标记数据时，可否通过对大量未标记数据进行利用来提升学习性能呢？这个问题不仅在理论上有重要意义，还直接影响到机器学习技术在现实任务中所能发挥的效用，因此受到了机器学习界的高度重视。

半监督学习（semi-supervised learning，SSL）是模式识别和机器学习领域研究的重点问题，是监督学习与无监督学习相结合的一种学习方法。许多实例采用无监督标记来提高预测精度和学习算法的速度；通过引入加权系数动态调整无类标签样例的影响，提高了分类准确度；建立每类中具有多个混合部分的模型，使贝叶斯偏差减小。半监督学习使用大量的未标记数据，同时使用标记数据来进行模式识别工作。当使用半监督学习时，将会要求尽量少的人员来从事工作，同时，又能够带来比较高的准确性，因此，半监督学习越来越受到人们的重视。

目前，大多数基于机器学习的方法都是基于相同的分布假设，除了独立于相似分布的假设外，监督学习主要基于光滑假设，而半监督学习则基于光滑假设的一般假设，其本质是“相似的样本拥有相似的输出”。下面是半监督学习的常见假设。

1）平滑假设：位于稠密数据区域的两个距离很近的样例的类标签相似，也就是说，当两个样例被稠密数据区域中的边连接时，它们在很大的概率下有相同的类标签；相反地，当两个样例被稀疏数据区域分开时，它们的类标签趋于不同。

2）聚类假设：同一组中的样本点可能具有相同的标记类型，即假设数据存在簇结构，同一个簇的样本属于同一个类别。

3）流型假设：假设数据分布在一个流型结构上，临近的样本拥有相似的输出值。“临近”程度常用“相似”程度刻画，因此比聚类假设的适用范围更广，可用于更多类型的学习任务。

11.1 未标记样本

尽管未标记样本不直接包含标签信息，但如果它们与有标记样本都是从同样的数据源独立同分布采样而来，则未标记的样本所包含的关于数据分布的信息对于构建模型非常有用。如图 11-1 所示，如果图中有一个样本恰好位于正负实例中间，可以观察到其表现大致类似于随机猜测。如果观察到图中的未标记样本，则可以基于聚类假设来利用未标记样本，由于待预测样本与正例样本通过未标记样本的“撮合”聚集在一起，与相对分离的反例样本相比，可以将该样本判定为正例。

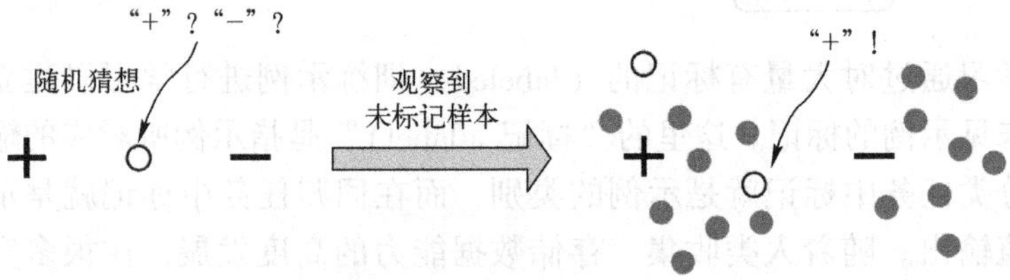

图 11-1 未标记样本效用的示例，右边的蓝色点表示未标记样本

对于半监督学习模型我们举一个例子来说明，我们在丰收季节来到苹果园，满眼望去都是苹果，果农摘下几个苹果说，这都是好果子，然后再指着树上的五六个苹果说，这些还没熟，还需再生长若干天，基于这些信息我们能否构建一个模型，用于判别园里的哪些苹果是已经可以采摘的好苹果。显然，可将果农告诉我们的好果子、不好的果子分别作为正例和反例来训练一个分类器，然而只用这不到十个果子做训练样本有点太少了，能不能把树上的那些果子也用上呢？

形式化地看，我们有训练样本集 $D_l=\{(x_1,y_1),(x_2,y_2),\cdots,(x_l,y_l)\}$，这 l 个样本的类别标记（即是否好果子）已知，称为“有标记”样本；此外，还有 $D_u=\{(x_{l+1},y_{l+1}),(x_{l+2},y_{l+2}),\cdots,(x_{l+u},y_{l+u})\}$，这 u 个样本的类别标记未知（即不知是不是好果子），称为“未标记”样本。若直接使用传统监督学习技术，则仅有 D_l 能用于构建模型，D_u 所包含的信息被浪费了。那么，能否在构建模型的过程中将 D_u 利用起来呢，一个简单的做法是将 D_u 中的示例全部标记后用于以后的学习当中。在例子当中就相当于请果农把树上的果子全都检查一遍，告诉我们哪些是好果子，哪些不是好果子，然后再用于模型训练，显然，这样做需要耗费果农大量时间和精力，我们需要更有效的办法。

我们可以用 D_l 先训练一个模型，拿这个模型去园里挑一个果子，询问果农好不好，然后把这个新获得的有标记样本加入 D_l 中重新训练一个模型，再去挑果子，这样，若每次都挑出对改善模型性能帮助大的果子，则只需询问果农比较少的果子就能构建出比较强的模型，从而大幅降低标记成本。

11.2　半监督学习方法

如图 11-2 所示，半监督学习可进一步划分为纯半监督学习和直推学习，纯半监督学习假设训练数据中的样本不显著，而直推学习则假定学习过程中所考虑的未标记样本恰好是待预测数据，学习目的就是在这些未标记样本中获得最优泛化性能。换句话说，纯半监督学习是建立在开放世界的基础上的，假设学习模型可以应用于训练中未观察到的数据；而直推学习是基于封闭世界假设，仅仅试图对学习过程中观察到的未标记数据进行预测。半监督学习的算法分为如下几大类。

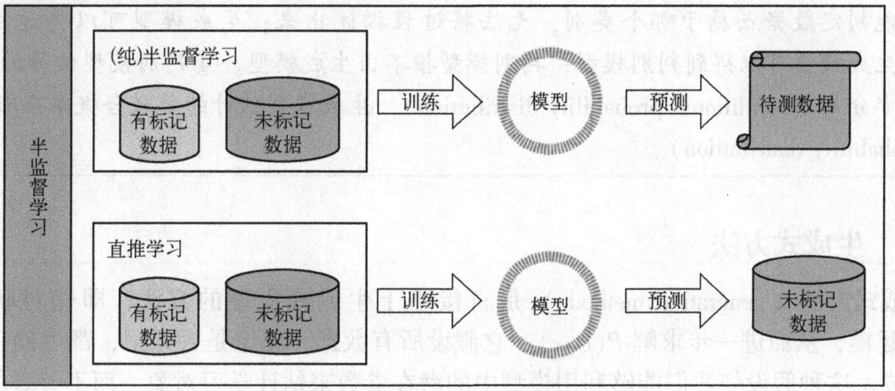

图 11-2　纯半监督学习和直推学习

1. 自训练算法（self-training algorithm）

这个是最早提出的一种研究半监督学习的算法，也是最简单的半监督学习算法。其基本思想是用数据标注训练分类器，然后用分类器对没有数据标注的样本进行分类，基于某种挑选准则，挑选你认为分类正确的无标签样本，把选出来的无标签样本用来训练分类器。

2. 多视角算法（multi-view algorithm）

一般多用于可以进行自然特征分裂的数据集中。考虑到特殊情况，每个数据点代表两个特征，每个数据点被视为两个特征的集合，然后在学习过程中使用协作训练，对两个或多个学习器使用隐式聚类假设或多个假设，在学习过程中，这些学习器挑选若干个置信度高的未标记样本进行相互标记，从而更新模型。

3. 生成模型（generative models）

以生成式模型为分类器，将未标记示例属于每个类别的概率视为一组缺失参数，然后采用期望最大化算法（expectation-maximum，EM）来进行标记估计和模型参数估计，此类算法可以看成在少量有标记示例周围进行聚类，是早期直接采用聚类假设的做法。该模型考虑了不可观测样本属于每一类的概率，并考虑了参数的缺失范围。然后利用 EM 算法对模型参数进行估计。在这一过程中，采用多个初始值来选择最优解集，或采用分裂-合并 EM 算法等复杂算法来寻找最优解参数。

4. 转导 SVM（transductive SVM）

传统的推理方法是归纳-演绎方法，人们首先根据已有的信息定义一个一般规则，然后用这个规则来推断所需要的答案。也就是说，首先从特殊到一般，然后从一般到特殊。但是在转导模式中，我们直接地从特殊到特殊的推理。转导 SVM 是一种广义线性分类器，判定边界是学习样本的最大边界超平面，它采用有监督学习的方法对数据进行分类。

5. 基于图的算法（graph-based algorithms）

该算法是基于图正则化框架的半监督学习算法，此类算法直接或间接地利用了流型假设，它们通常先根据训练例及某种相似度度量建立一个图，图中结点对应了（有标记或未标记）示例，边为示例间的相似度，然后，定义所需优化的目标函数并使用决策函数在图上的光滑性作为正则化项来求取最优模型参数。

📖 在这里说一下生成模型跟判别模型的区别，对于分类问题和聚类问题而言。①判别模型只关心类的决定边界在哪里；生成模型关心的是类本身而非决定边界。②判别模型只能判定数据点属于哪个类别，无法将过程描述出来；生成模型可以将过程描述。③生成模型可以得到判别模型；判别模型推不出生成模型。④判别模型估计的是条件概率分布（conditional probability distribution），生成模型估计的是联合概率分布（joint probability distribution）。

11.2.1 生成式方法

生成式方法（generative methods）是直接基于生成式模型的方法，即先对联合分布 $P(x,c)$ 建模，从而进一步求解 $P(c|x)$。它假设所有数据，无论是否标记，都由同一个潜在模型生成。这种假设使我们能够利用模型中的潜在参数来估计学习对象，而不显著的数据往往被忽视处理。此类方法的区别主要在于生成式模型的假设，不同的模型假设将产生不同的方法。

给定样本 $\boldsymbol{x}$，其真实类别标记为 $y \in Y$，其中 $Y=\{1,2,\cdots,N\}$ 为所有可能的类别。假设样本由高斯混合模型生成，且每个类别对应一个高斯混合成分。换言之，数据样本是基于如下概率密度生成：

$$p(\boldsymbol{x}) = \sum_{i=1}^{N} \alpha_i p\left(\boldsymbol{x} \mid u_i, \sum_i\right) \tag{11-1}$$

式中，混合系数 $\alpha_i \geqslant 0$，$\sum_{i=1}^{N} \alpha_i = 1$；$p\left(\boldsymbol{x} \mid u_i, \sum_i\right)$ 是样本 $\boldsymbol{x}$ 属于第 i 个高斯混合成分的概率；u_i 和 $\sum_i$ 为该高斯混合成分的参数。

令 $f(\boldsymbol{x}) \in Y$ 表示模型 f 对 $\boldsymbol{x}$ 的预测标记，$\Theta \in \{1,2,\cdots,N\}$ 表示样本 $\boldsymbol{x}$ 所属的高斯混合成分。由最大化后验概率可知

$$
\begin{aligned}
f(\boldsymbol{x}) &= \underset{j \in Y}{\operatorname{argmax}} p(y=j \mid \boldsymbol{x}) \\
&= \underset{j \in Y}{\operatorname{argmax}} \sum_{i=1}^{N} p(y=j, \Theta=i \mid \boldsymbol{x}) \\
&= \underset{j \in y}{\operatorname{argmax}} \sum_{i=1}^{N} p(y=j \mid \Theta=i, \boldsymbol{x}) p(\Theta=i \mid \boldsymbol{x})
\end{aligned} \tag{11-2}
$$

其中，

$$
p(\Theta=i \mid \boldsymbol{x})=\frac{\alpha_{i} p\left(\boldsymbol{x} \mid u_{i}, \sum_{i}\right)}{\sum_{i=1}^{N} \alpha_{i} p\left(\boldsymbol{x} \mid u_{i}, \sum_{i}\right)} \tag{11-3}
$$

式（11-3）为样本 $\boldsymbol{x}$ 由第 i 个高斯混合成分生成的后验概率，$p(y=j|\Theta=i,\boldsymbol{x})$ 为 $\boldsymbol{x}$ 由第 i 个高斯混合成分生成且其类别为 j 的概率。由于假设每个类别对应一个高斯混合成分，因此 $p(y=j|\Theta=i,\boldsymbol{x})$ 仅与样本 $\boldsymbol{x}$ 所属的高斯混合成分 Θ 有关，可用 $p(y=j|\Theta=i)$ 代替。假定第 i 个类别对应于第 i 个高斯混合成分，即 $p(y=j|\Theta=i)=1$ 当且仅当 $i=j$，否则 $p(y=j|\Theta=i)=0$。

未标记数据是如何辅助提高分类模型的性能的呢？式（11-2）中估计 $p(y=j|\Theta=i,x)$ 需要知道样本标记，因此只能使用有样本标记数据；而 $p(\Theta=i|x)$ 不涉及样本标记，因此有标记和无标记样本数据均可利用，通过引入大量的未标记数据，对这一项的估计可由于数据量的增长而更加准确，于是式（11-2）的估计可能会更加准确。

对于给定有标记样本集 $D_l=\{(x_1,y_1),(x_2,y_2),\cdots,(x_l,y_l)\}$ 和未标记的样本集 $D_u=\{(x_{l+1},y_{l+1}),(x_{l+2},y_{l+2}),\cdots,(x_{l+u},y_{l+u})\}$。假设所有样本独立同分布，且都是由同一个高斯混合模型生成的，用极大似然法来估计高斯混合模型的参数 $\left\{\left(\alpha_i,u_i,\sum_i\right) \mid 1\leqslant i\leqslant N)\right\}$，$D_l\cup D_u$ 的对数似然是

$$
\begin{aligned}
\operatorname{LL}(D_l \cup D_u) = & \sum_{(x_j,y_j)\in D_l} \ln\left\{\sum_{i=1}^{N}\alpha_i p(x_j \mid u_i, \sum_i) p_j(y_j \mid \Theta=i, x_j)\right\} \\
& + \sum_{x_j\in D_u} \ln\left(\sum_{i=1}^{N}\alpha_i p\left(x_j \mid u_i, \sum_i\right)\right)
\end{aligned} \tag{11-4}
$$

式（11-4）由两项组成：基于有标记数据 D_l 的有监督项和基于未标记数据 D_u 的无监督项。显然，高斯混合模型参数估计可用 EM 算法求解，通过不断迭代直至收敛，即可获得模型参数。基于该模型参数，利用式（11-2）和式（11-3）即可对样本进行分类。

📖 生成式方法简单，易于实现，在有标记数据极少的情形下往往比其他方法性能更好。然而，此类方法中模型假设必须准确，即假设的生成式模型必须与真实数据分布吻合，否则未用未标记数据反倒会降低泛化性能。现实任务中，除非拥有充分可靠的领域知识，否则往往很难事先做出准确的模型假设。

11.2.2　半监督 SVM

半监督支持向量机（semi-supervised support vector machine，S3VM），S3VM 是一种在半

监督学习上推广的广义支持向量机。在不考虑未标记样本的情况下，支持向量机尝试寻找最大间隔划分超平面。在考虑未标记样本后，S3VM 尝试寻找能够划分开两类有标记样本，且可以通过低密度区域分割将它们分开的超平面，如图 11-3 所示，其中“+”和“-”分别表示有标记的正例和反例，蓝色点表示未标记样本。

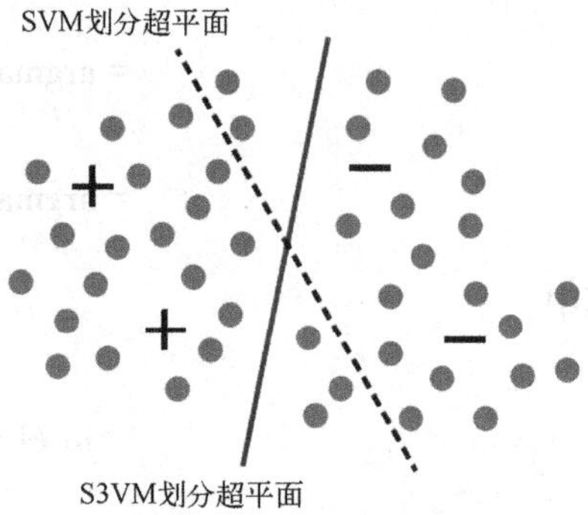

图 11-3 半监督支持向量机与低密度分割

在传统的支持向量机有监督学习中，我们试图找到超平面的分割点，使得两个半监督学习点之间的距离很小。S3VM 考虑了超平面通过区域的情况，S3VM 的主要思想是将每个标记样本分为阳性样本和阴性样本。首先利用标记样本集和初始支持向量机进行训练，然后利用机器对未标记样本进行标记，使所有样本稳定然后采用局部迭代搜索最优策略。

根据决策边界公式有

$$\boldsymbol{\theta}^{\mathrm{T}}\boldsymbol{x}+b=0 \tag{11-5}$$

支持向量到决策边界的距离公式为

$$d=\frac{|y_i|}{\|\boldsymbol{\theta}\|} \tag{11-6}$$

假设决策边界 $\boldsymbol{\theta}^{\mathrm{T}}\boldsymbol{x}+b=0$ 能将样本正确分类，那么：

$$\begin{cases}\boldsymbol{\theta}^{\mathrm{T}}\boldsymbol{x}+b\geqslant+1 & y_i=+1\\ \boldsymbol{\theta}^{\mathrm{T}}\boldsymbol{x}+b\leqslant-1 & y_i=-1\end{cases} \tag{11-7}$$

所以我们最大化间距的表达式可以写成

$$\begin{cases}\max & \dfrac{2}{\|\boldsymbol{\theta}\|}\\ \text{s. t.} & y_i(\boldsymbol{\theta}^{\mathrm{T}}\boldsymbol{x}+b)\geqslant 1\end{cases} \tag{11-8}$$

对式（11-8）使用拉格朗日乘子法，得到公式为

$$L(\theta,b,a)=\frac{1}{2}\|\boldsymbol{\theta}\|^2+\sum_{i=1}^{m}a_i(1-y_i(\boldsymbol{\theta}^{\mathrm{T}}\boldsymbol{x}_i+b)) \tag{11-9}$$

对 θ 求偏导得

$$\boldsymbol{\theta}=\sum_{i=1}^{m}a_iy_i\boldsymbol{x}_i \tag{11-10}$$

对 b 求偏导得

$$b=\sum_{i=1}^{m}a_iy_i \tag{11-11}$$

代入得

$$\begin{cases}\max & \displaystyle\sum_{i=1}^{m}a_i-\frac{1}{2}\sum_{i=1}^{m}\sum_{j=1}^{m}a_ia_jy_iy_j\boldsymbol{x}_i^{\mathrm{T}}\boldsymbol{x}_j\\ \text{s. t.} & \displaystyle\sum_{i=1}^{m}a_iy_i=0\end{cases} \tag{11-12}$$

下面使用 Scikit-learn 包对 S3VM 算法进行实现。

（1）创建数据集

代码 11-1 实现了加载鸢尾花数据集，并根据需要创建了不同比例下的带有噪声的目标变量。首先，创建一个随机数生成器对象 rng，使用种子值 0 进行初始化。使用 datasets. load_iris( ) 加载鸢尾花数据集 iris。从鸢尾花数据集中选择前两个特征，并将其赋值给特征矩阵 X。从鸢尾花数据集中获取真实的类别标签，并将其赋值给目标变量 y。设置绘制决策边界时的步长为 0.02，赋值给变量 h。复制目标变量 y，并将其中大约 30%的实例的标签赋值为-1，修改后的标签保存在变量 y_30 中。复制目标变量 y，并将其中大约 50%的实例的标签赋值为-1，修改后的标签保存在变量 y_50 中。

代码 11-1　数据集生成代码

```
import numpy as np
from sklearn import datasets
# 初始化随机数生成器
rng = np. random. RandomState(0)
# 加载鸢尾花数据集
iris = datasets. load_iris( )
# 从数据集中提取前两个特征
X = iris. data[ :, :2]
# 获取数据集中真实的类别标签
y = iris. target
# 设置绘制决策边界的步长
h = 0. 02
# 创建一个真实类别标签的副本，并随机将大约 30%的实例赋值为-1
y_30 = np. copy(y)
y_30[ rng. rand(len(y)) < 0. 3] = -1
# 创建一个真实类别标签的副本，并随机将大约 50%的实例赋值为-1
y_50 = np. copy(y)
y_50[ rng. rand(len(y)) < 0. 5] = -1
```

（2）应用算法对数据进行拟合

代码 11-2 定义了四个分类器对象：ls30、ls50、ls100 和 rbf_svc。其中 ls30 使用 LabelSpreading 算法拟合带有 30%标签的数据，ls50 使用 LabelSpreading 算法拟合带有 50%标签的数据，ls100 使用 LabelSpreading 算法拟合全量标签的数据，rbf_svc 使用 SVC 支持向量机算法（核函数为 RBF）拟合全量标签的数据。这段代码中的变量 X 是特征数据，y_30、y_50 和 y 是对应的标签数据。接下来，通过计算特征数据 X 的最小值和最大值，计算出 x 和 y 坐标的范围。然后，使用 np. meshgrid( ) 方法生成一个网格，网格的 x 坐标范围由 x_min 到 x_max，步长为 h；y 坐标范围由 y_min 到 y_max，步长为 h。最终，得到的 xx 和 yy 分别表示生成的网格点的 x 坐标和 y 坐标。可以在后续的代码中使用这些网格点进行预测和绘图。

代码 11-2　拟合数据并可视化

```
from sklearn. semi_supervised import LabelSpreading
from sklearn import svm
import numpy as np
```

```
import matplotlib.pyplot as plt
# 创建包含不同标签数据的 LabelSpreading 和 rbf_svc 分类器对象
ls30 = (LabelSpreading().fit(X, y_30), y_30)
ls50 = (LabelSpreading().fit(X, y_50), y_50)
ls100 = (LabelSpreading().fit(X, y), y)
rbf_svc = (svm.SVC(kernel='rbf', gamma=.5).fit(X, y), y)
# 确定绘图范围
x_min, x_max = X[:, 0].min() - 1, X[:, 0].max() + 1
y_min, y_max = X[:, 1].min() - 1, X[:, 1].max() + 1
h = 0.02                          # 网格步长
# 生成网格点的坐标
xx, yy = np.meshgrid(np.arange(x_min, x_max, h),
                     np.arange(y_min, y_max, h))
# 定义颜色映射字典，用于将标签值映射为对应的颜色
color_map = {-1: (1, 1, 1), 0: (0, 0, .9), 1: (1, 0, 0), 2: (.8, .6, 0)}
titles = ['Label Spreading 30% data',
          'Label Spreading 50% data',
          'Label Spreading 100% data',
          'SVC with rbf kernel']
# 遍历每个分类器和相应的训练标签
for i,(clf,y_train) in enumerate((ls30, ls50, ls100, rbf_svc)):
    plt.subplot(2,2,i + 1)          # 创建子图，2 行 2 列的布局，当前位置为 i+1
    Z = clf.predict(np.c_[xx.ravel(), yy.ravel()])      # 预测网格上的点的标签
    Z = Z.reshape(xx.shape)     # 重新调整形状以匹配网格
    plt.contourf(xx, yy, Z, cmap=plt.cm.Paired)         # 绘制决策边界区域的颜色填充
    plt.axis('off')                 # 关闭坐标轴
    colors = [color_map[y] for y in y_train]   # 使用颜色映射字典将训练标签转换为颜色
    plt.scatter(X[:, 0], X[:, 1], c=colors, edgecolors='black')   # 绘制散点图
    plt.title(titles[i])            # 设置子图的标题
plt.suptitle("Unlabeled points are colored white", y=0.1)          # 设置总标题
plt.show()                          # 显示图形
```

(3) 绘制图形对比结果

代码 11-3 使用 matplotlib 库将分类结果可视化出来。首先，定义了一个标题列表 titles，包含了每个子图的标题。接下来，定义了一个颜色映射字典 color_map，用于将标签值映射为对应的颜色。然后，使用 enumerate()函数遍历每个分类器和对应的训练标签。在循环中，使用 plt.subplot()创建一个 2 行 2 列布局的子图，并设置当前位置为 $i+1$。通过调用 clf.predict()方法预测网格上的点的标签，并将结果 Z 进行形状调整以匹配网格的形状。使用 plt.contourf()方法绘制决策边界区域的颜色填充。传入网格数据 xx、yy 和预测标签数据 Z，并指定使用 plt.cm.Paired 颜色映射。调用 plt.axis('off')关闭坐标轴显示。使用颜色映射字典 color_map 将训练标签 y_train 转换为对应的颜色列表 colors。使用 plt.scatter()方法绘制特征数据 X 的散点图。传入特征数据 X 的第一列和第二列作为 x 坐标和 y 坐标，使用 colors 列表作为点的颜色，边界颜色为黑色。设置子图的标题为 titles[i]。循环结束后，使用 plt.suptitle()设置总标题，并指定 y 坐标的位置为 0.1。最后，使用 plt.show()显示绘制好的图形。绘图结果如图 11-4 所示。

代码 11-3　绘图对拟合结果进行对比

```
titles = ['Label Spreading 30% data',
          'Label Spreading 50% data',
          'Label Spreading 100% data',
          'SVC with rbf kernel']

color_map = {-1: (1, 1, 1), 0: (0, 0, .9), 1: (1, 0, 0), 2: (.8, .6, 0)}
# 遍历每个分类器和相应的训练标签
for i, (clf, y_train) in enumerate((ls30, ls50, ls100, rbf_svc)):
    plt.subplot(2, 2, i+1)      # 创建子图, 2 行 2 列的布局, 当前位置为 i+1
    Z = clf.predict(np.c_[xx.ravel(), yy.ravel()])      # 预测网格上的点的标签
    Z = Z.reshape(xx.shape)  # 重新调整形状以匹配网格
    plt.contourf(xx, yy, Z, cmap=plt.cm.Paired)         # 绘制决策边界区域的颜色填充
    plt.axis('off')              # 关闭坐标轴
    colors = [color_map[y] for y in y_train]  # 使用颜色映射字典将训练标签转换为颜色
    plt.scatter(X[:, 0], X[:, 1], c=colors, edgecolors='black')  # 绘制散点图
    plt.title(titles[i])         # 设置子图的标题
plt.suptitle("Unlabeled points are colored white", y=0.1)          # 设置总标题
plt.show()                       # 显示图形
```

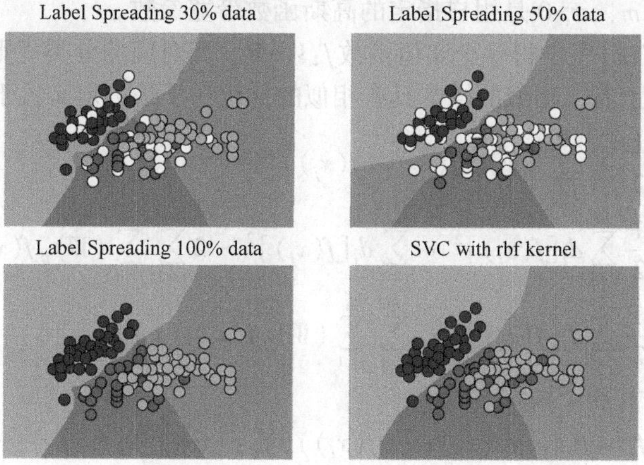

图 11-4　S3VM 算法数据比对图

> 📖 S3VM 算法的目标函数是非凸的，即存在多个局部最优解，这是求解目标函数的一个计算难点。学习算法可能陷入次优局部最优解而不是全局最优解。有效地寻找近似最优解是 S3VM 的研究热点之一。

11.2.3　图半监督学习

基于图的半监督学习方法是一种利用数据集的图结构进行学习的技术。其主要思想是通过构建一个图来表示数据集，其中节点代表标记和未标记的数据点，边表示数据点之间的相似性或关联关系。通过赋予边权重来度量数据点的相似性，权重越大表示相似性越高。在该方法中，如果两个样本之间的相似度较高，就可以将它们映射到相应的节点上。通过给已标

记的样本节点着色，未标记的样本节点不着色，可以观察到节点的颜色分布情况，从而进行半监督学习。具体而言，基于图的半监督学习方法通常包括以下步骤。

1）构建图：根据数据集的相似性，构建一个图结构，其中节点表示数据点，边表示相似性关系。

2）赋权重：为图中的边赋予权重，以度量数据点之间的相似性，常用的距离度量有欧几里得距离、马氏距离、切比雪夫距离等。

3）标记节点：将已标记的样本节点着色，表示其已知类别信息。

4）扩散过程：通过图的结构和节点的颜色信息，将标记信息扩散到未标记的节点上，以获得它们的预测标签。

5）分类或回归：使用已标记和预测标记的节点进行分类或回归任务。

给定 $D_l=\{(\boldsymbol{x}_1,y_1),(\boldsymbol{x}_2,y_2),\cdots,(\boldsymbol{x}_l,y_l)\}$ 和 $D_u=\{\boldsymbol{x}_{l+1},\boldsymbol{x}_{l+2},\cdots,\boldsymbol{x}_{l+u}\}$，$l\ll u$，$l+u=m$。我们先基于 $D_l\cup D_u$ 构建一个图 $G=(V,E)$，其中节点集 $V=\{\boldsymbol{x}_1,\cdots,\boldsymbol{x}_l,\boldsymbol{x}_{l+1},\cdots,\boldsymbol{x}_{l+u}\}$，边集 E 可表示为一个亲和矩阵，常基于高斯函数定义为

$$(W)_{ij}=\begin{cases}\exp\left(\dfrac{-\|x_i-x_j\|_2^2}{2\sigma^2}\right), & i\neq j\\ 0, & \text{其他}\end{cases} \tag{11-13}$$

式中，$i,j=\{1,2,\cdots,m\}$，$\sigma>0$ 是用户指定的高斯函数带宽参数。

假定从图 $G=(V,E)$ 将学得一个实值函数 $f:V\to\mathbf{R}$，其对应的分类规则为 $y_i=\text{sign}(f(x_i))$，$y_i\in\{-1,+1\}$。直观上看，相似的样本具有相似的标记，于是可定义关于 $\boldsymbol{f}$ 的“能量函数”。

$$\begin{aligned}E(\boldsymbol{f})&=\frac{1}{2}\sum_{i=1}^{m}\sum_{j=1}^{m}(W)_{ij}(f(x_i)-f(x_j))^2\\&=\frac{1}{2}\sum_{i=1}^{m}d_i[f(x_i)]^2+\sum_{j=1}^{m}d_j[f(x_j)]^2-2\sum_{i=1}^{m}\sum_{j=1}^{m}(W)_{ij}f(x_i)f(x_j)\\&=\frac{1}{2}\sum_{i=1}^{m}d_i[f(x_i)]^2-\sum_{i=1}^{m}\sum_{j=1}^{m}(W)_{ij}f(x_i)f(x_j)\\&=\boldsymbol{f}^{\mathrm{T}}(\boldsymbol{D}-\boldsymbol{W})\boldsymbol{f}\end{aligned} \tag{11-14}$$

式中，$\boldsymbol{f}=(\boldsymbol{f}_l^{\mathrm{T}}\boldsymbol{f}_u^{\mathrm{T}})^{\mathrm{T}}$，$\boldsymbol{f}_l=(f(x_1);f(x_2);\cdots;f(x_l))$，$\boldsymbol{f}_u=(f(x_{l+1});f(x_{l+2});\cdots;f(x_{l+u}))$ 分别为函数 $\boldsymbol{f}$ 在有标记样本与未标记样本上的预测结果，$\boldsymbol{D}=\text{diag}(d_1,d_2,\cdots,d_{l+u})$ 是一个对角矩阵，其对角元素 $d_i=\sum_{j=1}^{l+u}(W)_{ij}$ 为矩阵 $\boldsymbol{W}$ 的第 i 行元素之和。

具有最小能量的函数 $\boldsymbol{f}$ 在有标记的样本上满足 $f(x_i)=y_i(i=1,2,\cdots,l)$，在未标记样本上满足 $\boldsymbol{\Delta}f=0$，其中 $\boldsymbol{\Delta}=\boldsymbol{D}-\boldsymbol{W}$ 为拉普拉斯矩阵（Laplacian matrix）。以第 1 行与第 1 列为界采用分块矩阵表示方式：$\boldsymbol{W}=\begin{bmatrix}\boldsymbol{W}_{ll} & \boldsymbol{W}_{lu}\\ \boldsymbol{W}_{ul} & \boldsymbol{W}_{uu}\end{bmatrix}$，$\boldsymbol{D}=\begin{bmatrix}\boldsymbol{D}_{ll} & \boldsymbol{O}_{lu}\\ \boldsymbol{O}_{ul} & \boldsymbol{D}_{uu}\end{bmatrix}$，则式（11-14）可重写为

$$\begin{aligned}E(\boldsymbol{f})&=(\boldsymbol{f}_l^{\mathrm{T}}\boldsymbol{f}_u^{\mathrm{T}})\left(\begin{bmatrix}\boldsymbol{D}_{ll} & \boldsymbol{D}_{lu}\\ \boldsymbol{D}_{ul} & \boldsymbol{D}_{uu}\end{bmatrix}-\begin{bmatrix}\boldsymbol{W}_{ll} & \boldsymbol{W}_{lu}\\ \boldsymbol{W}_{ul} & \boldsymbol{W}_{uu}\end{bmatrix}\right)\begin{bmatrix}\boldsymbol{f}_l\\ \boldsymbol{f}_u\end{bmatrix}\\&=\boldsymbol{f}_l^{\mathrm{T}}(\boldsymbol{D}_{ll}-\boldsymbol{W}_{ll})\boldsymbol{f}_l-2\boldsymbol{f}_u^{\mathrm{T}}\boldsymbol{W}_{ul}\boldsymbol{f}_l+\boldsymbol{f}_u^{\mathrm{T}}(\boldsymbol{D}_{uu}-\boldsymbol{W}_{uu})\boldsymbol{f}_u\end{aligned} \tag{11-15}$$

由 $\dfrac{\partial E(f)}{\partial \boldsymbol{f}_u}=0$ 可得

$$f_u=(D_{uu}-W_{uu})^{-1}W_{ul}f_l \tag{11-16}$$

令

$$P=D^{-1}W=\begin{bmatrix} D_{ll}^{-1} & O_{lu} \\ O_{ul} & D_{uu}^{-1} \end{bmatrix}\begin{bmatrix} W_{ll} & W_{lu} \\ W_{ul} & W_{uu} \end{bmatrix} =\begin{bmatrix} D_{ll}^{-1}W_{ll} & D_{ll}^{-1}W_{lu} \\ D_{uu}^{-1}W_{ul} & D_{uu}^{-1}W_{uu} \end{bmatrix} \tag{11-17}$$

即 $P_{uu}=D_{uu}^{-1}W_{uu}$，$P_{ul}=D_{uu}^{-1}W_{ul}$，则式（11-15）可重写为

$$\begin{aligned} f_u &= (D_{uu}(I-D_{uu}^{-1}W_{uu}))^{-1}W_{ul}f_l \\ &= (I-D_{uu}^{-1}W_{uu})^{-1}D_{uu}^{-1}W_{ul}f_l \\ &= (I-P_{uu})^{-1}P_{ul}f_l \end{aligned} \tag{11-18}$$

于是，将 D_l 上的标记信息作为 $f_l=\{y_1,y_2,\cdots,y_l\}$，代入式（11-18）即可利用求得 f_u 对未标记样本进行预测。

假定 $y_i\in\mathcal{Y}$，仍基于 $D_l\cup D_u$ 构建一个图 $G=(V,E)$，其中节点集 $V=\{x_1,\cdots,x_l,\cdots,x_{l+u}\}$，边集 E 所对应的 W 仍使用式（11-13），对角矩阵 $D=\mathrm{diag}(d_1,d_2,\cdots,d_{l+u})$ 的对角元素 $d_i=\sum_{j=1}^{l+u}(W)_{ij}$ 定义一个 $(l+u)*|\mathcal{Y}|$ 的非负标记矩阵 $F=(F_1^{\mathrm{T}},F_2^{\mathrm{T}},\cdots,F_{l+u}^{\mathrm{T}})^{\mathrm{T}}$，其第 i 行元素 $F_i=((F)_{i1},(F)_{i2},\cdots,(F)_{i|\mathcal{Y}|})$ 为示例 x_i 的标记向量，相应的分类规则为：$y_i=\underset{1\leqslant j\leqslant|\mathcal{Y}|}{\mathrm{argmax}}\,(F)_{ij}$

对 $i=1,2,\cdots,m,j=1,2,\cdots,|\mathcal{Y}|$，将 F 初始化为

$$F(0)=(Y)_{ij}\begin{cases}1, & (1\leqslant i\leqslant l)\wedge(y_i=j)\\ 0, & \text{其他}\end{cases} \tag{11-19}$$

显然，Y 的前 l 行就是 l 个有标记样本的标记向量。

基于 W 构造一个标记传播矩阵 $S=D^{-\frac{1}{2}}WD^{-\frac{1}{2}}$，其中 $D^{-\frac{1}{2}}=\mathrm{diag}\left(\frac{1}{\sqrt{d_1}},\frac{1}{\sqrt{d_2}},\cdots,\frac{1}{\sqrt{d_{l+u}}}\right)$，于是有迭代计算式

$$F(t+1)=\alpha SF(t)+(1-\alpha)Y \tag{11-20}$$

式中，$\alpha\in(0,1)$ 为用户指定的参数，用于标记传播项 $SF(t)$ 与初始化 Y 的重要性进行折中，迭代至收敛可得

$$F^*=\lim_{t\to\infty}F(t)=(1-\alpha)(I-\alpha S)^{-1}Y \tag{11-21}$$

由 F^* 可获得 D_u 中样本的标记 $\{\hat{y}_{l+1},\hat{y}_{l+2},\cdots,\hat{y}_{l+u}\}$。

许多基于图的半监督学习算法都是相似的，都是先建立优化目标或代价函数（通常由损失函 数和正则项构成），并通过各种最优化方法进行求解，使代价函数最小化。大部分基于图的半监 督学习算法之间不同的地方只是在于对损失函数和正则项的选择不同。下面给出算法流程：

输入：有标记数据集 $D_l=\{(x_1,y_1),(x_2,y_2),\cdots,(x_l,y_l)\}$；

　未标记数据集 $D_u=\{x_{l+1},x_{l+2},\cdots,x_{l+u}\}$；

　构图参数 σ；

折中参数 α。

过程：

1. 基于式（11-13）和参数 σ 得到 $\boldsymbol{W}$；
2. 基于 $\boldsymbol{W}$ 构造标记传播矩阵 $\boldsymbol{S}=\boldsymbol{D}^{-\frac{1}{2}}\boldsymbol{W}\boldsymbol{D}^{-\frac{1}{2}}$；
3. 根据式（11-19）初始化 $F(0)$；
4. $t=0$；
5. repeat；
6. $\quad F(t+1)=\alpha \boldsymbol{S}F(t)+(1-\alpha)\boldsymbol{Y}$；
7. $\quad t=t+1$；
8. until 迭代收敛至 F^*；
9. for $i=l+1,l+2,\cdots,l+u$ do；
10. $\quad y_i=\text{argmax}_{1\leqslant j\leqslant |\mathcal{Y}|}(F^*)_{ij}$；
11. end for。

输出：未标记样本的预测结果 $\hat{y}=(\hat{y}_{l+1},\hat{y}_{l+2},\cdots,\hat{y}_{l+u})$。

下面使用 Python 语言对基于图的半监督学习算法进行实现。

（1）创建数据集

load_data 函数的作用是加载手写数字数据集，并进行数据处理和划分。具体的步骤如下：使用 datasets. load_digits()加载手写数字数据集，将数据赋值给变量 digits。创建一个随机数生成器对象 rng，用于打乱数据集。创建一个包含数据集索引的数组 index，索引范围为数据集的长度。使用随机数生成器 rng 对索引数组 index 进行打乱。根据打乱后的索引数组，将特征矩阵 digits. data 和目标变量 digits. target 按照相同索引重新排列，得到新的特征矩阵 X 和目标变量 Y。根据目标变量的长度计算出未标记样本点的数量，将其赋值给变量 n_labeled_points。使用切片操作选择从第 n_labeled_points 个样本开始到最后一个样本的索引，得到未标记样本点的索引，并将其赋值给变量 unlabeled_index。返回特征矩阵 X、目标变量 Y 和未标记样本点的索引 unlabeled_index。

代码 11-4 load_data 函数

```
def load_data():
    digits = datasets.load_digits()                  # 加载手写数字数据集
    rng = np.random.RandomState(0)                   # 创建随机数生成器对象
    index = np.arange(len(digits.data))              # 创建索引数组，长度与数据集相同
    rng.shuffle(index)                               # 打乱索引数组的顺序
    X = digits.data[index]                           # 根据打乱后的索引数组对特征数据进行重新排序
    Y = digits.target[index]                         # 根据打乱后的索引数组对标签数据进行重新排序
    n_labeled_points = int(len(Y) / 10)              # 计算使用于有标签样本的数量
    unlabeled_index = np.arange(len(Y))[n_labeled_points:]  # 获取未标记样本的索引
    return X, Y, unlabeled_index                     # 返回特征数据、标签数据和未标记样本的索引
```

（2）读取标签传播步长

test_LabelPropagation 函数的作用是使用标签传播算法进行半监督学习，并输出测试结果。具体的步骤如下：接收参数 *data，其中包含特征矩阵 X、目标变量 Y 和未标记样本点

的索引 unlabeled_index。将接收到的参数解包并分别赋值给变量 X、Y 和 unlabeled_index。创建一个目标变量的副本 Y_train，并将未标记样本点的标签值设置为-1，以表示未知的类别。实例化一个标签传播分类器对象 cls，设置最大迭代次数为 100，核函数为高斯径向基函数（RBF），RBF 核函数的 gamma 参数为 0.1。使用已标记的样本点和对应的目标变量 Y_train 对标签传播分类器进行训练。计算并打印出测试准确率，使用标签传播分类器预测未标记样本点的目标变量，并与真实标签进行比较。输出测试结果。代码 11-5 在“def test_LabelPropagation(* data)：”下面添加“# 参数 * data 用于调整步长”。

代码 11-5 test_LabelPropagation 函数

```
def test_LabelPropagation( * data):
    X, Y, unlabeled_index = data
# 获取传入的数据 X, Y 和未标记样本的索引 unlabeled_index
    Y_train = np.copy(Y)                    # 创建训练标签 Y_train, 复制原始标签 Y
    Y_train[unlabeled_index] = -1           # 将未标记样本的标签设为 -1
    cls = LabelPropagation(max_iter=100, kernel='rbf', gamma=0.1)
# 创建 LabelPropagation 分类器对象
    cls.fit(X, Y_train)                     # 拟合模型, 使用训练特征 X 和训练标签 Y_train
    accuracy = cls.score(X[unlabeled_index], Y[unlabeled_index])
# 计算准确率
    print("Accuracy: %f" % accuracy)
# 打印准确率结果
```

（3）进行数据运算

test_LabelSpreading 函数的作用是使用标签传播算法进行半监督学习，并输出测试结果。test_LabelSpreading 函数和 test_LabelPropagation 函数的作用类似，不同之处在于它们的具体实现方式和算法细节。在传播策略方面，test_LabelSpreading 函数使用基于马尔可夫链的方法来进行标签传播，通过迭代传播标签信息来对未标记的数据进行分类；test_LabelPropagation 函数使用基于图的半监督学习来传播标签，首先构建相似度图，然后根据已知标签的数据点来传播标签信息，最终对未知标签的数据点进行分类。在参数设置方面，test_LabelSpreading 函数可以设置不同的核函数和相关参数来影响标签传播的结果；test_LabelPropagation 函数通常需要设置相似度矩阵的构建方式和相似度的衰减因子等参数。在收敛性方面，相对于 LabelSpreading，LabelPropagation 的传播过程更加简单直接，并且在一定条件下可以保证收敛性。总的来说，LabelSpreading 和 LabelPropagation 都是用于半监督学习的标签传播算法，但它们的具体实现方式和理论基础略有不同，因此在不同的数据集和任务中可能会有不同的表现。选择合适的算法取决于具体的问题和数据特征。

测标签和真实标签之间的准确率。输出测试结果。

代码 11-6 test_LabelSpreading 函数

```
def test_LabelSpreading( * data):
    X, Y, unlabeled_index = data
# 获取传入的数据 X, Y 和未标记样本的索引 unlabeled_index
    Y_train = np.copy(Y)                    # 创建训练标签 Y_train, 复制原始标签 Y
    Y_train[unlabeled_index] = -1           # 将未标记样本的标签设为 -1
    cls = LabelSpreading(max_iter=100, kernel='knn', alpha=0.2, n_neighbors=7)
# 创建 LabelSpreading 分类器对象
```

```
cls.fit(X, Y_train)                              # 拟合模型,使用训练特征 X 和训练标签 Y_train
predicted_labels = cls.transduction_[unlabeled_index] # 预测未标记样本的标签
true_labels = Y[unlabeled_index]                 # 真实未标记样本的标签
accuracy = metrics.accuracy_score(true_labels, predicted_labels)  # 计算准确率
print("Accuracy: %f" % accuracy)                 # 打印准确率结果
```

📖 图半监督学习方法在概念上相当清晰，且易于通过对所涉矩阵运算的分析来探索算法性质。但此类算法的缺陷也相当明显。首先在存储开销上，若样本数为 $O(m)$，则算法中所涉及的矩阵规模为 $O(m^2)$，这使得此类算法很难直接处理大规模数据；另一方面，由于构图过程仅能考虑训练样本集，难以判知新样本在图中的位置，因此，在接收到新样本时，或是将其加入原数据集对图进行重构并重新进行标记传播，或是需引入额外的预测机制。

11.2.4 基于分歧的方法

与生成式方法、半监督 SVM、图半监督学习等基于单学习器利用未标记数据不同，基于分歧的方法使用多学习器，而学习器之间的“分歧”的决策，就需要用到未标记数据。在某些应用任务中，一个数据集可能包含多个属性集，此时每个数据样本同时拥有多个特征向量描述；这里的每个属性集即被称为数据的一个“视图（view）”。例如，一幅图像可由图像本身的可视信息来描述，也可由其关联的文字信息来描述，这时可视信息所对应的属性集合就形成了关于图像的一个视图，而文字信息对应的属性集合则形成了另一个视图；再如，一张网页可以由其本身包含的信息来描述，也可以由其他网页指向它的超链接所包含的信息来描述，两者对应的属性集合分别形成了关于网页的两个视图。

基于分歧的半监督学习的起源、也是最著名的代表性方法是“协同训练法”，由于最初的设计是针对多视图数据的，所以也被看作多视图学习的代表。协同训练法要求数据具有两个充分冗余且满足条件独立性的视图，“充分”是指每个视图都包含足够产生最优学习器的信息，此时对其中任一视图来说，另一个视图则是“冗余”的；同时，对类别标记来说这两个视图条件独立。协同训练如图 11-5 所示。

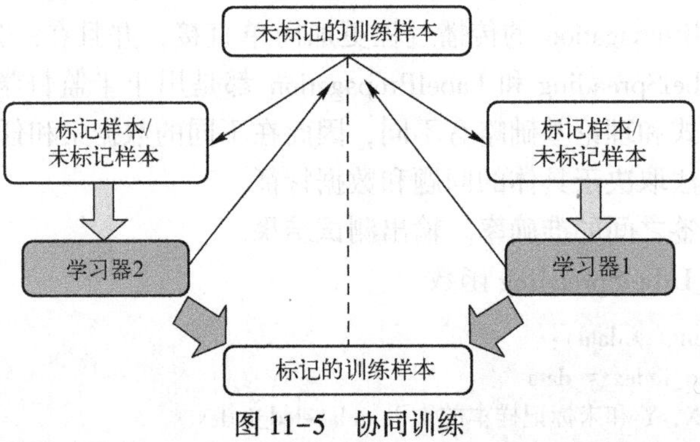

图 11-5 协同训练

协同训练法的学习过程非常简单：首先分别在每个视图上利用有标记样本训练一个分类器，然后，每个分类器从未标记样本中挑选若干标记置信度（即对样本赋予正确标记的置信度）高的样本进行标记，并把这些“伪标记”样本（即其标记是由学习器给出的）加入

另一个分类器的训练集中，以便对方利用这些新增的有标记样本进行更新。这个“互相学习、共同进步”的过程不断迭代进行下去，直到两个分类器都不再发生变化，或达到预先设定的学习轮数为止。协同训练的算法步骤如下：

输入：有标记数据集 $D_l=\{(\boldsymbol{x}_1,y_1),(\boldsymbol{x}_2,y_2),\cdots,(\boldsymbol{x}_l,y_l)\}$；

未标记数据集 $D_u=\{\boldsymbol{x}_{l+1},\boldsymbol{x}_{l+2},\cdots,\boldsymbol{x}_{l+u}\}$；

D_l和 D_u 中的样本都拥有两个视图，即 $\boldsymbol{x}_{(i)}=[x_i^{(1)},x_i^{(2)}]$，$i=1,2,\cdots,l+u$

过程：

1. 初始化两个视图的训练集 $D_l^1=D_l^2=D_l$。
2. 重复以下步骤，直到两个分类器不再变化或达到预设的迭代次数为止。

   2.1 在 D_l^1和 D_l^2上分别训练得到两个分类器 $f^{(1)}$ 和 $f^{(2)}$。

   2.2 利用 $f^{(1)}$ 和 $f^{(2)}$ 对 D_u 中的未标记样本进行标注。

   2.3 选取 $f^{(1)}$ 下置信度最高的 p 个正例和 q 个负例样本及其伪标记加入到 D_l^2中。

   2.4 选取 $f^{(2)}$ 下置信度最高的 p 个正例和 q 个负例样本及其伪标记加入到 D_l^1中。

   2.5 从 D_u 中移除这 $2p+2q$ 个样本。

输出：分类器 $f^{(1)}$ 和 $f^{(2)}$。

协同训练法在多视图数据上实验效果很好，并在理论上得到证明：当两个充分冗余视图确实满足条件独立性时，通过协同训练可以利用未标记样本把弱分类器（在二分类问题上就是精度略高于 50%的分类器）的精度提升到任意高。但是视图的条件独立性在实际任务中通常很难满足，因此性能提升不会那么显著。后来出现了一些能够在单视图上使用的变体算法也能有效地利用无标记数据来提升性能，它们的策略有：选择不同的学习算法、采用不同的数据采样式和设置不同的参数来产生不同的学习器。后来的理论研究发现，实际上此类方法的训练数据不需要拥有多视图，仅仅需要弱学习器之间具有显著的差异或分歧，学习器通过互相提供伪标记样本的方法来提升算法的泛化性能。

协同正则法是受协同训练法的启发提出的基于正则化框架的方法，它试图直接最小化有标记样本上的错误率和两个视图上未标记样本的标记不一致性。与协同训练法不同的是，协同正则法中不涉及对未标记样本赋予伪标记的过程。协同 EM 法是一种容易想到的多视图半监督学习方法，它通过在两个视图上联合进行生成式模型的 EM 参数估计来进行学习，可视为基于生成式模型的半监督学习与基于分歧的半监督学习之间的过渡方法。该方法后来被推广为可使用 SVM 分类器，并可用于无监督聚类学习。上述方法大多假设充分冗余视图满足条件独立性。然而遗憾的是，视图的条件独立性假设通常并不成立。事实上，视图的条件独立性是一个过强的假设，若该假设成立，甚至只需单个有标记样本就可有效地进行半监督学习。

🕮 基于分歧的学习方法受模型假设、非凸损失函数和数据量的影响较小。该学习方法简单有效，具有很强的理论基础，且不易减少数据量，当有效样本数较少时，使用该算法很难进行智能设计。

11.3 半监督聚类

半监督聚类是一种结合了无监督学习和半监督学习思想的聚类方法。它利用有限的标记数据和大量的未标记数据，通过将样本分组成不同的簇来发现隐藏在数据中的结构和模式。传统的聚类算法通常只利用未标记数据进行无监督学习，而半监督聚类则通过引入标记数据的先验知识或约束条件来指导聚类过程，从而提高聚类的准确性和鲁棒性。半监督聚类分析起源于数据挖掘、统计学、生物学、数据安全和机器学习等领域的综合研究，市场细分、模式识别、生物学研究、空间数据分析等，可以作为个人数据挖掘工具。

11.3.1 基于约束的方法

这类方法使用用户提供的标签或先验知识作为约束条件来指导聚类过程。常见的约束条件包括“必连”和“勿连”关系，即将两个样本标记为必须属于同一簇或不能属于同一簇。基于约束的方法通常通过优化目标函数来确保尽量满足约束条件。具体可以分为如下几种：

1）让样本无条件满足给定的约束条件：这种方法会将约束条件作为硬约束来应用在聚类过程中。即将已知的约束条件作为先验知识，要求聚类结果中的样本必须满足这些条件。如果某个样本不满足约束条件，则会对其进行调整，直至满足条件。通过强制性地满足约束条件，可以确保得到的聚类结果符合先验要求。

2）引入惩罚因子（或罚参数）：这种方法会将约束条件作为软约束来应用在聚类过程中。采用一种基于优化的方式，通过在目标函数中引入惩罚因子来对不符合约束条件的样本施加惩罚。这样，在优化的过程中，算法会倾向于生成一个尽量满足约束条件的聚类结果。但由于约束条件判断的不确定性，这种方法得到的结果可能不完全符合预期。

3）施加独立的类标签（或种子集）作为约束：这种方法会通过为部分样本设置类标签或种子集的方式来施加约束。通常，这些类标签或种子集用于初始化聚类中心，并根据聚类中心的调整来满足给定的约束条件。通过引入类标签或种子集，算法可以在聚类过程中优先考虑这些约束，从而得到更符合预期的聚类结果。

约束 K 均值聚类算法是一种典型的基于约束的半监督聚类方法，它在传统的 K 均值聚类算法中引入约束信息，以更好地指导聚类过程。该算法的主要思想是在 K 均值聚类的基础上，根据约束条件对样本进行调整，使得聚类结果满足给定的约束。以下是约束 K 均值聚类算法的基本过程：

1）初始化：选择初始的 K 个聚类中心。

2）聚类分配：根据当前的聚类中心，将每个样本分配到最近的聚类中心所代表的簇。

3）约束调整：根据给定的约束信息，对聚类结果进行调整。可以根据约束条件来判断当前的聚类结果是否满足要求，并对不符合约束的样本进行调整。调整的具体方式可以根据具体约束的特点而定，例如将不满足约束的样本重新分配到合适的簇中。

4）更新聚类中心：根据调整后的聚类结果，更新每个簇的聚类中心。

5）重复步骤2)~步骤4)，直到满足停止条件（例如达到最大迭代次数或聚类结果不再变化）。

📖 约束 K 均值聚类算法的性能可能受到初始聚类中心的选择和约束调整的方式等因素的影响。因此，在应用该算法时，需要根据具体问题和数据特点进行参数选择和优化，以获得最优的聚类结果。

11.3.2　基于距离的方法

基于距离的半监督聚类方法是一种常见的半监督聚类算法，它结合了无标签数据和有标签数据中的距离信息，来指导聚类过程。通常情况下，已知标签数据会提供一些关于簇之间相对位置或距离的先验知识，从而有助于更准确地分配无标签数据到相应的簇中。以下是基于距离的半监督聚类方法的一般步骤：

1）初始化：选择初始的聚类中心。

2）聚类分配：根据当前的聚类中心，将每个无标签样本分配到最近的聚类中心所代表的簇。

3）标签约束：使用已知标签数据来调整聚类结果。可以通过计算带标签数据和无标签数据之间的距离，然后将这些距离作为约束引入聚类过程。可以根据已知标签数据的信息，对聚类中心进行调整，或者调整样本之间的距离度量方式，以更好地满足先验的标签约束。

4）更新聚类中心：根据调整后的聚类结果，更新每个簇的聚类中心。

5）重复步骤 2）~步骤 4），直到满足停止条件（例如达到最大迭代次数或聚类结果不再变化）。

常见的基于距离的半监督聚类方法可以分为以下三种：

1）基于凸优化问题调整样本间的距离。这种方法通过求解一个凸优化问题来调整样本之间的距离。通过定义一组约束条件和目标函数，可以将已知标签的样本尽可能地聚集在一起，并将不同类别的样本分开。具体的凸优化问题可以根据需求和问题设定进行设计和求解。

2）基于最短路径算法调节样本之间的距离。这种方法使用最短路径算法（如 Dijkstra 算法）来计算样本之间的距离，并根据已知标签的信息调节距离。已知标签的样本会被设置为种子节点，通过计算最短路径来确定样本之间的距离。这样可以在聚类过程中更好地利用已知标签数据的信息，改善聚类效果。

3）基于谱聚类方法，通过约束信息来控制样本之间的距离。谱聚类是一种基于图的聚类方法，其中的约束信息可以用来控制样本之间的距离。通过构建样本之间的相似度图，并利用已知标签的信息作为约束，可以通过最大化已知标签样本和其他样本之间的关联度来调节样本之间的距离。这样可以提高聚类的准确性和稳定性。

下面使用 Python 语言对基于距离的半监督聚类算法进行实现。

（1）进行距离规范化运算

distanceNorm 函数用于计算距离的范数，根据给定的范数类型和距离值进行计算，并返回计算结果。具体的步骤如下：接收两个参数 Norm 和 D_value，分别表示范数类型和距离值。如果范数类型是 1，则将距离值取绝对值后求和，保存到变量 counter 中。如果范数类型是 2，则将距离值的每个元素平方后求和，再对结果开平方根，保存到变量 counter 中。如果范数类型是 Infinity，则将距离值取绝对值后找到最大值，保存到变量 counter 中。如果范数类型不在上述三种情况中，则抛出异常并提示需要后续编写相应代码。最后，返回计算结果 counter。

代码 11-7 distanceNorm 函数

```
def distanceNorm(Norm, D_value):
    if Norm == '1':                              # 计算 L1 范数
        counter = np.absolute(D_value)           # 取绝对值
        counter = np.sum(counter)                # 求和
    elif Norm == '2':                            # 计算 L2 范数
        counter = np.power(D_value, 2)           # 平方
        counter = np.sum(counter)
        counter = np.sqrt(counter)               # 开方
    elif Norm == 'Infinity':                     # 计算无穷范数
        counter = np.absolute(D_value)           # 取绝对值
        counter = np.max(counter)                # 取最大值
    else:
        raise Exception('We will program this later......')  # 抛出异常，暂未实现其他范数计算方式
    return counter
```

(2) 进行距离规范化运算

fit()函数根据给定的特征数据进行拟合操作。首先，创建一个标签列表 labels，大小为特征数据的行数。然后，初始化距离矩阵 distance 和距离排序列表 distance_sort。接下来，使用两个 for 循环计算每对特征之间的差值，并根据指定的距离计算方法计算距离，将距离存储在距离矩阵中，并将距离加入到距离排序列表中。然后，将距离矩阵转置并与原矩阵相加，使距离矩阵变为对称矩阵。通过对距离排序列表按照索引进行排序，并根据参数 t 选择截断值 cutoff。最后，调用 calculate_density()函数来计算密度和高密度点的最小距离，并返回计算得到的密度数组、高密度点的最小距离数组和截断值。

代码 11-8 fit 函数

```
def fit(features, t, distanceMethod='2'):
    labels = list(np.arange(features.shape[0]))          # 标签列表
    distance = np.zeros((len(labels), len(labels)))      # 距离矩阵
    distance_sort = []                                   # 存储距离排序列表
    density = np.zeros(len(labels))                      # 密度数组
    distance_higherDensity = np.zeros(len(labels))       # 高密度点的最小距离数组
    for index_i in range(len(labels)):
        for index_j in range(index_i + 1, len(labels)):
            D_value = features[index_i] - features[index_j]        # 计算特征之间的差值
            distance[index_i, index_j] = distanceNorm(distanceMethod, D_value)
# 使用指定的距离计算方法计算距离
            distance_sort.append(distance[index_i, index_j])       # 将距离加入排序列表中
    distance += distance.T   # 距离矩阵转置并与原矩阵相加，使距离矩阵变为对称矩阵
    distance_sort = np.array(distance_sort)   # 将距离排序列表转换为数组
    cutoff = distance_sort[int(np.round(len(distance_sort) * t))]  # 根据参数 t 选择截断值
    # 在这里可以调用 calculate_density() 函数来计算密度和高密度点的最小距离
    density, distance_higherDensity, cutoff = calculate_density(features, cutoff)
    return density, distance_higherDensity, cutoff
```

（3）生成距离矩阵和密度矩阵

代码 11-9 是对之前计算的距离矩阵做进一步处理，并计算样本的密度估计值、高密度样本的最小距离以及截断点。calculate_density()函数计算了密度和距离高密度点的最小距离。首先，通过两个 for 循环计算了每个数据点的密度。其中，distance_cutoff_i 存储了将距离减去截断值后的距离。然后，找到密度数组中的最大值 Max，并使用一个列表 MaxIndexList 存储具有最大密度的数据点的索引。接下来，依次遍历每个数据点，并判断它是否为最大密度点。如果是，则将该数据点与其他数据点的距离中的最大值存储到 distance_higherDensity 数组中。对于不是最大密度点的数据点，在它与其他数据点的距离中找到满足密度和距离的条件下的最小值，并将其存储到 distance_higherDensity 数组中。最后，返回计算得到的密度数组、距离高密度点的最小距离数组和截断值。

代码 11-9　calculate_density 函数代码

```
def calculate_density(test_data, cutoff):
    density = np.zeros(len(labels))                    # 初始化密度数组
    for index_i in range(len(labels)):
        distance_cutoff_i = distance[index_i] - cutoff
        for index_j in range(1, len(labels)):
            density[index_i] += chi(distance_cutoff_i[index_j]) # 通过 chi() 函数计算密度值
    Max = np.max(density)                              # 密度最大值
    MaxIndexList = []                                  # 存储密度最大值的索引列表
    for index_i in range(len(labels)):
        if density[index_i] == Max:
            MaxIndexList.extend([index_i])             # 将密度最大值的索引加入列表中
    Min = 0
    for index_i in range(len(labels)):
        if index_i in MaxIndexList:
            distance_higherDensity[index_i] = np.max(distance[index_i])
            continue
        else:
            Min = np.max(distance[index_i])
        for index_j in range(1, len(labels)):
            if density[index_i] < density[index_j] and distance[index_i, index_j] < Min:
                Min = distance[index_i, index_j]
            else:
                continue
        distance_higherDensity[index_i] = Min      # 存储距离高密度点的最小距离
    return density, distance_higherDensity, cutoff
```

（4）初始值设定，距离比对

代码 11-10 的功能是根据计算得到的密度估计值和高密度样本的最小距离，计算一个参数 theta，并打印输出。

代码 11-10　距离比对代码

```
import numpy as np
# 完善 fit 函数的定义
def fit(test_data, t):
    # 假设这里是 fit 函数的实现
```

```
    # 返回 dense, dis_higher, cutoff
    pass
# 调用 fit 函数, 获取 dense, dis_higher, cutoff
dense, dis_higher, cutoff = fit(test_data, t=0.02)
# 计算 gamma_sorted 数组
gamma = np.sort(dense * dis_higher, axis=0)
gamma_sorted = gamma[::-1]
P = 2
dn = int(test_data.shape[0] * P / 100)
total_sum = 0  # 累计和的变量名改为 total_sum, 避免与内置函数 sum 冲突
# 循环计算 sj 和累计和
for i in range(dn + 1):
    if i == 0 or i == dn:
        sj = 0
    else:
        sj = abs(abs(gamma_sorted[i - 1] - gamma_sorted[i]) - abs(gamma_sorted[i] - gamma_sorted[i + 1]))
    total_sum += sj
theta = 1 / (dn - 2) * total_sum
print('this is theta:', theta)
arr = []
```

(5) 寻找聚类中心

代码 11-11 实现了对 gamma_sorted 数组的进一步处理, 并找到满足条件的索引值 ap。通过遍历数组, 计算绝对值差并将结果存储在列表 arr 中。如果绝对值差大于 theta, 则将其值添加到列表 arr 中, 否则添加零。最后, 使用 np.argmax 函数找到列表 arr 中的最大值所对应的索引, 并加上 2 得到 ap 的值。

代码 11-11　寻找聚类中心代码

```
import numpy as np
dn = len(gamma_sorted)                    # gamma_sorted 数组的长度
arr = []                                  # 存储绝对值差的列表
# 遍历索引 i, 范围从 2 到 dn (不包括 dn)
for i in range(2, dn):
    # 计算绝对值差的结果
    abs_diff = abs(abs(gamma_sorted[i - 1] - gamma_sorted[i]) - abs(gamma_sorted[i] - gamma_sorted[i + 1]))
    # 如果绝对值差大于 theta
    if abs_diff > theta:
        print(abs_diff)                   # 打印绝对值差
        arr.append(abs_diff)              # 将绝对值差添加到列表 arr 中
    else:
        print('this is abs:', abs_diff)   # 打印绝对值差
        arr.append(0)                     # 将零添加到列表 arr 中
print('this is arr:', arr)                # 打印列表 arr 的值
ap = np.argmax(arr) + 2       # 使用 np.argmax 函数找到列表 arr 中的最大值所对应的索引, 加上 2 得到 ap 的值
print(ap)
```

(6) 绘图

代码 11-12 使用了 matplotlib 库来进行数据可视化 gamma_sorted 数组的数据分布情况。第一个散点图是针对前 dn 个元素的数据，以黑色表示；第二个散点图是针对全部元素的数据，以红色表示。基于距离的半监督聚类算法运行效果图如图 11-6 所示。

代码 11-12　绘图代码

```
import numpy as np
import matplotlib. pyplot as plt
# 遍历索引 i, 范围从 2 到 dn (不包括 dn)
for i in range(2, dn):
    # 计算绝对值差的结果
    abs_diff = abs(abs(gamma_sorted[i - 1] - gamma_sorted[i]) - abs(gamma_sorted[i] - gamma_sor-
ted[i + 1]))
    # 如果绝对值差大于 theta
    if abs_diff > theta:
        print(abs_diff)                          # 打印绝对值差
        arr. append(abs_diff)                    # 将绝对值差添加到列表 arr 中
    else:
        print('this is abs:', abs_diff)          # 打印绝对值差
        arr. append(0)                           # 将零添加到列表 arr 中
print('this is arr:', arr)                       # 打印列表 arr 的值
ap = np. argmax(arr) + 2  # 使用 np. argmax 函数找到列表 arr 中的最大值所对应的索引, 加上 2 得到
                            ap 的值
print(ap)
# 创建新的图形窗口
plt. figure()
# 设置图形标题、x 轴标签和 y 轴标签
plt. title('GAMMA')
plt. xlabel('x')
plt. ylabel('gamma')
# 绘制第一个散点图
plt. scatter(np. arange(dn), gamma_sorted[:dn], s=20, c='black', alpha=1)
# 展示第一个散点图
plt. show()
# 创建新的图形窗口
plt. figure()
# 绘制第二个散点图
plt. scatter(np. arange(1, gamma_sorted. shape[0] + 1), gamma_sorted, s=20, c='r', alpha=1)
# 展示第二个散点图
plt. show()
```

11.3.3　基于约束和距离的方法

基于约束和距离的半监督聚类方法结合了距离信息和已知标签数据的约束来改善聚类结果。下面介绍两种常见的基于约束和距离的半监督聚类方法：

(1) 快速 *K* 均值算法 (fast *K*-means)

该方法使用已知标签数据的信息来调整样本之间的距离，从而改善聚类结果。具体而

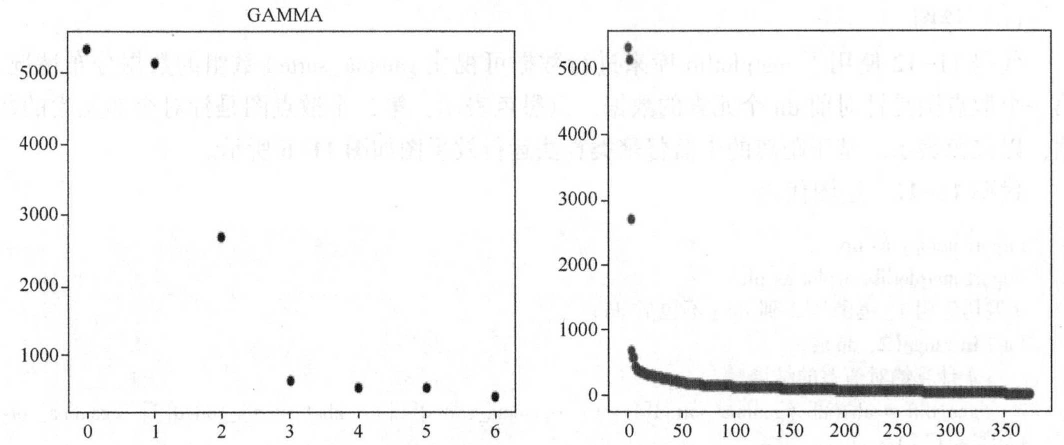

图 11-6 基于距离的半监督聚类算法运行效果图

言，该方法通过引入距离约束，将已知标签数据限制在其对应的簇附近，并根据这些约束来更新聚类中心。这样可以更好地利用已知标签的信息，提高聚类的准确性。

快速 K 均值算法的基本过程是：首先，随机选择 k 个样本作为初始聚类中心；接下来的迭代更新过程中，首先根据当前的聚类中心，计算每个样本与聚类中心的距离，并将样本分配给距离最近的聚类中心所对应的簇；然后，对每个簇，计算簇内所有样本的均值，并将该均值作为新的聚类中心；重复执行步骤 2 直到收敛，即簇的分配不再改变或达到最大迭代次数；最后，在步骤 3 中将每个样本的簇分配结果记录在 C 中。具体算法如下：

输入：数据集 X（包括 n 个样本，每个样本有 d 个特征）；
　　　聚类簇数 K。

过程：

1. 初始化聚类中心。
   随机选择 K 个样本作为初始聚类中心。
2. 迭代更新聚类中心。
   重复执行以下步骤直到收敛：
   a. 对于每个样本 x_i，计算其与当前聚类中心的距离，选择最近的聚类中心并将 x_i 分配给对应簇。
   b. 对每个簇 j，计算簇内所有样本的均值，更新聚类中心为该均值。
3. 将每个样本的簇分配结果记录在 C 中。

输出：聚类结果 C。

（2）度量学习半监督聚类（metric learning for semi-supervised clustering）

该方法旨在通过学习一个合适的距离度量来改善聚类质量。该方法使用已知标签数据的信息来训练一个度量函数，使得同一类别样本之间的距离较小，不同类别样本之间的距离较大。通过优化度量函数，可以调整样本之间的距离，从而更好地聚类数据。

度量学习半监督聚类算法的基本过程是：首先根据样本距离矩阵 $\boldsymbol{D}$ 构建簇关联矩阵 $\boldsymbol{A}$，然后将簇关联矩阵 $\boldsymbol{A}$ 规范化得到拉普拉斯矩阵 $\boldsymbol{L}$。接着对拉普拉斯矩阵 $\boldsymbol{L}$ 进行特征分解，得到特征值和特征向量。根据前 k 个最小的特征值对应的特征向量构建新的数据表示 Z。最后，使用 K-means 聚类算法对新的数据表示 Z 进行聚类，得到聚类结果 C。具体算法如下：

输入：数据集 X（包括 n 个样本，每个样本有 d 个特征）；

　　已标记样本的标签 Y_l（包含 m_l 个已标记样本的标签，其中 $m_l \ll n$）；

　　相似度矩阵 $\boldsymbol{S}$（$n \times n$ 的相似度矩阵，表示样本之间的相似度）。

过程：

1. 初始化度量学习模型 M。

　　随机初始化度量矩阵 $\boldsymbol{W}$。

2. 迭代训练度量学习模型。

　　重复执行以下步骤直到收敛：

　　a. 根据当前度量矩阵 $\boldsymbol{W}$，计算样本对之间的距离矩阵 $\boldsymbol{D}$。

　　b. 构建半监督相似度矩阵 $\boldsymbol{S}'$，并结合 $\boldsymbol{S}$ 和 $\boldsymbol{S}'$ 计算损失函数 L。

　　c. 使用反向传播算法更新度量矩阵 $\boldsymbol{W}$。

3. 执行谱聚类算法。

　　3.1 构建簇关联矩阵 $\boldsymbol{A} = \exp \dfrac{-\boldsymbol{D}^2}{2\text{sigma}^2}$（sigma 用于控制相似度的衰减速度）。

　　3.2 将簇关联矩阵 $\boldsymbol{A}$ 规范化得到拉普拉斯矩阵 $\boldsymbol{L}$。

　　3.3 对拉普拉斯矩阵 $\boldsymbol{L}$ 进行特征分解，得到特征值和特征向量。

　　3.4 根据前 k 个最小的特征值对应的特征向量构建新的数据表示 Z。

　　3.5 使用 K-means 聚类算法对新的数据表示 Z 进行聚类，得到聚类结果 C。

4. 输出聚类结果 C。

输出：聚类结果 C。

11.4　本章小结

半监督学习是监督学习和非监督学习的混合体，训练数据包括标注数据和非标注数据。本章首先介绍了半监督学习的定义及基本假设等相关基本概念，描述了未标记样本。在此基础上，详细介绍了常见的几种半监督学习算法，生成式方法、半监督 SVM、图半监督学习及基于分歧的方法等。最后介绍了常见的半监督聚类方法，分析了每种方法的特点。

11.5　延伸阅读——半监督学习应用于高铁运行安全图像智能识别

新中国成立 70 多年来，我国走出了一条具有中国特色的铁路运输发展道路，特别是中国高铁，从无到有，从追赶到领跑，极大地促进了国家经济和社会的发展。2017 年，我国具有完全自主知识产权的“复兴号”标准动车组投入运营，截至 2024 年 9 月，全国铁路营业里程达到 16 万公里以上，居世界第一。

随着高速铁路里程的不断增加，铁路网规模的不断扩大，旅客运输周转量的不断增加，高铁运行品质需求的逐渐提升，高速铁路运行安全图像检测监测系统必须满足动车组高密度、高速度、高可靠性的运行要求。一方面，高铁运输设施设备全天候不间断运行，安全风险日益增大，对运行安全实时监测监控能力和预测预警水平的需求日益提升；另一方面，高速铁路运行安全检测监测系统广泛应用，图像采集点增多，采集密度加大，海量高铁运行安全图像数据持续增长，大量的图像数据需要大批业务人员查阅和分析。据了解，通过采集到的图像，室内列检一列动车组要求在 15 min 以内完成；超过 10 亿的接触网零部件需要被人工检测。而人眼并不能保证始终在同一标准下进行检测，且业务人员的工作状态也会影响到检查结果，从而使得缺陷等安全隐患的检测速度慢、效率低下，运行状态判别周期较长，无法满足实时性需求；且易受业务人员的主观因素影响而造成漏检、误检，影响高铁运行安全隐患的及时维修处理，甚至由于错过了最佳维修时间可能进一步发展为事故。

针对高速铁路运行安全图像缺乏大量带标注的数据集而阻碍了深度学习技术在高铁安全运行业务领域的成功及深入应用，且手工标注数据费时费力，研究高速铁路运行安全图像半自动标注方法、应用深度主动半监督学习的机器学习方法、充分利用已标注的数据、挖掘无标注数据资源的有用信息、最大化高铁运行安全图像智能识别应用的性能是十分必要的，而良好的图像标注技术对于图像的存储、管理以及数据集的建立及使用有很大的益处。高铁运行安全图像半自动标注方法希望能够在循环迭代的过程中，最大化利用少量标注数据和海量未标注的动车组运行安全图像，从而对更有价值的样本进行标注，同时使分类器具有更好的泛化性能。针对这一问题，半监督学习和主动学习都是对标记样本与未标记样本同时学习，但它们分别从不同角度解决问题，半监督学习侧重挖掘无标注数据中当前模型已知的部分作为伪真值扩充标注数据集，而主动学习则尝试挖掘无标注数据中信息量丰富的数据通过人工标注真值扩充标注数据集，两者结合互补，即主动半监督学习方法。

11.6 习题

1. 填空题

1）半监督学习使用大量的________数据，同时使用标记数据来进行模式识别工作。

2）半监督学习可进一步划分为________和________，前者假设训练数据中的样本不显著，而后者则假定学习过程中所考虑的未标记样本恰好是待预测数据。

2. 问答题

1）半监督聚类和一般聚类算法的区别是什么？

2）试基于朴素贝叶斯模型推导出生成式半监督学习算法。

3）自训练是一种比较原始的半监督学习方法：它先在有标记样本上学习，然后用学得分类器对未标记样本进行判别以获得其伪标记，再在有标记样本的集合上重新训练，反复进行上述过程，那么这种方法有什么缺陷？

3. 应用题

1）从网上下载或自己编程实现 TSVM 算法，选择两个 UCI 数据集，将其 30%的样例用作测试样本，10%的样本用作有标记样本，60%的样本用作无标记样本，分别训练出无标记样本的 TSVM 以及仅利用有标记样本的 SVM，并比较其性能。

2）给定一个数据集，假设其属性集包含两个视图，但是事先并不知道哪些属性属于哪一个视图，试设计一个算法将这两个视图分离出来。

第 12 章 神经网络

本章导读（思维导图）

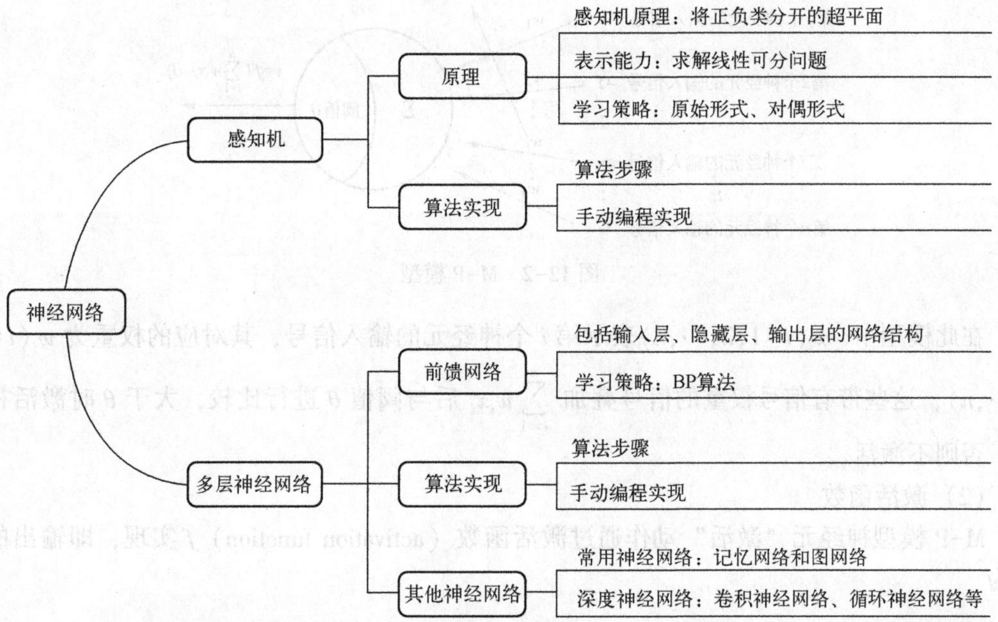

12.1 人工神经网络概述

扫码看视频

人工神经网络（artificial neural network，ANN）也称为神经网络（NN）或称为连接模型（connection model），与人工神经网络相关的研究很早就已出现，发展到今天，已是一个复杂的、多学科交叉的领域。各个学科对人工神经网络的定义多种多样，我们这里采用Kohonen 于 1988 年在 *Neural Network* 上给出的定义：神经网络是由具有适应性的简单单元组成的广泛并行互连的网络，它的组织能够模拟生物神经系统对真实世界物体做出交互反应。

1. 生物神经元

生物神经系统由大量名为神经元的基本单元通过某种方式构成，简化的神经元工作原理如图 12-1 所示。

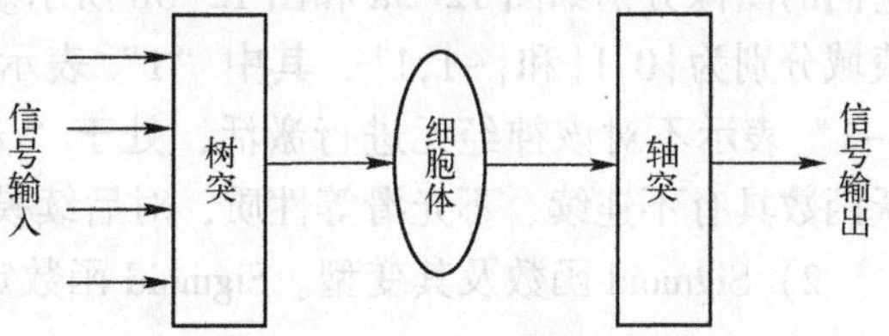

图 12-1　简化的神经元工作原理

在生物神经网络中，每个神经元结构包括细胞体、树突和轴突。细胞体是神经元的主体，它包含了细胞核和其他细胞器。树突是神经元的分支，负责接收其他神经元的信号。轴突是神经元的传递通道，负责将信号传递给其他神经元。其工作原理为：树突接收其他神经元的“信号”，当这些“信号”叠加达到一定“阈值”时，会导致神经元的电位发生变化，那么此神经元会“兴奋”起来，把新的“信号”通过轴突传递给其他神经元。

2. M-P 神经元

（1）基本模型

McCulloch 和 Pitts 于 1943 年将上述生物神经元工作原理抽象出来，提出 M-P（McCulloch-Pitts）模型，如图 12-2 所示。

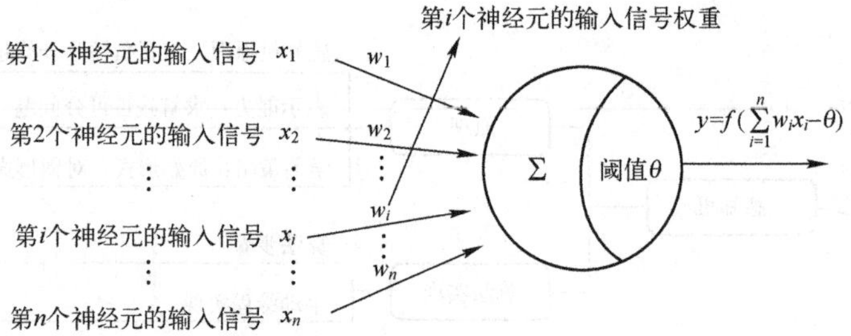

图 12-2 M-P 模型

在此模型中，$x_i(i=1,2,\cdots,n)$表示第 i 个神经元的输入信号，其对应的权重为 $w_i(i=1,2,\cdots,n)$，这些带有信号权重的信号叠加 $\sum_{i=1}^{n} w_i x_i$ 后与阈值 θ 进行比较，大于 θ 时激活神经元，否则不激活。

（2）激活函数

M-P 模型神经元“激活”动作通过激活函数（activation function）f 实现，即输出的信号为

$$y=f\Big(\sum_{i=1}^{n} w_i x_i-\theta\Big)$$

式中，激活函数 f 的作用是模拟神经元是否“兴奋”的状态，对 M-P 模型神经元的输出加以限制使其有界，其值域通常限制在区间$[0,1]$或者$[-1,1]$。典型的激活函数有阶跃函数(也称为阈值函数)、Sigmoid 函数等。

1）阶跃函数。阶跃函数定义为

$$y=\operatorname{sgn}(x)=\begin{cases}1, & x\geqslant 0\\ 0, & x<0\end{cases} \quad \text{或者} \quad y=\operatorname{sgn}(x)=\begin{cases}1, & x\geqslant 0\\ -1, & x<0\end{cases}$$

它们的图像分别如图 12-3a 和图 12-3b 所示。

值域分别为$\{0,1\}$和$\{-1,1\}$，其中“1”表示该神经元激活，处于“兴奋”状态，“0”或“-1”表示不对该神经元进行激活，处于“未兴奋”状态。然而，从函数的角度来说，阶跃函数具有不连续、不光滑等性质，对后续模型的求解不利。

2）Sigmoid 函数及其变型。Sigmoid 函数定义为

$$y=\operatorname{Sigmoid}(x)=\frac{1}{1+\mathrm{e}^{-x}}, \quad \forall x\in \mathbf{R}$$

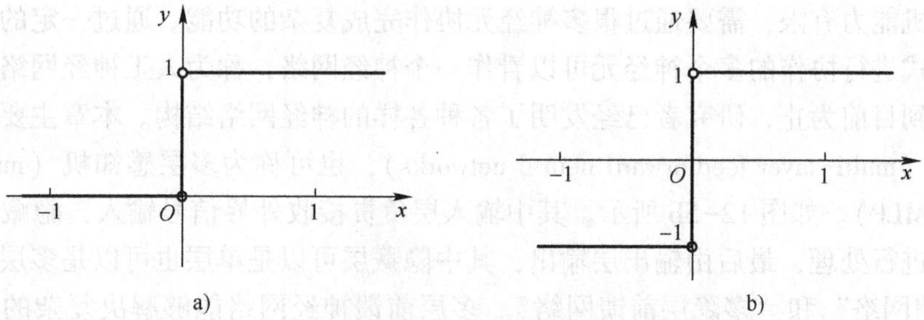

图 12-3　阶跃函数

其图像如图 12-4a 所示。Sigmoid 函数将值域限制在(0,1)内，当 x 的取值为很大的正数时，其取值接近 1；当 x 的取值为很小的负数时，其取值接近 0。Sigmoid 函数连续、可微，并且满足 $y'=y(1-y)$，这些性质对于后续模型的求解非常有利。

除了阶跃函数和 Sigmoid 函数以外，对 Sigmoid 函数进行变型，可以得到其他常用的激活函数，例如：

$$y=2\mathrm{Sigmoid}(x)-1=\frac{1-\mathrm{e}^{-x}}{1+\mathrm{e}^{-x}}\quad \forall x\in \mathbf{R}$$

其图像如图 12-4b 所示。

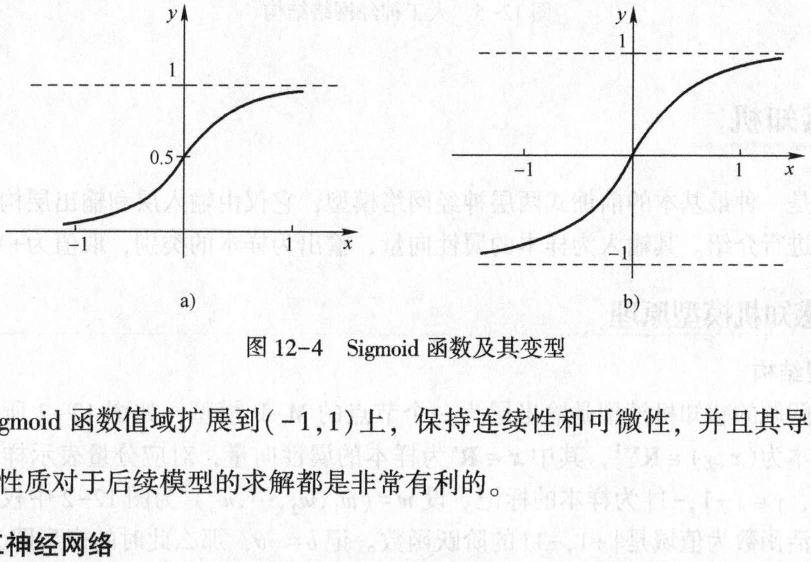

图 12-4　Sigmoid 函数及其变型

此变型将 Sigmoid 函数值域扩展到(−1,1)上，保持连续性和可微性，并且其导数满足 $y'=\frac{1-y^2}{2}$，这些性质对于后续模型的求解都是非常有利的。

3. 人工神经网络

人工神经网络模拟生物神经网络，由相互连接的 M-P 模型神经元（也称为节点或者处理单元）构成。生物神经元的连接和连接的强弱，在人工神经网络中以节点间的连线以及连接权重来表示。人工神经网络种类繁多，根据网络的层数可分为两层神经网络、三层及以上的神经网络或多层神经网络，如图 12-5 所示。图中椭圆表示节点，有向线段表示节点之间的连接。人工神经网络一般分为输入层、隐藏层、输出层，隐藏层可以没有也可以有，还可以有多层。如图 12-5a 所示，只有输入层和输出层，没有隐藏层，即为最简单的神经网络结构，感知机（perception）模型。输入层接收外界输入信号后传递给输出层，输出层是 M-P 模型神经元，亦称阈值逻辑单元（threshold logic unit），能容易实现逻辑与、或、非运算。但感知机能力有限，需要通过很多神经元协作完成复杂的功能。通过一定的链接方式或信息传递方式进行协作的多个神经元可以看作一个神经网络，称为人工神经网络，也简称为神经网络。到目前为止，研究者已经发明了各种各样的神经网络结构。本章主要介绍多层前馈神经网络（multi-layer feedforward neural networks），也可称为多层感知机（multiple layers perception，MLP）。如图 12-5b 所示。其中输入层负责接收外界信号输入，隐藏层和输出层负责对信号进行处理，最后由输出层输出，其中隐藏层可以是单层也可以是多层，分别称为“单隐层前馈网络”和“多隐层前馈网络”。多层前馈神经网络能够解决复杂的分类和回归问题。

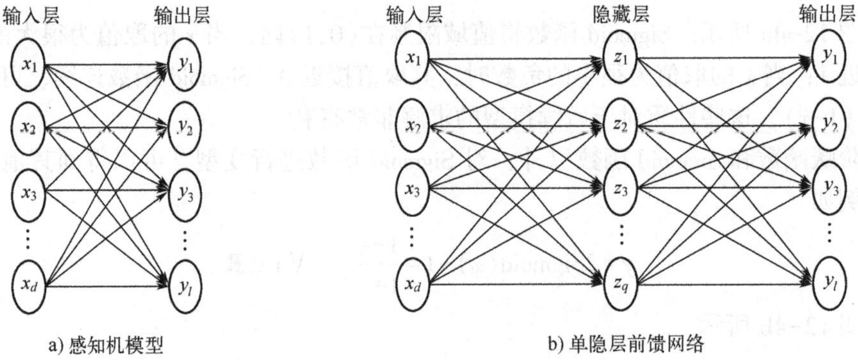

图 12-5　人工神经网络结构

12.2　感知机

感知机是一种最基本的前馈式两层神经网络模型，它仅由输入层和输出层构成，本节以二分类为例进行介绍。其输入为样本的属性向量，输出为样本的类别，取值为+1 和-1。

12.2.1　感知机模型原理

1. 模型结构

二分类问题的感知机模型是输出层为一个节点的 M-P 模型，如图 12-2 所示。在此模型中，设样本为$(\boldsymbol{x},y)\in\mathbf{R}^{n+1}$，其中$\boldsymbol{x}\in\mathbf{R}^n$为样本的属性向量，对应分量表示样本在对应属性上的取值，$y\in\{+1,-1\}$为样本的标记。设$\boldsymbol{w}=(w_1,w_2,\cdots,w_n)^{\mathrm{T}}$为图 12-2 中权重构成的权重向量，激活函数为值域是$\{+1,-1\}$的阶跃函数。记$b=-\theta$，那么此时的模型即为

$$y=\operatorname{sgn}(\boldsymbol{w}^{\mathrm{T}}\boldsymbol{x}+b)$$

这里我们也可以增加一个输入$x_{n+1}=-1$，其权重记为$w_{n+1}=\theta$，此时模型为

$$y=\operatorname{sgn}(\boldsymbol{w}^{\mathrm{T}}\boldsymbol{x})$$

可以看到感知机模型是一种线性模型，其假设空间为$\mathbf{R}^n$中所有的线性分类器，即集合

$$\{f|f(\boldsymbol{x})=\boldsymbol{w}^{\mathrm{T}}\boldsymbol{x}+b\}$$

2. 几何解释

线性函数

$$\boldsymbol{w}^{\mathrm{T}}\boldsymbol{x}+b=0 \tag{12-1}$$

为空间 $\mathbf{R}^n$ 中的超平面，将空间划分为两个部分，$\boldsymbol{w}$ 为法向量，b 为截距。对于二分类问题，不同的类别位于超平面的两边，如图 12-6 所示。

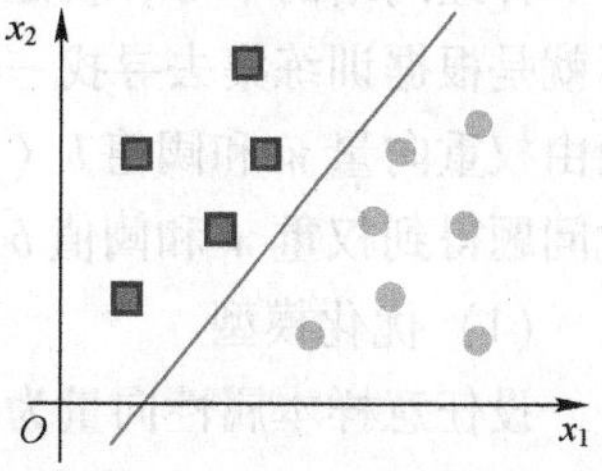

图 12-6 感知机几何解释

3. 线性与非线性可分问题

（1）线性可分问题

感知机为线性模型可以解决线性可分问题，对于非线性可分问题则需要更复杂的神经网络。例如感知机能容易解决逻辑与、或、非运算，如图 12-7 所示。

“与”：当 $x_1=x_2=1$ 时，为正类，否则为负类，如图 12-7a 所示。正类为(1,1)，其他为负类。

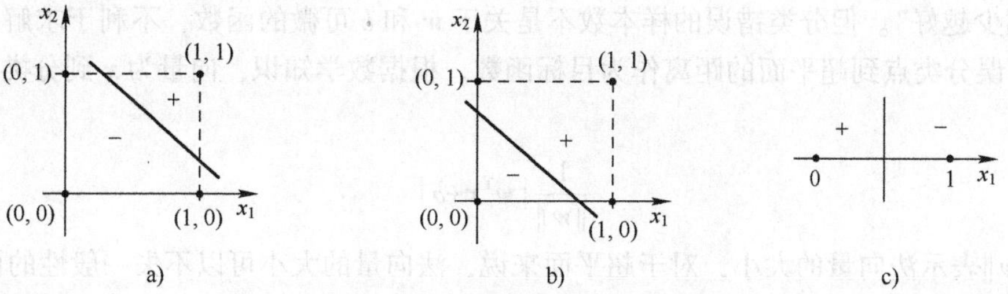

图 12-7 逻辑与、或、非

“或”：当 x_1 或 x_2 为 1 时，为正类，否则为负类，如图 12-7b 所示。负类为(0,0)，其他为正类。

“非”：x_1 为 1 时为负类，非 1 时为正类，如图 12-7c 所示。

此三类问题都是线性可分的，如图 12-7 所示，存在直线可以将正负类分开。它们可以通过只有两个输入节点的简单感知机模型实现，如图 12-8 所示。

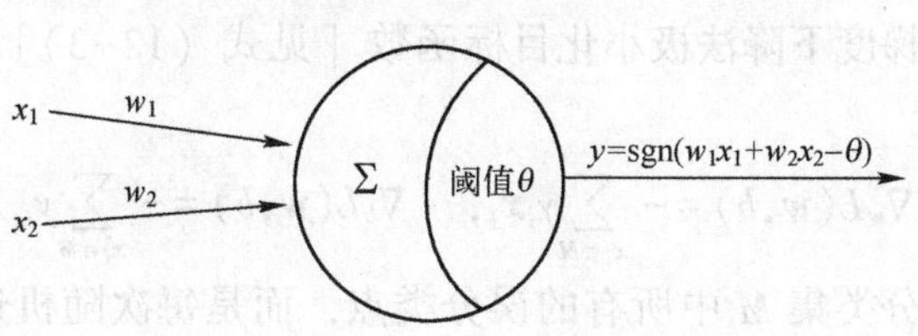

图 12-8 两个输入节点的简单感知机模型

“与”：设 $w_1=w_2=1$，$\theta=2$，那么 $y=\text{sgn}(x_1+x_2-2)$，则只有当 $x_1=x_2=1$ 时，$y=1$。

“或”：设 $w_1=w_2=1$，$\theta=1$，那么 $y=\text{sgn}(x_1+x_2-1)$，则当 $x_1=1$ 或 $x_2=1$ 时，$y=1$。

“非”：设 $w_1=-1$，$w_2=0$，$\theta=-0.5$，那么 $y=\text{sgn}(-x_1+0.5)$，则当 $x_1=0$ 时，$y=1$；当 $x_1=1$ 时，$y=-1$。

（2）非线性可分问题

感知机原理简单，容易理解，但能力有限，不能解决非线性问题。比如逻辑异或，如图 12-9 所示。

“异或”：当 x_1 或 x_2 为 1 且 $x_1\neq x_2$ 时，表示正类，否则为负类。此问题非线性可分，如图 12-9 所示，不存在直线可以将正负类分开，此问题需要多层神经网络解决。

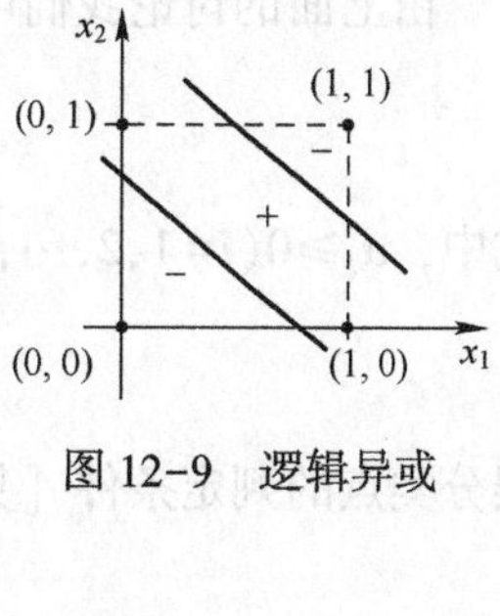

图 12-9 逻辑异或

4. 学习策略

神经网络的学习，就是根据训练数据来调整神经元之间的权重和阈值。感知机的学习目标就是根据训练集去寻找一个能够将正类和负类分开的超平面［见式（12-1）］，这个超平面由权重向量 $\boldsymbol{w}$ 和阈值 b（即 $-\theta$）确定。感知机将问题转化为一个优化问题，通过求解优化问题得到权重 $\boldsymbol{w}$ 和阈值 b，进而得到分类超平面。

（1）优化模型

设任意样本属性向量为 $\boldsymbol{x}\in\mathbf{R}^n$，其标记 $y\in\{-1,1\}$。当 $y=1$ 时，若超平面将其分类正确，那么 $\boldsymbol{w}^{\mathrm{T}}\boldsymbol{x}+b\geqslant0$；若分类错误，则 $\boldsymbol{w}^{\mathrm{T}}\boldsymbol{x}+b<0$。当 $y=-1$ 时，若超平面将其分类正确，那么 $\boldsymbol{w}^{\mathrm{T}}\boldsymbol{x}+b<0$；若分类错误，则 $\boldsymbol{w}^{\mathrm{T}}\boldsymbol{x}+b\geqslant0$。我们当然希望所有样本分类正确，即分类错误的样本“越少越好”。但分类错误的样本数不是关于 $\boldsymbol{w}$ 和 b 可微的函数，不利于求解。因此感知机采用误分类点到超平面的距离作为目标函数。根据数学知识，向量为 $\boldsymbol{x}$ 到分类超平面的距离为

$$\frac{1}{\|\boldsymbol{w}\|}|\boldsymbol{w}^{\mathrm{T}}\boldsymbol{x}+b|$$

式中，$\|\boldsymbol{w}\|$表示法向量的大小，对于超平面来说，法向量的大小可以不失一般性的设置为 1。此外由上述分析，我们可以发现误分类点满足

$$y(\boldsymbol{w}^{\mathrm{T}}\boldsymbol{x}+b)\leqslant0 \tag{12-2}$$

设训练数据集为 $D=[(\boldsymbol{x}_1,y_1),(\boldsymbol{x}_2,y_2),\cdots,(\boldsymbol{x}_m,y_m)]$，其中 $\boldsymbol{x}_i\in\mathbf{R}^n$，$y_i\in\{-1,1\}$，$i=1,2,\cdots,m$。设集合 M 为误分类的样本点构成的集合。那么感知机的目标函数可以定义为

$$\min_{\boldsymbol{w},b}L(\boldsymbol{w},b):=-\sum_{\boldsymbol{x}_i\in M}y_i(\boldsymbol{w}^{\mathrm{T}}\boldsymbol{x}_i+b) \tag{12-3}$$

（2）随机梯度下降法

我们可以用常用的梯度下降法极小化目标函数［见式（12-3）］，对 L 关于参数 $\boldsymbol{w}$ 和 b 分别求偏导可得

$$\nabla_{\boldsymbol{w}}L(\boldsymbol{w},b)=-\sum_{\boldsymbol{x}_i\in M}y_i\boldsymbol{x}_i,\quad \nabla_bL(\boldsymbol{w},b)=-\sum_{\boldsymbol{x}_i\in M}y_i$$

感知机不是一次使用误分类集 M 中所有的误分类点，而是每次随机选取一个误分类点对应的梯度，即感知机采用随机梯度下降法（stochastic gradient descent）。设其中任意一个误分类点为$(\boldsymbol{x}_i,y_i)$，$\boldsymbol{w}$ 和 b 按如下方式更新：

$$\boldsymbol{w}\leftarrow\boldsymbol{w}+\eta y_i\boldsymbol{x}_i,\quad b\leftarrow b+\eta y_i \tag{12-4}$$

式中，$\eta(0<\eta\leqslant1)$为学习率，也称为步长。

（3）对偶算法

由上面的讨论我们可以发现 $\boldsymbol{w}$ 和 b 分别为 $\boldsymbol{x}_i$和标记 y_i的线性组合，即

$$\boldsymbol{w}=\sum_{i=1}^{m}\alpha_iy_i\boldsymbol{x}_i,\quad b=\sum_{i=1}^{m}\alpha_iy_i$$

式中，$\alpha_i\geqslant0(i=1,2,\cdots,m)$，记 $\boldsymbol{\alpha}=(\alpha_1,\alpha_2,\cdots,\alpha_m)$称为系数向量。此时分离超平面为

$$\sum_{i=1}^{m}\alpha_iy_i\boldsymbol{x}_i^{\mathrm{T}}\boldsymbol{x}+\sum_{i=1}^{m}\alpha_iy_i=0$$

误分类点的判定条件［见式（12-2）］可以改写为

$$y\Big(\sum_{i=1}^{m}\alpha_i y_i \boldsymbol{x}_i^{\mathrm{T}}\boldsymbol{x}+\sum_{i=1}^{m}\alpha_i y_i\Big)\leqslant 0 \tag{12-5}$$

因此，我们也可以通过其系数 $\alpha_i\geqslant 0(i=1,2,\cdots,m)$ 的更新达到对 $\boldsymbol{w}$ 和 b 更新的目的。

此外，可以看到误分类点的判定条件中，样本的属性向量 $\boldsymbol{x}$ 均以内积的形式出现，因此在具体实现算法时，可以预先将训练样本的内积计算出来，以矩阵的形式存储，称为 Gram 矩阵（Gram matrix），记为

$$\boldsymbol{G}:=[\boldsymbol{x}_i^{\mathrm{T}}\boldsymbol{x}_j]_{m\times m}$$

12.2.2 算法实现

1. 算法步骤

（1）感知机随机梯度下降法

由 12.2.1 节讨论知，实现感知机模型的步骤可以总结为：首先，任意选取初始 $\boldsymbol{w}$ 和 b，确定初始超平面［见式（12-1）］。然后，利用式（12-2）随机选取误分类点，代入式（12-4）对 $\boldsymbol{w}$ 和 b 进行更新，这样通过迭代可以使得目标函数式（12-3）不断减小，直到为 0。由此，得到以下算法步骤：

设训练集 $D=\{(\boldsymbol{x}_1,y_1),(\boldsymbol{x}_2,y_2),\cdots,(\boldsymbol{x}_m,y_m)\}$，其中 $\boldsymbol{x}_i\in\mathbf{R}^n$，$y_i\in\{-1,1\}$，$i=1,2,\cdots,m$。学习率为 $\eta(0<\eta\leqslant 1)$。

1）任意选取初始 $\boldsymbol{w}_0$ 和 b_0（一般选 0 作为初值）。

2）随机选取样本点 $(\boldsymbol{x}_i,y_i)$。

3）如果 $y_i(\boldsymbol{w}^{\mathrm{T}}\boldsymbol{x}_i+b)\leqslant 0$，利用式（12-4）更新 $\boldsymbol{w}$ 和 b。

4）否则转至 2)，直至训练集中没有误分类点。

5）输出 $\boldsymbol{w}$ 和 b，得到感知机 $y=\mathrm{sgn}(\boldsymbol{w}^{\mathrm{T}}\boldsymbol{x}+b)$。

（2）感知机对偶算法

由 12.2.1 节的讨论知道，我们也可以每步迭代只更新 $\boldsymbol{w}$ 和 b 的系数，进而更新 $\boldsymbol{w}$ 和 b。步骤如下：

设训练集 $D=\{(\boldsymbol{x}_1,y_1),(\boldsymbol{x}_2,y_2),\cdots,(\boldsymbol{x}_m,y_m)\}$，其中 $\boldsymbol{x}_i\in\mathbf{R}^n$，$y_i\in\{-1,1\}$，$i=1,2,\cdots,m$。学习率为 $\eta(0<\eta\leqslant 1)$。

1）赋初值 $\boldsymbol{\alpha}=(\alpha_1,\alpha_2,\cdots,\alpha_m)=\boldsymbol{0}$。

2）计算 Gram 矩阵。

3）选取样本点 $(\boldsymbol{x}_i,y_i)$。

4）若 $y_i\Big(\sum_{j=1}^{m}\alpha_j y_j \boldsymbol{x}_j^{\mathrm{T}}\boldsymbol{x}_i+\sum_{j=1}^{m}\alpha_j y_j\Big)\leqslant 0$，则更新 $\alpha_i\leftarrow\alpha_i+\eta$。

5）否则转至 3)，直至训练集中没有误分类点。

6）输出 $\boldsymbol{\alpha}$，得到感知机 $y=\mathrm{sgn}\Big(\sum_{j=1}^{m}\alpha_j y_j \boldsymbol{x}_j^{\mathrm{T}}\boldsymbol{x}+\sum_{j=1}^{m}\alpha_j y_j\Big)$。

2. 代码实现

（1）随机梯度下降法

【例 12-1】手动实现感知机随机梯度下降法分类。设数据集为：正类为 $\boldsymbol{x}_1=(3,2)$，$\boldsymbol{x}_2=(2,4)$，$\boldsymbol{x}_3=(4,3)$，负类为 $\boldsymbol{x}_4=(8,5)$，$\boldsymbol{x}_5=(8,6)$，$\boldsymbol{x}_6=(7,5)$。

代码和步骤如下：

1）初始化处理。

代码 12-1 是一个简单的感知机算法的实现。首先，我们引入了 numpy 库用于矩阵运算。然后我们定义了一个训练集 train_set，它包含了一些输入特征和对应的标签。接下来，我们初始化了权重参数 w 和偏置 b，初始值都设为 0。最后，我们给定了一个学习率1，用于控制每次参数更新的步长。

代码 12-1 输入数据并初始化参数

```
# 引入需要的库
import numpy as np

# 输入训练数据集、初始化参数、学习率
# 训练集
train_set = np. array([[3, 2, 1],
                [2, 4, 1],
                [4, 3, 1],
                [8, 5, -1],
                [8, 6, -1],
                [7, 5, -1]])

# 初始化权重参数
w = np. array([0, 0])

# 初始化偏置
b = 0

# 给定学习率
l = 1
```

2）定义参数更新函数。

代码 12-2 定义了一个名为 update 的函数，用于更新单个样本点的参数。函数接受一个样本数据 item 作为输入，并通过计算得到新的权重参数 w 和偏置 b。首先，使用 global 关键字声明 w 和 b 为全局变量，以便在函数内部对它们进行修改。然后，根据式（12-4）分别计算新的权重参数 w 和偏置 b。最后，使用 print 语句输出更新后的参数结果，格式为"w=新的权重参数值，b=新的偏置值"。这样，函数就完成了单个样本点参数的更新，并输出了更新后的参数结果。

代码 12-2 利用 def()定义参数更新函数

```
def update(item):
    """
    更新单个样本点的参数。

    参数:
    item: 样本数据，包含输入特征和标签的数组。

    返回值:
    无。
```

```
    """
    global w, b                              # 声明全局变量 w 和 b，以便修改它们

    # 计算新的权重参数 w 和偏置 b
    w = w + l * item[2] * item[:2]           # 更新权重参数 w，公式：w = w + l * yi * xi
    b = b + l * item[2]                      # 更新偏置 b，公式：b = b + l * yi

    # 输出更新后的参数结果
    print("w={}, b={}".format(w, b))
```

3）定义误分类点检验函数。

代码 12-3 用于检查是否存在错误分类点。首先，初始化变量 flag 为 False，表示默认没有错误分类点，并且初始化变量 res 为 0，用于记录检查结果。然后，通过遍历训练集中的每个样本点，计算 $\boldsymbol{w}^{\mathrm{T}}\boldsymbol{x}_i+b$，其中 $\boldsymbol{w}$ 是权重参数，$\boldsymbol{x}_i$ 是样本的前两个特征，b 是偏置。接着，计算 $y_i(\boldsymbol{w}^{\mathrm{T}}\boldsymbol{x}_i+b)$，其中 y_i 是样本的标签。然后，判断是否发生了错误分类，如果 $y_i(\boldsymbol{w}^{\mathrm{T}}\boldsymbol{x}_i+b)\leqslant 0$，则表示发生了错误分类。如果发生了错误分类，将 flag 设为 True，并且更新该样本点的参数。最后，返回 flag，表示是否存在错误分类点，True 表示存在，False 表示不存在。整个过程是一个简单的错误分类检查流程。

代码 12-3　利用 def()定义检查错误分类点的函数

```
def check():
    """
    检查是否存在错误分类点。

    参数：
    无。

    返回值：
    flag：是否存在错误分类点，True 表示存在，False 表示不存在。
    """

    flag = False                             # 默认无错误分类点
    res = 0                                  # 记录检查结果

    for item in train_set:                   # 检查所有样本点
        res = (w * item[:2]).sum() + b       # 计算 w * xi+b
        res = res * item[2]                  # 计算 yi(w * xi+b)
        if res <= 0:                         # 判断是否错误分类
            flag = True                      # 存在错误分类
            update(item)                     # 更新该样本点参数

    return flag
```

4）实现分类。

代码 12-4 首先初始化标志位 flag 为 False，表示没有错误分类点。然后通过循环迭代的方式执行 1000 次以下操作：调用 check()函数进行错误分类点检查，如果返回结果为 False，

则表示没有错误分类点，此时跳出循环，结束迭代；否则，标志位 flag 设为 True，继续下一轮迭代。最后根据标志位的值，输出相应的信息，表示经过 1000 次迭代后是否可以完成正确分类。

代码 12-4 调用前几步定义的函数，实现感知机

```
# 主函数
if __name__ == "__main__":
    flag = False                    # 初始化标志位为 False，表示默认没有错误分类点
    for i in range(1000):
        if not check(): # 调用 check()函数进行错误分类点检查，返回 False 表示无错误分类点
            flag = True             # 若存在错误分类点，则将标志位设为 True
            break                   # 跳出循环，结束迭代

    if flag:
        print("1000 次迭代，可以完成正确分类!")    # 输出信息，表示经过 1000 次迭代后可以完成
                                                    正确分类
    else:
        print("1000 次迭代，不可完成正确分类!")    # 输出信息，表示经过 1000 次迭代后无法完成
                                                    正确分类
```

【例 12-1】 求解的迭代过程见表 12-1。

表 12-1 例 12-1 求解的迭代过程

迭代次数	w	b	w^Tx+b
1	(3,2)	1	$3x_1+2x_2+1$
2	(-5,-3)	0	$-5x_1-3x_2$
3	(-2,-1)	1	$-2x_1-x_2+1$
⋮	⋮	⋮	⋮
41	(-14,6)	15	$-14x_1+6x_2+15$
42	(-10,9)	16	$-10x_1+9x_2+16$

因此训练得到的感知机模型为：$y=\mathrm{sgn}(-10x_1+9x_2+16)$。

（2）感知机的对偶算法

【例 12-2】 手动实现感知机对偶算法分类。设数据集为：正类为 $\boldsymbol{x}_1=(3,3)$，$\boldsymbol{x}_2=(4,3)$，$\boldsymbol{x}_3=(1,1)$，负类为 $\boldsymbol{x}_4=(6,5)$，$\boldsymbol{x}_5=(6,4)$，$\boldsymbol{x}_6=(4,6)$。

代码和步骤如下：

1）初始化和处理数据。

代码 12-5 实现了对训练集的初始化处理。首先，定义了一个训练集 training_set，其中包含了样本点的特征和标签。然后，创建了一个全零数组 a，用于存储系数向量。接下来，将 Gram 矩阵初始化为 None。然后，提取训练集中的标签，并将其转换为 numpy 数组。接着，创建了一个空数组 x，用于存储训练集中的特征。最后，通过遍历训练集，将每个样本点的特征赋值给数组 x。完成了对训练集的处理操作。

代码 12-5　输入训练集、初始化参数

```
# 引入需要的库
import numpy as np
# 输入训练集
training_set = np.array([[[3, 3], 1], [[4, 3], 1], [[1, 1], 1],[[4, 5], -1], [[6, 4], -1],
[[4, 6], -1]], dtype=object)
# 给定学习率
l=1
# 创建一个大小为 training_set 长度的全零数组 a, 用于存储系数向量 a
a = np.zeros(len(training_set), np.float64)
Gram = None                              # 初始化 Gram 矩阵为 None
y = np.array(training_set[:, 1])         # 从 training_set 中提取标签 y
# 创建一个空数组 x, 用于存储训练集的特征
x = np.empty((len(training_set), 2), np.float64)
# 遍历训练集, 将特征赋值给数组 x
for i in range(len(training_set)):
    x[i] = training_set[i][0]
```

2）获取 Gram 矩阵。

代码 12-6 定义了一个名为 cal_gram 的函数用于计算 Gram 矩阵。在函数内部，首先创建了一个空的 Gram 矩阵 g，其大小为训练集的长度。然后，通过双重循环遍历训练集中的每一个样本点。在内部循环中，计算当前两个样本点特征的点积，并将结果存储到 Gram 矩阵的对应位置。

最后，返回计算得到的 Gram 矩阵 g。

代码 12-6　定义获取 Gram 矩阵的函数

```
def cal_gram(training_set):
"""
计算 Gram 矩阵
参数:
training_set: 训练集, 包含样本点的特征和标签。

返回:
g: Gram 矩阵。
"""
# 创建一个空的 Gram 矩阵, 大小为训练集长度
g =np.empty((len(training_set), len(training_set)), np.int)

# 遍历训练集中的每一个样本点
for i in range(len(training_set)):
    # 遍历训练集中的每一个样本点
    for j in range(len(training_set)):
        # 计算两个样本点特征的点积, 存储到 Gram 矩阵中
        g[i][j] = np.dot(training_set[i][0], training_set[j][0])

return g
```

3）定义更新函数和误分类点判定函数。

代码 12-7 和代码 12-8 定义了两个函数：update( ) 和 cal( )。update( ) 函数用于更新系数向量的各个分量，并打印更新系数向量。cal( ) 函数用于计算式（12-5），判定样本是否误分类，并返回计算结果。这两个函数可以在后续代码被调用，以实现对全局变量的更新和计算。

代码 12-7　定义更新函数

```
def update(i):
"""
更新函数，将全局变量 a 中索引为 i 的元素加 1，并打印更新后的 a
参数：
i：索引值

返回：
无
"""
# 将 a[i]加 1
a[i] += 1
# 打印更新后的 a
print(a)
```

代码 12-8　定义误分类点判定函数

```
def cal(i):
"""
误分类点判定函数，使用全局变量 a, x, y 进行计算，并返回结果。
参数：
i：索引值。

返回：
res：判定函数值。
"""
# 使用全局变量 a, x, y
global a, x, y

# 根据公式计算 res
res = np.dot(a * y, Gram[i])
res = (res + np.dot(a, y)) * y[i]

# 返回计算结果 res
return res
```

4）定义检验函数。

代码 12-9 定义了 check( ) 函数，用于检查训练集中是否存在误分类点。在函数体内部，首先使用 global a, x, y 语句声明要使用全局变量 a、x 和 y。然后，初始化 flag 为 False。通过一个 for 循环遍历训练集中的每个样本。在循环内部，通过条件判断语句 if cal(i) <= 0：检查 cal(i)的返回值是否小于等于 0。如果满足条件，则将 flag 设为 True，并执行 update(i) 函数，进行相关更新。最后，在循环结束后，通过条件判断语句 if not flag：判断标志位 flag

是否为 False。如果为 False，说明所有样本都分类正确，计算并打印结果，并返回 False；否则返回 True。

代码 12-9　定义检验函数，用于判定训练集中是否存在误分类点

```
# 检验函数
def check():
    """
    检查函数，检查给定条件是否满足，并返回检查结果。

    参数：
    无。

    返回值：
    flag：检查结果，为 True 表示条件不满足，为 False 表示条件满足。
    """
    # 使用全局变量 a, x, y
    global a, x, y

    # 初始化标志位 flag 为 False
    flag = False

    # 遍历训练集中的每个索引 i
    for i in range(len(training_set)):
        # 如果 cal(i)的返回值小于等于 0，则将标志位 flag 设为 True，并执行 update(i)
        if cal(i) <= 0:
            flag = True
            update(i)

    # 如果标志位 flag 为 False，则计算并打印结果，并返回 False；否则返回 True
    if not flag:
        w = np.dot(a * y, x)
        print("RESULT: w: " + str(w) + " b: " + str(np.dot(a, y)))
        return False
    return True
```

5）实现分类。

代码 12-10 表示如果该模块作为主程序运行，在主程序中，调用 cal_gram()函数计算并获取 Gram 矩阵。然后，进入一个包含 1000 次迭代的循环。每次迭代，通过 for i in range(1000):遍历循环变量 i，i 的取值范围是 0~999。在每次迭代内部，调用 check()函数进行检查。如果 check()函数返回 False，即条件不满足，则通过 break 语句结束循环。

代码 12-10　主程序实现分类

```
# 主程序
if __name__ == "__main__":
    # 计算 Gram 矩阵
    Gram = cal_gram()
    # 循环执行 1000 次
    for i in range(1000):
```

```
# 如果 check 函数返回 False，则结束循环
if not check(): break
```

得到系数向量 α 各分量的迭代结果见表 12-2。

表 12-2 系数向量 α 各分量的迭代结果

迭代次数	α_1	α_2	α_3	α_4	α_5	α_6
1	1	0	0	0	0	0
2	1	0	0	1	0	0
3	2	0	0	1	0	0
⋮	⋮	⋮	⋮	⋮	⋮	⋮
177	73	32	0	41	31	0
178	74	32	0	41	31	0

最终输出 $w=(0,-11)$，$b=-34$，因此最终得到的感知机为 $y=\mathrm{sgn}(-11x_2-34)$。

12.3 多层前馈神经网络

多层前馈神经网络中，每一层中的神经元负责接收前一层神经元的输出，并传递给下一层的神经元。整个神经网络的信息是朝一个方向传播，没有反向的传播，可以用一个有向无环图表示，如图 12-5b 所示。多层前馈神经网络也分为很多种，本节主要介绍全连接前馈神经网络。

12.3.1 多层前馈神经网络原理

多层前馈神经网络的学习过程，就是利用数据集来训练更新神经元之间的“链接权重”（connection weight）以及神经元的阈值。

1. 多层前馈神经网络结构

（1）基本结构

全连接前馈神经网络，每层神经元与下一层神经元全互连，不存在同层神经元之间的连接，也不存在跨层链接，各连接权重以及阈值如图 12-10 所示。

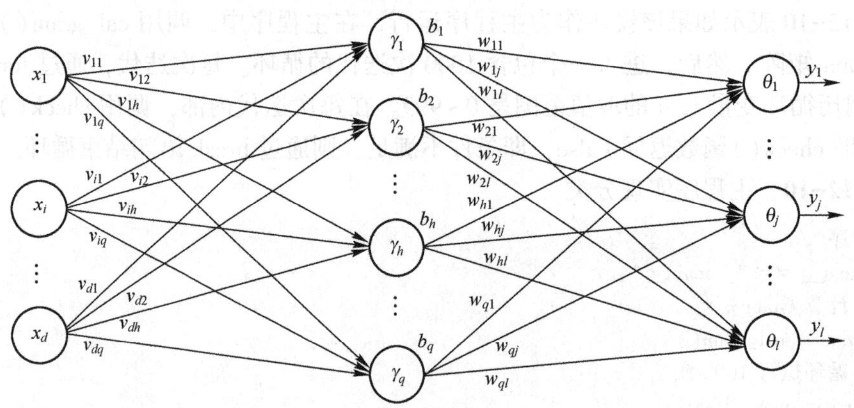

图 12-10 单隐层网络各权重、阈值

图 12-10 以单隐层前馈神经网络为例，给出了一个包含 d 个输入神经元，q 个隐藏神经元以及 l 个输出神经元的网络结构。其中 $x_i(i=1,2,\cdots,d)$ 表示输入层第 i 个神经元的输入信号，$b_h(h=1,2,\cdots,q)$ 表示隐藏层第 h 个神经元的输出信号，作为输出层的输入信号，$y_j(j=1,2,\cdots,l)$ 表示输出层第 j 个神经元的输出信号，即整个网络的输出。$v_{ih}(i=1,2,\cdots,d,h=1,2,\cdots,q)$ 表示输入层第 i 个神经元到隐藏层第 h 个神经元的权重，$w_{hj}(h=1,2,\cdots,q,j=1,2,\cdots,l)$ 表示隐藏层第 h 个神经元到输出层第 j 个神经元的权重。$\gamma_h(h=1,2,\cdots,q)$ 表示隐藏层第 h 个神经元的阈值，$\theta_j(j=1,2,\cdots,l)$ 表示输出层第 j 个神经元的阈值。隐藏层和输出层的激活函数记为 f，这里采用 Sigmoid 函数。那么，隐藏层第 h 个神经元的输出信号以及输出层第 j 个神经元的输出信号分别为

$$b_h = f\left(\sum_{i=1}^{d} v_{ih}x_i - \gamma_h\right),\quad y_j = f\left(\sum_{h=1}^{q} w_{hj}b_h - \theta_j\right) \tag{12-6}$$

记

$$\alpha_h = \sum_{i=1}^{d} v_{ih}x_i,\quad \beta_j = \sum_{h=1}^{q} w_{hj}b_h \tag{12-7}$$

则式（12-6）可改写为

$$b_h=f(\alpha_h-\gamma_h),\quad y_j=f(\beta_j-\theta_j) \tag{12-8}$$

那么，该网络结构中，输入层到隐藏层有 $d\times q$ 个权重，隐藏层有 q 个阈值，隐藏层到输出层有 $q\times l$ 个权重，输出层有 l 个阈值，共计 $(d+l+1)q+l$ 个参数，需要在训练过程中确定，其学习过程即确定这些参数的过程。

（2）表示能力

多层前馈神经网络的表示能力非常强大，在 1989 年 Hornik 等就证明了：只要多层前馈神经网络隐藏层包含有足够多神经元，就能以任意精度逼近任意复杂度的连续函数。

例如第 12.2 小节中，感知机无法解决的逻辑“异或”问题，通过前馈神经网络可以轻松解决。只需令 $d=2$，$q=2$，$l=1$ 得到单隐层网络，如图 12-11 所示。

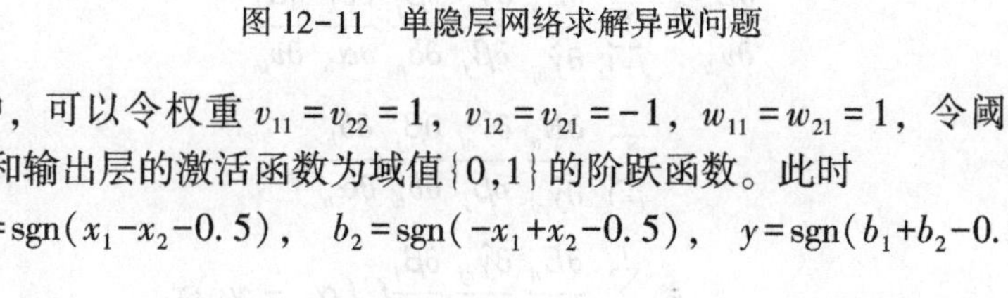

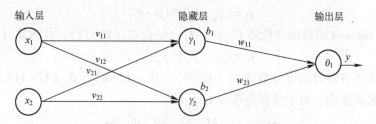

图 12-11 单隐层网络求解异或问题

在此结构中，可以令权重 $v_{11}=v_{22}=1$，$v_{12}=v_{21}=-1$，$w_{11}=w_{21}=1$，令阈值 $\gamma_1=\gamma_2=\theta_1=0.5$，令隐藏层和输出层的激活函数为域值 $\{0,1\}$ 的阶跃函数。此时

$$b_1=\mathrm{sgn}(x_1-x_2-0.5),\quad b_2=\mathrm{sgn}(-x_1+x_2-0.5),\quad y=\mathrm{sgn}(b_1+b_2-0.5)$$

那么有关系：

$$y=1\Leftrightarrow b_1=1 \quad \text{或} \quad b_2=1 \tag{12-9}$$

而

$$b_1=1\Leftrightarrow x_1=1 \text{ 且 } x_2=0,\quad b_2=1\Leftrightarrow x_1=0 \text{ 且 } x_2=1 \tag{12-10}$$

因此，结合式（12-9）和式（12-10）可得

$$y=1 \Leftrightarrow x_1=1 \text{ 且 } x_2=0 \quad \text{或} \quad x_1=0 \text{ 且 } x_2=1$$

即解决了逻辑“异或”问题。

2. 误差传播算法

前馈神经网络表示能力非常强，但随着隐藏层的层数以及神经元的个数的增加，需要确定的参数也会增加。训练如此多的参数需要强大的学习算法，误差传播（error backpropagation, BP）算法是目前最成功的神经网络学习算法。通常说的“BP 网络”指的就是用 BP 算法训练的多层前馈神经网络。

（1）标准 BP 算法

设训练集 $D=\{(\boldsymbol{x}_1,\boldsymbol{y}_1),(\boldsymbol{x}_2,\boldsymbol{y}_2),\cdots,(\boldsymbol{x}_N,\boldsymbol{y}_N)\}$，其中 $\boldsymbol{x}_n=(x_{n1},x_{n2},\cdots,x_{nd})\in\mathbf{R}^d$，$\boldsymbol{y}_n=(y_{n1},y_{n2},\cdots,y_{nl})\in\mathbf{R}^l$，$n=1,2,\cdots,N$。对训练样本$(\boldsymbol{x}_n,\boldsymbol{y}_n)$，设图 12-10 所示神经网络输出为 $\hat{\boldsymbol{y}}_n=(\hat{y}_{n1},\hat{y}_{n2},\cdots,\hat{y}_{nj})$，结合式（12-8）知

$$\hat{y}_{nj}=f(\beta_j-\theta_j)\,(j=1,2,\cdots,l) \tag{12-11}$$

因此在此样本上的均方误差为 $E_n=\sum_{j=1}^{l}(\hat{y}_{nj}-y_{nj})^2$，为后续求导方便一般改写为

$$E_n=\frac{1}{2}\sum_{j=1}^{l}(\hat{y}_{nj}-y_{nj})^2 \tag{12-12}$$

此式即为“标准 BP 算法”需要极小化的目标函数，只包含一个样本的均方误差。

BP 算法是迭代学习算法，基于梯度下降法对各参数进行更新。给定学习率 $\eta(0<\eta<1)$，设目标函数相对参数 δ 的梯度为$\nabla\delta$，则其更新规则为

$$\delta\leftarrow\delta-\eta\,\nabla\delta \tag{12-13}$$

下面给出目标函数式（12-12）关于各参数的梯度，即关于各参数的偏导数。首先，对于给定 j，记 $\rho_j:=\frac{\partial E_n}{\partial\hat{y}_{nj}}\cdot\frac{\partial\hat{y}_{nj}}{\partial\beta_j}$，则由式（12-11）、式（12-12）以及函数求导链式法则得

$$\rho_j=(\hat{y}_{nj}-y_{nj})f'(\beta_j-\theta_j) \tag{12-14}$$

回顾 12.1 节，Sigmoid 函数满足性质 $f'=f(1-f)$，结合式（12-11），代入式（12-14）得

$$\rho_j=\hat{y}_{nj}(1-\hat{y}_{nj})(\hat{y}_{nj}-y_{nj}) \tag{12-15}$$

下面给出关于各参数的偏导数由式（12-7）、式（12-8）、式（12-11）、式（12-12）以及函数求导链式法则，对于某固定参数 v_{ih}，有

$$\begin{aligned}
\frac{\partial E_n}{\partial v_{ih}} &= \sum_{j=1}^{l}\frac{\partial E_n}{\partial\hat{y}_{nj}}\frac{\partial\hat{y}_{nj}}{\partial\beta_j}\frac{\partial\beta_j}{\partial b_h}\frac{\partial b_h}{\partial\alpha_h}\frac{\partial\alpha_h}{\partial v_{ih}}\\
&= \sum_{j=1}^{l}\frac{\partial E_n}{\partial\hat{y}_{nj}}\frac{\partial\hat{y}_{nj}}{\partial\beta_j}\frac{\partial\beta_j}{\partial b_h}\frac{\partial b_h}{\partial\alpha_h}x_i\\
&= \sum_{j=1}^{l}\frac{\partial E_n}{\partial\hat{y}_{nj}}\frac{\partial\hat{y}_{nj}}{\partial\beta_j}\frac{\partial\beta_j}{\partial b_h}f'(\alpha_h-\gamma_h)x_i\\
&= \sum_{j=1}^{l}\frac{\partial E_n}{\partial\hat{y}_{nj}}\frac{\partial\hat{y}_{nj}}{\partial\beta_j}w_{hj}f'(\alpha_h-\gamma_h)x_i
\end{aligned}$$

结合式（12-8）、式（12-15）以及 Sigmoid 函数的性质得

$$\frac{\partial E_n}{\partial v_{ih}} = b_h(1 - b_h)\sum_{j=1}^{l}\rho_j w_{hj} x_i = \pi_h x_i \tag{12-16}$$

其中

$$\pi_h := b_h(1 - b_h)\sum_{j=1}^{l}\rho_j w_{hj} \tag{12-17}$$

类似地，对于某固定参数 w_{hj}，θ_j，γ_h，有

$$\frac{\partial E_n}{\partial w_{hj}} = \frac{\partial E_n}{\partial \hat{y}_{nj}}\frac{\partial \hat{y}_{nj}}{\partial \beta_j}\frac{\partial \beta_j}{\partial w_{hj}} = \rho_j b_h \tag{12-18}$$

$$\frac{\partial E_n}{\partial \theta_j} = \frac{\partial E_n}{\partial \hat{y}_{nj}}\frac{\partial \hat{y}_{nj}}{\partial \theta_j} = -\rho_j \tag{12-19}$$

$$\frac{\partial E_n}{\partial \gamma_h} = \sum_{j=1}^{l}\frac{\partial E_n}{\partial \hat{y}_{nj}}\frac{\partial \hat{y}_{nj}}{\partial \beta_j}\frac{\partial \beta_j}{\partial b_h}\frac{\partial b_h}{\partial \gamma_h} = -\pi_h \tag{12-20}$$

将式（12-16）、式（12-18）~式（12-20）代入式（12-13）得各参数的更新公式如下：

$$v_{ih} \leftarrow v_{ih} - \eta \pi_h x_i \tag{12-21}$$

$$w_{hj} \leftarrow w_{hj} - \eta \rho_j b_h \tag{12-22}$$

$$\theta_j \leftarrow \theta_j + \eta \rho_j \tag{12-23}$$

$$\gamma_h \leftarrow \gamma_h + \eta \pi_h \tag{12-24}$$

式中，ρ_j 和 π_h 由式（12-15）和式（12-17）给出。

特别地，学习率 $\eta(0<\eta<1)$ 控制每个参数每一步迭代的步长，对算法的收敛性速度有重要影响。有时为了算法的调节，式（12-21）~式（12-24）的学习率可取不同的数值。

（2）累积 BP 算法

上面介绍的标准 BP 算法，每次针对一个训练样本更新权重和阈值，这样参数更新得非常频繁，针对不同样本更新时可能出现“抵消”问题。而训练目标时要最小化整个训练集上的误差

$$E = \frac{1}{n}\sum_{n=1}^{N} E_n \tag{12-25}$$

为此标准 BP 算法需要增加迭代次数。另外也可以设置式（12-25）为目标函数，类似地推导出基于累积误差的参数更新规则，得到累积 BP 算法。累积 BP 算法在读取整个训练集后才对参数进行更新，其参数相对标准 BP 算法来说更新的频率要低得多。但是，当累积误差下降到一定程度时，下降速度会变得非常缓慢，此时标准 BP 算法会更快得到问题的解，尤其当训练集为大规模数据集时。

（3）正则化

由于 BP 神经网络表示能力非常强，在实际使用过程中经常出现过拟合问题。缓解此问题常用的方法有“早停（early stopping）”和“正则化（regularization）”。早停是指将数据分成训练集和验证集。训练集用来训练网络参数，更新权重和阈值，验证集用来估计误差。在训练过程中，当训练集误差降低但验证集误差升高时，停止训练，同时返回权重和阈值。正则化则是在目标函数上增加正则项，用来描述网络的复杂程度，在目标函数和正则项之间设置不同权重，用来折中误差和网络复杂度。例如设置目标函数为

$$E = \mu \frac{1}{n}\sum_{n=1}^{N} E_n + (1-\mu)\sum_{i} w_i^2$$

式中，E_n表示样本$(\boldsymbol{x}_n, \boldsymbol{y}_n)$上的误差，$w_i$表示网络参数（权重和阈值），这里利用参数的平方和对网络复杂度加以控制，$\mu \in (0,1)$用以权衡误差和网络复杂度。

12.3.2 算法实现

1. 算法步骤

由 12.3.1 节的讨论可知，对每个训练样例，BP 算法执行操作：先将输入提供给输入层神经元，然后逐层将信号前传，直到产生输出层的结果；然后计算输出层的误差，再将误差逆向传播至隐藏层神经元，最后根据隐藏层神经元的误差来更新各个权重和阈值进行调整。具体步骤如下：

设训练集 $D=\{(\boldsymbol{x}_1,\boldsymbol{y}_1),(\boldsymbol{x}_2,\boldsymbol{y}_2),\cdots,(\boldsymbol{x}_N,\boldsymbol{y}_N)\}$，其中 $\boldsymbol{x}_n=(x_{n1},x_{n2},\cdots,x_{nd})\in\mathbf{R}^d$，$\boldsymbol{y}_n=(y_{n1},y_{n2},\cdots,y_{nl})\in\mathbf{R}^l$，$n=1,2,\cdots,N$。学习率为 $\eta(0<\eta\leqslant 1)$。

1）初始化所有权重和域值。

2）输入训练集。

3）对每个样本$(\boldsymbol{x}_n,\boldsymbol{y}_n)$根据式（12-7）和式（12-8）计算模型输出$\hat{\boldsymbol{y}}_n$。

4）根据式（12-15）和式（12-17）计算 $\rho_j(j=1,2,\cdots,l)$和 $\pi_h(h=1,2,\cdots,q)$。

5）根据式（12-21）~式（12-24）更新所有权重和阈值。

6）返回步骤 3)，直到达到停止条件。

2. 代码实现

【例 12-3】手动编写一个单隐层 BP 神经网络，其中输入层和隐藏层神经元个数为 2，输出层神经元个数为 1，如图 12-11 所示。利用异或数据集对其训练 2000 次，输出最终权重和阈值。

代码和步骤如下：

（1）构造标准 BP 算法框架

代码 12-11 定义了 sigmoid()和 derivative_sigmoid()两个函数，用于计算 Sigmoid 函数及其导数。Sigmoid 函数使用了 Sigmoid 公式：1 / (1 + exp(-x))，其中 exp 表示自然对数的指数函数。给定输入值 x，该函数返回经过 Sigmoid 函数处理后的结果。derivative_sigmoid 函数通过调用 sigmoid 函数计算 sigmoid(x)，然后将其与(1 - sigmoid(x))相乘得到 Sigmoid 函数在输入值 x 处的导数结果。

代码 12-11 定义激活函数 Sigmoid 函数及其导数

```
def sigmoid(x: float) -> float:
    """
    Sigmoid 函数的实现。

    参数:
        x: 输入值。

    返回:
        float: 经过 Sigmoid 函数处理后的结果。
```

```
    """
    return 1 / (1 + np.exp(-x))

def derivative_sigmoid(x: float) -> float:
    """
    Sigmoid 函数的导数实现。

    参数:
        x: 输入值。

    返回:
        float: Sigmoid 函数在输入值处的导数结果。
    """
    return sigmoid(x) * (1 - sigmoid(x))
```

代码 12-12 实现了标准的 BP 算法，用于训练神经网络模型。首先，根据输入数据集的形状确定输入和输出单元的数量，并初始化权重矩阵 v 和 w，以及阈值向量 theta 和 gamma。在每个迭代的 epoch 中，遍历数据集中的每一个样本，将输入数据 x 和目标输出 y 提取出来。然后进行前向传播计算，通过矩阵乘法和激活函数 sigmoid 函数得到隐层输出 b 和输出层预测结果 y_pred。接下来计算误差，使用均方误差损失函数计算预测结果 y_pred 与目标输出 y 之间的误差。然后进行反向传播，计算输出层误差项 rho 和隐层误差项 pi，并根据权重矩阵进行传播。最后，根据学习率和误差项的乘积更新权重矩阵 v、w 和阈值向量 theta、gamma。每个 epoch 结束后，计算平均损失并输出结果。最终返回训练得到的参数 v、w、theta、gamma，可以用于进行预测任务。

代码 12-12　定义 BP 算法框架

```
def standard_bp_algorithm(D, hidden_units, learning_rate, epochs):

    """
    标准反向传播算法的实现。

    参数:
        D: 输入数据集，形状为(样本数，特征数)。
        hidden_units: 隐层单元数。
        learning_rate: 学习率。
        epochs: 迭代次数。

    返回:
        tuple: 训练得到的参数 v，w，theta，gamma。

    """
    np.random.seed(0)

    # 初始化参数
    input_units = D.shape[1] - 1              # 输入单元的数量
    output_units = D.shape[1] - input_units  # 输出单元的数量
    v = np.random.randn(input_units, hidden_units)     # 输入层到隐层之间的权重矩阵
```

```
    w = np.random.randn(hidden_units, output_units)          # 隐层到输出层之间的权重矩阵
    theta = np.zeros(output_units)                           # 输出层的阈值向量
    gamma = np.zeros(hidden_units)                           # 隐层的阈值向量

    for epoch in range(epochs):                              # 迭代训练的轮数
        total_loss = 0

        for data in D:                                       # 遍历数据集中的每个样本
            x = data[:-output_units]                         # 输入数据
            y = data[-output_units:]                         # 目标输出

            # 前向传播
            alpha = np.dot(x, v)                             # 隐层输入
            b = sigmoid(alpha - gamma)                       # 隐层输出
            beta = np.dot(b, w)                              # 输出层输入
            y_pred = sigmoid(beta - theta)                   # 输出层预测结果

            # 计算误差
            loss = 0.5 * np.sum((y_pred - y) ** 2)           # 均方误差损失函数
            total_loss += loss                               # 损失函数累加

            # 反向传播
            rho = y_pred * (1 - y_pred) * (y_pred - y)       # 利用 (12-15) 计算 rho
            pi = b * (1 - b) * np.dot(rho, w.T)              # 利用 (12-17) 计算 pi

            # 更新权重和阈值
            v -= learning_rate * np.outer(np.array(x), pi)   # 更新输入层到隐层的权重
            w -= learning_rate * np.outer(b, rho)            # 更新隐层到输出层的权重
            theta += learning_rate * rho                     # 更新输出层的阈值向量
            gamma += learning_rate * pi                      # 更新隐层的阈值向量

        avg_loss = total_loss / len(D)                       # 平均损失
        print(f"Epoch {epoch+1}/{epochs}, Loss: {avg_loss:.4f}")

    return v, w, theta, gamma                                # 输出权重和阈值
```

(2) 标准 BP 算法求解异或问题

代码 12-13 利用异或数据集训练上一步定义的标准 BP 网络。首先输入训练集 D，其中包含了四个样本，每个样本有两个输入特征和一个输出标签。接下来，设置了超参数，包括隐藏层神经元的数量、学习率和迭代次数。然后，调用了 standard_bp_algorithm 函数，该函数使用标准的反向传播算法对神经网络进行训练。最后，训练完成后，我们输出训练得到的参数，包括输入层到隐藏层之间的权重矩阵 v、隐藏层到输出层之间的权重矩阵 w，以及输出层的阈值向量 theta 和隐藏层的阈值向量 gamma。

代码 12-13　异或数据训练 BP 网络

```
# 训练集 D
D = np.array([
```

```
        [0, 0, 0],
        [0, 1, 1],
        [1, 0, 1],
        [1, 1, 0]
])

# 超参数设置
hidden_units = 2           # 隐藏层神经元数量
learning_rate = 0.1        # 学习率
epochs = 2000              # 迭代次数

# 执行标准 BP 算法训练
v, w, theta, gamma = standard_bp_algorithm(D,hidden_units, learning_rate, epochs)

# 输出训练得到的参数
print("v:")
print(v)
print("w:")
print(w)
print("theta:")
print(theta)
print("gamma:")
print(gamma)
```

得到权重和阈值的迭代结果（保留小数点后两位）见表 12-3。

表 12-3　代码 12-13 求解的迭代过程

迭代次数	v_{11}	v_{12}	v_{21}	v_{22}	w_{11}	w_{21}	θ_1	γ_1	γ_2
1	1.76	0.40	0.98	2.24	1.86	−0.980	0.01	0.01	0
	1.76	0.40	0.98	2.24	1.87	−0.98	0.01	0	0
	1.76	0.40	0.98	2.24	1.87	−0.97	−5.92	0	0
	1.76	0.40	0.98	2.24	1.86	−0.99	0.01	0	0
⋮	⋮	⋮	⋮	⋮	⋮	⋮	⋮	⋮	⋮
2000	3.69	−1.25	4.67	3.72	4.11	−2.86	1.23	0.69	−0.85
	3.69	−1.25	4.67	3.72	4.13	−2.84	1.22	0.69	−0.85
	3.69	−1.25	4.67	3.72	4.13	−2.84	1.21	0.69	−0.85
	3.69	−1.25	4.67	3.72	4.12	−2.86	1.23	0.69	−0.85

可以看到标准 BP 算法参数更新频率很高，同时也存在抵消现象。

12.4　其他神经网络

神经网络模型算法很多，这里对几种常用神经网络以及深度神经网络做简要介绍。

12.4.1　常用神经网络

1. 记忆网络

记忆网络（memory network），也称为反馈网络，其中的神经元既可以接收其他神经元的信息，也可以接收自己的历史信息。与前馈网络相比，记忆网络的神经元具有记忆功能，在不同时刻具有不同的状态，如图 12-12 所示。

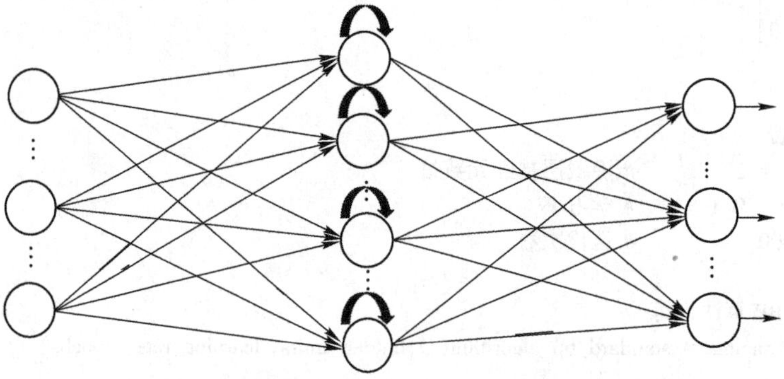

图 12-12　记忆网络

记忆网络是一种用于应对自然语言处理（NLP）任务的神经网络模型。它的设计灵感来源于人类的记忆机制，旨在帮助机器模型更好地理解和利用文本信息。其基本结构由四个主要组件组成：

输入模块（input module）：将输入文本转换为向量形式，并存储到外部存储器中。通常使用词嵌入（word embedding）技术将单词表示为连续向量。

记忆模块（memory module）：通过查询内存存储的信息来获取答案。它将查询向量与存储的键进行匹配，并使用注意力机制（attention mechanism）来加权选择相关的值。这样，网络可以根据查询来检索存储在记忆中的上下文信息。

输出模块（output module）：将从记忆模块中检索到的信息进行整合和处理，并生成最终的输出。常见的方法是使用全连接层或逻辑回归等。

更新模块（update module）：根据查询和输出的结果，更新外部存储器中的信息。这样，在后续的查询中，网络可以更好地利用先前的信息来提供更准确的答案。

记忆网络的训练过程常常采用端到端的方式，通过最小化预测与真实答案之间的损失来优化模型参数。记忆网络包含循环神经网络、Hopfield 网络、波尔兹曼机、受限波尔兹曼机等。此外，为了提高记忆网络的性能，还可以使用额外的技术，如多层结构、注意力机制和长短期记忆（LSTM）单元等，称为记忆增强神经网络（memory augmented neural network, MANN），比如神经图灵机等。

记忆网络在问答系统、机器翻译、阅读理解等任务中取得了显著的成果，并且在处理具有不确定性和复杂上下文的自然语言问题方面具有很大的潜力。

2. 图网络

前馈网络和记忆网络的输入都可以表示为向量，但在实际应用中，很多数据是图结构的，例如知识图谱、社交网络等，而前馈网络和记忆网络很难处理这些具有图结构的数据。图网络（graph neural network，GNN）是一类用于处理图结构数据的神经网络模型。与传统的神经网络主要处理向量和序列数据不同，图网络能够捕捉和利用图中节点之间的关系和拓扑结构。

在图网络中，输入数据被表示为图的形式，图由节点（或称为顶点）和边组成。每个节点可以包含与之相关的特征或属性信息，每个节点都由一个或一组神经元构成。节点之间的边表示它们之间的连接关系或交互方式，可以是有向的也可以是无向的，每个节点可以收到来自相邻节点或自身的信息。如图 12-13 所示，方节点表示一组神经元。

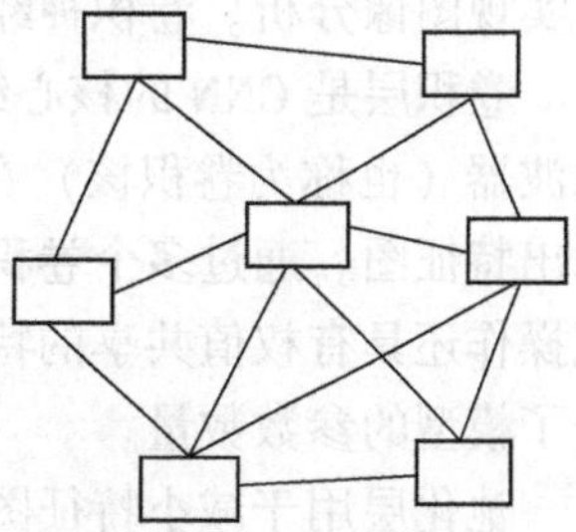

图 12-13　图网络

图网络的设计目标是对每个节点进行聚合和更新，以综合其相邻节点的信息，并将这些信息反馈给下一层的节点。这种迭代的过程使得网络能够逐步地获取全局图结构的信息。图网络通常由以下几个关键组件构成：

输入编码（input encoding）：将节点和边的特征转换为向量的形式，常见的方法包括使用词嵌入、图像特征提取等技术。

图卷积层（graph convolutional layer）：图卷积层是图网络的核心组件，用于聚合节点的邻居信息。通过考虑节点特征和邻居节点特征之间的关系，图卷积层可以有效地更新节点的表示。

节点更新（node update）：节点更新是图网络中的一个重要步骤，它根据聚合的邻居信息来更新节点的表示。这些更新可以采用不同的函数和操作，如加权求和、非线性激活函数等。

图池化（graph pooling）：有时候，为了减少图的规模或提取图的关键信息，需要对图进行汇聚操作。图池化可以将一个图缩减为一个更小的子图，保留重要的节点和边。

输出预测（output prediction）：根据图网络中得到的节点表示，可以进行各种任务的预测，如节点分类、图分类、链接预测等。

图网络是前馈网络和记忆网络的泛化，包含很多不同的实现方式，比如图卷积网络（graph convolutional network，GCN）、图注意力网络（graph attention network，GAT）、消息传递神经网络（message passing neural network，MPNN）等。

图网络的训练通常采用监督学习的方式，通过最小化预测结果与真实标签之间的损失来优化模型参数。此外，还有一些扩展的技术，如图自编码器、图生成模型等，用于无监督学习或生成新的图结构。图网络在多个领域中取得了显著的成果，如社交网络分析、化学分子设计、推荐系统、计算机视觉中的图像分割等。它的强大之处在于能够处理复杂的图结构数据，并从中提取有效的特征和模式。

12.4.2　深度神经网络

为了学习一种好的表示，需要构建具有一定“深度”的模型，并通过学习算法来让模型自动学习出好的特征表示（从底层特征，到中层特征，再到高层特征），从而最终提升预测模型的准确率。所谓“深度”是指原始数据进行非线性特征转换的次数。理论上来说，参数越多的模型复杂度越高、“容量（capacity）”越大。这意味着它能完成更复杂的学习任务。但一般情形下，复杂模型的训练效率低，易陷入过拟合，因此难以受到人们青睐。而随着云计算、大数据时代的到来，计算能力的大幅提高可缓解训练低效性，训练数据的大幅增加则可降低过拟合风险，因此，以“深度学习（deep learning）”为代表的复杂模型开始受到人们的关注，典型的深度学习模型就是很深层的神经网络。本小节介绍几种常用的深度学习模型。

1. 卷积神经网络

卷积神经网络（convolutional neural networks，CNN）是一种深度学习模型，广泛应用于图像识别和计算机视觉任务。它的设计灵感来自于生物的视觉系统，通过模仿人类的感知方式实现图像分析。卷积神经网络主要由卷积层、池化层和全连接层组成。

卷积层是 CNN 的核心组件，它通过卷积操作对输入进行特征提取。卷积操作使用一个滤波器（也称为卷积核）在输入数据上滑动，计算每个位置的局部乘积，并将其求和得到输出特征图。通过多个卷积核的并行计算，CNN 能够学习到输入数据的不同特征表示。卷积操作还具有权值共享的特性，即同一个卷积核在输入的不同位置共享相同的参数，大大减少了模型的参数数量。

池化层用于减小特征图的尺寸并保留重要的特征。常见的池化操作有最大池化和平均池化，它们分别选择局部区域中的最大值或平均值作为输出。通过降低特征图的维度，池化层能够提高模型的计算效率，并增强模型对输入的平移和缩放不变性。

全连接层用于将特征图与输出进行连接，进行分类或预测任务。它将所有特征图中的神经元连接到每个输出神经元，实现输入与输出之间的全连接。全连接层通常使用 softmax 函数进行多分类预测，或者使用线性激活函数得到回归预测。

总的来说，卷积神经网络能够自动学习到输入数据中的空间和位置信息，具有对平移和缩放的鲁棒性。它在图像处理和计算机视觉任务中表现出色，在许多挑战性的数据集上取得了优异的性能。

2. 循环神经网络

循环神经网络（recurrent neural networks，RNN）是一种常用于处理序列数据的深度学习模型，它主要用于自然语言处理、语音识别等任务。RNN 通过引入递归的结构来建模序列数据之间的依赖关系。

RNN 的基本结构是一个循环单元，它包含一个隐藏状态和一个输入。在处理序列数据时，RNN 会根据当前的输入和前一时刻的隐藏状态计算出当前时刻的隐藏状态。这样，RNN 可以在时间维度上共享权重，并捕捉到序列数据的上下文信息。

然而，传统的 RNN 在处理长序列或长期依赖关系时会遇到梯度消失或梯度爆炸的问题。为了解决这个问题，研究者提出了一些改进的循环神经网络结构，如门控循环单元（GRU）。

GRU 是另一种改进的循环神经网络结构，它将长短期记忆网络（long short-term memory，LSTM）的输入门和遗忘门合并为一个更新门，并引入候选隐藏状态。GRU 相对于 LSTM 具有更简化的结构，在某些情况下能够取得与 LSTM 相当的性能。

总结来说，循环神经网络能够建模序列数据之间的依赖关系，并适用于处理自然语言处理和语音识别等任务。LSTM 和 GRU 作为 RNN 的改进版本，能够有效解决梯度消失和梯度爆炸问题，更好地捕捉长期依赖关系。

3. 长短期记忆网络

长短期记忆网络是一种特殊类型的循环神经网络，专门用于解决传统 RNN 难以处理长期依赖问题的挑战。

在传统的 RNN 中，由于梯度的连乘性质，长期依赖的信息会逐渐衰减，导致模型无法有效地“记住”较早期的信息。LSTM 通过引入门控机制来解决这个问题，并在序列数据中选择性地存储和遗忘信息。

LSTM 包含了一个细胞状态和三个控制单元：输入门、遗忘门和输出门。输入门用于控制需要更新到细胞状态的新信息，遗忘门用于控制需要从细胞状态中遗忘的旧信息，输出门用于控制输出的内容。这些门控单元通过对输入、遗忘和输出的加权处理，实现对细胞状态的更新。

LSTM 的设计使得它能够更好地捕捉长期依赖关系，并且克服了传统 RNN 中梯度消失和梯度爆炸的问题。LSTM 已经在自然语言处理、语音识别、机器翻译等多个领域取得了重大突破和应用。

4. 注意力机制

注意力机制（attention mechanism）是一种常用于增强深度学习模型性能的技术，广泛应用于各种深度学习模型中。

在传统的深度学习模型中，通常是将输入数据的全局信息编码到模型的隐藏状态中。然而，某些任务中，不同位置或特征的重要性可能不同，全局编码无法有效地区分重要信息和次要信息。

注意力机制通过引入注意力权重，动态地分配模型对不同位置或特征的关注度。具体而言，注意力机制通过计算注意力权重来获取输入的加权和，从而获得更精准的表示。

常见的注意力机制包括 softmax 注意力和硬注意力。softmax 注意力将注意力权重计算为输入的概率分布，使得所有权重之和为1；硬注意力则通过取最大值或使用贪婪算法来选择重要的位置或特征。

注意力机制的引入可以提升模型对关键信息的集中学习能力，从而提高模型的性能和泛化能力。注意力机制被广泛应用于多种任务，如自然语言处理中的机器翻译、文本摘要和问答系统等。

5. 生成对抗网络

生成对抗网络（generative adversarial networks，GAN）是由生成器和判别器组成的一种深度学习模型。GAN 通过对抗训练的方式，学习生成逼真样本的能力。

生成器试图生成与真实样本相似的样本，而判别器试图区分真实样本和生成样本。生成器与判别器通过对抗训练进行交替的优化，最终生成器能够生成更逼真的样本，而判别器则更难区分生成样本和真实样本。

GAN 的核心思想是博弈论中的零和博弈，通过两个网络之间的对抗来推动模型的学习。这种对抗训练使得生成器能够逐渐学会生成逼真的样本，从而在图像生成、视频生成等领域取得了很大的成功。

然而，GAN 也存在一些挑战和问题。训练 GAN 模型相对困难，容易出现模式崩溃或模式塌陷的情况，即生成样本缺乏多样性，无法涵盖整个数据分布。

综上所述，每种深度神经网络模型都具有不同的特点和应用领域。卷积神经网络在图像处理和计算机视觉任务中表现出色；循环神经网络及其改进版本（如 LSTM 和 GRU）适用于序列数据建模；注意力机制能够增强模型对关键信息的关注度；生成对抗网络提供了一种强大的生成模型框架。选择适合任务和数据特点的模型是深度学习研究中的重要课题，同时结合不同模型的特点也可能带来更好的效果。

12.5 本章小结

神经网络是由具有适应性的简单单元组成的广泛并行互连的网络，它的组织能够模拟生物神经系统对真实世界物体做出交互反应。

本章主要介绍感知机和前馈神经网络。感知机是一种最基本的前馈式两层神经网络模型，它仅由输入层和输出层构成。感知机模型是一种线性模型，可以解决线性可分问题，常用的学习策略有原始形式和对偶形式。前馈神经网络由输入层、隐藏层、输出层构成，可以解决非线性可分问题，常用的学习策略为 BP 算法。感知机和前馈神经网络的学习策略均可通过 Python 代码编程实现。

除此之外，还有常见的记忆网络和图网络两种神经网络。随着云计算、大数据时代的到来，“深度学习”开始受到人们的关注，常见的有卷积神经网络、循环神经网络、长短期记忆网络、注意力机制以及生成对抗网络等。

12.6 延伸阅读——基于卷积神经网络的新型电力系统频率特性预测

近年来，随着国家“双碳”战略的不断推进，新能源占比逐渐提高的新型电力系统不断发展，我国电力系统的频率安全问题日趋严峻：一方面，电力系统中新能源发电占比不断增加，大量传统水火电机组被替代，导致系统转动惯量降低，频率调节能力减弱，且大量电力电子元件的接入，导致系统展现出强非线性特点，系统建模困难；另一方面，新能源随机性、昼夜周期性使电网运行方式呈现强不确定性，且系统频率响应存在明显的时空分布特性，增加了有功功率平衡及频率分析的难度。实时准确掌握电力系统受到扰动下频率变化的主要特性，有助于调度人员了解系统强度和频率调整能力，便于采取及时有效的频率控制措施。因此对新能源高占比电力系统扰动下频率特性指标的分析预测迫在眉睫。

卷积神经网络是人工智能的一个重要分支，其凭借强大的特征提取能力和线性回归拟合能力，能够在面对具有高度非线性的电力系统下降低模型的过拟合现象。卷积神经网络自 20 世纪 60 年代被提出以来，其模型结构自经典的 LetNet-5 发展到应用了非线性激活函数 ReLu 和 Dropout 方法的 AlexNet；在 AlexNet 基础上改变卷积核尺寸和步长的 ZFNet；将网络深度扩展到 19 层的 VGGNet；同时增加网络深度和宽度，在不增加计算量的情况下提升网络性能的 GoogleNet。

CNN 的权值共享和上下层级之间神经元的局部连接不仅减少了网络的参数总量，还能够减少模型在训练过程中的过拟合效果，在图像识别、物品分类等不同领域有着出色的预测准确度和鲁棒性。在实际电力系统中，可通过卷积神经网络挖掘大量历史数据信息，得出输入的特征量与输出预测值之间的映射关系，从而避免了复杂的建模问题，可以克服传统频率分析方法在新型电力系统的不足，实现对频率的准确预测。

12.7 习题

1. 选择题

1）在生物神经网络中，每个神经元结构包括细胞体、树突和轴突。（　　）是神经元的主体。

A. 细胞体　　B. 树突　　C. 轴突　　D. 都是

2）McCulloch 和 Pitts 于 1943 年将生物神经元简化，提出（　）神经元模型。

A. 感知机　　B. 神经网络　　C. M-P　　D. 前馈网络

3）典型的激活函数有阶跃函数和（　　）函数，其值域为(0,1)，连续可微。

A. Sigmoid　　B. tanh　　C. 连续　　D. 可微

4）神经网络一般分为输入层、隐藏层、输出层，（　　）可以有也可以没有，也可以有多层。

A. 输入层　　B. 隐藏层　　C. 输出层　　D. 都是

5）感知机不能实现逻辑（　　）运算。

A. 与　　B. 或　　C. 非　　D. 异或

6）在感知机的对偶算法中，（　　）用于存储训练样本的内积。

A. Gram　　B. 正定　　C. 梯度　　D. 核函数

7）多层前馈神经网络根据（　　）的多少可以分为单隐藏网络、多隐层网络。

A. 输入层　　B. 隐藏层　　C. 输出层　　D. 都是

8）神经网络的学习过程就是根据训练集更新（　　）。

A. 权重　　B. 阈值　　C. 激活函数　　D. 权重和阈值

9）通常说的“BP 网络”指的就是用（　　）训练的多层前馈神经网络。

A. BP 算法　　B. 对偶算法　　C. 随机梯度法　　D. 牛顿法

10）BP 算法是迭代学习算法，基于（　　）对各参数进行更新。

A. 梯度下降法　　B. 对偶算法　　C. 随机梯度法　　D. 牛顿法

11）标准 BP 算法，每次针对（　　）训练样本更新权重和阈值。

A. 一个　　B. 两个　　C. 多个　　D. 所有

12）BP 算法训练的目标是最小化（　　）训练样本上的误差。

A. 一个　　B. 两个　　C. 多个　　D. 所有

13）缓解 BP 网络过拟合问题的方法有（　　）。

A. 累积误差　　B. 早停和正则化　　C. 对偶算法　　D. 折中

14）（　　）是一类用于处理图结构数据的神经网络模型。

A. 神经网络　　B. 记忆网络　　C. 图网络　　D. 前馈网络

15）图网络中每个节点包含与之相关的特征或属性信息，每个节点都由（　　）神经元构成。

A. 一个　　B. 两个　　C. 一组　　D. 一个或一组

2. 简答题

1）简述感知机与支持向量机的区别与联系。

2）推导式（12-18）~式（12-20）。

3. 编程题

设单隐层网络如图 12-11 所示，设激活函数为 Sigmoid 函数。编程实现累积 BP 算法并与例 12-3 进行对比。

附　录

1. 线性支持向量回归

引入拉格朗日乘子 $\boldsymbol{\lambda},\overline{\boldsymbol{\lambda}},\boldsymbol{\mu},\overline{\boldsymbol{\mu}}\in\mathbf{R}_+^N$，约束优化模型（6-48）的拉格朗日函数为

$$L(\boldsymbol{w},b,\boldsymbol{\xi},\boldsymbol{\xi}^*;\boldsymbol{\lambda},\overline{\boldsymbol{\lambda}},\boldsymbol{\mu},\overline{\boldsymbol{\mu}})=\frac{1}{2}\|\boldsymbol{w}\|^2+C\sum_{i=1}^{N}(\xi_i+\xi_i^*)+\sum_{i=1}^{N}\lambda_i(y_i-\boldsymbol{w}^{\mathrm{T}}\boldsymbol{x}_i-b-\epsilon-\xi_i)+$$
$$\sum_{i=1}^{N}\overline{\lambda}_i(\boldsymbol{w}^{\mathrm{T}}\boldsymbol{x}_i+b-y_i-\epsilon-\xi_i^*)-\sum_{i=1}^{N}\mu_i\xi_i-\sum_{i=1}^{N}\overline{\mu}_i\xi_i^*$$

进一步地，利用对偶理论得到问题（6-48）的对偶问题

$$\max_{\boldsymbol{\lambda},\overline{\boldsymbol{\lambda}},\boldsymbol{\mu},\overline{\boldsymbol{\mu}}\geqslant 0}\ \min_{\boldsymbol{w},b,\boldsymbol{\xi},\boldsymbol{\xi}^*} L(\boldsymbol{w},b,\boldsymbol{\xi},\boldsymbol{\xi}^*;\boldsymbol{\lambda},\overline{\boldsymbol{\lambda}},\boldsymbol{\mu},\overline{\boldsymbol{\mu}})$$

要求解此对偶问题，首先求解极小问题：

$$\min_{\boldsymbol{w},b,\boldsymbol{\xi},\boldsymbol{\xi}^*} L(\boldsymbol{w},b,\boldsymbol{\xi},\boldsymbol{\xi}^*;\boldsymbol{\lambda},\overline{\boldsymbol{\lambda}},\boldsymbol{\mu},\overline{\boldsymbol{\mu}})$$

对拉格朗日函数 L 关于 $\boldsymbol{w}$，b，ξ_i，ξ_i^* 分别求偏导并令其为 0 得

$$\nabla_{\boldsymbol{w}}L(\boldsymbol{w},b,\boldsymbol{\xi},\boldsymbol{\xi}^*;\boldsymbol{\lambda},\overline{\boldsymbol{\lambda}},\boldsymbol{\mu},\overline{\boldsymbol{\mu}})=\boldsymbol{w}-\sum_{i=1}^{N}(\lambda_i-\overline{\lambda}_i)\boldsymbol{x}_i=0$$

$$\nabla_{b}L(\boldsymbol{w},b,\boldsymbol{\xi},\boldsymbol{\xi}^*;\boldsymbol{\lambda},\overline{\boldsymbol{\lambda}},\boldsymbol{\mu},\overline{\boldsymbol{\mu}})=-\sum_{i=1}^{N}(\lambda_i-\overline{\lambda}_i)=0$$

$$C-\lambda_i-\mu_i=0$$

$$C-\overline{\lambda}_i-\overline{\mu}_i=0$$

由此解得

$$\boldsymbol{w}=\sum_{i=1}^{N}(\lambda_i-\overline{\lambda}_i)\boldsymbol{x}_i$$

$$\sum_{i=1}^{N}(\lambda_i-\overline{\lambda}_i)=0$$

$$C=\lambda_i+\mu_i=\overline{\lambda}_i+\overline{\mu}_i$$

将此 $\boldsymbol{w}$ 和 C 代入拉格朗日函数得到

$$L(\boldsymbol{w},b,\boldsymbol{\xi},\boldsymbol{\xi}^*;\boldsymbol{\lambda},\overline{\boldsymbol{\lambda}},\boldsymbol{\mu},\overline{\boldsymbol{\mu}})=-\frac{1}{2}\sum_{i=1}^{N}\sum_{j=1}^{N}(\lambda_i-\overline{\lambda}_i)(\lambda_j-\overline{\lambda}_j)\boldsymbol{x}_i^{\mathrm{T}}\boldsymbol{x}_j+\sum_{i=1}^{N}y_i(\lambda_i-\overline{\lambda}_i)-\sum_{i=1}^{N}\epsilon(\lambda_i+\overline{\lambda}_i)$$

此时，对偶问题转化为

$$\begin{cases}\min\limits_{\lambda,\bar{\lambda}} \dfrac{1}{2}\sum\limits_{i=1}^{N}\sum\limits_{j=1}^{N}(\lambda_i-\bar{\lambda}_i)(\lambda_j-\bar{\lambda}_j)\boldsymbol{x}_i^{\mathrm{T}}\boldsymbol{x}_j-\sum\limits_{i=1}^{N}y_i(\lambda_i-\bar{\lambda}_i)+\sum\limits_{i=1}^{N}\epsilon(\lambda_i+\bar{\lambda}_i)\\ \text{s.t.}\ \sum\limits_{i=1}^{N}(\lambda_i-\bar{\lambda}_i)=0,\\ \qquad 0\leqslant\lambda_i,\bar{\lambda}_i\leqslant C, i=1,2,\cdots,N\end{cases}$$

可以证明存在 $\boldsymbol{w}^*, b^*, \boldsymbol{\lambda}^*, \bar{\boldsymbol{\lambda}}^*, \boldsymbol{\mu}^*, \bar{\boldsymbol{\mu}}^*$ 使得 $\boldsymbol{w}^*, b^*$ 为原始问题的解，$\boldsymbol{\lambda}^*, \bar{\boldsymbol{\lambda}}^*, \boldsymbol{\mu}^*, \bar{\boldsymbol{\mu}}^*$ 为对偶问题的解。再由 KKT 条件：

$$\begin{cases}\lambda_i(y_i-\boldsymbol{w}^{\mathrm{T}}\boldsymbol{x}_i-b-\epsilon-\xi_i)=0 & (K_1)\\ \bar{\lambda}_i(\boldsymbol{w}^{\mathrm{T}}\boldsymbol{x}_i+b-y_i-\epsilon-\xi_i^*)=0 & (K_2)\\ \mu_i\xi_i=0 & (K_3)\\ \bar{\mu}_i\xi_i^*=0 & (K_4)\\ \boldsymbol{w}=\sum\limits_{i=1}^{N}(\lambda_i-\bar{\lambda}_i)\boldsymbol{x}_i & (K_5)\\ \sum\limits_{i=1}^{N}(\lambda_i-\bar{\lambda}_i)=0 & (K_6)\\ C=\lambda_i+\mu_i=\bar{\lambda}_i+\bar{\mu}_i & (K_7)\\ \lambda_i,\bar{\lambda}_i,\mu_i,\bar{\mu}_i\geqslant 0, i=1,2,\cdots,N & (K_8)\end{cases}$$

下面结合图 6-8 进行分析。当 $y_i-\boldsymbol{w}^{\mathrm{T}}\boldsymbol{x}_i-b-\epsilon-\xi_i=0$ 时，$y_i-\boldsymbol{w}^{\mathrm{T}}\boldsymbol{x}_i-b=-\epsilon-\xi_i$，此时样本位于虚线②上或者其上方；当 $\boldsymbol{w}^{\mathrm{T}}\boldsymbol{x}_i+b-y_i-\epsilon-\xi_i=0$ 时，$y_i-\boldsymbol{w}^{\mathrm{T}}\boldsymbol{x}_i-b=-\epsilon-\xi_i^*$，此时样本位于虚线③上或者其下方。因此 $y_i-\boldsymbol{w}^{\mathrm{T}}\boldsymbol{x}_i-b-\epsilon-\xi_i=0$ 与 $\boldsymbol{w}^{\mathrm{T}}\boldsymbol{x}_i+b-y_i-\epsilon-\xi_i=0$ 不能同时成立，那么，由式(K_1)和式(K_2)知，λ_i与$\bar{\lambda}_i$至少有一个为 0。

当 $\lambda_i=\bar{\lambda}_i=0$ 时，由式(K_7)知，$\mu_i=\bar{\mu}_i=C$，由式(K_3)和式(K_4)知，$\xi_i=\xi_i^*=0$，此时，原约束条件转化为$-\epsilon\leqslant\boldsymbol{w}^{\mathrm{T}}\boldsymbol{x}_i+b-y_i\leqslant\epsilon$，样本位于虚线②③之间，由式$(K_5)$知，此样本对模型没有作用。

当 $\lambda_i>0$，$\bar{\lambda}_i=0$ 时，对应由式(K_1)有 $y_i-\boldsymbol{w}^{\mathrm{T}}\boldsymbol{x}_i-b-\epsilon-\xi_i=0$。由式$(K_7)$有$\bar{\mu}_i=C$，进而由式$(K_4)$得 $\xi_i^*=0$。于是对于任意样本(x_i,y_i)，当 $\lambda_i>0$，$\bar{\lambda}_i=0$ 时，则 $y_i-\boldsymbol{w}^{\mathrm{T}}\boldsymbol{x}_i-b=-\epsilon-\xi_i$，此时样本位于虚线②上或者其上方，样本为支持向量：由式(K_7)和式(K_8)知，若 $\lambda_i<C$，则 $\mu_i>0$，再由式(K_3)知 $\xi_i=0$，即样本在虚线②上，此时 $b=y_i-\boldsymbol{w}^{\mathrm{T}}\boldsymbol{x}_i-\epsilon$；若 $\lambda_i=C$，则 $\mu_i=0$，若 $\xi_i=0$，样本在虚线②上，若 $\xi_i>0$，样本在虚线②上方。

对于 $\lambda_i=0$，$\bar{\lambda}_i>0$ 时，有类似的结论。

由此可以看出支持向量机回归模型的支持向量位于虚线②上及其上方，虚线③上及其下方，最终模型也仅与支持向量有关。

设对偶问题的解为 $\boldsymbol{\lambda}^*=(\lambda_1^*,\lambda_2^*,\cdots,\lambda_N^*)$，$\bar{\boldsymbol{\lambda}}^*=(\bar{\lambda}_1^*,\bar{\lambda}_2^*,\cdots,\bar{\lambda}_N^*)$，结合式$(K_5)$：$\boldsymbol{w}=\sum\limits_{i=1}^{N}(\lambda_i-\bar{\lambda}_i)\boldsymbol{x}_i$，得超平面为

$$y=\sum_{i=1}^{N}(\lambda_i^*-\bar{\lambda}_i^*)\boldsymbol{x}_i^{\mathrm{T}}\boldsymbol{x}+b$$

其中

$$b=y_j-\boldsymbol{w}^{\mathrm{T}}\boldsymbol{x}_j-\epsilon=y_j-\sum_{i=1}^{N}(\lambda_i^*-\overline{\lambda}_i^*)\boldsymbol{x}_i^{\mathrm{T}}\boldsymbol{x}_j-\epsilon$$

j 为满足 $\lambda_j>0$ 或 $\overline{\lambda}_j>0$ 的指标。

2. 非线性支持向量回归

类似于支持向量分类，非线性回归也通过核函数实现。其原问题为

$$\begin{cases}\min\limits_{w,b,\xi,\xi^*}\dfrac{1}{2}\|\boldsymbol{w}\|+C\sum\limits_{i=1}^{N}(\xi_i+\xi_i^*)\\ \text{s.t. } y_i-\boldsymbol{w}^{\mathrm{T}}\phi(\boldsymbol{x}_i)-b\leqslant\epsilon+\xi_i,i=1,2,\cdots,N\\ \quad\ \ \boldsymbol{w}^{\mathrm{T}}\phi(\boldsymbol{x}_i)+b-y_i\leqslant\epsilon+\xi_i^*,i=1,2,\cdots,N\\ \quad\ \ \xi_i,\xi_i^*\geqslant 0,i=1,2,\cdots,N\end{cases}$$

式中，$C>0$ 为惩罚参数。对偶问题为

$$\begin{cases}\min\limits_{\lambda,\overline{\lambda}}\dfrac{1}{2}\sum\limits_{i=1}^{N}\sum\limits_{j=1}^{N}(\lambda_i-\overline{\lambda}_i)(\lambda_j-\overline{\lambda}_j)\kappa(\boldsymbol{x}_i,\boldsymbol{x}_j)-\sum\limits_{i=1}^{N}y_i(\lambda_i-\overline{\lambda}_i)+\sum\limits_{i=1}^{N}\epsilon(\lambda_i+\overline{\lambda}_i)\\ \text{s.t. }\sum\limits_{i=1}^{N}(\lambda_i-\overline{\lambda}_i)=0\\ \quad\ \ 0\leqslant\lambda_i,\overline{\lambda}_i\leqslant C,i=1,2,\cdots,N\end{cases}$$

式中，$\kappa(\cdot,\cdot)$称为核函数。设对偶问题的解为 $\boldsymbol{\lambda}^*=(\lambda_1^*,\lambda_2^*,\cdots,\lambda_N^*)$，$\overline{\boldsymbol{\lambda}}^*=(\overline{\lambda}_1^*,\overline{\lambda}_2^*,\cdots,\overline{\lambda}_N^*)$，得超平面为

$$y=\sum_{i=1}^{N}(\lambda_i^*-\overline{\lambda}_i^*)\kappa(\boldsymbol{x}_i,\boldsymbol{x})+b$$

式中，

$$b=y_j-\boldsymbol{w}^{\mathrm{T}}\boldsymbol{x}_j-\epsilon=y_j-\sum_{i=1}^{N}(\lambda_i^*-\overline{\lambda}_i^*)\kappa(\boldsymbol{x}_i,\boldsymbol{x}_j)-\epsilon$$

j 为满足 $\lambda_j>0$ 或 $\overline{\lambda}_j>0$ 的指标。

参考文献

[1] 郭羽含，陈虹，肖成龙. Python 机器学习 [M]. 北京：机械工业出版社，2021.
[2] 周志华. 机器学习 [M]. 北京：清华大学出版社，2016.
[3] 李航. 统计学习方法 [M]. 2 版. 北京：清华大学出版社，2019.
[4] 邱锡鹏. 神经网络与深度学习 [M]. 北京：机械工业出版社，2020.
[5] 汪荣贵，杨娟，薛丽霞. 机器学习及其应用 [M]. 北京：机械工业出版社，2019.
[6] 拉施卡，米尔贾利利. Python 机器学习：原书第 3 版 [M]. 陈斌，译. 北京：机械工业出版社，2021.
[7] 薛薇. Python 机器学习：数据建模与分析 [M]. 北京：机械工业出版社，2021.
[8] 诸葛越，葫芦娃. 百面机器学习：算法工程师带你去面试 [M]. 北京：人民邮电出版社，2018.
[9] 崔镇关，靳懿德. 机器学习在中国海外投资效率预警中的应用：来自"一带一路"沿线国家的证据 [J]. 金融理论与实践，2023，5：13-25.
[10] 周雯. 面向高速铁路运行安全的智能图像识别方法研究 [D]. 中国铁道科学研究院，2020.
[11] 梁静. 互信息和改进支持向量机在电力负荷预测中的应用 [J]. 红水河，2022，41（4）：108-112.
[12] 洪坤. 基于聚类算法的傣族服饰色彩分析及应用 [J]. 化纤与纺织技术，2022，51（9）：150-152.